拖拉机使用与维修

夏正海　路耀明　胥明山　主编

U0320847

中国农业科学技术出版社

图书在版编目（CIP）数据

拖拉机使用与维修／夏正海，路耀明，胥明山主编 . —北京：中国农业科学技术出版社，2021. 1（2024.7重印）

ISBN 978-7-5116-5083-2

Ⅰ . ①拖… Ⅱ . ①夏… ②路… ③胥… Ⅲ . ①拖拉机-使用②拖拉机-机械维修 Ⅳ . ①S219. 07

中国版本图书馆 CIP 数据核字（2020）第 218936 号

| 责任编辑 | 姚 欢 |
| 责任校对 | 贾海霞 |

出 版 者	中国农业科学技术出版社
	北京市中关村南大街 12 号 邮编：100081
电 话	（010）82109704（发行部） （010）82106636（编辑室）
	（010）82109703（读者服务部）
传 真	（010）82106636
网 址	http://www.castp.cn
经 销 者	各地新华书店
印 刷 者	北京捷迅佳彩印刷有限公司
开 本	787 mm×1 092 mm 1/16
印 张	21. 75
字 数	500 千字
版 次	2021 年 1 月第 1 版 2024 年 7 月第 2 次印刷
定 价	48. 00 元

《拖拉机使用与维修》
编 委 会

主　　编：夏正海　　路耀明　　胥明山

副 主 编：鲁家浪　　姜景川　　黄同翠　　韦日华
　　　　　王中宾

编写成员：王中宾　　韦日华　　姜景川　　胥明山
　　　　　夏正海　　黄同翠　　鲁家浪　　路耀明

前　言

农业的根本出路在于机械化。拖拉机是农业机械的主要动力，在乡村振兴促进农业农村现代化中发挥了重大作用。随着国家制定实施了促进农业机械化发展的一系列法律法规和农机购置补贴等支农惠农强农政策，极大地调动了广大农民购买农业机械的积极性，推动了我国农业机械化的快速发展，大中型拖拉机的拥有量和总功率都在快速增长。截至2018年年底，全国拖拉机保有量为2 240.26万台，总功率39 113.51万kW；其中小型拖拉机1 818.26万台，总功率19 820.88万kW；从事拖拉机驾驶作业的从业人数达到1 141.37万人。为满足拖拉机驾驶和维修人员日益增长的需求和农机化转型升级高质量发展的要求，进一步提升拖拉机驾驶员的操作技能和职业素质教育、保持拖拉机良好技术状态，保障拖拉机驾驶操作的安全、降低使用维护成本、提高作业效率，特组织有关专家，编写了《乡村振兴农民培训教材——拖拉机使用与维修》。本书编写的目的就是以中大型拖拉机技术为主，兼顾小型拖拉机，让拖拉机驾驶员学习、掌握、悟透拖拉机技术，能够根据自身需求正确选购适用的机型，通过学习和训练，能熟练掌握拖拉机安全驾驶技术和作业技能，顺利考取拖拉机驾驶证；并能弄懂、掌握拖拉机构造原理和技术保养；在农业生产中充分发挥作用，促进粮食增产和农民增收。

本书以国家农业行业标准为依据，坚持实用、有用为原则。在内容编排上，把拖拉机驾驶员职业道德和农机安全生产的法律法规、用油知识、驾驶操作技术、拖拉机构造原理、技术保养、维修技能等有机地结合在一起，全面系统地介绍了拖拉机的使用与维修及发展前沿技术等内容。在编写结构上，按照拖拉机驾驶员职业要求考驾驶证、使用操作、技术保养、维护修理的顺序系统地介绍了相关专业理论知识和操作技能等内容。全书共分十一章。

本书特点是充分考虑到拖拉机驾驶员的文化水平和本职业的技能特征。在知识上由浅入深、循序渐进；在文字阐述上力求言简意赅、通俗易懂，并配置了较多的图表；在内容设置上，既保证了知识的连贯性，又着重于介绍掌握实际操作技能所直接需要的相关理论知识，突出实用性、典型性、针对性、力求精炼浓缩。全书结构清晰、图文并茂、易于学习。本书除适合于拖拉机驾驶员和维修人员自学外，还可供农业机械技术推广服务和管理人员、农业机械院校师生参考使用。

本书在编写过程中得到了盐城交通技师学院、徐州市农机行业职业技能鉴定站、射阳县农业干部学校、盐都区农业干部学校和建湖县农业学校、建湖县农机推广站及大丰区农机职工学校等单位的大力支持和协助，福田雷沃国际重工股份有限公司、中联重机股份有限公司、常州东风农机集团等拖拉机生产企业和镇江液压件厂提供了相关技术资料，并参阅了大量相关参考文献和网络上的课件资料，中联重机股分有限司李坤书部长、常州东风农机集团王诚飞主任也提出了修订意见，在此向各位和原作者等一并表示诚挚的感谢！

由于编者水平有限，书中不足之处在所难免，恳请读者批评指正，以便重印或再版时进一步修订和完善。

编　者

二〇二〇年六月

目　　录

第一章 拖拉机驾驶员职业道德和农机法律法规常识

第一节 职业道德

一、职业和道德

职业是人们在社会中所从事的作为主要生活来源的工作，不仅是人们谋生的手段，而且是为社会作贡献的岗位，是实现人生价值的舞台。

道德是一种社会意识，它是人们在社会活动中行为规范和准则的总和，是一种社会主流价值观下的非强制性约束法则。评价道德的标准是道德规范和道德准则。

社会主义道德建设是以为人民服务为核心，以集体主义为原则，以诚实守信为重点，以社会主义公民基本道德规范和荣辱观为主要内容，以爱祖国、爱人民、爱劳动、爱科学、爱社会主义为基本要求，以代表无产阶级和广大劳动人民根本利益和长远利益的先进道德体系。

二、职业道德

职业道德是指从事一定职业活动的人，在其职业活动整个过程中应遵守的行为规范和准则的总和。职业道德包括职业道德意识、道德守则、行为规范、道德培养及职业道德品质等内容。

社会主义职业道德是指社会主义社会，各行各业的劳动者，在职业活动中必须共同遵守的基本行为准则。大力提倡以爱岗敬业、诚实守信、办事公道、服务群众、奉献社会为主要内容的社会主义职业道德。遵守职业道德有利于推动社会主义物质文明和精神文明建设；有利于提高本行业、企业的信誉和发展；有利于个人品质的提高和事业的发展。

三、职业素质

职业素质是指从业者在一定生理和心理条件基础上，通过教育培训、职业实践、自我修炼等途径形成和发展起来的，在职业活动中起决定性作用的、内在的、相对稳定的基本品质。职业素质包括政治思想素质、科学文化素质、身心素质、专业知识与专业技能素质 4 个方面，其中政治思想素质是灵魂，专业知识与专业技能素质是核心内容。

四、职业道德修养途径

加强职业道德修养主要途径是加强学习、参加实践、开展评价和努力"慎独"。

五、拖拉机驾驶员职业守则

拖拉机驾驶员在职业活动的过程中，不仅要遵守社会道德的一般要求，还要遵守与职业相关的道德行为守则，即职业守则。拖拉机驾驶员职业守则的主要内容是遵章守法、安全生产、爱岗敬业，忠于职守、钻研技术、规范操作、诚实守信、优质服务。

遵章守法、安全生产是拖拉机驾驶员职业道德的首要内容，每个从业人员都要遵守职业纪律和与职业活动相关的法律法规。拖拉机驾驶员要学法、知法、守法、用法，自觉遵守《中华人民共和国道路交通安全法》《中华人民共和国农业机械化促进法》《农业机械安全监督管理条例》《农业机械运行安全技术条件》等法律、法规和行业标准，确保安全生产和合法权益。

爱岗敬业是社会大力提倡的职业道德和行为准则，也是每个从业者应当遵守的职业道德。忠于职守是拖拉机驾驶员要热爱农机工作和恪尽职守的劳动态度，尽心尽力做好本职工作。

拖拉机驾驶员是一项技术性很强的职业，必须钻研拖拉机及其配套农业机械构造、使用、维护、修理等操作技能，不断总结、积累经验，提高技术操作水平，才能规范操作，确保安全生产。

诚实守信、优质服务是为人之本，从业之要，是衡量劳动者素质高低的基本尺度，也是树立作业信誉，建立稳定服务关系和长期合作的基础。

第二节　农机法律法规常识和安全生产

一、中华人民共和国农业机械化促进法

为了鼓励、扶持农民和农业生产经营组织使用先进适用的农业机械，促进农业机械化，建设现代农业，颁布了《中华人民共和国农业机械化促进法》共八章三十五条，自 2004 年 11 月 1 日施行。

二、农业机械安全监督管理条例

为了加强农业机械安全监督管理，预防和减少农业机械事故，保障人民生命和财产安全，中华人民共和国国务院于 2009 年 11 月 1 日起颁布施行了《农业机械安全监督管理条例》（以下简称条例），共计七章六十条。2016 年 02 月 06 日，根据国务院第 666 号令，对该条例进行了修改。

条例规定国内从事农业机械的生产、销售、维修、使用操作以及安全监督管理等活动，应当遵守本条例。条例中第三章对农业机械使用操作人的规定如下。

第二十条　农业机械操作人员可以参加农业机械操作人员的技能培训，可以向有关农业机械化主管部门、人力资源和社会保障部门申请职业技能鉴定，获取相应等级的国家职业资格证书。

第二十一条　拖拉机和联合收割机投入使用前，其所有人应当持本人身份证明和机具来源证明，向所在地县级人民政府农业机械化主管部门申请登记，办理相关证件。

第二十二条　拖拉机和联合收割机操作人员经过培训后，应参加县级人民政府农业机械化主管部门组织的考试；考核合格的，农业机械化主管部门应当在 2 个工作日内核发相应的操作证件。

拖拉机和联合收割机驾驶证有效期为 6 年；有效期满，拖拉机和联合收割机操作人员应向原发证机关申请换证。未满 18 周岁不得操作拖拉机和联合收割机。操作人员年满 70 周岁的，县级人民政府农业机械化主管部门应当注销其驾驶证。

第二十三条　拖拉机和联合收割机应当悬挂牌照。拖拉机和联合收割机上道路行驶、因转场作业、维修、安全检验等需要转移的，其操作人员应当携带驾驶证件。

拖拉机和联合收割机驾驶人不得有下列行为：①操作与本人驾驶证件规定不相符的拖拉机和联合收割机；②操作未按照规定登记、检验或者检验不合格、安全设施不全、机件失效的拖拉机和联合收割机；③使用国家管制的精神药品、麻醉品后操作拖拉机和联合收割机；④患有妨碍安全操作的疾病操作拖拉机和联合收割机；⑤国务院农业机械化主管部门规定的其他禁止行为。

禁止使用拖拉机、联合收割机违反规定载人。

第二十四条　农业机械操作人员作业前，应当对农业机械进行安全查验；作业时，应当遵守农业机械安全操作规程。

三、农业机械产品修理、更换、退货责任规定

为维护农业机械产品用户的合法权益，提高农业机械产品质量和售后服务质量，明确农业机械产品生产者、销售者、修理者的修理、更换、退货（以下简称为"三包"）责任，对《农业机械产品修理、更换、退货责任规定》进行修订，共八章四十六条，自2010年6月1日起施行。相关内容：

1. "三包"责任

农机产品实行谁销售谁负责三包的原则。

2. "三包"有效期

农机产品的三包有效期自销售者开具购机发票之日起计算，三包有效期包括整机三包有效期，主要部件质量保证期，易损件和其他零部件的质量保证期。大中型拖拉机整机三包有效期为1年，小型拖拉机为9个月；主要部件质量保证期大中型拖拉机为2年，小型拖拉机为1.5年（主要部件应当包括：内燃机机体、气缸盖、飞轮、机架、变速器箱体、离合器壳体、转向机、最终传动齿轮箱体等）。

3. "三包"的方式

"三包"的主要方式是修理、更换和退货。

4. "三包"责任的免除

销售者、生产者、修理者能够证明发生下列情况之一的，不承担"三包"责任：①农机用户无法证明该农机产品在"三包"有效期内的；②产品超出"三包"有效期的；③因未按照使用说明书要求正确使用、维护，造成损坏的；④使用说明书中明示不得改装、拆卸，而自行改装、拆卸改变机器性能或者造成损坏的；⑤发生故障后，农机用户自行处置不当造成对故障原因无法做出技术鉴定的；⑥因非产品质量原因发生其他人为损坏的；⑦因不可抗力造成损坏的。

四、拖拉机驾驶安全生产要求

（一）对驾驶人员要求

1. 参加农机培训

机手作业前，都应依法参加农机培训机构组织的拖拉机与农机具等专业技术培训。

2. 持证驾驶

拖拉机驾驶员必须依法到居住地农业机械安全监理机构办理驾驶证等，驾驶时必须携带相关有效的驾驶证和行驶证。严禁无证驾驶、无牌照作业，严禁超载、超速。

3. 熟练掌握操作要领

熟练掌握农机具操作手柄、按键或开关的功用、操作要领和安全操作技术规程。

4. 其他规定

为保证作业安全，拖拉机驾驶员必须遵守以下规定。

（1）不准饮酒后驾驶拖拉机。

（2）不准驾驶安全设施不全或机件失灵、未审验或审验不合格的拖拉机。

（3）不准将车辆交给没有驾驶证的人员驾驶。

（4）不准驾驶与驾驶证准驾车型不相符的车辆。

（5）驾驶拖拉机时，不准吸烟、饮食、闲谈或有其他妨碍安全作业的行为，不准在不操纵离合器时，脚放在离合器踏板上。

（6）驾驶员过度疲劳时，不准驾驶拖拉机。

（7）车厢、车门未关好时，不准行车。拖拉机运转时，驾驶员不得离开工作岗位。

（8）不准在作业区内躺卧或携带儿童进行作业。

（9）告知他人，在机器运转时，要远离机器。

（10）拖拉机不准在林区、草原等防火区域作业。

5. 正确维护保养

在每天出车前，应围绕机器一周，巡视检查、调整整机及各个机构和间隙的技术状态是否良好，检查是否有漏油、漏水、漏气、漏电等情况，密封是否良好等。并按照拖拉机使用说明书要求对机器进行正确的技术维护保养。

6. 确保安全

（1）维护保养时，拖拉机应停放在平坦地面，必须先切断动力，停机熄火后再进行。

（2）驾驶员穿着应力求合身、整洁，便于全身各部运动的服装。不宜穿袖口肥大、裤腿宽长、包裹双腿、双肩过紧的服装。不准赤脚、穿拖鞋等作业。

（二）对拖拉机机组的要求

1. 拖拉机符合国家检审要求，挂牌上路

拖拉机应到农机监理机构申请检审，领取号牌和行驶证。

2. 检查各连接部位螺栓是否连接牢固，安全可靠

发动机、轮毂等关键部位的螺栓强度等级应不低于8.8级，螺母应不低于8级。M8、M10、M12和M16的螺栓拧紧扭矩分别为（25±5）N·m、（50±10）N·m、（90±18）N·m和（225±45）N·m。

3. 对发动机的技术要求

（1）发动机各运动机构配合间隙等应符合技术要求。

（2）发动机冷却液、润滑油、燃油应加足并符合技术要求。

（3）发动机油路、水路和气路各管路系统应无漏油、漏水和漏气现象。

4. 对底盘的技术要求

（1）轮胎气压正常；轮毂等固定螺栓应紧固可靠；履带拖拉机履带松紧度应合适。

（2）各润滑点加注润滑剂。

（3）各操纵手柄等操作部件应灵活轻便，动作灵敏可靠，旋转部件转动应无卡滞。自动回位的手柄、踏板自由行程正常，应能及时回位。

（4）各类离合器间隙应正常，分离彻底，接合平稳可靠，回位及时；离合器踏板操纵力应不大于350N（双作用离合器应不大于400N），手柄应不大于100N。手扶拖拉机运输机组转向离合器把手的操纵力应不大于50N，分离彻底时转向把手与扶手套之间应有2~4mm间隙。

（5）转向盘的最大自由转动量应不大于30°。

（6）转向盘操纵力：机械式转向器操纵力应不大于250N；全液压式转向器失效时应不大于600N。全液压转向轮从一侧极限位置转到另一侧极限位置时，转向盘转数应不超过5圈。

（7）制动器间隙等技术状态应符合技术要求，动作应平稳、灵敏、可靠，两侧制动器的制动能力应基本一致。制动踏板的最大操纵力应不大于600N，制动手柄的最大操纵力应不大于400N。制动器冷态时：制动距离$S_冷$<6m；制动器热态时：$S_热$<9m。轮式拖拉机及其运输机组在坡度为20%的干硬坡道上，挂空挡，上、下坡驻车制动时可靠停驻，时间应不小于5min。

（8）传动皮带、传动链条等传动部件和张紧度等应符合技术要求；传动件安全防护罩（板）应有效可靠。

5. 对电气系统的技术要求

（1）蓄电池电解液的储存状态及电量应无亏盈、电压应稳定正常。

（2）电路接线应正确，接头应牢固无松动，检查电路线应绝缘良好。

（3）安全保险装置应灵敏可靠。

（4）仪表板、指示灯、转速表、喇叭和照明灯等应正常有效，仪表灵敏准确。

6. 对液压传动系统的技术要求

（1）液压传动系统油管及接头连接应良好；在油路和油管连接处等应无渗油或漏油现象。

（2）冷机检查液压油箱中的油面位置应在检视窗的中心或液压油箱70%~85%的油位。

（3）液压悬挂系统升降平稳，有限位和锁紧装置；液压悬挂系统提升到最高位置静置30min，静沉降应不大于15mm。

（4）液压操纵手柄应定位准确，操纵工况应符合标注位置。

（5）液压悬挂系统插销等各零部件应齐全完好，符合技术要求。

（6）悬挂农具行走过程中应当使用液压锁，保护液压装置。

7. 对配套农具的要求

检查配套农具应符合相关的技术要求。

8. 做好试运转

新的或大修后拖拉机在投入使用前要按说明书的规定进行试运转。

9. 随车配件

拖拉机上应配置随车工具、备件，并有安全警示标志（识）。

（三）拖拉机固定作业要求

（1）使用皮带轮时，主从动皮带轮必须在同一平面内，并使传动皮带保持合适的张紧度。

（2）使用动力输出轴时，该轴和与后面农具间的联轴节应用插销紧固在轴上，并安装防护罩。

（3）发动机停机前，应先卸去负荷，低速运转数分钟后才能熄火。不准在满负荷时突然熄火。

（4）严禁超负荷作业。

（四）拖拉机运输作业要求

1. 拖拉机装载规定

载货高度从地面算起不准超过2.5m；装载长度、宽度不得超出车厢；装载重量以行驶证上核定的重量为准，不准超载。不准超过行驶证上核定或管理机关核准的人数，挂车不准带人。

2. 行驶速度规定

在道路上行驶不得超过限速标志、标线标明的速度。一般大中型轮式拖拉机最高行驶速度<40km/h、小四轮拖拉机<25km/h、手扶拖拉机<20km/h。如遇掉头、转弯、下坡、窄路、窄桥、隧道、胡同，遇风雨雪雾天，能见度50m以内时或在冰雪、泥泞路行驶时，最高时速<15km/h。

3. 行驶路线规定

若路面较宽且平坦应靠右侧行驶。若路面较窄，在无会车和超车的情况下，可在道路中间行驶。

4. 行车间距规定

拖拉机在公路上行驶间距应保持在30m以上，在市区应保持在20m以上，在坡路、冰雪路上应保持在50m以上。拖拉机在同向、异向行驶的侧向间距一般在1.5m左右。

5. 安全起步

起步前环顾四周，发出信号，确认安全后方可起步。不准强行挂挡，不准猛抬离合器踏板起步。

（五） 维护保养时的安全要求

（1）拖拉机维护保养时必须停在平坦的地方，发动机必须先切断动力，停机熄火后才能进行。

（2）在悬挂的农具下面维护时，必须用安全卡、木块等可靠支撑牢固，防止下降。

（3）更换利刃等工作部件时，请戴上手套，不要碰触利刃。

（4）维修时，若拆换还田机甩刀、甩刀轴总成、离合器皮带轮等应做静平衡后才能进行装配，否则会因震动引起轴承损坏、零件开焊、轴断裂等事故。

（5）在安装或更换轮胎、轮辋或幅盘时，必须先将轮胎气放净。充气时，严禁拆卸驱动轮上M16紧固螺栓。

（6）电焊维修时，必须停机停火且断开电源总开关。并让持有焊工证的人员操作。

（7）入库时，应做好清洁、润滑、防腐、防冻、防火、防水、防盗、防丢失、防锈蚀、防风吹雨打日晒等措施。

温馨提示

申请驾驶证的条件和向农机安全监理所应提供的资料

1. 年满18周岁以上、70周岁以下的公民和本人身份证及复印件；

2. 填写《拖拉机和联合收割机驾驶证业务申请表》；

3. 乡镇或社区医院以上的体检合格证明；

4. 一寸证件照4张。

申请农业机械报户，领取号牌和行驶证应提供的资料

1. 填写《拖拉机和联合收割机登记业务申请表》；

2. 所有人身份证及复印件；

3. 农业机械来历证明原件（购机正式发票等）及复印件；

4. 产品出厂合格证原件或进口凭证原件；

5. 拖拉机运输机组交通事故责任强制保险凭证；

6. 发动机号码和机架拓印膜。

第二章　拖拉机使用常识

第一节　拖拉机的选购

一、拖拉机的选购原则

选购拖拉机，要从机具性能、类型、购买者和购买行为、使用条件等方面综合考虑，可按如下原则选择经济适用、称心如意的拖拉机。

1. 机具类型及功率选择

目前，拖拉机既有国内生产的机型，也有进口机型；既有中小型拖拉机，也有大中型、智能型拖拉机。功率在 8~176kW。根据用途、作业量和使用环境等选择机具型号及功率。

2. 拖拉机的性能选择

选购拖拉机时应考虑选择其动力性能、经济性能和使用性能优良的机型。

（1）动力性能　动力性能是指拖拉机的功率和牵引力。动力性能好即拖拉机的功率足，牵引能力强，加速能力好，克服超负荷的水平高。

（2）经济性能　经济性能主要是指拖拉机的购买费用和油料消耗及使用维修费用。经济性能好即拖拉机价格适中，燃油、润滑油消耗低，配件易购，使用维修费用低。选购时如只考虑价格便宜，而未考虑购后使用中的油料费、维修费等各种费用支出，则可能得不偿失。

（3）使用性能　使用性能主要是指拖拉机的操作性、适应性、实用性、安全性、可靠性和舒适性。使用性能好即拖拉机操作灵活，方便可靠，安全舒适，使用时间长、故障少，能适应当地的地形地貌、气候、作业规模和条件，配套多种农具进行作业，综合利用价值高，使用率高。

1）适应性。所选机型和性能必须满足农艺对作业质量的要求，机械尺寸和联结方式要满足当地的地块和动力及配套农具要求。

2）实用。根据经营规模和生产任务来选择，并应考虑动力机具作业机械的配套性，以充分发挥机具性能和提高利用率。

3）可靠性。包括无故障性、维修性和耐久性等，要求机具能在规定时间内和规定的使用条件下无故障并且能可靠地工作，使用寿命要长。对机具进行维修和排除故障时，要易于拆卸、易于检查、零部件的通用化和标准化程度高、互换性好等。

4）安全性。是指农机具对人身、生产安全和环境保护的性能，是选型的重要条件之一。要求机具安全性高，其操作的噪声和排放的有害物质对人体的危害及对环境的污染，应在国标范围内。

5）舒适。在价格相差不多的情况下，建议购买舒适性比较好的机具。

3. 购买者（或操作者、机手）条件要求

（1）购买者的技能条件　在选择购买时，要根据自己技能条件选择适合自己的机型。对机械、电控和液压等知识掌握较好，对设备的操控能力和简单故障的判断排除能力较强的，应选择功能多、智能化的机型；否则，应选择结构简单、操作方便、性能好的普通机型。

（2）购买者的经济实力　功率在 73.5kW 以上的拖拉机，体型庞大，价格较贵，投资回收期较长，适用于农场、较多土地规模经营及人少地多的村组等；中小型拖拉机，价格较低，一次投资相对较少，作业效率也不低，投资回收期较短，作业的机动性和操作性都较好，适应年作业量一般的地块。购买者经济实力强，作业量大，可购买功率大的机型；否则购买功率小的机型。

（3）动力配套　购买拖拉机必须选择有与动力相匹配的农具，应该避免"小马拉大车"或"大马拉小车"的现象，实现拖拉机与农具的合理匹配。

4. 考察售后服务情况

选购拖拉机时要调研和了解相关生产企业的信誉、产品质量稳定性和售后服务等情况。货比三家，综合考虑产品价格、质量和服务，千万不要听信一面之词，不要只图便宜。

在产品质量上，应该选购技术成熟的定型产品，并经过当地农机推广部门试验示范后，确认适合本地使用的机型和大力推广的定型产品，具有"农机推广许可证、生产许可证、质量检验合格证"。

在售后服务质量上，一是要考察生产厂和经销商是否具有完善的"三包"服务体系、技术服务能力和能否及时供应零配件；二是"三包"服务是否及时、有效，服务质量好。

二、拖拉机的选购方法

1. 多方咨询农机技术人员或老师傅

选购拖拉机时，多方咨询、调查，选择产品质量满意度高的产品。先咨询当地的农机技术人员或老师傅意见，也可以到现场观看机械作业状况。对产品的使用性能、可靠性以及适用范围做详细了解。

2. 查看农机购置补贴目录

目前，国家对拖拉机采取鼓励支持政策，绝大多数拖拉机都在购机补贴目录中，但补贴的额度不同，需要认真查阅。优先购买享受农机购置补贴的机型。

3. 认真观察产品的外观情况

检查整机有无因运输而造成外部机件的碰伤、变形、损坏及丢失等；检查铅封、标牌是否齐全；检查油漆是否光亮均匀，表面无划痕、起皮、脱落等现象；检查机具零部件是否无损、无误，安装是否规范，焊缝是否平整牢，如发动机、机架与变速器等重要部件连接螺栓、接头是否紧固牢靠等。

4. 进行开机检验

通过开机运行，检查其启动等性能是否良好，运转是否平稳，声音、信号、仪表等是否正常，操作部件是否灵敏可靠等，无漏油、无漏水、无漏气现象。

5. 进行行车检查

检查离合器、变速器、制动装置、转向机构以及悬挂装置的工作情况是否符合技术要求。

6. 检验随车附件

随车附件包括产品使用说明书、随车工具、易损备件、产品出厂合格证等装箱清单逐件对照验收，若发现缺少、损坏及不合格的零件时，应向销售商及时提出补偿或更换合格零件。

购机时必须索取国家财税部门统一监制的票据（发票）及产品合格证和"三包"凭证。

第二节　农业机械常用油料的选用和柴油净化技术

一、农机常用油料的种类、牌号和选用

农业机械常用的油料包括燃料油（主要是普通轻质柴油、汽油）、润滑油（润滑脂）和液压油三大类。具体牌号规格及选用方法见表2-1。

表2-1　农业机械常用油料的种类、牌号、规格与适用范围

名称		牌号和规格		适用范围	使用注意事项
柴油	重柴油	10号、20号、30号		转速1 000r/min以下的中低速柴油机	1. 不同牌号的轻柴油可以掺兑使用 2. 柴油中不能掺入汽油
	轻柴油	10号、0号、-10号、-20号、-35号和-50号（凝点牌号）		选用凝点应低于当地气温3~5℃	
汽油		89号、92号、95号和98号（辛烷值牌号）		压缩比高选用牌号高的汽油，反之选用牌号低的汽油	1. 当汽油供应不足时，可用牌号相近的汽油暂时代用 2. 不要使用长期存放已变质的汽油，否则结胶、积炭严重
内燃机机油	柴油机机油	CC、CD、CD-Ⅱ、CE、CF-4等（品质牌号）	0W、5W、10W、15W、20W、25W（冬用黏度牌号），"W"表示冬用；20、30、40和50级（夏用黏度牌号）；多级油如10W/20（冬夏通用）	品质选用应遵照产品使用说明书中的要求选用，还可结合使用条件来选择。黏度等级的选择主要考虑环境温度	1. 在选择机油的使用级时，高级机油可以在要求较低的发动机上使用 2. 汽油机油和柴油机油应区别使用
	汽油机机油	SC、SD、SE、SF、SG和SH等（品质牌号）			
齿轮油	普通车辆齿轮油（CLC）	70W、75W、80W、85W（黏度牌号）		按产品使用说明书的规定进行选用，也可以按工作条件选用品种和按气温选择牌号	不能将使用级（品种）较低的齿轮油用在要求较高的车辆上，否则将使齿轮很快磨损和损坏
	中负荷车辆齿轮油（CLD）	90、140和250（黏度牌号）			
	重负荷车辆齿轮油（CLE）	多级油如80W/90、85W/90			
润滑脂（俗称黄油）	钙基、复合钙基	000、00、0、1、2、3、4、5、6（锥入度）		抗水，不耐热和低温，多用于农机具	1. 加入量要适宜 2. 禁止不同品牌的润滑脂混用 3. 注意换脂周期以及使用过程管理
	钠基			耐温可达120℃，不耐水，适用于工作温度较高而不与水接触的润滑部位	
	钙钠基			性能介于上述两者之间	
	锂基			锂基抗水性好，耐热和耐寒性都较好，它可以取代其他基脂，用于设施农业等农机装备	

（续表）

名称	牌号和规格		适用范围	使用注意事项
液压油	普通液压油（HL）	HL32、HL46、HL68（黏度牌号）	中低压液压系统（2.5～8MPa）	控制液压油的使用温度：对矿油型液压油，可在 50～65℃ 下连续工作，最高使用温度在 120～140℃
	抗磨液压油（HM）	HM32、HM46、HM100、HM150（黏度牌号）	压力较高时使用条件要求较严格的液压系统（>10MPa），如工程机械	
	低温液压油（HV 和 HS）		适用于严寒地区	

二、柴油净化技术

柴油净化技术是指柴油在使用前，通过沉淀和过滤等措施，除去油料中的杂质和水分，提高油料的清洁度。其功用是减少柱塞副等精密偶件的磨损，提高其使用寿命和柴油机的动力性及经济性。

1. 柴油预先沉淀

试验表明：将柴油沉淀48h 后，0.01mm 的杂质可沉降 800mm；沉淀 96h 后，0.01mm 的杂质可沉降到底。沉淀时间越长，对滤清器不能清除的微小杂质的清除效果越明显。所以一般规定柴油装入油桶后至少沉淀48h 后才能使用。

2. 采取浮子取油或中部取油

最好采取浮子取油，中部取油的油抽或胶管不能直接插到油桶的底部，离桶底的距离至少在 100mm 以上，取油时千万不要晃动储油桶，防止杂质被抽出。

3. 加油过滤

加油时一定要过滤，最好采用绸布等过滤净化措施，加注柴油的工具应保证清洁，并定期清洗油箱、滤网、滤清器和更换滤芯。

第三节　机械常识

一、常用法定计量单位及换算关系

1. 法定压力计量单位

法定压力计量单位是帕（斯卡），符号为 Pa，常用兆帕表示，符号为 MPa。压力以前曾用每平方厘米作用的公斤力来表示，符号为 $1kgf/cm^2$。其转换关系为：

$1MPa = 10^6 Pa$。

$1kgf/cm^2 = 9.8 \times 10^4 Pa = 98kPa = 0.098MPa$。

2. 法定功率计量单位

法定功率计量单位是瓦，符号为 W。$1kW = 1\,000W$，1 马力 $= 0.735kW$。

3. 力、重力的法定计量单位

力、重力的法定计量单位是牛顿，符号为 N。$1kgf = 9.8N$。

二、滚动轴承

1. 滚动轴承的功用组成和种类

滚动轴承的主要功用是支承轴或绕轴旋转的零件；滚动轴承的基本结构是由内圈、外圈、滚动体和保持架等四部分组成。滚动轴承按承受负荷的方向分为向心轴承（主要承受径向负荷）、推力轴承（仅承受轴向负荷）和向心推力轴承（同时能承受径向和轴向负荷）三种；按滚动体的形状分为球轴承（滚动体为钢球）和滚子轴承（滚动体为短圆柱、长圆柱、圆锥、滚针、球面滚子等）。球轴承用于转速较高、载荷较小，旋转精变较高的地方；滚子轴承用于转速较低，载荷较大或有冲击、振动的工作部位。

2. 滚动轴承规格代号的含义

滚动轴承规格代号打印在轴承端面上，由前置代号、基本代号、后置代号三组符号及数字组成。

（1）前置代号 它表示成套轴承部件的代号，用字母表示。代号的含义可查阅新标准，例如：代号 L 为可分离轴承的可分离内圈或外圈，代号 GS 为推力圆柱滚子轴承座圈。

（2）基本代号 它表示轴承的基本类型、结构和尺寸，是轴承代号的基础。基本代号由轴承类型代号、尺寸系列代号、内径代号三组代号组成。

轴承类型代号由数字或字母表示；尺寸系列代号由轴承宽（高）度系列代号和直径系列代号组成，用两位阿拉伯数字表示。上述两项代号内容和具体含义可查阅标准。内径代号表示轴承的公称内径，用两位阿拉伯数字表示，表示方法见表 2-2。

表 2-2 轴承内径的表示方法

项目	轴承类型代号	尺寸系列代号					内径代号
轴承内径（mm）	9 以下	10	12	15	17	20 ~ 480（22、28、32 除外）	500 以上及 22、28、32
表示方法	用内径实际尺寸表示	00	01	02	03	以内径尺寸除以 5 所得商表示	用内径实际尺寸表示，并在数字前加一个"/"符号

（3）后置代号 用字母和数字表示，它是轴承在结构形状、尺寸、公差、技术要求有改变时，在其基本代号后面添加的代号。如添加后置代号 NR 时，表示该轴承外圈有止动槽，并带止动环。

轴承基本代号举例：6208 轴承"6"表示深沟球轴承；"2"是尺寸系列代号，宽度系列代号 0 省略、直径系列代号为 2；"08"内径代号 $d=8×5=40mm$。303/32 轴承"3"表示圆锥滚子轴承、"03"是宽度系列代号 0 省略、直径系列代号为 3；"32"内径 $d=32mm$。205 滚动轴承的内径为 25mm。

三、螺纹连接件的防松方法

螺纹连接件常用防松方法：弹簧垫片，由于它使用简单方便，应用最广；齿形紧固垫圈，用于需要特别牢固的连接；开口销及六角槽形螺母；止动垫圈及锁片；防松钢丝，适用于彼此位置靠近的成组螺纹连接；双螺母。

第三章 拖拉机概述

第一节 拖拉机的发展历程和趋势

一、拖拉机的发展历程

1950年3月我国大连习艺机械厂仿制出中国第一台27.4kW的轮式拖拉机。同年12月山西机械厂参照美国克拉克18.4kW履带拖拉机，试制出我国第一台18.4kW履带拖拉机。

自1955年我国在洛阳兴建中国第一拖拉机制造厂（现一拖集团）以来，我国拖拉机工业从无到有，拖拉机制造技术得到了迅速发展。现拖拉机厂遍及全国各地，批量生产了东方红、东风、上海、铁牛、福田雷沃、耕王、常发、五征、江苏、黄海金马等品牌的拖拉机，功率从小到大，品种、型号、系列繁多的大中小型拖拉机。拖拉机制造水平基本达到了国际先进水平，不但满足了广大农村的需要，还出口到其他国家。截至2018年年底，全国拖拉机保有量为2 240.26万台，总功率39 113.51万kW；其中小型拖拉机1 818.26万台，总功率19 820.88万kW。

二、拖拉机的发展趋势

自21世纪来，随着拖拉机技术升级，农村土地流转速度加快，家庭农场兴起，农机社会化服务组织规模扩大，围绕提高土地产出率、资源利用率和农业劳动生产率，保护性耕作、农机深松整地，将会推动拖拉机未来向以下方向发展。

1. 向大功率多品种方向发展

拖拉机的功率越来越大，广泛使用36.8~147kW。国外、国内拖拉机企业已生产220.5kW以上的拖拉机，生产效率高，适合大农场、大地块作业。拖拉机产品系列的划分将更加细化，即每个拖拉机系列将派生出4~6个系列，变型产品将越来越多。

2. 配置的发动机性能逐步提高

为节能和环保，发动机性能指标由国Ⅱ向国Ⅲ、国Ⅳ以上逐步过渡，机械高压油泵逐步被单体泵（电磁泵）和高压共轨技术所代替，使发动机性能更优越。

3. 机电液一体化水平进一步提高

电子技术的应用更为广泛，在现有产品部件应用的基础上，将在无级变速传动系统、动力换挡、动力输出轴、静液压转向器、负荷传感系统、液压悬架系统、前置动力输出轴、前置提升器等部件上广泛采用电子和液压传动技术。全动力换挡变速器将作为拖拉机的标准装备，液压无级传动系得到广泛应用，高速（40km/h）拖拉机将逐渐增多。

4. 向通用性和高适应性方向发展

同一台拖拉机可同时配备多种农具，以适应不同作物农艺要求的复式作业；改进机体结构，使其更好地适应不同作物和倾斜地面。行走装置可配置多种宽度的轮胎、履带等，以提高在不同田间条件下工作的适应能力。产品结构类型仍将以前轮小、后轮大、前轮转向的标准型为主，大中型拖拉机大多为四轮驱动型。

5. 向舒适性、使用安全性、操作方便性方向发展

现代拖拉机的设计，在考虑提高技术性能的同时更注重驾驶的操控性、舒适性和安全性，部分机型还配有自控装置，包括自动对行、自动调节、自动控制车速、自动停车等功能。

6. 智能化方向发展

为了适应生态农业、保护性耕作等可持续发展农业的需要，集全球卫星定位系统（北斗和 GPS）、地理信息系统（GIS）与卫星遥感系统（RS）等于一身的"精准农业"技术及无人驾驶在智能化拖拉机上的应用，是当今拖拉机最新、最重要的技术发展。另外，为提高机械性能和使用方便性，今后拖拉机将更为广泛地采用计算机技术，实现作业自动监视与报警、自动控制、自动监测主要工作部件故障、自动记录和自动排除故障等。

第二节　拖拉机的类型特点和型号

一、拖拉机的类型和特点

拖拉机的用途越来越广，机型越来越多。农用拖拉机是农业生产的主要动力机械，一般为四冲程、水冷柴油机，用于牵引和驱动各种非自走型作业机械，主要完成整地、播种、田间管理及收获等项作业，还可完成农田基本建设和农业运输作业。按其用途、结构和功率大小分为以下几种类型，见图3-1。

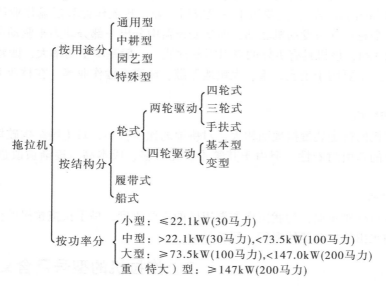

图3-1　拖拉机分类

1. 通用型拖拉机

通用型拖拉机主要适用于耕、耙、播、收等项田间作业，也可用于运输或固定作业等，但不适用于中耕和其他行间作业。如东风-500、东方红-LX700、RC80、TG1254等。

2. 中耕型拖拉机

中耕型拖拉机具有较高的地隙、较窄的行走装置，且轮距可调。该型拖拉机有专门设计的，也有的是通用型的变型，它主要适用于中耕和行间作业，也可兼作通用型使用。如江苏-500H型拖拉机，地隙 740mm；东方红-LX750H 拖拉机，地隙 840mm，可进行棉花、玉米、高粱、甘蔗以及棉麦套作等田间管理作业。更换前后桥及轮胎可满足通用型机的作业要求。

3. 园艺型拖拉机

园艺型拖拉机主要用于果园、茶林、设施农业、山地、丘陵和小型田块的各种作业，特点是功率小、体积小、机身低、重量轻。如多功能微耕机和兼用型手扶拖拉机及"大棚王"小四轮拖拉机。

4. 特殊型拖拉机

特殊型拖拉机适用于某些特殊的工作条件。如山地拖拉机、水田拖拉机和沤田拖拉机（机耕船）等。此种拖拉机由于需求量较少，往往是其他型拖拉机的变型。

5. 轮式拖拉机

轮式拖拉机的行驶装置是车轮，是当代拖拉机的主流，按车轮或轮轴的数量分手扶和轮式两种。

（1）手扶拖拉机　它的行走轮轴只有一根。如轮轴上只有一个车轮的称为独轮拖拉机，有两个车轮的称为双轮拖拉机。作业时操作者多为步行，用手扶持操纵拖拉机工作，俗称手扶拖拉机。

（2）轮式拖拉机　它的行走轮轴有两根，如轮轴上有 3 个车轮的称为三轮拖拉机；如有 4 个车轮的称为四轮拖拉机。应用最广泛的是四轮拖拉机，按其驱动型式可一般分为两轮驱动和四轮驱动两种。两轮驱动一般分为后两轮驱动、两前轮导向，两轮驱动型式代号用 4×2 来表示（即车轮总数和驱动轮数），主要用于一般农田作业、排灌作业和运输作业等。四轮驱动型拖拉机，前后 4 个轮子都由发动机驱动，即从变速器中分出一部分动力来驱动前轮，四轮驱动型拖拉机代号用 4×4，该机具有更好的牵引附着性能。一般基本型功率大，四轮尺寸相同，折腰转向。在农业上主要用于土质黏重、大块地深翻、泥道运输作业等；在林业上用于集材和短途运材。

6. 履带式拖拉机

履带式拖拉机的行走装置接地面积大，对耕地的比压很小，对土壤结构破坏较轻，防陷性能好，且有很好的牵引附着性。但由于其笨重、耗材多、成本高。逐渐被改进型轮式拖拉机代替。

7. 船式拖拉机

船式拖拉机也称机耕船，为我国南方湖田区的主要机型，是手扶拖拉机的变型，采用船体支承整机，利用水田轮推动船体滑行、尾轮导向。

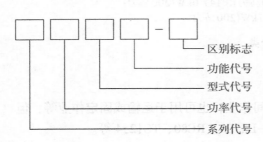

图 3-2　拖拉机型号编制规则

区别标志
功能代号
型式代号
功率代号
系列代号

二、拖拉机的型号及含义

1. 拖拉机型号

根据 JB/T 9831—2014《农林拖拉机　型号编制规则》的规定，拖拉机型号编制依次为系列代号、功率代号、型式代号、功能代号和区别标志组成，其排列顺序见图 3-2。

（1）系列代号　用不多于 1 个大写汉语拼音字母（I、O 除外）表示，用于区别不同系列和不同设计的机型。如无必要，系列代号可省略。

（2）功率代号　用发动机标定功率值［单位为千瓦（kW）］乘以系数1.36时取近似的整数表示。

（3）型式代号　用阿拉伯数字表示，按表3-1的规定执行。

表3-1　型　式　代　号

型式代号	型式	型式代号	型式	型式代号	型式	型式代号	型式
0	后轮驱动四轮式	2	履带式	4	四轮驱动式	6、7、8	保留
1	手扶式（单轴式）	3	三轮式或并置前轮式	5	自走底盘式	9	船式

（4）功能代号　按表3-2规定执行。

表3-2　功　能　代　号

功能代号	用途	功能代号	用途	功能代号	用途	功能代号	用途
（空白）	一般农业用	L	林业用	S	水田用	待定	其他
G	果园用	D	大棚用	T	运输用		
H	高地隙中耕用	E	工程用	Y	园艺用		
J	集材用	P	坡地用	Z	沼泽地用		

（5）区别标志　结构经重大改进后，加注区别标志，用1~2位阿拉伯数字表示。

（6）特征代号　以数字结尾，如上述农用拖拉机在区别标志前应加一短横线，与前面的数字隔开。

然而，多数拖拉机没有按国家标准命名，而是各厂家自己定名。

2. 型号的含义

以"东方红-854"拖拉机为例："东方红"表示中国一拖集团生产的拖拉机的品牌；"85"表示拖拉机发动机功率为85马力（66.5kW）；"4"表示四轮驱动。如DF-1204型拖拉机："DF"表示东风牌；"120"表示发动机功率为120马力（88.3kW），"4"表示四轮驱动型拖拉机。

第三节　拖拉机基本组成

拖拉机生产的厂家和型号较多，但其基本组成与工作过程基本相似，主要由发动机、底盘、电气系统和液压传动系统四部分组成，见图3-3。

一、发动机

发动机是拖拉机行驶和工作的动力源，一般采用柴油发动机作为动力装置。其功用是将燃料的热能转变为机械能向外输出动力，满足拖拉机行驶、驱动农具、牵引工作装置进行作业的需要。柴油发动机主要包括一个机体、二大机构（曲柄连杆机构、配气机构）、四大系统（燃料供给系统、润滑系统、冷却系统和启动系统）。

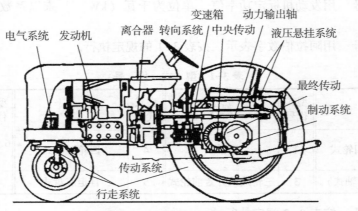

图 3-3　轮式拖拉机结构图

二、底盘

拖拉机底盘位于其下部，是指在拖拉机整体中除发动机、电气系统和液压传动系统以外所有的系统和装置的统称，包括传动系统、行走系统、转向系统、制动系统和工作装置及驾驶台等。其功用是支承整机全部负载和将发动机的动力传递给驱动轮和工作装置、使拖拉机完成行驶、移动和固定作业等。

传动系统是将发动机动力传递给驱动轮和动力输出轴；行走系统是将拖拉机各总成和部件连成一个整体，并支承全车重量，以保证拖拉机的正常行驶；转向系统是保证能按驾驶员选择的方向和设定作业路线进行行驶；制动系统是用于行驶中的减速停车、协助转向和保证可靠地将拖拉机停放在平地或斜坡上；拖拉机的工作装置包括液压悬挂装置、牵引装置和动力输出装置，用于挂接和控制农具升降、牵引挂车和通过动力输出轴驱动农具及进行固定作业。

驾驶台安装在底盘机架上，主要包括仪表、操纵系统（方向机总成、液压操作手柄、变速操纵手柄、油门控制、制动等）和驾驶室等。其功用是机手在驾驶台可操纵机器转移和监视拖拉机作业。

三、电气系统

电气系统担负着发动机的启动、夜间照明、工作监视、故障报警和自动控制等。主要由电源设备、用电设备和配电设备三部分组成。

四、液压传动系统

液压传动系统是操纵拖拉机液压悬挂升降装置、液压转向、液压制动和配套农具的升降及无级变速等项操作的液压控制系统。它包括液压油泵、油缸、分配阀和油箱、滤清器、油管等。

第四节　拖拉机操纵机构和仪表识别

一、手扶拖拉机主要操纵部件识别

以东风-12 型手扶拖拉机主要操纵部件为例，见图 3-4。

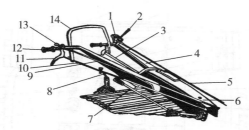

图 3-4　东风-12 型手扶拖拉机操纵架
1-限位板　2-离合制动手柄　3-变速操纵杆　4、9-左右扶手臂　5-离合自动拉杆
6-罩壳　7-旋耕操纵手柄　8-尾轮调节手柄　10-转向拉杆　11-转向手把
12-扶手把　13-油门手柄　14-扶手架

1. 油门手柄

油门手柄向里扳转，油门加大；反之，向外扳转油门减小。

2. 离合制动手柄

手柄向前推放，离合器接合；手柄向后拉到中间位置，离合器分离；再向后拉到制动位置，拖拉机制动。

3. 变速挡位板和变速操纵杆

变速挡位板是"工"字形，3 个是前进挡，右下角是倒挡。变速操纵杆向里推是低速挡，向外拉是高速挡。它和挡位板组成 6 个前进挡、2 个后退挡。

4. 转向手把

转向手把 2 个，分别置于扶手把下边。握紧左转向手把，拖拉机向左转；握紧右转向手把，拖拉机向右转；同时松开 2 个扶手把，拖拉机直线行驶。

二、轮式拖拉机主要操纵部件和仪表识别

以 CF80 系列四轮拖拉机主要操纵部件和仪表为例，见图 3-5。

1. 转向盘

又称为方向盘，其功用是操纵拖拉机行驶方向。正确握法：两手分别握稳方向盘边缘左右两侧，根据变速杆位置确定左右手靠上还是靠下。如变速杆在右侧，握转向盘位置：右手处在相当于钟表 3—4 点位置，左手处在 9—10 点位置；如变速杆在左侧，握转向盘位置：左手处在 7—8 点位置。拖拉机在不平的道路上行驶时，双手应紧握转向盘。除有一手必须操纵其他装置外，不得用单手操纵转向盘。

2. 离合器踏板

离合器踏板是发动机与传递部件结合与分离的机件，在起步、换挡和停车时使用。操作时用左脚掌踩实踏板，用膝关节的伸屈力踩下踏板即分离，动作要迅速果断，一次踩到底。抬脚即接合，要缓慢平稳。抬脚分两步：第一步迅速抬起离合器踏板至半分离位置不动；第二步缓慢抬起离合器踏板至顶。离合器接合后，脚迅速从离合器踏板上离开，放踏板左下方。行驶中，不得把脚放在离合器踏板上，以免离合器经常处于半接合状态而过热烧损。

3. 制动踏板

制动踏板又称刹车，是控制拖拉机减速或停车的装置。使用脚制动同时，应两手紧握转向盘，右脚离开加速踏板并踩下制动踏板。要领是右脚跟靠住驾驶室底板，以膝关节的伸屈动作

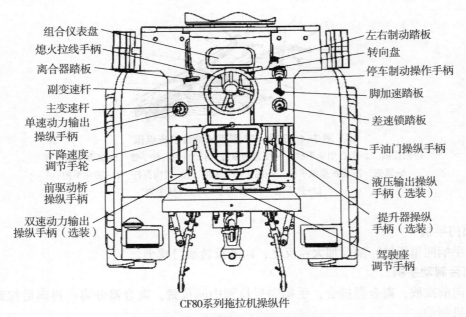

组合仪表盘
熄火拉线手柄
离合器踏板
副变速杆
主变速杆
单速动力输出
操纵手柄
下降速度
调节手轮
前驱动桥
操纵手柄
双速动力输出
操纵手柄（选装）

左右制动踏板
转向盘
停车制动操作手柄
脚加速踏板
差速锁踏板
手油门操纵手柄
液压输出操纵
手柄（选装）
提升器操纵
手柄（选装）
驾驶座
调节手柄

CF80系列拖拉机操纵件

图 3-5　轮式拖拉机主要操纵部件

踩下或抬起制动踏板，达到平稳减速或停车的目的。使用时要缓踩快松制动踏板。

使用注意事项：①制动时一般先减小油门，分离离合器后再进行制动。在紧急情况下可同时踩下离合器和制动器踏板。在确保安全的前提下，尽量避免紧急制动；用拖拉机直接减速制动时，不用踩离合器踏板。②在非紧急制动时，不要过猛踩下制动踏板，可采用速踩速放的方法，近似点刹制动柔和。③要特别注意两制动踏板自由行程一致。行车时两踏板连锁在一起，田间作业分开使用。

4. 加速踏板

其功用是改变供油量的大小来控制发动机转速。向下踩加速踏板，供油量增加，发动机转速升高；反之，抬起加速踏板，供油量减小，转速降低。要领是右脚跟靠在驾驶室底板上作为支点，右脚掌前部轻踏加速踏板上，用踝关节的伸屈动作踩下或抬起踏板。动作要轻踏、缓抬；不要连续抖动和用脚跟踏。加速踏板和离合器踏板要协调操作，踩离合器踏板时，要迅速抬起加速踏板，不要加"空油"。行驶中，右脚除踩制动踏板外，其他时间都应放在加速踏板上。

5. 变速杆

四轮拖拉机有主、副两个变速杆，变速杆上端安装球头。换挡时，右手握住主变速杆球头，可左、右、前、后摆动变速杆，并通过拨叉将变速器内滑动齿轮拨至相应位置，改变拖拉机行驶速度和实现前进、倒车或空挡。副变速杆是用来选择变速器高低挡的。

6. 液压悬挂系统操纵手柄

其功用是操纵悬挂农具的提升高度和耕作深度。手柄分提升、下降、中立和浮动4个工作位置。

7. 灯光开关

灯光开关是控制拖拉机的灯光。灯光开关多用拉杆式，有单挡和双挡开关。

8. 机油压力表和压力警告灯

机油压力表是指示润滑油道的机油压力大小。机油压力大于 0.15MPa 供油正常；反之应排除故障。

机油压力警告灯会在润滑系统里机油压力降低到极限时发亮，警告驾驶员注意。

9. 水温表

水温表是指示发动机冷却水的温度。工作时水温为 70 ~ 90℃，水温低于 60℃ 时，应避免高速运转，待水温升高的再作业，水温过高时，立即停车检查，排除故障后方可继续作业。

10. 电流表

电流表是指示蓄电池充电和放电情况。表盘数字为 -30、0、+30。蓄电池充电时，指针偏转向 "+" 方向；放电时，指针偏转向 "-" 方向。数字表示电流的大小，单位为 A（安培）。

第四章　拖拉机驾驶技术

第一节　驾驶基本操作技术

一、检查和准备

1. 机具技术状态检查的目的和方法

检查的目的是拖拉机在使用前和使用过程中，及时维修、保证作业性能良好和安全可靠，使机器始终保持正常技术状况的预防性技术措施，以延长机器的使用寿命。

拖拉机驾驶员在每天出车前，应围绕机器一周，按拖拉机组安全技术要求和班保养要求进行检查和准备。检查方法主要是眼看、手摸、耳听和鼻闻。

2. 技术状态检查的内容

1）检查水箱是否达到其上刻线，不足时应添加软水等冷却液或防冻液到水箱的上刻线。

2）冷机保持水平状态停机检查油底壳机油面是否在上限和下限刻线之间偏上处。如不足应加注符合标准的机油，使油位接近上刻线，如油面超过上刻线应从油底壳螺塞放出多余机油。

3）检查柴油箱的燃油量是否足够，不足应加注符合质量要求的柴油。检查油路是否畅通无空气，若有空气须按动手油泵排尽空气。

4）清洁拖拉机各表面处，特别是防尘网、散热器上和空气滤清器中的灰尘。

5）检查拖拉机燃油路、润滑油路、液压油路、冷却水路和气路是否符合技术要求，无漏油、漏水、漏气和漏电现象。

6）检查轮胎气压是否符合说明书要求，并左右一致。一般驱动轮充气压力为 0.15 ~ 0.30MPa，导向轮胎充气压力为 0.20~0.35MPa。充气时，严禁拆卸连接驱动轮辋的螺栓。

7）检查离合器、转向器、制动器等间隙和各操纵装置手柄（或踏板）等技术状态是否符合技术要求，是否操作灵活轻便，动作灵敏可靠。

8）检查轴是否弯曲，检查各轴承间隙是否正常、轴与轴承的安装固定是否正确、转动是否灵活等。检查时，可先扳住轴上的皮带轮进行上下、左右摇晃，看是否有径向和轴向窜动。如径向轴向间隙不大，可用手转动部件，如能轻快转动又无撞击和擦碰，则说明转动部件和轴承安装正确。最后用锤头敲击轴头，如轴不窜动说明轴与轴承内圈的安装定位可靠。

9）检查机组的润滑和密封性是否良好。检查变速器中润滑油数量和质量是否符合技术要求，如不符应添加或更换；检查变速器通气孔是否堵塞，若堵塞应疏通。

10）检查蓄电池电解液的储存状态及电量是否亏盈、电压是否稳定正常。

11）检查并确认电器线路连接是否正确、接头牢固无松动，绝缘良好、仪表灵敏可靠。

12）检查安全保险装置是否灵敏可靠，符合技术要求。

13）检查仪表板、指示灯、转速表的指示是否正常有效，喇叭是否鸣响、照明灯能否照明。

14）检查液压传动系统油管及接头连接是否良好；检查油管连接处、液压换向阀和液压油缸的伸缩活动处是否有渗油或漏油现象。

15）检查液压油箱中的油面位置。缩回拖拉机各液压油缸，悬挂的农具放至地面上，液压油面要在检视孔的中心。如果油量不足时，应给予补充；加油时，将油箱加油孔周围擦干净。

16）检查拖拉机和配套农具是否挂接正确，各螺栓是否紧固完好，运动件配合间隙是否符合技术要求。万向节（联轴节）连接是否正确。

17）安装带轮时应检查其旋向与农具驱动装置所要求的旋向一致，并保证传动带紧边在下。

18）检查各传动部件是否符合技术要求；检查传动皮带和传动链条的张紧度是否符合技术要求，损坏的应更换新的部件；检查传动件外围安全防护罩（板）是否安装完好和安全可靠。

二、上、下拖拉机动作要领

1）上拖拉机时应察看周围确认安全后再上车。上车时，左手握住转向盘一侧，左脚先上，手、脚同时用力，抬起右脚，身体右侧偏置上身，然后入座。

2）下机时应将变速杆置于空挡、刹车锁定，起身观察车辆周围特别是左侧车辆和行人情况，确认安全后，右手握住转向盘左侧，左手扶座椅，左脚先下。

三、保持正确驾驶姿势

双手平握转向盘，身体中正，目视前方，左脚位于离合器左下方，右脚位于加速踏板上。克服低头、单手和右脚踏其他部位等不良习惯。

四、调整拖拉机侧视镜

调整好机两侧视镜角度，能清晰地观察到车左、右、后方的车辆和行人状况，是否有障碍物等。

五、发动机的启动

（1）拖拉机启动前操作　应当将变速器操纵杆及动力输出轴操纵手柄等置于空挡位置，分配器操纵手柄置于下降位置；离合器踏板踩到底；熄火拉杆推到底，拉大油门，手油门半开状态。

（2）冷车启动前应进行预润滑　试验和实践证明：冷机启动如不预润滑，磨损加剧；启动磨损占发动机总磨损量的50%~60%。方法如下：将油门手柄置于关闭位置，打开"减压"，然后用摇把快速摇转曲轴，直到主油道有一定的油压后（达0.1MPa），方可启动发动机。

（3）低温冷车预热启动　在寒冷地区或季节冷车启动前用热水预热、机油预热升温的方法。热水预热是将70℃左右的热水加入冷却系，边加边放，使发动机温度提高，以利启动（注意不可骤加沸水；防冻液不可加热水）。机油预热是将机油放入铁桶中，使用前加热铁桶中的机油，待油温升高后注入曲轴箱再启动。冬天启动不准用明火烤车，不准用牵引、溜坡方式启动。

（4）手摇把启动　手摇启动时，先检查制动踏板是否锁定在制动位置，后将小型拖拉机的变速手柄放在空挡位置，打开油箱开关，油门置于较大供油位置，左手将减压手柄扳至在减压位置，右手握手摇把插入启动孔，由慢到快，均匀加速摇转曲轴，当达到一定转速时，迅速将减压手柄扳至非减压位置，右手继续猛摇至发动机启动后，应立即取出摇把。启动着火后，减小油门，水温达到40℃左右，即可开动拖拉机；水温升至60℃左右，可以带负荷作业。

（5）汽油启动机启动　启动时，绳索不准绕在手上，身后不准站人，人体应避开启动轮回转面，启动机空转时间不准超过5min，满负荷时间不得超过15min。

（6）电机启动　①设有电源总闸的拖拉机应先合上总闸开关。②带涡轮增压的发动机，冷机启动前应向增压器倒入少许机油，充分润滑，延长其寿命。③操作者坐在驾驶员座椅上，检查制动踏板是否锁定在制动位置；彻底分离离合器（将踏板踩到底）；将变速杆和动力输出轴操纵杆及前驱动手柄置于空挡或分离位置；将熄火拉杆推到底，拉大油门；把钥匙插入主开关。④常温下电启动（气温在5℃以上时）：人坐在驾驶座位上，左手转动减压手柄使其减压；脚油门踏至中间位置；将钥匙顺时针转至通电位，接通电路；然后旋转钥匙至启动位置约3~5s，将减压手柄转到工作位置，待发动机启动后，应立即松手，让钥匙自动弹回到通电位置，以防止启动机损坏。⑤低温下电启动（如气温低于-5℃时）：应将启动开关拧至预热位置，并持续0.5~2min，然后再拧到启动位置，减压启动。也可采用加注热水（防冻液除外）或机油预热升温措施帮助启动。⑥电启动注意事项：每次启动通电时间不得超过5s。如不能启动，应停歇1~3min后再作第二次启动。若连续启动3次不能着火，应进行以下检查，排除故障后再启动。一看电源总闸接触是否可靠，电机线有无虚接或短路现象；二看发动机油泵是否泵油，连续按压手油泵数次，使发动机启动时能连续泵油；三看启动电机接线是否正确可靠，启动电机是否损坏；四看电磁开关等是否有故障或损坏。

（7）发动机启动后　应减小油门，中低速空运转3~5min，观察机油压力应在0.3~0.5MPa，检查有无漏水、漏油、漏气、漏电现象，查看排气烟色（正常冒无色烟或淡烟，如冒蓝烟烧机油，冒黑烟表示超负荷或性能不正常，应检查排除），注意听各部件的运转情况，一有异常响声，应立即断开动力，排除故障。

（8）启动发动机时应注意的问题　①当拖拉机停机较长时间后再启动时，应先排除燃油系统管路内的空气。放气的方法是拧开高压油泵上的放气螺钉，用手压动输油泵手柄，待油路中空气排尽后，再拧紧放气螺钉。②如长时间未启动的，应用摇把转曲轴数十圈，进行润滑，减少磨损等。③启动时油门不宜过大，以免空转转速过高，发动机磨损过大。④夏季电启动时，可以不用减压措施。⑤严禁用金属件直接搭火启动。严禁发动机启动后，不松钥匙而损坏启动电机。

六、作业

1）作业前，应平稳操作各手柄，结合工作部件的离合器，检查操作部件是否转动灵活，动作灵敏可靠；油门由小逐渐加大，转速由低速增到额定转速，听其有无异常响声。

2）进行试机作业时，等水温升至40℃以上可起步、60℃时方可试机作业，在最初作业1h内，拖拉机的行走作业速度要控制在2.5 km/h以内，不能过快。检查实际作业效果是否达到设计要求。如不合适时应及时进行调整。

3）机组在较长时间空运行或运输状态时，应脱开动力挡。

4）检查、维修时必须在平坦的地方，等机器停机熄火后进行。焊修时必须断开电源总开关。

5）做好作业组织管理工作。根据地块的远近和作业状况，制订合理作业计划，合理匹配机组，做好作业前的田块、道路和随机装备等准备，提高作业效率。

七、基本驾驶操作技术

1. 拖拉机的起步

发动机启动后中速时运转 5~10min，待冷却液温度高于 40℃，再按下述步骤进行起步。

1）拖拉机起步、结合动力挡、运转、倒车时都要先鸣喇叭让人注意，观察机组周围有无人和障碍物，确保人、机安全。

2）提起悬挂农具。

3）松开驻车制动器（俗称手刹）。

4）踩下离合器踏板并将换挡操纵杆挂到Ⅰ挡位置。拖拉机起步时，一定要用低挡位起步，否则损坏相关部件。如一次挂不上挡，可松抬离合器踏板后再踩下，重新挂挡。

5）缓慢松开离合器踏板，使拖拉机平稳起步，并逐渐加大油门增高发动机转速。油门大小应根据拖拉机牵引的负荷大小来定。

6）上坡起步时，先踩住制动，再踩下离合器踏板，挂低挡。然后利用手油门加大油门，同时慢慢松开离合器踏板，感觉离合器已部分接合上时，再慢慢松开制动器，此时制动器和离合器踏板处于同时松开的过程，直到拖拉机慢慢起步行驶。

7）下坡起步的操作方法基本与上坡起步的操作方法相同，不同之处是油门应当小些。

8）拖拉机起步后，应经常注意观察各仪表的读数是否正常。

9）两手扶握转向盘，眼看前方，用脚控制油门，平稳前行。

10）转弯时，转向盘向左转，拖拉机左转弯；反之，转向盘向右转，右转弯。在田间低速作业时，可使用单边制动配合转弯和减小转弯半径。

2. 变速换挡

拖拉机行驶速度应根据载荷、道路、气候、交通情况或作业情况及驾驶员的技术水平和精神状态等条件来进行选择。该快则快、该慢则慢、该停则停。选择的依据是拖拉机约在 90% 负荷量的情况下工作，另留下适当动力储备，考虑地面情况、作业要求等因素。拖拉机变速可通过控制油门大小、制动变速和换挡变速三种方式实现。前者只要缓慢加油或减油到某一位置不动，就可在小范围内变速；制动变速是拖拉机在行驶中，不减挡、不停车，用适度踏下制动踏板（根据车速和需降速的程度而定）来降低车速；换挡变速幅度大，农机换挡变速分为机械变速和液压助力变速两种。以下详细介绍机械变速的方法和注意事项。

（1）挡位选择　拖拉机牵引负荷大或在行驶中遇到阻力较大（如起步、上坡或道路情况不好）时，应选用低速挡，以获得大的牵引力；在转弯、过桥、一般坡道、会车或路况稍差时，常选用中速挡；在道路行驶中或负荷较小的田间作业时，可选用高速挡，以提高生产率和经济性。拖拉机各挡用途见表 4-1。

表 4-1　拖拉机各挡用途参照

低1挡	低2挡	低3挡、低4挡、高1挡	高2挡、高3挡、高4挡	倒1挡、倒2挡
旋耕	旋耕、移栽	耕、耙、播	运输	挂接农具

（2）换挡方法　换挡分停车换挡和行进中换挡，后者需要一定的技巧才能实现。如不熟悉易打齿或换不上挡。换挡时，首先踩下行走离合器踏板，然后再扳动换挡变速杆至合适挡

位。操纵变速杆时必须配合协调，达到快捷、平稳、无声，决不允许硬挂、猛碰。

1）低速挡换高速挡（逐级加挡）。先适当加大油门，提高发动机转速冲车；然后在松开油门的同时踏下离合器踏板（手扶拖拉机离合制动手柄拉至离的位置），变速杆挂入高一级挡位，再缓慢松开离合器踏板（手扶拖拉机离合制动手柄拉至接合离合器），加大油门，机器就能平稳提高行驶速度。不许越级加挡或加挡过早，造成发动机动力不足的"拖挡"现象。

2）高挡换到低挡（减挡）。从高挡换到低一挡可逐级或越级减挡，一般采用两脚离合法，首先松开油门，脚移到制动踏板，匀速制动；再踏下离合器踏板（手扶拖拉机离合制动手柄拉至分离位置），将变速杆换入空挡；然后松开离合器踏板（接合离合器），踏一下油门（手扶拖拉机左手接合离合器，右手加油）；再迅速踏下离合器踏板（分离离合器），将变速杆换入低一级挡位；一边慢松离合器踏板（接合离合器），一边逐渐加大油门，机器就能平稳地降低速度行驶。减挡时，油门、离合器、制动三者协同操作：减油→制动→分离离合器→摘挡→适当加油→分离离合器→挂低挡。

3）换挡注意事项。①换挡时，一手握稳转向盘，另一手轻握变速手柄；两眼注视前方，不要左顾右盼或低头看变速杆，以免分散注意力。②加挡变速应逐级进行，不能越级换挡；减挡可视情况越级换挡。③改变前进或后退方向时，必须先停车，后进行换挡。④换挡时，若第一次挂不上挡，不能强拉硬推变速杆，应再次接合、分离离合器，进行二次挂挡。⑤上下坡时，应提前选择好低挡位，不准中途换挡，防止挂不上挡发生"溜坡"。

3. 直线行驶

拖拉机在道路上行驶，方向会不断偏向某一侧，需要用转向盘或方向把纠正行驶方向。操作时，左手上推，右手下拉。转向盘转角与拖拉机行驶速度有关，即车速越快，转向盘的纠正转角越小，转动转向盘的速度也应越慢；反之，车速越慢，转向盘纠正转角越大，转动转向盘的速度也应加快。

拖拉机行驶偏向右侧时，根据车速向左稍转转向盘，待拖拉机校正时，即开始回正方向，转向盘的回正量要适量。拖拉机行驶向左偏时，方向的修正与上述相反。

拖拉机进入狭窄路时，首先要减小油门降低车速，踩离合器换低速挡，若低速挡车速仍过快时，可间隙地踏下离合器踏板，使车辆进一步自然减速行驶。

通过状况不明又无指示信号时的交叉路口，应提前减速，观看左右前方安全状况，慢速通过；遇有红灯或停车让行标志等应停车等待；对面绿灯，确认安全后匀速通过。

4. 转向

(1) 四轮拖拉机转向　前进时，当转向盘向左转动，拖拉机向左转向；反之向右转。倒车时，向右转动转向盘，车头向左偏转，车尾向右行驶；向左转动转向盘，车头向右偏转，车尾向左行驶。

转向前要小油门低速转大弯，严禁高速急转弯。并应"减速、鸣号、靠右行"，当拖拉机驶过弯道、机头接近新的方向时，再将转向盘及时回正，转向盘回正的速度与角度，应根据转弯的形式和路面的情况确定，一般转大弯、缓弯，转向盘应慢转、少转、慢少回正；转小弯、急弯，转向盘应快转、多转、快多回正。转弯要注意内轮差。

左转弯时，先开左转向指示灯，减小油门减速，确认后方、左侧安全后，向左侧改线；接近路口时，慢打方向，靠交叉路口、中心点内侧向左转小弯；行至路口中心时，要慢，注意左右前方的安全状况，前方有直行车辆，要停车让行。如前方无来车时，可适当沿道路中心线右侧缓慢接近弯道，驶入弯道中心时要缓慢通过；在窄道上左转弯应先靠向右边再左转，以保证有余地。

右转弯时，要先开右转向指示灯，减小油门减速，靠右缓行；右转弯前，可稍向左打方向，借道转弯；等拖拉机完全驶入弯道后，再驶向右边（注意右侧、后方车辆和行人），不宜过早靠右行驶，以免后轮偏出路面。

拖拉机牵引或悬挂农具转弯时，一定要瞻前顾后。田间作业时，必须使入土的农具工作部件升至地表以上才能操作转向，以免悬挂装置、提升机构机件损坏。当遇地面松软或滑溜造成地面与前轮的侧向附着力比较小，从而使转向盘转向发生困难时，可踩下转向一侧的制动踏板，通过单边制动协助拖拉机转向。

（2）手扶拖拉机转向　通过操纵左右转向离合器手柄和扳动扶手架来实现。一般平地行驶或上坡时，捏紧右转向手柄，向右转向；捏紧左转向手柄，向左转向。高速直线行驶中作小的方向调整，不需捏转向手柄，只要推扶手架即可实现。急转弯时，两种方法结合使用。配尾轮时，用脚蹬偏转尾轮的方法也可用来协助转向。

5. 制动

拖拉机行驶时，从驾驶员踩下制动踏板到安全停车所行驶的距离叫制动距离。制动距离大小与车速、路面状况、制动力大小有关；制动力是主要决定因素。车速高、路面滑，制动力小，制动距离就长。制动力的大小与制动操纵机构和制动器技术状态有关。制动方法如下：

（1）减速制动　即通常所说"点刹"。拖拉机行驶中不减挡，用制动器强制其降速行驶称为减速制动。方法是首先抬起加速踏板（或油门手柄减小）减速，然后间歇踏下制动踏板，使行驶速度达到要求。刹车时，不可踩得过急，关键是踩下制动踏板要有适度，即踩下的高低要根据车速和需要降低车速的程度而定。当车速降到预定程度后，应迅速松开制动踏板，制动降速的程度以不拖挡为宜。记住：先减速、后制动、再转向，靠右边，正直行、缓慢停。

（2）预见性制动　是根据道路、交通和行人情况，提前做好减速和刹车准备。方法是：当拖拉机行驶速度较高时，先减小油门降低车速，利用发动机牵阻制动；踏下离合器踏板，挂空挡或低挡，根据情况持续或间歇地轻踏制动踏板；行至需要停车的地方，彻底踩下离合器挂空挡的同时重踩制动踏板。如行驶较慢，可先踩下离合器踏板，后踩制动踏板，同时将变速杆移入空挡。能使拖拉机怠速不熄火，又能平稳停车。

（3）紧急制动　是指在行驶中遇到紧急情况时，驾驶员迅速使用制动装置，在最短的时间内将车停住，避免事故发生。此法是在万不得已的情况下使用。方法是：双手握紧转向盘，右脚快速从加速踏板移至制动踏板，并猛踩到底，使其迅速停车。同时踩下离合器踏板，必要时，拉起手制动杆。注意：紧急制动时，开始不要踩离合器踏板。

（4）发动机制动　是指拖拉机在行驶中，不踩制动，不分离离合器，不摘挡，减油门至最小位置，靠发动机怠速运转的牵阻功用减速。发动机制动只能用于降低车速，不能使拖拉机停车，当车速降到与曲轴转速相适应时，发动机转速驱动拖拉机行驶，制动功用就消失。

当拖拉机高速或下坡时，为了减速，发动机制动常与制动器联合使用，共同制动减速。

（5）定点制动　是拖拉机以一定的速度在道路上行驶时，为达到定点停车（靠边停车）的目的。方法是先减油门并踏下制动踏板，降低车速；扳右转向灯或打手势，逐渐靠右行驶；快接近预定目标时，踏下离合器踏板，将变速杆置入空挡或低挡；然后再根据车速和距离调整制动踏板的轻重，平稳地把拖拉机停至预定地点。记住：先减油门并制动，打转向标志靠右慢行，踏离合器挂空或低挡，正直行至目的地，再踏下制动踏板，使拖拉机缓慢停车。

6. 差速锁的使用

轮式拖拉机一般都装有差速锁，其功用是当接合差速锁时，强制两个半轴齿轮同速转动，并使两驱动轮同速旋转，排除拖拉机在行驶或作业中，因一只驱动轮陷入泥泞造成严重打滑，使拖拉机驶出泥泞地段。差速锁操作方法如下：

1）踩下离合器踏板，挂上低速挡。

2）将手油门开至最大位置。

3）按下位于驾驶座右下方的差速锁操纵杆，缓慢地松开离合器踏板，使离合器接合。此时，拖拉机两驱动轮同时转动，使拖拉机驶过打滑区。

4）拖拉机驶过打滑区后，拖拉机不能转弯，否则有损坏机件的危险。

5）注意事项：①拖拉机正常行驶和转弯时，严禁使用差速锁，一旦使用差速锁会阻止拖拉机转弯，会损坏机件和加速轮胎磨损，转弯时易产生拖拉机侧翻事故。②如果有1个后轮打滑，踩下差速锁前将发动机转速降低，避免对传动箱的冲击。③当差速锁接合后，应立即松开差速锁操纵杆，使其回位。

7. 倒车

（1）注视后视镜倒车　驾驶员注意观察左右后视镜，确认安全后用小油门、低速慢倒。

（2）注视后侧方倒车　驾驶座在左侧时，打开左车门，右手握住转向盘上部，左手扶车门，身体上部斜伸出驾驶室，两眼注视左后方低速倒车。

（3）甩头注视后方倒车　双手握转向盘，左手上握1点位，右手下握7点位，甩头注视后方低速慢倒。手扶拖拉机可双手扶把，甩头注视后方低速慢倒；倒急弯可单手扶把，站立。

（4）倒车　应在拖拉机完全停车后，开启倒车报警位置，同时必须前后照顾，密切注意拖拉机周围有无人员或障碍物影响倒驶，确认安全后方可将变速杆置入倒挡，再低速慢倒、稳倒，防止熄火或速度过快造成事故。

（5）直线倒车　要选择路边沿线或道路标志线等为参照基准线，适时修正方向。若向后右方倒车：向右打方向，使前轮后侧向左偏转，实现后右方倒车；若向后左方倒车：向左打方向，使前轮后侧向左偏转。

（6）挂接农具或倒车入库时　通过踩离合器踏板减速，协助完成倒车过程，并随时准备踩下制动器踏板，做好制动停车准备，以防伤害农具手和撞坏农具。

（7）拖拉机倒车转向　操作原则是慢行、快转向。以一侧后轮为基准与路面选择对照目标保持弧形距离，适时修正方向，同时要注意外侧前轮和车身的突出部分，避免碰撞路边障碍物。

（8）倒车　手扶拖拉机倒退起步时，扶手架易上翘，应用力下压扶手架。不得在铁路道口、交叉铁路、单行路、桥梁、急弯、陡坡或者隧道中倒车。

8. 停车和熄火

1）行驶中需要停车时，一般要采用预见性制动，减小油门，降低车速，开右转向灯，逐渐靠右行驶；手扶拖拉机将离合制动手柄拉至"离"的位置，伸右手示意；进一步减速，临近停车地点踩下离合器踏板，轻踏制动器踏板，将主变速杆推至空挡位置，平稳停车，锁定刹车。平稳停车的技巧是根据车速的快慢适当使用制动控制车速，特别是车辆将要停止时，适当放松一下制动踏板后再稍加制动，即可实现平稳停车。

紧急停车时应同时踏下离合器和制动器踏板。不能单独踏下制动器踏板，以免损坏机件。

2）拉上拖拉机驻车制动杆（手制动），将变速杆挂入Ⅰ挡，先松开离合器踏板后，再松抬行驶制动器踏板。驻车制动是防止拖拉机停止时发生滑移。

3）熄火前应卸去负荷，减小油门，低速空载运转几分钟，待水温、机油温度降低后再拉动熄火拉线或转动停车手柄，使喷油泵停止供油，发动机立即熄火，使拉线处于拉出锁定状态，并将启动开关置于"OFF"位置，取下启动开关钥匙。

4）拖拉机一般不在坡道上停车，若必须坡道停车，应将制动踏板锁定制动位置，车轮下垫上三角木块等物，手扶拖拉机将离合制动手柄拉到"制动"位，防机车下滑。

5）紧急熄火，柴油机飞车时，立即采取切断油路（用扳手快速松开高压油管、拔掉输油管）、堵塞空气滤清器、打开减压等特殊措施熄火。

6）停车较长时，打开电源总闸开关，关闭电源及关闭燃油箱开关。

7）在气温低于0℃的情况下停车时，应拧开水箱盖，等水温降至60℃下，打开水箱底部和缸体上的放水阀，在发动机怠速状态下将冷却水放尽，以免冻坏机体和水箱（加防冻液除外）。

8）夜间或雾天停车应开小灯、尾灯或道路上立醒目标志，以示停放车辆，防碰撞。

9. 驾驶操作注意事项

1）拖拉机行驶中不得上、下拖拉机。发动机运转时，不允许爬到车底进行检修。严禁挡泥板上坐人，停车后必须加以驻车制动。

2）运输作业或路上行驶时，必须将左、右制动踏板用连锁片锁住。拖拉机在高速作业或公路运输中严禁用单边制动作急转弯，以免翻车和损坏机件。

3）四轮驱动拖拉机在空驶或运输作业时，前驱动操纵杆应处在空挡位置。

4）在公路上行驶时，悬挂的农机具不可工作，不准高速行驶。

5）配置悬挂农具进行地块转移或运行时，不准高速行驶，一定要使入土的农具工作部件升出地面，以免悬挂装置、提升机构机件损坏。驾驶员离开拖拉机时，一定要将农具降到地面，将发动机熄火，取下钥匙，以免他人发动拖拉机。

第二节　拖拉机道路驾驶技术

一、一般道路驾驶技术

1. 转移地块时的操作技术

1）选择易于行驶的路线，行经堤坝、便桥、涵洞时，应先确认其载重能力，了解道路宽度、路面情况和桥梁通过性能及涵洞的空间、高度是否能通过等，注意道路两侧树木是否妨碍拖拉机通过。

2）进入田块，跨越沟渠、田埂以及通过松软地带，应使用具有适当宽度、长度和承载强度的跳板。过浅沟方法：先让一前轮通过，后再让另一前轮通过，可减小车辆颠簸。

3）从田间道路驶上公路时要先观察公路上的来往车辆，确认安全后再驶上公路。

4）由公路驶入田间路时，应先减小油门降低速度后，再换低速挡进行转弯。转弯前应开启转向灯或下车观望，确认安全后方可驶入田间路。严禁高速转弯。

2. 道路行驶时的操作技术

1）道路行驶时，应注意交通标志，严格遵守交通法规。

2）道路会车，要提前减速让路，使拖拉机和挂车拉成直线靠右行驶，必要时靠边停车，等来车通过后再行驶，做到"先慢、先让、先停"。下坡车让上坡车，有障碍一方让对方先行。不能在窄道、小桥、涵洞和急转弯等处会车；夜间不准持续开远光灯会车；两车交会时，不使用紧急制动；特别注意防止对方车后行人、车辆等突然横穿公路。

3）如需超车，要观察路况，长声鸣号开左转向灯示意超车，向前车左侧靠近，确认前车靠右让路留有侧向间距后，迅速从左侧平行超车，并考虑拖车长度和提前量；严禁强行超车。

让车时，应减速慢行靠右避让，不得让路不减速或故意不让，更不准加速竞驶。

4）上、下坡前应选择好适合挡位，坡上不要换挡；不准曲线行驶，不准急转弯和横坡掉头，不准倒退上坡。

上坡道路短又不陡，路宽无障碍，可用高速挡冲坡；坡道长又陡，既要提前高速冲坡，行到坡中，感到发动机吃力要及时迅速换低挡（不可用高速勉强行驶，也不易过分使用低挡）；到达坡顶前，减速确认安全后再加速。上坡换挡，动作要快，防溜车。

下坡不准用空挡、熄火或分离离合器等方法滑行。下坡用小油门，利用发动机制动控制车速；开始时，轻踏制动，及早控制车速可随时制动停车状态。下缓直坡道可用高速挡，但要利用适当制动控制车速。下陡而长坡，应挂低挡；油门减到最小，视车速情况适当制动减速到本挡速度，下坡完成后放松制动踏板，视情加速加挡；坡上不准停车。手扶、履带拖拉机下坡转向要进行反向操作。

5）坡道上停机时，应锁定制动器，并采取可靠防滑措施。

6）在道路宽、视野好时行驶速度以中速行驶为好。转弯时必须先减速再转大弯。

7）手扶拖拉机起步时，不准在放松离合器手柄的同时操作转向手柄。应用中速爬坡；不得用大油门起步；严禁双手脱把及用脚操作变速杆。

8）拖拉机高速行驶时，不准用半边制动急转弯。轮式拖拉机在道路上行驶时，左右制动踏板须用锁板连锁在一起。正常行驶时，不准把脚放在离合器踏板上，不准用离合器来改变车速。

9）拖拉机在冰雪和泥泞路上行驶时，须低速行驶，不准急刹车和急转弯，防翻车。

10）挂接农具和挂车时须低挡小油门，防碰撞。拖拉机和拖车连接可靠，牵引卡用插销锁住，加保险链。拖车须安装刹车和防护网。只准一车一挂，小型拖拉机不许挂大中型挂车。

拖拉机悬挂农具行驶时，应将农具提升到最大高度，用锁定装置将农具固定在运输位置；通过坚硬道路时，牵引犁需拆掉抓地板，行车速度不能太快；通过村镇严防行人和儿童追随、攀登。

二、复杂道路驾驶技术

1. 城区公路的驾驶技术

进入城区，要熟悉道路交通情况（如单行线、限时通行等），按规定的路线和时间行驶。要注意道路交通标志，各行其道。无分道线时应靠右中速行驶，前后车辆保持适当距离，临近交叉路口时，要及时减速，预先进入指定车道，并注意信号变化。严禁赶绿灯，闯红灯。随时做好停车准备。

2. 乡村公路的驾驶技术

乡村公路路面窄质量差、应低速礼让行驶。要注意不要与人力车、畜力车、机动机和牲畜家禽抢道行驶。超车时，应注意路面宽窄，前方有无来车和行人，并要留有足够的侧向距离，减速通过。与牲畜交会时，不可强行鸣笛或猛轰油门，防牲畜受惊发狂。路过村间和弯道行驶一定要减速鸣号靠右行；特别注意小孩追逐或爬车；经过村庄、学校、单位门口时，应防备行人、车辆或牲畜突然窜入路面，发生事故。

3. 山路的驾驶技术

1）山路行车前，除对车辆进行正常保养外，应确保车辆的制动、转向、轮胎状态良好。

2）在山路驾驶时，驾驶员要全神贯注、谨慎驾驶、反应灵敏、操作准确、配合协调，根据坡道的长短、坡度的大小、路面的宽窄，以及自身车辆的配载大小、动力大小、车速快慢、适时换挡。行至危险路段时，应控制好车速，随时做好制动准备。遇急转弯时，应减速、鸣号、靠右行，不得占道行驶。在上下陡坡时，前后两车间距应拉大到 50m 以上，防碰撞。

3）上坡前要换入低挡，油门适当，保持发动机有足够的动力冲坡。下坡时用低挡、小油门；严禁熄火、空挡滑行；避免紧急制动，防止车辆失控和侧滑；换挡减速时，要先利用发动机制动减速，用两脚离合器法减挡；要适时减速控制车速并做好随时停车的准备。

4）行车时如遇脚制动失灵等，应保持沉着冷静，迅速减小油门，利用发动机制动，并配合手制动将车停住；万不得已时，可将车靠向侧边山体，利用摩擦阻力停车，避免车辆翻下山沟或与其他车辆、行人相撞。

5）拖拉机禁止在较大的横坡上行驶。如不得已在较小的横坡上行驶，应挂低挡慢速行驶。必要时，在横坡行驶前调宽拖拉机轮距。横坡行驶中，一定要牢把转向盘，保持直线行驶，避免来回打转向盘。一旦出现突然情况需要调整转向盘时，应向下坡方向转动转向盘，而不能向上坡方向转动。

4. 泥泞道路驾驶技术

1）驶入泥泞路面，应提前换入所需挡位，以保证拖拉机有足够的动力；匀速行驶，避免驱动力骤增骤减，使附着性能变坏；中途尽量避免换挡、制动和停车；上坡时稳定低速行驶；下坡时使用低挡，尽量不使用制动。禁止使用紧急制动，防止侧滑，造成方向失控。

2）起步时选低挡，要缓慢松抬离合器踏板，以免驱动力超过附着力而造成驱动轮打滑。

3）尽可能保持直线行驶，转弯时，要缓打转向盘；因急转转向盘易造成前轮侧滑而发生事故。如行驶中后轮发生侧滑，应迅速减小油门降低车速，不要制动，打转向盘向后轮滑动方向缓转，以修正拖拉机的行驶方向避免继续侧滑；待前轮与车身方向一致后，再继续驶入正常路线；切勿紧急制动或急转方向及乱转向。转弯时，可配合单边制动，减少回转半径。

4）陷车打滑不能驶出时，应试行倒车，另选路线前行；若倒车也打滑时，应立即停车，将车轮下的软泥浆挖走，铺垫砂石或树枝等硬物，重新起步。如两边车轮打滑程度不一样，可锁定差速锁，利用打滑程度轻的一边轮胎附着力较大，增加拖拉机驶出陷坑机会。驶出陷坑后要马上分离差速锁。

5. 漫水道路驾驶技术

1）拖拉机通过不明漫水路、漫水桥、小河和洼塘时，应先察明水情和河床的坚实性，确认安全后用低挡小油门一次性通过，最好有人在前探路。

2）选择顺水流斜线方向行驶，避免迎水流方向行驶时水位相对升高而造成拖拉机下部进水。

3）低速行驶，中途尽量不换挡、不停车、不急打转向盘。

4）通过漫水路后，若水浸入制动器，继续低速行至好路段，采用点刹的方法，将制动器摩擦片的水分充分蒸发，待制动器功能恢复正常后，再换入正常挡位行驶。

6. 通过铁路道口时的驾驶技术

拖拉机通过铁路道口时，提前换挡减速，必须"一看、二慢、三通过"。并遵守下列规定，听从道口安全管理人员指挥；遵守道口信号的规定；若通过无信号或无人看守的道口时，须停车观察，确认安全后再低速驶过铁道口，中途不换挡不停车，一次性通过铁路，切不可使发动机熄火；不准在道口停留、倒车、超车和掉头。

7. 通过隧道时的驾驶技术

通过隧道前要检查拖拉机装载高度是否超出隧道限高，通过时要打开灯光、鸣号、低速一次通过。

8. 通过"S"形路的驾驶技术

首先要控制车速（10km/h 以内），掌握好车身与路边的距离，特别是带拖车的拖拉机，要注意拖车与主车车轮的运动轨迹，纠正方向时要稳。如右转弯，要小油门低速行驶，并保持左侧车轮与路边约 1m 的距离，距转弯角前约 3m 时，适当向右侧打方向，由靠左侧改为靠右侧行驶；左转弯，则右侧车轮与路边约 1m 距离，距转弯角前约 3m 时，向左侧打方向，适度调整。

三、特殊条件下的驾驶技术

特殊条件的驾驶操作前必须了解具体特殊条件下的特点，掌握操作方法，方能安全运行。

1. 夜间道路驾驶技术

1）积累夜间驾驶经验。夜间会车或对面来人时，双方在 150m 外应将远光灯改为近光灯，车辆减速靠右行或靠右停车让行。

2）根据前灯光距变化判断道路情况。如发现前方路面有黑影，车到近处黑影消失，一般是路面上有浅坑；如黑影存在，则表明有较深的坑，应减速或下车勘察后通过。行驶中若灯光突然由路中心移至路边，表明正接近弯道处；灯光从道路一侧移至另一侧时，表示连续弯路。如灯光照射的路面突然消失，可能是急转弯或下陡坡，应立即减速。如灯光投射距离由远变近时，表示车辆驶近上坡路；灯光照射距离由近变远，则表示车辆已开始下坡。

3）根据前方路面颜色判断路况。月光之夜：路面呈灰白色，路外为黑褐色、积水处为白色。无月光之夜：路面呈黑灰色、路外为黑色。雨后夜：路面为黑灰色、坑洼或泥泞地为黑色。雪后夜：车辙呈灰白色，通过较多车辆后为黑灰色。

4）夜间绝不允许疲劳驾驶。夜间停车，靠右停车后，熄灭大灯，开小灯和尾灯。

2. 酷暑天驾驶技术

夏季特点是昼长夜短，气温高，雷阵雨较多。在炎热天长时间行驶，会引起发动机水箱易开锅、轮胎易爆裂、制动效果差和驾驶员易疲劳等。

高温天应选择早、晚凉爽时出车，阳光下带遮阳镜及防暑降温药品，不疲劳驾驶。

当轮胎温度过高时，应选择阴凉处休息自然降温，严禁采用泼浇冷水的方法来降低轮胎温度。夏天轮胎气压升高时，不能采用放气的方法来降低轮胎气压。

行驶中应经常观察水温表，及时了解发动机水温。如水温过高应及时停车休息，利用发动机风扇，使机身逐渐降温，但不可马上熄火，更不能用冷水直浇发动机降温。停车后添加冷却水时，不能把发动机内热冷却水全部放出，否则气缸体和缸盖易出现爆裂。

炎热天行驶，应控制好车速，适当增加尾随距离。有情况提前做好准备，尽量少用制动。

3. 风沙、雨天和大雾天气道路驾驶技术

风沙、雨天和大雾天，主要是能见度低，视线不良。应降低车速，一般不超过 15km/h，开小灯、防雾灯，示意车宽，并多鸣号，加大侧向间距，不超车；应保持中低速且匀速行驶，车辆尽可能保持居中偏右直线行驶。雨天道路极易引起车轮侧滑，行驶时极其小心；尽量避开积水处，若无法避免时，要探明积水深度，低速缓慢通过。转向时必须提前，转向角度要小（即早打、少打转向盘），不可猛打、猛回转向盘。遇有情况应提前减速避让，松加速踏板，用发动机怠速来牵制车速，做好预见性制动，做到早踩、少踩制动踏板。尽可能避免紧急制动。上坡提前减挡缓慢加油；下坡不要摘挡滑行，利用加速踏板控制车速，能随时停车。

4. 冰雪路面驾驶技术

在冰雪路面上行驶，由于路滑，制动距离加大（是非光滑路面制动距离的 3 倍以上），容易发生滑转或侧滑，所以驾驶员要格外小心，起步轻踩加速踏板，缓慢接合离合器，禁止猛踩加速踏板，控制车速，中低速匀速行驶，必要时，加装防滑链等安全措施。尽量不超车。

转向要适度，缓打慢回转向盘或方向把（不可快速、大角度转向），尽量转大弯。

制动平稳（切忌紧急制动防溜滑或横滑）。滑路上制动时先减速，利用发动机牵阻作用降低车速，再缓慢地踩制动器，待车速降至一定程度时，再分离离合器、摘挡到停车。

加大行车间距和侧向距离，不要猛加油，急减速、急刹车和猛打转向盘。

不可空挡滑行、空挡制动和切断离合器制动。行驶中如遇紧急情况，可强行减挡，必要时，可用点制动的方法配合减速停车。

手扶拖拉机带拖车行驶时，应使用拖车制动器，不用离合制动器，以免发生危险。

上冰雪坡路时，要根据坡度的大小，选择适当的低挡爬坡。若途中因路滑爬不上坡时，应暂停，采取相应措施或挂倒挡退回坡底。下坡时挂低挡，轻踩加速踏板，利用发动机制动控制车速。尽量避免使用制动，必要时，在不分离离合器的情况下间歇轻踩制动。

5. 过渡口驾驶技术

拖拉机驶抵渡口时，应依序排队待渡，服从渡口管理人员指挥。

上下坡道上停车，应与前车拉长距离，驾驶员不得离车。渡船未停妥前，不得急于上渡。

上下渡船应低挡慢行，使前后轮胎均正对跳板，前轮接触跳板时，应缓踏加速踏板，平稳上下。

上船后，缓行至指定位置停车，锁紧制动、熄火，将变速杆推入低挡，必要时用三角木垫将车轮塞稳固。下船爬陡坡或码头路面泥泞时应特小心，拉开与前车距离，防倒撞车。

6. 拖车驾驶技术

拖拉机常因多种原因被他车拖带或拖带他车，其方式有软拖和硬拖两种。前者连接较简单，但操作较困难，适合短途使用；后者则适合长途拖车。拖带他车时，规定以大拖小或同吨位车互拖。

（1）软拖　即软连接，是以钢丝绳或粗麻绳为连接主件，长度一般为 4~6m，前端系于前车的牵引钩，后端系于拖车前挂钩。两端连接牢固后，方可拖车。行驶前，两车驾驶员要商量好联络办法，前车在处理道路情况时，一定要顾及后车能否安全通过。尽量避免使用制动，严禁紧急制动。转弯时，应靠弯道外侧放大转弯半径缓行。行驶中，随时注意自行车和行人突然从两车之间穿越而摔倒，随时准备制动。

（2）硬拖　即硬连接，采用单铁杠和三脚架为连接主件，长度 2~3m 为宜，其操作同软拖。

　　重车下坡拐弯前要点刹控制车速，控制主车。带挂车转向时，要考虑"内轮差"，防止因车速过快转不过弯或被挂车横向顶翻、挂车内侧轮滑出路面或压碰路边障碍。

四、应急驾驶技术

　　是指驾驶员突遇险情时，以良好的心理素质和一定的应急技术，临危不乱，冷静地采取行之有效的措施，化解或减轻事故的危害程度。

1. 应急驾驶原则

　　1）无论遇到何种紧急情况，应沉着镇定，在短暂的瞬间，做出正确判断，采取措施。

　　2）减速和控制好行驶方向。为了规避和减轻交通事故的程度及损失，最有效的措施就是减速停车或控制方向避让障碍物两种方法。若发生紧急情况时车速较低，要重方向，轻减速；若发生紧急情况时车速较高，要重减速，轻方向。

　　3）先人后物，先他后己。

　　4）就轻处置，危急关头，损失大小的选择应以避重就轻为原则。

2. 爆胎应急驾驶技术

　　拖拉机行驶中若发生爆胎声，出现明显振动，转向盘随之以极大的力量自行向爆胎一侧急转时的应急措施是：

　　1）极力控制方向。当意识到爆胎时，双手紧握转向盘，尽力抵住转向盘的自行转动，极力控制拖拉机直线行驶方向；若已有转向，也不要过度校正（事实上也难以校正）。

　　2）轻踩制动踏板。在控制住方向的前提下，轻踩制动器踏板（绝不要紧急制动），使拖拉机缓慢减速，待车速降至适当时候，平稳在将拖拉机停住，如有可能，将机逐渐停靠到路边更妥。

　　3）切忌慌乱中向相反方向急转转向盘或急踩制动踏板，否则将发生蛇行或侧滑等事故。

3. 侧滑应急驾驶技术

　　当拖拉机在泥泞、溜滑路面上紧急制动或猛转方向时，由于车轮抱死或轮胎受力失衡，拖拉机失去横向摩擦阻力，易产生侧滑，行驶方向失控时的应急措施是：

　　1）防侧滑措施。减速慢行，慢转慢回少转少回转向盘，轻踩快抬制动（点刹）。发生侧滑时，不要忙乱，向车尾侧滑方向缓慢修正方向，缓慢加油，待拖拉机驶正后再回正方向。

　　2）制动时引起侧滑。立即松抬制动踏板，并迅速向侧滑同方向转转向盘，及时回转方向，即可制止侧滑，修正方向后继续行驶。

　　3）转向或擦撞时引起侧滑。不可踩制动踏板，而应依上法利用转向盘制止侧滑。特别牢记，往哪边侧滑，就往哪边转动方向，切不可转错方向；否则不但无助，反而侧滑更厉害。

4. 倾翻应急驾驶技术

　　拖拉机倾翻一般都有先兆预感，当感到不可避免地将要倾翻，应采取以下措施如下。

　　1）当拖拉机倾翻力度不大，估计只是侧翻时，双手紧握转向盘，双脚钩住踏板，背部紧靠座椅靠背，尽力稳住身体，随车一起侧翻。

　　2）当拖拉机倾翻力度较大或路侧有深沟，有可能连续翻滚，则应尽量使身体往座椅下躲缩，抱住转向杆，避免身体在车内滚动。

　　3）有可能时，可及时跳车。跳车方向应向翻车相反方向或运行后方。落地前双手抱头，蜷缩双腿，顺势翻滚，自然停止。不要伸展手腿去强行阻止滚动，反而可能加剧损伤。

　　4）翻车时，感到不可避免地要甩出车外，则应毫不犹豫地在甩出的瞬间，猛蹬双腿，助势跳出车外（落地动作同上）。

5. 撞车应急驾驶技术

1）当拖拉机不可避免撞车时，应立即紧急制动，并控制方向，顺前车或障碍物方向极力改正面碰撞为侧撞，改侧撞为剐蹭，减轻损失程度。

2）剐蹭时，车门最易打开，应双手握住转向盘，后背尽量靠住座椅靠背，稳住身体，避免甩出车外。

3）若碰撞部位在右侧，撞击力较小时，双手臂应稍曲，紧握转向盘，以免肘关节脱位，身体向后倾斜，紧靠座椅靠背，同时双腿向前挺直抵紧，使身体定位稳定，不致头部前倾撞击挡风玻璃，胸部前倾撞击转向盘。

4）若碰撞部位接近驾驶员座位或撞击力相当大时，则应毫不犹豫地抬起双腿，双手放弃转向盘，身体侧卧于右侧座上，避免身体被转向盘抵住受伤。

6. 转向失控应急驾驶技术

拖拉机行驶中，由于横、直拉杆球销脱落或转向杆断裂等突然引起转向失灵的应急措施如下。

1）拖拉机若能保持直线行驶状态，前方道路情况允许保持直线行驶无恙时，切勿惊慌失措、随意紧急制动，而应轻踩制动踏板，慢慢平衡地停下来。

2）当拖拉机已偏离直线行驶方向，事故无法避免时，则应果断地连续踩制动踏板，使拖拉机尽快减速停车。

7. 制动失灵失效应急驾驶技术

当制动管路破裂或制动液、气压力不足等原因造成制动失灵、失效时的应急措施如下。

1）立即松抬加速踏板，实施发动机牵阻制动，尽可能利用转向避让障碍物。

2）若是驾驶液压制动的拖拉机，可连续多次踩制动踏板，以积聚制动力产生制动效果。

3）在前段发动机牵阻制动的基础上，车速有所下降，这时可用抢挡或拉动驻车制动操纵杆，进一步减速停车。

特别提示：当出现制动失效时，无论车速降低与否，操纵转向盘，控制行驶方向，规避撞车是第一位的应急措施。只有在暂时不会发生撞车时，才可腾出手来抢挡，拉驻车制动杆。

8. 下坡制动无效应急驾驶技术

拖拉机下长坡时，往往长时间使用制动器而发热使制动效能衰退，或气压不足，制动减弱，使车速越来越快、无法控制时的应急措施。

1）察看利用路边障碍物或隔离带停车或可助减速，或宽阔地带可迂回减速、停车。

2）迅速抬起加速踏板，从高速挡越级降到低速挡，利用发动机牵阻力加大遏制车速。

3）若感觉拖拉机速度仍较快，可逐渐拉紧驻车制动操纵杆，逐步阻止传动机件旋转。拉杆时注意不可一次紧拉不放，以免将驻车制动盘"抱死"而丧失全部制动能力。

4）若采取上述措施仍无法控制车速，事故已无法避免时，则应果断将车靠向山坡一侧，利用车厢一侧与山坡靠拢碰擦。在迫不得已的情况下，则能利用车厢保险杠斜向撞击山坡，强迫停车。

第三节　田间作业驾驶技术

一、拖拉机机组的起步

拖拉机机组田间作业前，除应遵循前面"一般道路驾驶技术要点"外，还应执行以下规定。

1）作业前做好各种准备和检查工作。

2）根据地块情况和农艺要求，选择合适的田间作业行走方法，以提高工作效率。

3）在地面起伏较大的地块上作业，要检查农具和拖拉机连接处是否有松动或脱落。

4）如农具需要有农具手配合工作时，在拖拉机驾驶员和农具手之间要有联络信号的装置，以免因动作失调而出事故。

二、拖拉机机组驾驶技术

1）严禁使机具工作部件先入土再结合动力，以免损坏机件。

2）田间作业应以低速或中速行进，行进要平稳；根据负荷大小适当调整油门；转弯要缓慢。如灭茬用低二挡，整地用低三挡。

3）作业中转弯或倒车之前，一定要使入土的农具工作部件升出地面，然后再转弯，以免损坏农具或造成人员伤亡事故。工作部件入土后严禁急转弯，开沟机等入土后不准倒退。

4）作业中若要进行检查、调整、润滑和清理缠草等，发动机必须熄火，严禁不熄火进行维护保养。严禁在机具升起而无安全保障措施的情况下，趴到悬挂机具的下面进行清理、调整或检修工作。

5）田间作业或机组行走中，旋、耕、耙和播等机具上严禁载人。

6）悬挂农具的拖拉机，如暂停时间较长，应悬挂农具降落到地面，这样可保护液压悬挂装置和防止意外事故发生。同时避免工作部件碰触田埂或其他坚硬异物。

7）有两名驾驶员交替驾驶时，在田头休息的那名驾驶员不允许睡觉，尤其夜晚更不能睡觉。

第四节　道路运输作业驾驶技术

一、做好出车前的准备

拖拉机道路运输作业的特点是：行驶速度高，运行距离长。出车前必须按照前面"安全生产要求"和"作业准备"充分做好出车前的准备工作。

1）拖拉机驾驶员出车必须带全有效证件，熟悉并严格遵守道路交通规则。

2）对拖拉机及挂车的技术状态进行严格的检查外，还要检查拖车的制动装置，保证有效可靠，左右一致；照明系统及仪表状态完好；拖车轮胎气压正常；带齐随车工具和备件等，认真做好行车前的各项准备工作。

3）挂车与拖拉机配套，不许超载、超高、超长、超宽和超载人。

二、运输作业驾驶技术

1) 拖拉机行车严禁超速行驶。大中型轮式拖拉机最高行驶速度<40km/h、小四轮拖拉机最高行驶速度<25km/h，手扶拖拉机不准超过20km/h。

2) 拖拉机带挂车不准高挡起步，不准在坡道、窄路、滑道、弯道、交叉口及过桥时高速行驶。

3) 注意挡位与油门的合理配合。重车应用低挡起步，平路可加速到高挡大油门，重车在路况不好时可挂中低挡，用加速踏板控制车速；重车爬坡时，要用低挡大油门；轻车用高、中挡小油门。

4) 拖拉机转弯时要提前降速，适当放大转弯半径。由于挂车的行驶轨迹要比拖拉机的轮辙偏入弯道内侧，因此转向盘的转动角度要照顾到挂车能安全通过弯道。会车时减速靠边。

5) 拖拉机上、下坡的操作。上坡时应根据载重和坡度事先挂好低挡，避免上坡中途换挡。下坡时不准拖拉机空挡滑行或熄火滑行；应挂入适当的挡位，小油门行驶，可利用"点刹"法控制车速。

6) 拖拉机尽量避免在坡上停车。如迫不得已，需要在坡上停车时，应按前述拖拉机在坡道上停车的方法操作，并在挂车的轮胎下加上防滑楔。

第五节　新驾驶员应克服的不良操作习惯和降低油耗的几个方法

一、新驾驶员应克服的不良操作习惯

1. 换挡时主变速杆不挂空挡、副变速直接换挡

换挡时主变速杆不挂空挡，移动副变速杆直接换挡，此时听到齿轮打齿声和挂不上挡，会增加齿轮磨损甚至断齿现象。

2. 启动通电时间过长

启动时，通电时间过长，启动机线圈易烧坏。

3. 起步猛抬离合器和猛踩离合器

起步猛抬离合器会使拖拉机猛地向前一冲，会加剧工作部件、离合器总成及其他传动件的磨损。

换挡或停车时，用脚下猛蹬离合器踏板。这样做会使离合器传动件及分离杠杆承受过大的冲击载荷，极易折断分离杠杆。

4. 眼睛看着变速杆换挡

加挡或减挡时，应一手有效地掌握转向盘，一手去扳动变速杆到需要的位置，两眼注视前方，切不可低头去看变速杆。

5. 运行中把脚放在离合器踏板上

这种行为容易使离合器产生半联动状态，尤其是路面不平时更为明显。这样做有两个坏处：一是车速不易控制；二是加剧离合器分离轴承和分离杠杆及摩擦片的磨损，摩擦片发热后产生烧蚀和硬化；在高温下压盘挠曲变形，弹簧退火变软，从而造成离合器打滑。

6. 握转向盘的姿势与位置不对

长时间一只手握转向盘或双手并在一起握住转向盘正中都不正确。正确的握法见第三章第四节。

7. 猛踩或猛抬加速踏板

加速踏板的操作应该是轻踏缓抬，但有些驾驶员不是这样，经常猛踩或猛抬加速踏板。猛踩加速踏板时，一没必要；二浪费油料；三加速机件磨损。过量的燃油燃烧不完全，会增加燃烧室及喷油器的积炭和有关配合件的磨损。人们常说："脚下留情"，道理就在于此。猛抬加速踏板时，急速运转的发动机会消耗掉车辆的惯性动能（发动机制动除外），这些都会增加油料消耗，是不经济的。

8. 接近人、车才鸣喇叭

行车中发现前方有人或车辆，应提前鸣号，警告前方避让。若待临近才鸣号，车辆或行人来不及避让，有时行人还会因突然鸣号而受惊，反而酿成车祸。

9. 以开快车（轰油门）当喇叭

以开快车（轰油门）当信号让行人让路，由于猛踩加速踏板使排气声忽大忽小，不可避免地要冒浓烟，这样不只对车辆有害，还会污染环境，引起行人的不满。

10. 作业中不注意观察后视镜

后视镜是帮助驾驶员了解和掌握后面来车或倒车时后面等情况，若行驶中不注意观察后视镜，低速车在前常常会压住高速车无法超车，有时引起双方不必要的争执。若倒车时不注意观察后视镜，会发生损物伤人等事故。

11. 拖拉机发生异响还坚持作业

驾驶中听到拖拉机发出异常响声时，应立即停车，查明原因，予以排除，千万不要抱侥幸心理坚持运行，否则可能导致事故发生，造成不应有的损失。

12. 超负荷作业

有些机手为了抢速度，作业中挂高速（行走）挡，发动机直冒黑烟，进行超负荷作业，引起部件损坏。作业中要依据作业种类和田间情况正确选择挡位，不要超负荷作业。

13. 拍挡

一些驾驶员在换挡时不是用手心去握变速杆手柄，而是用手掌拍挡，这样做容易挂错挡，也容易造成换挡打齿；同时拍挡后因齿轮啮合深度不足，会造成啮合齿轮的早期磨损和自动跳挡。

14. 停车后不制动

有些驾驶员，临时停车而不制动机车，往往造成机车自动滑行，发生意外事故。

15. 离合器未完全分离扳变速手柄换挡

离合器踏板未踩到底，摩擦片处于半分离状态，此时扳变速手柄换挡，变速器内齿轮会有打齿声，易撞坏齿轮。变速换挡时应将离合器踏板踩到底，摩擦片完全分离后，将变速手柄换到适合的挡位，平稳结合离合器，油门逐渐加大，待到额定转速后，方可开始田间作业。

16. 关闭手油门行车

有些驾驶员为节油，关闭手油门，用脚油门控制车速。这样，当松开脚油门并紧急制动时，极易造成发动机熄火。熄火后再启动往往会贻误紧急避险时机；同时，若停车位置不当，还会给再次启动操作带来困难。正确的做法应该是将手油门固定在小油门位置，保证停车时不熄火即可。

17. 排除故障时停车不熄火

有些驾驶员排除故障时，停车不熄火，易造成人员伤残等意外事故。

18. 停车熄火后不拔下钥匙

停车熄火后不拔下钥匙，驾驶员离开拖拉机，易造成别人或小孩突然启动机车，发生意外事故。

此外，如溜坡启动、不摘挡停车、空挡熄火溜坡、冬季低温起步、熄火前猛加油门、高温下立即熄火放水等均属不正确操作方法。

二、降低拖拉机油耗的几个方法

1. 及时保养空气滤清器

经常保养空气滤清器，不用布等包裹空气滤清器，保持滤清器进气流畅，减少进气阻力。

2. 不改变排气管方向或提高其高度及减小排气管直径

不随意改变排气管方向或提高其高度及减小排气管直径，以免增加排气阻力，使发动机油耗增加。

3. 定期检查调整气门间隙

气门间隙要定期检查调整。如果发动机因齿轮凸轮轴磨损而引起配气相应角减小，要适当减少气门间隙，以弥补配气相位角的减小。凸轮轴严重磨损应及时更换。

4. 检查调整各传动装置的张紧度和传动部位的间隙

正确检查调整拖拉机组各传动皮带、传动链条等装置的张紧度和传动部位的配合间隙，以减少传动系统的动力消耗，从而降低燃油消耗和生产成本。

5. 不超负荷作业、减少空行程

正确选择作业速度和宽度，做到不超速、不超负荷作业、不跑空车。

6. 保持合适的冷却水温

发动机应在最佳的水温状态下工作，因水温过高或过低都会使耗油量增加，增加生产成本。

7. 正确使用刹车

行驶时尽量少用刹车。因不正确的刹车不但会增加机件磨损，还会增加动力消耗，增加油耗。

8. 加强技术维护

加强平时技术维护，是保持良好技术状态，延长机器使用寿命的关键措施。疏通并保持各箱体通气孔道的畅通，堵塞跑、冒、滴、漏，防止"漏水、漏油、漏气、漏电"。

第六节　拖拉机和联合收割机驾驶证考试科目和合格标准

根据中华人民共和国农业部 2018 年第 1、2 号令，拖拉机和联合收割机驾驶证管理规定如下。

一、考试科目

拖拉机和联合收割机驾驶证考试由科目一理论知识考试、科目二场地驾驶技能考试、科目三田间作业技能考试和科目四道路驾驶技能考试4个科目组成。

二、科目一　理论知识考试和合格标准

（一）考试内容

1. 法规常识

①道路交通安全法律、法规和农机安全监理法规、规章。②农业机械安全操作规程。

2. 安全常识

①主要仪表、信号和操纵装置的基本知识。②常见故障及安全隐患的判断及排除方法，日常维护保养知识。③事故应急处置和急救常识。④安全文明驾驶常识。

（二）考试要求

①农业部制定统一题库，省级农机监理机构可结合实际增补省级题库。②试题题型分为选择题与判断题，试题类别包括图例题和文字叙述题等。③试题量为100题，每题1分，全国统一题库量不低于80%。④考试时间为60分钟。采用书面或计算机闭卷考试。

（三）合格标准

成绩达到80分的为合格。

三、科目二　场地驾驶技能考试和合格标准

1. 考试图形（图4-1）

（1）图例　①○桩位；②—边线；③→前进线；④--→倒车线。

（2）尺寸　①路长为机长的1.5倍；②路宽为机长的1.5倍；③库长为机长的1.2倍；④库宽为履带拖拉机、履带式联合收割机机宽加400mm；轮式联合收割机机宽加800mm；其他机型机宽加600mm。

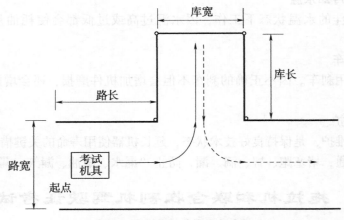

图4-1　场地驾驶技能考试图

2. 考试内容

①按规定路线和操作要求完成驾驶的能力；②对前、后、左、右空间位置判断的能力；③对安全驾驶技能掌握的情况。

3. 考试要求

手扶拖拉机运输机组采用单机牵引挂车进行考试。其他机型采用单机进行考试。考试机具从起点前进，一次转弯进机库，然后倒车转弯从另一侧驶出机库，停在指定位置。

4. 合格标准

满足以下条件，考试合格。①按规定路线、顺序行驶；②机身未出边线；③机身未碰擦桩杆；④考试中发动机未熄火；⑤遵守考场纪律。

四、科目三　田间作业技能考试和合格标准

1. 考试图形（图 4-2）

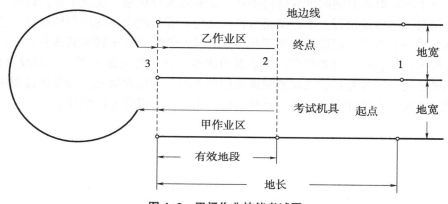

图 4-2　田间作业技能考试图

（1）图例　①○桩位；②---- 地头线；③ — 地边线；④→ 前进线。

（2）尺寸　①地宽为机组宽加 600mm；②地长为不小于 40m；③有效地段为不小于 30m。

2. 考试内容

①按照规定的行驶路线和操作要求行驶并正确升降农具或割台的能力；②对地头掉头行驶作业的掌握情况；③在作业过程中保持直线行驶的能力。

3. 考试要求

联合收割机采用单机，其他机型采用单机挂接（牵引）农具进行考试。驾驶人在划定的田间或模拟作业场地，进行实地或模拟作业考试。

考试机具从起点驶入甲作业区，在第 2 桩处正确降下农具或割台，直线行驶到第 3 桩处升起农具或割台，调头进入乙作业区，在第 3 桩处正确降下农具或割台，直线行驶到第 2 桩处升起农具或割台，驶出乙作业区。

4. 合格标准

满足以下所有条件，成绩为合格。①按规定路线、顺序行驶；②机身未出边线；③机身未碰擦桩杆；④升降农具或割台的位置与规定桩位所在地头线之间的偏差不超过 500mm；⑤考试过程中发动机未熄火；⑥遵守考场纪律。

五、科目四　道路驾驶技能考试和合格标准

1. 考试内容

①准备、起步、通过路口、通过信号灯、通过人行横道、变换车道、会车、超车、坡道行

驶、定点停车等 10 个项目安全驾驶技能；②遵守交通法规情况；③驾驶操作综合控制能力。

2. 考试要求

①轮式拖拉机运输机组、手扶拖拉机运输机组使用单机牵引挂车进行考试，轮式拖拉机、轮式联合收割机使用单机进行考试；②考试可以在当地公安交通管理部门批准（备案）的考试路段进行，也可以在满足规定考试条件的模拟道路上进行。拖拉机运输机组考试内容不少于8 个项目，其他机型不少于 6 个项目。

3. 合格标准

满足以下所有条件，成绩为合格。①能正确检查仪表，气制动结构的拖拉机，在储气压力达到规定数值后再起步；②起步时正确挂挡，解除驻车制动器或停车锁；③平稳控制方向和行驶速度；④双手不同时离开转向盘或转向手把；⑤通过人行横道、变换车道、转弯、掉头时注意观察交通情况，不争道抢行，不违反路口行驶规定；⑥行驶中不使用空挡滑行；⑦合理选择路口转弯路线或掉头方式，把握转弯角度和转向时机；⑧窄路会车时减速靠右行驶，会车困难时遵守让行规定；⑨在指定位置停车，拉手制动或停车锁之前机组不溜动；⑩坡道行驶平稳；⑪行驶中正确使用各种灯光；⑫发现危险情况能够及时采取应对措施；⑬考试过程中发现发动机熄火不超过 2 次；⑭遵守交通信号，听从考试员指令；⑮遵守考试纪律。

第五章　发动机

第一节　发动机的基本知识

一、发动机的概念

发动机是将燃料（液体和气体）和空气混合后在气缸内燃烧产生热能，再将热能转化为机械能的热力机械。燃料在机器内部燃烧产生热能的，叫内燃机；在机器外部燃烧产生热能的，叫外燃机。

发动机是拖拉机的动力装置，采用的是往复活塞式柴油发动机，简称柴油机。该机具有热效率高、经济省油、输出扭矩大、超负荷能力强、工作可靠等优点。图5-1是单缸四行程柴油机构造简图，其基本零部件主要包括气门、气缸盖、气缸套、活塞、连杆、曲轴、飞轮和喷油器等。

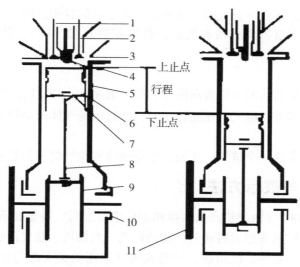

图5-1　单缸四行程柴油机构造示意
1-排气门　2-进气门　3-气缸盖　4-喷油器　5-气缸套　6-活塞　7-活塞销
8-连杆　9-曲轴　10-主轴承　11-飞轮

二、发动机分类

发动机种类繁多，可以按以下不同特征来进行分类。

按使用燃料的不同，可分为汽油发动机、柴油发动机、天然气发动机。

按气缸排列的方式可分为直列式发动机、卧式发动机、"V"型发动机和对置式发动机。

按工作循环可分为四冲程发动机和二冲程发动机。

按冷却方式可分为水冷式发动机和风冷式发动机。

按气缸数目可分为单缸、双缸发动机和多缸发动机。

按气门布置的位置可分为顶置气门式发动机和侧置气门式发动机。

按进气方式可分为增压式和非增压式。

三、发动机基本术语

1. 上止点与下止点

活塞在气缸内移动到其顶部距离曲轴中心线最远处的位置为上止点；活塞顶部距曲轴中心线最近处的位置为下止点。

2. 曲柄半径

曲轴连杆轴颈的轴心线到主轴颈轴心线的距离，称为曲柄半径，用 R 来表示。

3. 活塞行程

活塞在气缸内运动，其上、下止点间的距离称为活塞冲程，用 S 来表示。活塞在气缸内移动一个行程时，曲轴转动180°。活塞行程 S 等于曲柄半径 R 的2倍，即 $S=2R$。

4. 气缸工作容积、燃烧室容积、气缸总容积和发动机排量

气缸工作容积：是指上、下止点之间的气缸容积，用 V_h 表示。

燃烧室容积：是指活塞在上止点时，活塞顶与气缸盖之间的容积，用 V_c 表示。

气缸总容积：是指活塞在下止点时，活塞顶上方空间的容积，用 V_a 表示。$V_a=V_c+V_h$

发动机排量：是指多缸发动机所有气缸工作容积的总和，用 V_L 表示，$V_L=i×V_h$，i 为气缸数。

5. 压缩比

气缸总容积与燃烧室容积的比值为压缩比，用 ε 表示，$\varepsilon=V_a/V_c$。压缩比是表示气缸内气体被压缩程度的指标。压缩比越大，压缩终了时，气缸内的气体压力越大温度越高。

6. 工作循环

发动机工作时，每完成一个进气、压缩、燃烧做功和排气的工作过程，称为工作循环。

四、发动机型号表示方法

根据 GB/T 725—2008《内燃机产品名称和型号编制规则》规定如下：

内燃机产品名称均按所采用燃料命名，如柴油机、汽油机、燃气内燃机和双燃料内燃机。

内燃机型号由阿拉伯数字、汉语拼音字母或国际通用的英文缩写字母（以下简称字母和GB 1883—89 中关于气缸布置所规定的象形字符号组成。

内燃机型号依次包括第一部分、第二部分、第三部分和第四部分组成：

（1）第一部分　由制造商代号或系列代号组成。本部分代号由制造商根据需要选择相应 1~3 位字母表示。

（2）第二部分　由气缸数，气缸布置型式符号、冲程型式符号、缸径符号组成。①气缸数用 1~2 位数字表示；②气缸布置型式符号规定（无符号：含义表示多缸直列或单缸，H 表示 H 形，V 表示 V 型，X 表示 X 型，P 表示卧式）；③冲程型式为四冲程时符号省略，二冲程用 E 表示；④缸径符号一般用缸径或缸径/行程数字表示、也可用发动机排量或功率数表示。其单位由制造商自定。

（3）第三部分　由结构特征符号、用途特征符号组成。其柴油机结构特征符号规定（无符号：冷却液冷却；Z：增压；F：风冷；ZL：增压中冷；N：凝气冷却；DZ：可倒转；S：十

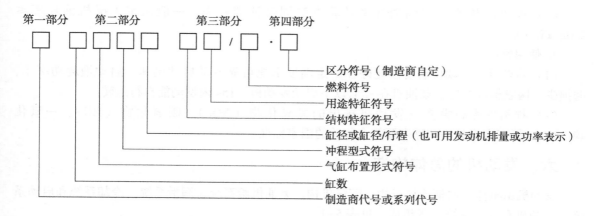

字头式）。柴油机用途特征符号规定（无符号：通用型和固定动力（或制造商自定）；D：发电机组；T：拖拉机；C：船用主机、右机基本型；M：摩托车；CZ：船用主机、左机基本型；G：工程机械；Y：农用三轮车（或其他农用车）；Q：汽车；L：林业机械；J：铁路机车）。在原标准型号组成的后部增加燃料符号一栏，燃料符号参见标准附录 A，柴油机的燃料符号省略（无符号）。

（4）第四部分　区分符号。同系列产品需要区分时，允许制造商选用适当符号表示。

内燃机型号应简明，第二部分规定的符号必须表示，但第一、第三及第四部分符号允许制造商根据具体情况增减，同一产品的型号应一致，不得随意更改。第三部分与第四部分可用"—"分隔。

型号含义举例：①"S195"表示单缸、四冲程、缸径为95mm、水冷、通用型，"S"表示采用双轴平衡系统的柴油机。②"YZ6102Q"表示扬州柴油机厂生产、六缸、四冲程、缸径102mm、水冷、车用柴油机。③"1E65F/P"表示单缸、二冲程、缸径65mm、风冷、通用型汽油机。④"R175A"表示单缸、四冲程、缸径75mm、水冷通用型柴油机（R 为系列代号、A 为区分符号）。

五、发动机主要性能指标

发动机的主要性能是指动力性能、经济性能和使用性能等。常用的性能如下。

1. 动力性能

（1）有效扭矩　发动机通过飞轮对外输出的转矩称为有效扭矩，用 Me 表示，单位为 N·m（牛顿·米）。发动机稳定工作时输出的有效扭矩与外界施加于发动机曲轴上的阻力矩平衡。内燃机扭矩越大，它所驱动的机械做功能力就越大。

（2）有效功率　发动机通过飞轮对外输出的功率称为有效功率，用 Pe 表示，单位为 kW（千瓦）。发动机产品铭牌上标明的功率，称为额定功率和额定转速。

（3）转速　是指曲轴每分钟转多少圈，单位为 r/min（转/分）。在缸径、冲程等有关参数相同的条件下，转速愈高，做功次数越多，发出功率就越大。

2. 经济性能

（1）燃油消耗率　燃油消耗率是指内燃机每发出 1kW 有效功率，在 1h 内所消耗的燃料克数，单位是 g/kW·h［克/（千瓦·时）］。一般额定工况燃油耗率≤250g/kW·h，燃油消耗率越低，其经济性能就越好。

（2）机油消耗率　机油消耗率计算方法同燃油消耗率，一般额定工况机油耗率≤2.0g/kW·h。

3. 使用性能

（1）启动性　发动机启动性能好在一定温度下能可靠发动启动迅速，启动消耗功率小，磨损少。国家标准规定：柴油机在-5℃以下启动发动机，15s内发动能自行运转。

（2）排气品质和噪声　发动机排出的氮氧化物（NO_x）、碳氢化物（HC）、一氧化碳（CO）等有害排放物和噪声要符合相关的国家标准。

六、发动机的总体构造

发动机由机体、曲柄连杆机构、配气机构、燃油供给系统、润滑系统、冷却系统和启动系统（汽油机有点火系统）等组成，见表5-1。

表5-1　发动机的组成及功用

组成部分	功　用	主要构成
机体组	组成发动机的框架，支承各种载荷	气缸体、曲轴箱
曲柄连杆机构	实现能量和运动转换，将燃料燃烧时发出热能转换为曲轴旋转的机械能，把活塞的往复直线运动转变为曲轴的旋转运动，对外输出功率，反之将曲轴的旋转运动转变为活塞的往复直线运动	活塞连杆组、曲轴飞轮组、缸盖机体组
配气机构	按发动机的工作顺序和各缸工作循环的需要，定时开启和关闭进、排气门，充入足量的新鲜空气，排尽废气	气门组、气门传动组、气门驱动组、进排气系统、涡轮增压器
燃油供给系统	按发动机不同工况的要求，供给干净、足量的新鲜空气，定时、定量、定压地把燃油喷入气缸，混合燃烧后，排尽废气	燃油供给装置、混合气形成装置
润滑系统	向各相对运动零件的摩擦表面不间断供给润滑油，并有冷却、密封、防锈、清洗功能	机油供给装置、滤清装置
冷却系统	强制冷却受热机件，保证发动机在最适宜温度下（80~90℃）工作	散热片或散热器（水箱）、水泵、风扇、水温调节器等
启动系统	驱动曲轴旋转，实现发动机启动	启动电动机、蓄电池、传动机构
汽油机点火系统	按汽油机的工况要求，接通或切断线圈高压电，使火花塞产生足够的跳火能量，引燃汽油混合气体，进行做功	火花塞、高压导线、飞轮磁电机等

七、四冲程发动机的工作过程

内燃式发动机每一次将热能转变为机械能都必须经过吸入空气、压缩空气和输入燃料，使之着火燃烧而膨胀做功，然后将生成的废气排出，这样由进气行程、压缩行程、做功行程和排气行程组成的连续过程，称为一个工作循环。此循环周而复始地进行，发动机便产生连续的动力。

对于往复活塞式内燃机，曲轴旋转两圈、活塞往复4个行程、完成一个工作循环的发动机称为四冲程发动机；曲轴旋转一圈、活塞往复两个行程、完成一个工作循环的发动机称为二冲程发动机。拖拉机发动机广泛使用四行程柴油发动机。

（一）单缸四冲程柴油机工作过程和特点

1. 单缸四冲程柴油机工作过程

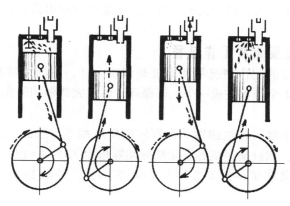

（a）进气行程（b）压缩行程 （c）做功行 （d）排气行程

图 5-2　单缸四冲程柴油机的工作过程

（1）进气行程［图 5-2（a）］　曲轴旋转第一个半圈，经连杆带动活塞从上止点向下止点移动，活塞上方容积增大，压力降低，造成真空吸力。此时进气门打开，排气门关闭，新鲜空气被吸入气缸。进气终了时气缸内气体压力为 0.075～0.09 MPa，温度可达 300～340K。为了充分利用气流的惯性增加进气量，减少排气阻力使进气更充足、废气排除更干净，发动机的进排气门是早开迟闭。

（2）压缩行程［图 5-2（b）］　曲轴旋转第二个半圈，带动活塞从下止点向上止点运动。此时进、排气门都关闭。活塞上方容积缩小，气缸内的气体受到压缩，温度和压力不断升高。压缩终了时气缸内压力达 3～5MPa、温度升高到 750～950K，比柴油自燃温度高约 600K。

（3）做功行程［图 5-2（c）］　在压缩行程临近终了时，喷油器将高压柴油以雾状喷入气缸，进入气缸的柴油与被压缩的高温空气混合成可燃混合气并着火燃烧，放出大量热能。此时进、排气门仍都关闭，使气缸中的气体温度和压力急剧升高，气缸中瞬时压力高达 6～10MPa、瞬时温度高达 1 800～2 200K，并骤然膨胀。膨胀的高温高压气体推动活塞从上止点向下止点移动，通过连杆带动曲轴旋转第三个半圈，对外做功。此圈为热能转化为机械能的行程，因此称为做功行程。随着活塞的不断下移，气缸内压力和温度逐渐降低。

（4）排气行程［图 5-2（d）］　当做功行程接近终了时，排气门打开，进气门仍然关闭，因废气压力高于大气压力而自动排出。此外，当活塞越过下止点向上止点运动时，即曲轴旋转第四个半圈，活塞上移的推挤作用强制排气。活塞到上止点附近时，排气行程结束。排气终了时气缸压力为 0.105～0.125MPa，温度为 800～1 000K。

活塞越过上止点后，排气门关闭，进气门打开，排气行程结束，又开始下一个工作循环。

2. 四冲程发动机的工作特点

1）每一个工作循环，曲轴转两圈（720°），每一个行程曲轴转半圈（180°），进气行程是进气门开启，排气行程是排气门开启，其余两个行程进、排气门均关闭。

2）4 个行程中，只有做功行程对曲轴产生旋转动力，其他 3 个行程是辅助做功行程的。所以单缸发动机平稳性较差，在曲轴端配备了飞轮，储存足够大的转动惯量。

3）发动机运转开始循环时，必须有外力促使曲轴旋转完成进气，压缩（火花塞点火）着火后，完成做功行程；以后的工作循环是依靠曲轴和飞轮贮存的能量自行完成。

加强记忆：活塞下行气门开，新鲜空气吸进来；活塞上行气门闭，压气升温做准备；喷油自燃气膨胀，推动活塞生动力；做功完成后排气，活塞上行排出去；活塞往复曲轴转，进压功排成循环。

（二）多缸四冲程柴油机工作过程

多缸柴油机每个气缸的工作情况都和单缸柴油机一样，曲轴每转两圈，各缸都要按照进气、压缩、做功和排气 4 个行程完成一个工作循环。各缸完成做功的先后次序称为多缸柴油机的工作顺序。

为了使柴油机运转平稳，各缸的做功行程间隔角应相等。因此，各缸做功的间隔角应为720° 除以气缸数。例如，四缸柴油机各缸做功的间隔角为 720°/4＝180°。在农机上普遍采用四缸四行程柴油机的工作顺序有 1-3-4-2 和 1-2-4-3 两种，并以 1-3-4-2 最多，其各缸的工作情况见表 5-2。

表 5-2 四缸四冲程柴油机各缸工作情况

曲轴转角	工作顺序 1-3-4-2 各缸工作情况				工作顺序 1-2-4-3 各缸工作情况			
	第一缸	第二缸	第三缸	第四缸	第一缸	第二缸	第三缸	第四缸
0°~180°	进气	压缩	排气	做功	作功	压缩	排气	进气
180°~360°	压缩	做功	进气	排气	排气	作功	进气	压缩
360°~540°	做功	排气	压缩	进气	进气	排气	压缩	作功
540°~720°	排气	进气	做功	压缩	压缩	进气	作功	排气

第二节 柴油机机体组和曲柄连杆机构

一、机体组

（一）机体组的功用和组成

机体组是发动机的基础骨架，功用是其内外都安装着发动机各机构和系统的所有零件及附件，支承各种载荷。机体组主要由气缸体、气缸套、气缸盖、气缸垫和油底壳等组成。

（二）机体组主要零部件

1. 气缸体

气缸体又叫机体，气缸体和上曲轴箱常铸为一体。其功用是支承发动机所有的运动件和附件。水冷发动机的气缸体内设置有冷却水道（小型发动机内无冷却水道，外部设有散热片）和润滑油道，保证对高温状态下工作和高速运动零件进行可靠的冷却和润滑。气缸体上部的圆柱形空腔称为气缸，它的功用是引导活塞做往复运动，气缸体下部的空间为上曲轴箱，用来安装曲轴。其下部安装油底壳，组成下曲轴箱，并储存机油。根据气缸体与油底壳安装平面的位置，通常把气缸体分为无裙式气缸体（又叫平分式，机体下表面与曲轴轴线在同一平面上）、龙门式气缸体（机体下表面在曲轴轴线以下的）和隧道式气缸体（机体的主轴承座为整体式）三种，见图 5-3。四缸柴油机机体见图 5-4。

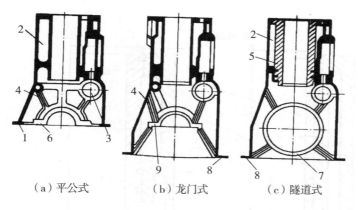

（a）平公式　　　（b）龙门式　　　（c）隧道式

图5-3　气缸体的形式

1-气缸体　2-水套　3-凸轮轴孔座　4-加强筋　5-湿式缸套　6-主轴承座
7-主轴承座孔　8-安装油底壳的加工面　9-安装主轴承盖的加工面

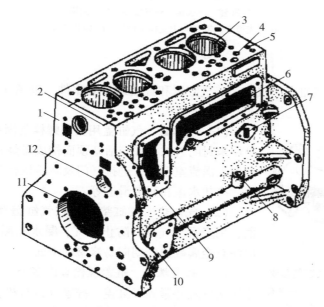

图5-4　四缸柴油机机体

1-气缸　2-螺栓孔　3-安装气缸套孔　4-推杆孔　5-机油孔　6-挺柱检查窗孔　7-输油泵座
8-油尺孔　9-喷油泵传动齿轮室　10-机油滤清器座　11-曲轴轴承座　12-凸轮轴承座

2. 气缸套

为了提高气缸内表面耐磨性，机体内往往镶入由耐磨性更好的优质合金材料单独制成的圆筒形气缸套。也有一些型号的发动机的气缸套和机体铸成一体，内装活塞，构成柴油机实现工作循环的可变容积的密封空间。气缸套有干式和湿式两种，见图5-5。柴油机上一般采用湿式缸套，其外壁直接和冷却水接触，散热效果好。气缸套依靠上端的凸肩支承在气缸体中，凸肩的上端面应高于机体上平面0.05～0.15mm，使缸盖螺栓紧固后，保证冷却水和气缸内的高压气体不致泄漏。气缸套外壁有上下定位环带。下定位环带有两道环槽，用来安装橡胶阻水圈，防止冷却水漏入曲轴箱。

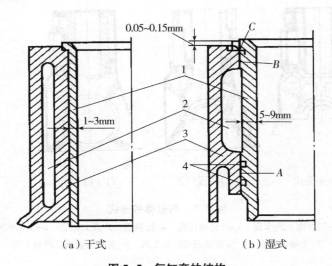

0.05~0.15mm

1~3mm

5~9mm

（a）干式　　　　　　　　　（b）湿式

图5-5　气缸套的结构

1-气缸套　2-水套　3-气缸体　4-密封圈
A-下支撑定位带　B-上支撑定位带　C-定位凸缘

3. 气缸盖总成

气缸盖总成包括气缸盖、气缸垫、气缸罩和缸盖螺栓等零件，以图5-6 S195柴油机气缸盖总成为例。

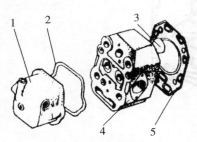

图5-6　S195柴油机气缸盖总成
1-气缸盖罩　2-气缸罩垫片　3-涡流式镶块　4-气缸盖　5-气缸垫

（1）气缸盖　气缸盖用紧固螺栓紧固在气缸体上，其功用是用来封闭气缸，并与活塞顶面构成燃烧室。气缸盖上装有喷油器、涡流室镶块、进排气门及减压机构等，并布有进排气通道、冷却水道和润滑滑道等。

（2）气缸垫　气缸垫安装在气缸盖和气缸之间的接触平面，用来密封气缸，防止漏气、漏水和漏油。安装气缸垫时，应注意金属翻边的朝向易修整的平面。

（3）缸盖螺栓　缸盖螺栓有许多个，均布于缸口四周，用来压实气缸并紧固气缸盖。拧紧（或拧松）缸盖螺栓时，为防止缸盖变形，必须按规定扭矩由中间向四周（拆卸时相反）对称扩展的对角线顺序分2~3次逐步拧紧（或拧松），最后一次用扭力扳手按规定拧紧力矩拧紧，以免损坏气缸垫发生漏水或漏气。如东方红-LR100/105型柴油机第一次以扭矩60N·m拧紧，第二次拧紧到181.4~186.3N·m用扭力扳手拧紧。

4. 曲轴箱通风装置

其功用是将少量经活塞环缝隙窜入曲轴箱的混合气和废气排出，延缓机油的稀释和变质，同时降低曲轴箱内的气体压力和温度，防止机油从油封、衬垫等处渗漏。因此曲轴箱都设置通风装置，以利废气排出，形成负压。通风方式有自然通风和强制通风两种。自然通风是将曲轴箱内的废气直接导入大气中，通风口一般设在机油加注口处或气门室罩处，常用于小中型柴油机。强制通风是将曲轴箱内吸出的气体导入发动机进气管，吸入气缸再燃烧，常采用PVC单向阀，根据发动机负荷自动控制曲轴箱的通风量。图5-7为立式195柴油机的呼吸阀装在摇臂室的罩盖上，通过齿轮室侧壁上的孔及配气机构推杆安装孔与曲轴箱相通。图5-8是S195等卧式柴油机在齿轮室盖上安装单向阀。工作时，当曲轴箱内压力高于外界大气压时，呼吸阀打开，气体通过呼吸阀排出机外；活塞上行，曲轴箱内容积增大，压力下降到低于外界大气压时，呼吸阀关闭。

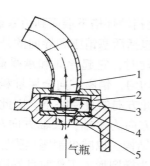

图5-7　立式柴油机呼吸阀

1-通风管　2-摇臂室盖　3-阀罩

4-阀座　5-单向阀

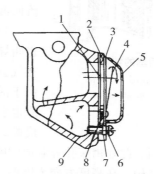

图5-8　卧式柴油机呼吸阀

1-垫片　2-底板　3-弹簧片　4-挡板　5-罩壳

6-垫圈　7-螺钉　8-铆钉　9-齿轮室盖

二、曲柄连杆机构

（一）曲柄连杆机构的功用和组成

曲柄连杆机构的功用是将活塞的往复运动转变为曲轴的旋转运动，将作用在活塞顶上的燃气压力转变为扭矩，通过曲轴对外输出。曲柄连杆机构由活塞组、连杆组、曲轴飞轮组组成，见图5-9。是发动机的主要工作部件。

（二）曲柄连杆机构主要零部件

1. 活塞组

活塞组件主要有活塞、活塞环（包括气环、油环）、活塞销等组成，见图5-9。活塞和连杆组件与气缸体共同完成4个冲程，并承受气缸中油气混合气的燃烧压力，并将此力通过活塞销传给连杆，以推动曲轴旋转。

（1）活塞　其功用是承受气缸中气体的压力，并将此力通过活塞销传给连杆，推动曲轴旋转。活塞顶部还与气缸盖构成燃烧室。活塞由顶部、头部、裙部、销座部四部分组成，见图5-10。

1）活塞顶部。是指第一道活塞环槽以上的部分，它与气缸盖、气缸套组成燃烧室，直接承受气体的高温高压作用。活塞顶部根据燃烧要求常被加工成各种凹坑，以加速柴油与空气的混合及雾化。装配时应注意顶部的形状和方向标记。如S195柴油机活塞顶部尖端应朝上。

2）活塞头部。又称为环槽部或防漏部，是指活塞第一道环槽到活塞销孔以上的环槽部

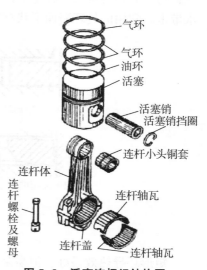

图5-9　活塞连杆组结构图

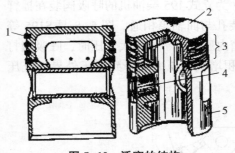

图 5-10　活塞的结构

1-活塞环槽　2-顶部　3-头部

4-销座部　5-裙部

分。其功用是密封、散热、布油和刮油。由于活塞上部受热温度高、热膨胀量大，因此常制成上小下大的锥形，工作时上下直径可趋于相等。柴油机压缩比较高，一般有 2～3 道气环槽和一道油环槽，油环槽底部分布许多径向小孔，使油环从气缸壁上刮下的机油经过小孔流回油底壳。

3）裙部。是指油环槽下端面到活塞最下端的部分，也叫导向部。它包括活塞销座和导向的外表面。当活塞在气缸内往复运动时，它起导向和承受侧压力的作用。由于活塞厚度不均匀，销座方向金属堆积较多，受热膨胀也多，故冷态此方向的直径略小。因此活塞裙部常做成椭圆形，销轴方向为短轴，长轴方向与销座相垂直，在工作时可趋近正圆。此外销座孔外制成凹陷状的防卡结构，以减少销座热膨胀变形。

实际上活塞的结构：在高度方向为锥形，横截面则为椭圆形，工作时良好贴合。

4）销座部。是位于活塞中部，用来安装活塞销的座孔。农用柴油机上一般采用全浮式构造，为防止活塞销的轴向移动，在销座孔上加工有环槽，环槽中安装活塞销挡圈。

5）多缸机活塞有分组，顶部打有记号，与相应的气缸配合。安装时各缸活塞不能互换、其重量不能相差太大。

（2）活塞环　活塞环是略大于气缸内直径并具有一定弹性的耐磨合金铸铁制造的开口圆环。活塞环分为气环和油环两种，见图 5-11。

（a）气环　　　（b）油环

图 5-11　活塞环

1）气环。气环是一种具有切口的弹性环，其功用主要是密封，其次是传热。随活塞装入气缸内，靠弹力紧贴气缸壁上，形成良好的密封面，并将活塞顶部热量传给气缸壁，再由冷却水带走。常用的气环断面形状有矩形环、锥形环、扭曲环、梯形环和桶面环，见图 5-12。

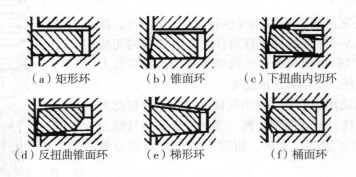

（a）矩形环　　（b）锥面环　　（c）下扭曲内切环

（d）反扭曲锥面环　（e）梯形环　　（f）桶面环

图 5-12　气环的断面形状

矩形环导热效果好，但易泵油，见图 5-13，镀铬后常用第一道气环。

锥形环外圆有一很小的斜角（1°±30′），锥形环与缸壁接触面积小，接触压力大，有利于密封和磨合。活塞上行时布油，下行刮油，可减少磨损，常做第二道或第二、第三道气环。安装时锥形环小端（切口附近打有"上"字标志或边沿上记号"T"）应朝向气缸盖。

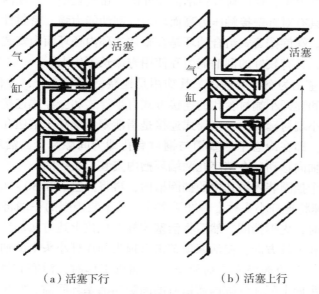

（a）活塞下行　　　　　　　（b）活塞上行

图 5-13　矩形气环的泵油作用

扭曲环分为内圆倒角或切槽的内切环和外圆倒角或切槽的外切环，环装入气缸后能自行变形扭曲，保留锥形环的全部优点，还可减少泵入燃烧室的机油。常做第二道和第三道气环。安装时内切环切口应朝上，外切环的切口应朝下。

梯形环的断面呈梯形，优点是抗结胶性好和密封性好，但精磨工艺复杂，仅用在热负荷较高的柴油机第一道气环。

桶形环的外圆表面呈凸圆弧形，提高了密封性能，减轻摩擦和磨损；但凸圆弧加工困难。

2）油环。油环的主要功用是布油和刮油，其次是传热和密封。上行布油，使气缸壁上的油膜分布均匀，改善润滑条件；下行刮油回油底壳，见图 5-14。油环有整体式和组合式两种，见图 5-15。整体式油环外表面中间车有一道凹槽，形成了上下二个环唇带，上唇带上端面外缘倒角，油环上行时形成油楔；下唇带下端面外缘一般不倒角，才增强下行刮油能力；槽底部有回油孔，下行时用来排除刮来的机油回曲轴箱。组合式油环有钢片式和螺旋撑簧式两种。钢片式组合油环由 3 个刮油钢片和 2 个弹性衬环组成。轴向衬环使刮油片紧贴环槽上下端面，形

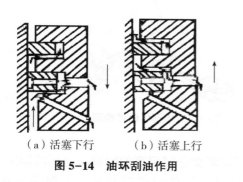

（a）活塞下行　　（b）活塞上行

图 5-14　油环刮油作用

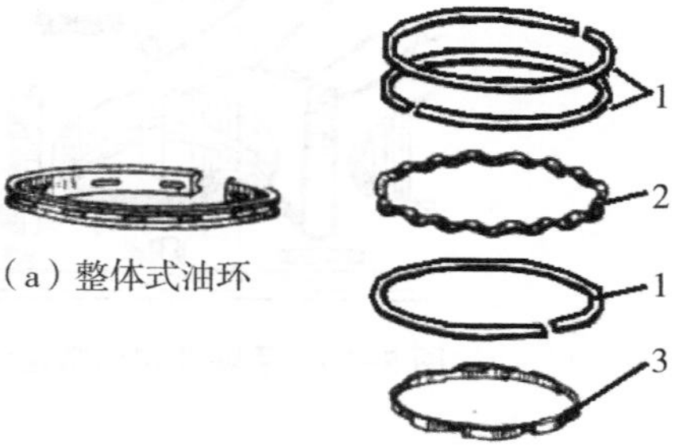

（a）整体式油环

（b）组合式油环

图 5-15　油环

1-刮油片　2-轴向衬环　3-径向衬环

成端面密封，以防机油上窜；径向衬环使刮油片外圆紧贴气缸壁，以便活塞移动时刮去缸壁上多余的机油。组合环具有对缸壁接触压力高而均匀、刮油能力强、密封性好、使用寿命长等优点，其应用日益增多。螺旋撑簧式组合油环是在整体油环内径环面内安装一个螺旋弹簧，以增强对缸壁的接触压力，具有较好的刮油能力和使用寿命长等优点。

（3）活塞销　活塞销为空心圆柱体，其功用是连接活塞与连杆，并传递两者之间的作用力。活塞销与销座孔和连杆小端衬套孔的连接方式有半浮式和全浮式连接两种。半浮式连接是指活塞销固定于连杆小端衬套孔内；全浮式连接是指活塞销浮动于销座孔与连杆小端铜衬套孔中。常用的是全浮式，即在冷态下活塞销与铜衬套孔即为间隙配合，活塞销与座孔为过渡配合；为防止活塞销的轴向移动，在销座孔两端环槽内安装卡簧挡圈。

安装时，先将一个挡圈装入销孔中的挡圈槽内，再将活塞放在80~90℃的水或机油中加热5~10min，取出后迅速将连杆小头衬套对准活塞孔，从未装挡圈的一端将活塞销推入，最后将另一挡圈装上。拆卸时，先拆挡圈，然后将活塞连杆总成按上述方法加热后再拆卸活塞销。另外安装时应注意活塞和连杆方向，使活塞顶铲击形顶尖和连杆小头上的油孔在同一方向。

（4）活塞环间隙、弹力和漏光度的检查　柴油机工作时，活塞和活塞环会受热而膨胀，为防止活塞环受热膨胀而卡死在气缸内而留有的间隙叫活塞环间隙，它包括开口间隙、侧隙和背隙三种。

1）开口间隙。活塞环开口间隙又叫端间隙，是指活塞环装入气缸套后，该环在上止点位置时环的开口处留有的间隙。开口间隙过大，会使气缸密封性降低，造成压缩不良，燃气泄漏，启动困难，功率下降、油耗升高。开口间隙过小，加速活塞环与气缸壁的磨损，甚至造成活塞环在缸套内卡死、折断而刮伤气缸壁。开口间隙随缸径的磨损而增大，可为0.25~0.80mm，且柴油机活塞环开口间隙略大于汽油机的，第1道气环间隙略大于第2、第3道气环。

活塞环开口间隙的检查：将活塞环装在气缸套内，并用倒置活塞的顶部将环推入气缸内上止点时所处位置，然后用厚薄规检测（图5-16）。若端间隙大于规定值则应重新选配活塞环；若端间隙小于规定值，应利用细平锉刀对环口的一端进行锉修。锉修时只能锉一端且环口应平整，锉修后应将加工产生的毛刺去掉，以免工作时刮伤气缸壁。

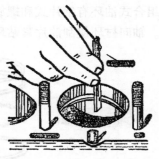
图5-16　活塞环端间隙检测

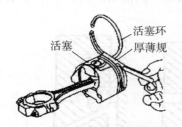
图5-17　活塞环侧隙检测

2）侧隙。又叫边间隙，边间隙是指活塞环与环槽侧面之间留有的间隙。气环的侧隙一般为0.04~0.15mm，且第1道气环侧隙大于其他气环；油环的侧隙较小，一般为0.025~0.070mm。边间隙过大，气缸密封性不好，加剧环对环槽的磨损，对于气环，它还会加剧其向燃烧室的"泵油作用";边间隙过小,活塞环易卡死在环槽中而失去功用。

侧间隙的检查:将活塞环放入相应的环槽内,用厚薄规进行测量,见图5-17。若侧隙过小时,用细号砂纸修磨活塞环。

3)背隙。是指活塞及活塞环装入气缸后,活塞环内圆柱面(背面)与环槽底部之间留有的间隙。背隙的作用是为建立背压,贮存积碳和防止活塞工作时膨胀过大挤断活塞环而设置的。

背隙的检查:为测量方便,通常是将活塞环装入活塞内,以环槽深度与活塞环径向厚度的差值来衡量。测量时,将环落入环槽底,再用深度游标卡尺测出环外圆柱面沉入环槽的数值,该数值一般为0.50~1.00mm。如背隙过小时,应更换活塞环或车深活塞环槽的底部。油环背隙比气环大,目的是增大存油空间,以利减压泄油。

4)弹力检查。用活塞环弹力检测仪检查,如图5-18所示。将活塞环置于滚轮和底座之间,沿秤杆移动活动量块,使环的端隙达到规定的间隙值。此时秤杆读数即为活塞环的弹力。

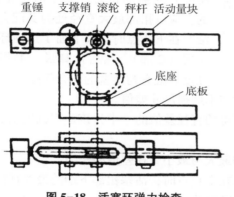

图5-18 活塞环弹力检查

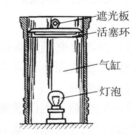

图5-19 活塞环漏光度检查

5)漏光度(即失圆度)的检查:将活塞环平放在气缸套内,用倒置的活塞顶将环推至气缸内上止点位置,在活塞环下面放一光源(如电灯泡),上面罩一块略小于气缸套内径的遮光板,从气缸上部观察活塞环与气缸壁间漏光程度,见图5-19。

漏光度技术要求:在活塞环端口两侧30°范围内不能有漏光现象;其他部位漏光不超过2处,每处漏光弧长对应圆心角不大于25°,如有两处漏光,则累计弧长对应圆心角之和不大于45°;漏光处缝隙应小于0.03mm。

(5)气缸间隙

1)气缸间隙。是气缸套与活塞副间隙的简称,是指活塞最大直径与气缸套内径之差。活塞的最大直径在裙部下端承受侧压力的方向。

活塞在气缸套内做往复运动,受热膨胀,所以他们之间必须留有适当的间隙。间隙过小,活塞易卡死;间隙过大,活塞工作时摆动,敲击气缸壁,同时会漏气,窜机油,功率下降和不易启动等。

活塞顶部直接与燃气接触,温度高,膨胀大。故冷态间隙相应大些,为0.7~0.8mm,而环槽部间隙为0.5~0.6mm,裙部间隙仅为0.16~0.225mm。

活塞主要磨损部位是环槽和活塞销孔。裙部与气缸套的磨损极限间隙为0.40mm,超出时应换新件。

2）气缸（套）间隙的检查：气缸套在使用中磨损是不均匀的，气缸套磨损最大部位是活塞在上止点位置时第1道活塞环对应的气缸壁处，由此向下磨损量逐渐减小；但当油环至下止点位置时，磨损量又增大。另外，沿气缸套圆周方向受侧压力较大处磨损量也较大，使气缸套横断面成椭圆形。因此，气缸（套）间隙检查内容主要是缸套的最大磨损量、圆度、圆柱度、缸套与活塞副的配合间隙四项。

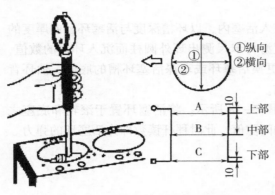

图 5-20　发动机缸套测量部位

测量气缸（套）间隙的位置：是取其上中下（A、B、C）3个横截面，每个截面取横向和纵向两个方向，共6个测量位置，用外径千分尺和量缸表测量，见图5-20。其上部是活塞在上止点时第1道活塞环对应气缸壁处的位置（即A部）。中部是活塞在上止点时，其裙部下端与缸套对应的位置（即B部），也是检查缸套与活塞副配合间隙的位置；对于活塞裙部为中凸桶形的，应以裙部最大直径处为其配合间隙。下部是活塞在下止点时，最下面1道油环所对应的缸套位置（C部）。然后计算最大磨损量、圆度、圆柱度、缸套与活塞的配合间隙。

最大磨损量：是指缸套最大磨损尺寸与未磨损尺寸差值。

圆度：是指同一横截面上不同方向测得的直径差值的一半为该截面圆度值，3个横截面最大圆度值为该气缸圆度值。

圆柱度：是指同横截面上任意测得的最大与最小直径差值的一半。

缸套与活塞副的配合间隙：是指活塞在上止点时，活塞裙部下端的最大直径与缸套成对应的位置（图5-20的B位置）同方向的直径之差。

当上述四项指标均未达到允许极限值时，又没有其他缺陷的，可更换全套活塞环继续使用；若有任何一项达到或超过极限值时，应镗削缸套，换用相应修理尺寸的活塞与活塞环；如果缸套有裂纹、严重气蚀、深的划痕、镗削也无法消除的缺陷，或磨损最大直径已接近最后一次修理尺寸时，应报废。

2. 连杆组

连杆组的功用是连接活塞和曲轴，将活塞承受的燃烧压力传给曲轴，使活塞往复移动和曲轴的旋转运动相互转换。连杆组主要由连杆、连杆盖、连杆轴瓦及连杆螺栓等组成，见图5-9。

（1）连杆　连杆由小头、杆身、大头三部分组成。连杆小头和活塞销连接，小头孔内压有减磨青铜衬套；安装时小头集油槽必须对应衬套油孔，靠曲轴箱中飞溅的油雾润滑。连杆小头孔与连杆衬套是静配合；活塞销与连杆小头衬套是动配合。连杆大头与曲轴连杆轴颈相连，为便于装配，大头做成分开式，剖切面有平切口和斜切口两种。斜切口采用锯齿形、定位套筒、定位销和止口等定位。

（2）连杆盖　又称连杆轴承盖，是指与大头剖切分开的部分，用螺栓与大头的上半部分连接，连杆盖与连杆配对加工，同侧打有记号，装配时不能互换或装反。拧紧连杆螺栓时，应用扳手分2~3次拧紧到规定力矩100~200N·m，然后用锁片、钢丝等锁牢螺栓头。保险片只能使用1次，拆卸后需换用新件。

（3）连杆轴瓦　连杆轴瓦就装在连杆大头孔内，由两个半圆形薄壁钢瓦片上浇铸0.5~

0.7mm 厚的耐磨合金层组成，以减少连杆轴颈的磨损。为保证导热轴瓦钢背与座孔的贴合面积应占总面积的 75% 以上。轴瓦钢背上有凸键，安装时要卡入连杆大头相应的凹槽中，以防轴瓦转动和窜动。

连杆轴瓦与轴颈之间应有一定的间隙，以便形成油膜，减少磨损。间隙过大，机油不易存留，润滑不良，磨损增加，轴颈和轴瓦会产生敲击，产生振动；间隙过小，机油难以进入，会产生烧瓦事故。

3. 曲轴飞轮组

曲轴飞轮组由曲轴、飞轮和曲轴皮带轮等组成，以单缸柴油机曲轴飞轮组为例，见图 5-21。其功用是承受连杆传来的间歇性推力，并通过曲轴上的飞轮等大惯量旋转体的作用，将间歇性推力转换成环绕曲轴轴线的稳定转矩，即发动机输出的动力。

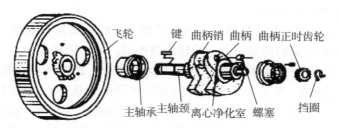

图 5-21　单缸柴油机曲轴飞轮组

（1）**曲轴**　其功用是将连杆传来的推力变成旋转的扭矩，并输出给传动系，通过齿轮或皮带轮驱动配气机构、风扇、喷油泵、发电机等附属装置工作。曲轴由前端、主轴颈、连杆轴颈、主轴承、曲柄和后端组成，见图 5-22。

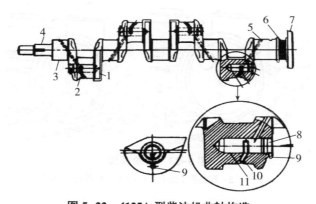

图 5-22　**4125A 型柴油机曲轴构造**

1-曲柄　2-连杆曲颈　3-主轴颈　4-定时齿轮轴颈　5-润滑油道　6-挡油螺纹

7-飞轮接盘　8-螺塞　9-开口销　10-油管　11-油腔

1）曲轴前、后端。前端轴安装正时齿轮等，驱动正时齿轮室中其他齿轮转动，以完成配气、调速、平衡等功用。后端与飞轮连接。为防止曲轴箱内机油外漏，在曲轴后端主轴承盖外侧装有油封，安装时有标记字样的一面应朝外，不要装反，否则会漏油。

2）主轴颈和连杆轴颈。单缸机主轴颈有前后 2 个，全支承型主轴颈数比连杆轴颈数多 1 个，非全支承型的主轴颈数少于或等于连杆轴颈数。主轴颈的功用是安装轴承和支承曲轴。连杆轴颈用来安装连杆大头。各轴颈表面采用压力润滑，主轴颈表面与机体上的油道相通，再通过斜油道和连杆轴颈相通，在连杆轴颈中心有离心净化室，机油中的杂质在曲轴旋转产生离心力的作用下甩向油室壁并附着在表面，净化机油。维护时应拆下螺塞，清洗净化室和油道。

3）主轴承。主轴承安装在上曲轴箱的轴承座上，与曲轴的主轴颈相配合。绝大多数为轴瓦式滑动轴承，隧道式机体的主轴承采用滚动轴承。其功用是支承曲轴承受工作压力。主轴承间隙稍大于连杆轴承间隙，应在主轴承螺栓按标准扭矩拧紧后测量（轴承间隙是指按规定扭矩上紧螺栓后，轴瓦内孔直径与轴颈外径之差）。采用巴氏合金和高锡铝合金轴瓦的主轴承间隙为 0.000 6~0.000 8d（d 为主轴承直径），采用铜铅合金和低锡铝合金轴瓦的主轴承间隙为 0.000 9~0.001 0d。如 LR100/105 型柴油机主轴承和连杆轴承采用铜铅合金轴瓦，其主轴承间隙 0.050~0.116mm，连杆轴承间隙为 0.050~0.105mm。经验表明：使用铜铅合金轴瓦比铝合金轴瓦间隙可减少 0.01~0.12mm。

4）曲柄。曲柄是主轴颈和连杆轴颈的连接部分，曲柄对面有平衡块，为了平衡活塞往复移动产生的惯性力和曲轴旋转的离心力，减轻机器振动，延长轴承寿命。

（2）飞轮　其功用是贮存和释放做功行程时的能量，帮助曲柄连杆机构完成辅助行程时的阻力，使曲轴旋转均匀，便于发动机的启动和短时间的超负荷。飞轮外缘通常压有启动齿圈，并刻有第一缸上止点和供油开始时刻等记号及钻有小孔，用于检查配气和供油正时及平衡。为保证发动机的运转平衡及飞轮记号的准确性，曲轴与飞轮之间采用定位销或不对称的螺孔来定位。在飞轮外面的止口内，用螺栓紧固着三角皮带轮，以此输出功率。

拆卸飞轮应用扳手或拉出器进行，见图 5-23。先将止推垫圈的锁边翻平，再用专用扳手将飞轮螺母拧松，最后用拉出器均匀对称缓缓拉出飞轮。安装时要注意定位方法，清洁各配合表面，不得碰伤或松动，飞轮螺母必须拧紧到规定的扭力矩（S195 柴油机为 392N·m），并用锁片锁牢。

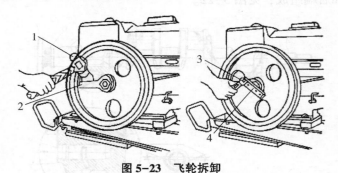

图 5-23　飞轮拆卸
1-锤子　2-飞轮螺母扳手　3-扳手　4-拉出器压模

4. 平衡机构

平衡机构的功用是平衡活塞组和连杆小头往复运动产生的惯性力和曲轴的连杆轴颈及连杆大头旋转产生的离心力引起的振动。一般连杆轴颈和连杆大头旋转产生的离心力引起的振动采用在曲轴的曲柄上加平衡块的方法进行平衡；而活塞组和连杆小头往复运动产生的惯性力，则必须用一个单独的平衡机构来抵消。小型柴油机上采用单平衡轴（195T、185）或双平衡轴来平衡。图 5-24 为 S195、L195 型柴油机双轴平衡机构。

双轴平衡机构是上下两根平衡轴用滚动轴承支承在机体后部轴孔中，两平衡轴的转向相反、转速与曲轴相同，平衡轴上重块所产生的离心力可分解为水平和垂直两个分力，水平分力

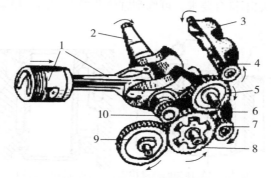

图5-24　柴油机双轴平衡机构

1-活塞连杆组　2-曲轴　3-上平衡轴　4、7-平衡轴齿轮　5-启动齿轮
6-下平衡轴　8-调速齿轮　9-凸轮轴正时齿轮　10-曲轴正时齿轮

之和抵消往复惯性力，两者的垂直分力相互抵消。平衡轴齿轮上刻有装配定位记号，装配时齿轮室齿轮啮合记号必须对准，否则会产生振动。

三、机体组和曲柄连杆机构的使用维护

1. 机体组零件的拆装要点

（1）气缸套的拆卸　如气缸套内孔已磨损到0.3mm或产生拉缸时需和阻水圈一起更换。拆卸气缸套应用拉缸器拉出，见图5-25（a）。

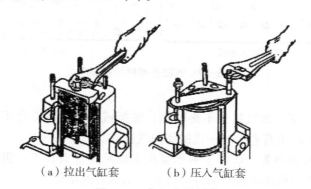

（a）拉出气缸套　　　（b）压入气缸套

图5-25　气缸套的拆装

（2）气缸套的安装

1）彻底清洗缸套和缸体安装孔，选择尺寸正确、弹性好、粗细均匀的新O型阻水圈，并涂以肥皂水，使其平滑地进入缸套外槽内，且不能扭曲。阻水圈装入缸套环槽后，应高出缸套外表面1~2mm。然后在阻水圈表面和缸体安装孔内涂一层快干漆或黄油，增加密封性。

2）将缸套扶正，用专用工具将缸套平稳压入机体安装孔内，见图5-25（b），应防止歪斜，以免使阻水圈损坏、缸套变形失圆。

3）缸套压入机体后，其凸肩上平面应高出机体上平面0.04~0.17mm，多缸机各缸的凸出高度要尽量相同（不超过0.05mm），以保证缸垫的密封性。干式缸套上端面同样要高出机体上平面（如495柴油机在0.02~0.10mm），且各缸高度差不超过0.05mm。此高度可用深度尺或百分

表测量，见图 5-26（a）。如不符合要求，可修刮缸体凹槽上端面或垫紫铜片，见图 5-26（b）。

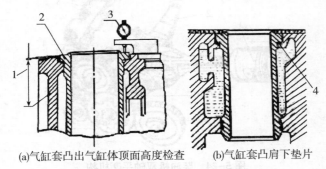

(a)气缸套凸出气缸体顶面高度检查　　(b)气缸套凸肩下垫片

图 5-26　气缸套安装后的检查

1-气缸体　2-气缸套　3-百分表　4-垫片

4）缸套安装后用内径百分表测量圆柱度、椭圆度不得超过 0.05mm。否则应拆下缸套，查明原因并排除故障后重新安装，并在专门试验台上进行水压试验，不得漏水。

（3）**缸盖的拆装**　拆卸气缸盖时，先放尽冷却水，并从外围向中间按对角线顺序分 2~3 次逐步拧松缸盖螺母。

安装气缸盖时，应从中间向两头对称分 2~3 次将缸盖螺母拧紧到规定力矩，见图 5-27。

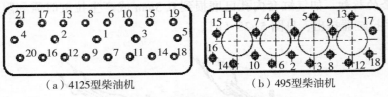

（a）4125型柴油机　　　　　　　（b）495型柴油机

图 5-27　气缸盖螺栓拧紧顺序

（4）**气缸垫安装**　安装的气缸垫不得破损、皱折或老化变硬，也不能过厚过薄，否则应更换。安装时，应使气缸垫有卷口的一边的朝向气缸盖。

（5）**主轴承盖和座的拆装**　机体主轴承盖和主轴承座配对加工，拆装时要编号配对，并使主轴承盖上的箭头指向机体前端。另外要注意主轴承盖的定位。

2. 活塞连杆组拆装要点（以 S195 柴油机为例）

（1）**拆卸**

1）先拆下气缸盖，拧开连杆螺栓上的防松装置，旋下连杆螺栓，拆下大头盖。

2）然后用清洁的木棒缓缓推动连杆大头，把活塞连杆组从气缸前部取出。

3）注意事项：拆卸中注意保护气缸套、活塞、轴颈、轴瓦等零件的工作表面，不得碰损、刮伤。如气缸套前部有积碳或凸肩妨碍取出，应先清除积碳，刮去凸肩后再推出活塞，切忌猛力敲打。

（2）**安装**

1）首先是要选配与发动机气缸、活塞相同尺寸、等级的活塞环。

2）安装前要检查活塞环开口间隙、侧隙、背隙、漏光度和平面度等是否符合技术要求。同时检查气缸间隙、活塞销与销座及铜套、连杆轴承与轴颈等各配合表面、配合间隙要符合要求。检查各缸活塞与连杆的质量偏差应符合要求。

3）清洁活塞环和环槽，如有积碳等杂质应清除干净。

4）安装活塞销要注意尺寸分组，并避免冷装，注意活塞和连杆的方向标记。

5）应当使用活塞环装卸钳，可避免用手将活塞环开口撑大的办法拆装而造成活塞环的折断。使用装卸钳时，应先从纵向钳口将活塞环夹住，然后再用另一横向钳口将活塞环开口撑大，这样就可以顺利将活塞环装上或拆下。注意用力均匀。活塞环装入活塞时应涂抹润滑油。

安装时活塞环的型式、次序、记号、安装方向和位置要符合要求，千万不能搞错。某些特殊截面形状的活塞环，不能装反。安装平正，不得扭曲。一般第一道环槽内必须安装镀铬桶面环或镀铬矩形环，第二、第三道环槽内安装锥面环，第四道环槽内安装组合油环。锥环开口端侧面上的记号"上"应朝向活塞顶。

6）组装后应在连杆检验器上（或在气缸中不装活塞环试装）检查。活塞裙部母线与连杆大端孔轴心线的垂直度应符合技术要求。

7）必须清洗干净气缸套、轴颈和活塞连杆组，同时在各零件表面涂上清洁机油。

8）活塞装入气缸套时，应注意将活塞顶部铲击形凹坑、连杆小头油孔应向上，连杆大头剖分面向下，连杆大头盖的记号要对正。为保证良好的密封性，活塞环开口应如图 5-28 位置分布，各活塞环切口错开 90°～120°，并应避开活塞销座和主侧压力方向。并使第 1 道气环开口应与活塞销中心线相交 45°；对于有三道气环的各开口应相互错开 120°；对于有二道气环的各开口相互错开 180°。

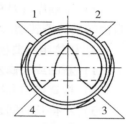

图 5-28　活塞环开口
位置分布示意图

油环开口应与所有气环开口错开，并且应避开各缸进气门、销座孔、侧压力以及喷油器的方向。

螺旋撑簧油环的安装方法见图 5-29（a），先拆开螺旋撑簧的接口，并将其卷放在第四道油环槽中，然后将撑簧接口连接起来，再将油环本体装到环槽内。图 5-29（b）所示为安装后的状态，环的开口必须在撑簧接头的对面。

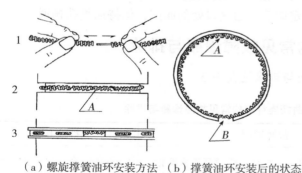

（a）螺旋撑簧油环安装方法　（b）撑簧油环安装后的状态

图 5-29　螺旋撑簧油环的装配
A-螺旋撑簧接口　B-油环本体

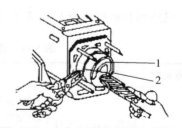

图 5-30　向气缸套内装活塞连杆组
1-活塞（铲形凹坑朝上）　2-活塞环紧箍

9）卸下连杆盖，用安装活塞的专用工具箍住活塞和活塞环，从气缸前部将连杆一端放进气缸套，然后用一木棒将活塞轻轻推入相应的气缸中，见图 5-30，不准用硬器敲打。

装好连杆轴瓦，按配对号装上连杆盖，按规定拧紧连杆螺栓，要用扭力扳手，逐步对称均匀分 2～3 次拧紧到规定的拧紧力矩。如 S195 柴油机连杆螺栓拧紧力矩为 78.4～107.8N.m。在

错误

正确

图5-31　连杆螺栓保险铁丝的锁定

拧紧过程中应转动飞轮，检查轴承间隙，看曲轴运转是否灵活，无卡滞现象；最后用两段 $\phi1.8mm$ 的钢丝成"8"字形将两个连杆螺栓锁紧，见图5-31。

10）未换新件的活塞连杆组，应按原缸次安装，不得互换位置。

3. 曲轴的安装要点

1）安装前要清洗并保证机体和曲轴油道畅通，安装面须清洁，配合面要涂机油。

2）曲轴的轴向定位。通常是安装止推片或在主轴承上制有凸肩，轴向间隙是靠增减止推垫片的厚度或凸肩（翻边）的厚度来调整的。如S195柴油机轴向标准间隙为0.20~0.25mm。

3）主轴瓦必须与曲轴主轴颈同一尺寸组别。旧轴瓦配新瓦时，配合间隙应符合要求；注意止推瓦或止推片的位置，上下瓦不得装反；安装旧轴瓦时应按原位安装，不准调位。

4）曲轴装入轴承座后，应按序号或标号逐一装好主轴承盖。

5）按顺序（从中间到两侧）和规定扭矩分2~3次拧紧主轴承螺母，再用手转动曲轴应能自由转动，若转动不灵活时要找出原因进行排除；同时检查轴向间隙符合要求后将螺母锁牢。

4. 机体组和曲柄连杆机构的使用维护

1）新的或大修发动机必须按规定进行磨合试运转，未经磨合不允许满负荷工作。

2）检查机油和冷却水，不足不准启动。水温低于50℃不准起步和满负荷作业。

3）不得长时间超负荷工作，不使柴油机过热。

4）发动机空转时，不得猛加油门。

5）急速运转时间不得过长。

6）定期检查主轴承、连杆轴承和缸盖螺栓等处的紧固情况，若有松动应按规定扭矩拧紧。

7）定期清除活塞顶部、燃烧室、气门等处积碳，检查活塞环间隙，必要时更换活塞环。

8）定期清除曲轴连杆轴颈内腔（离心净化室）的油泥。

9）定期检查曲轴箱的通气状况，并定期清洗通气口处的滤网，保持通气孔畅通。

四、机体组和曲柄连杆机构常见故障诊断与排除

机体组和曲柄连杆机构常见故障诊断与排除见表5-3。

表5-3　机体组和曲柄连杆机构常见故障诊断与排除

故障名称	故障现象	故障原因	排除方法
缸套活塞磨损	缸套上止点下有圈凹痕和活塞组磨损严重	1. 发动机长期使用，缸套、活塞环正常磨损 2. 空气或机油滤清器性能不良，带入灰尘和杂质 3. 机油质量不好或混入杂质，润滑不良 4. 冷却强度偏高或偏低，长期急速或经常超负荷	1. 研磨缸套，更换加大活塞环或更换缸套 2. 检修或更换空气或机油滤清器 3. 更换规定的机油 4. 检修冷却系统，正确操作
气缸垫烧损	气缸垫烧损	1. 未按规定拧紧缸盖螺栓或各缸气缸高出量不一样 2. 气缸盖或缸口不平或有损伤 3. 气缸垫老化失去弹性或质量不佳	1. 检修缸套高出量和拧紧缸盖螺栓符合规定 2. 检修或更换 3. 更换

（续表）

故障名称	故障现象	故障原因	排除方法
拉缸或活塞卡死	拉缸或活塞卡死	1. 活塞环开口间隙过小 2. 活塞环折断 3. 活塞销因失去定位而窜动 4. 气缸间隙过小且机温过高、负荷过大	1. 镗缸或更换缸套，调整间隙 2. 更换 3. 检修 4. 检修，正确操作
烧瓦	烧瓦	1. 轴瓦处机油供应不足，使润滑、冷却强度不够 2. 机油品质不良，机油量不足或润滑油路不畅 3. 轴承间隙过大或过小，摩擦表面形不成油膜 4. 摩擦表面进入大的机械杂质	1. 检修润滑油路 2. 更换或加足符合规定的机油，清洗润滑油路 3. 检查调整轴承间隙 4. 更换符合规定的机油
缸体或缸盖裂纹	缸体或缸盖裂纹	1. 冬季冷却水结冰，使缸体缸盖胀裂 2. 发动机过热时，骤加冷水或严冬启动骤加热水 3. 严冬机温过高时迅速放尽冷却水 4. 缸盖局部散热不良，高温烧蚀	1 补修或更换 2. 过热不要骤加冷水和严冬不骤加热水，减小温差 3. 严冬停机熄火冷却后放尽冷却水 4. 检修

第三节　配气机构

一、配气机构的功用和组成

配气机构的功用是根据发动机工作循环和点火次序，定时地开启和关闭各缸的进、排气门，以保证及时地吸入尽量多的新鲜空气、排除废气；当气门处于关闭时，应密封可靠，保证柴油机正常工作。

配气机构一般由气门组、气门传动组和气门驱动组3部分组成，见图5-32。配气机构按气门的布置形式，可分为顶置式（拖拉机上采用）和侧置式；按传动方式分为齿轮传动、凸轮传动、链轮传动和齿形带传动；按每缸气门数分为二气门和四气门式等。

二、配气机构的主要零部件

1. 气门组

气门组由气门、气门导管、气门弹簧、弹簧座和锁片等组成，见图5-33。实现气缸的进、排气，并保证气缸的密封。

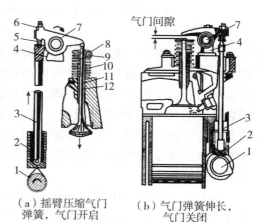

（a）摇臂压缩气门弹簧，气门开启　（b）气门弹簧伸长，气门关闭

图5-32　配气机构示意图

1-凸轮轴　2-挺杆　3-推杆　4-摇臂支架
5-调整螺钉　6-锁紧螺母　7-摇臂
8-气门弹簧座　9-锁片　10-气门弹簧
11-气门导管　12-气门

（1）气门　气门由头部和杆身两部分组成。气门头部为平顶圆盘形，靠其圆锥上有宽度 1.5~2.5mm 的密封环带贴合在气门座上相应的密封环带起密封功用。为多吸入新鲜空气，进气门头部直径比排气门大些。气门杆身呈圆柱形，是气门上下运动的导向部分。在其尾部制成锥形和环槽，用来安装锁片并固定弹簧座，环槽中安装挡圈，以防锁片脱落或弹簧折断时气门落入气缸而造成事故。

（2）气门座　镶在气缸盖气门座孔中，与气门头部锥面密封环带配合起密封作用，并对气门头部进行导热。气门下沉量超过使用极限应更换气门座圈，否则会使压缩比和功率下降。

气门与气门座接触的工作表面呈锥形，称密封锥面，其角度称气门锥角，通常气门锥角做成 45°或 30°。为保证密封，装配前应将气门头与气门座的密封锥面互相研磨，在锥面中部形成宽度为 1.5~2.5mm 的无光泽灰色接触环带，研磨后各气门不得互换位置。气门装配后，头部平面应低于缸盖平面（气门下沉量），其功用是发动机工作时，气门开启而不碰撞活塞顶部。

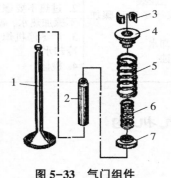

图 5-33　气门组件
1-气门　2-气门导管　3-锁片
4、7-弹簧上下座　5、6-外内弹簧

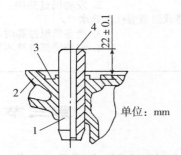

图 5-34　气门导管安装位置
1-气门导管　2-气缸盖
3-无倒角孔口　4-气门弹簧安装面

（3）气门导管　其功用是起导向作用，保证气门做往复直线运动，使气门与气门座能正确贴合密封；并将气门热量传到冷却水套中，防止气门受热卡住。气门导管的外径与气缸盖导管孔过盈配合，以保证固定不动。安装气门导管时，外露端面至气缸盖顶气门弹簧安装平面的尺寸 S195 柴油机为（22±0.2）mm，见图 5-34。否则气门会碰撞导管或加速凸轮和挺柱底面的磨损。气门导管孔口不应有倒角，如有倒角，飞溅的机油易经气门导管进入燃烧室产生窜烧机油。部分柴油机气门导管上装有油封，防止气门导管与气门杆之间进入过多的机油。

（4）气门弹簧　通常为一个或两个圆柱形螺旋弹簧。其功用是自动关闭气门，保证气门与气门座贴合密封。为防止弹簧共振，多数发动机采用同心安装的内外两根旋向相反的双气门弹簧，同时当一根弹簧折断时，另一根弹簧还能继续工作，不使气门落入气缸中。

（5）气门弹簧座和锁片　弹簧座为一台阶式圆柱体，中间有倒锥形通孔，外圆上台阶与弹簧接触，并压缩弹簧，使之有一定的预紧力。

弹簧座上倒锥形通孔使气门杆尾部穿过，用两片外圆锥面的锁片固定。

2. 气门传动组

其功用是按配气凸轮外廓形状传递运动使气门按时开启和关闭。传动组由挺柱、推杆、摇臂、摇臂轴和调整螺钉等组成。

（1）挺柱　其功用是将凸轮的推力传给推杆。其底面为圆盘形与凸轮接触，顶部为球形凹坑与推杆接触。在气门弹簧的作用下，挺柱始终与凸轮接触，并且挺柱中心线与凸轮中心线有一偏心距，当凸轮转动时，挺柱不但随着凸轮升程的变化而上下移动，同时还随着转动，使接触面磨损均匀，见图5-35。

（2）推杆　其功用是将从凸轮轴经过挺柱传来的推力传给摇臂。常为细长中空杆，也有实心杆。两端呈球面，上端与摇臂上气门间隙调整螺钉接触，下端与挺柱接触。

（3）摇臂　其功用是将推杆传来的力改变方向，并作用到气门杆尾端推开气门。摇臂是一个双臂杠杆，两臂不等长，长臂一端与气门杆尾端接触，短臂一端装有气门间隙调整螺钉，并与推杆接触。摇臂装在摇臂轴上，其中心孔内镶有铜套，铜套的油孔与摇臂的油孔相通，见图5-36。接受润滑油，以润滑衬套和摇臂轴的工作面。

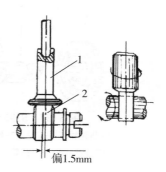

图5-35　挺柱与凸轮相对位置
1-挺柱　2-凸轮

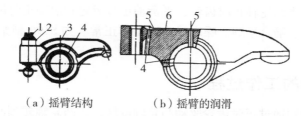

（a）摇臂结构　　　　（b）摇臂的润滑

图5-36　摇臂
1-气门间隙调整螺钉　2-锁紧螺母　3-摇臂体　4-摇臂衬套　5-油孔　6-油槽

（4）摇臂轴和轴座　摇臂轴起支承摇臂作用，装在摇臂轴座上。其两端装有弹性挡圈，防止摇臂轴移动，摇臂轴座用螺栓固定在气缸盖上。

3. 气门驱动组

其功用是将曲轴的转动传递给凸轮轴，并驱动和控制气门传动组工作。气门驱动组由凸轮轴和凸轮轴正时齿轮组成。

（1）凸轮轴　由曲轴通过正时齿轮来驱动，其功用是按规定时刻开启和关闭气门。

S195型柴油机凸轮轴有进、排气和供油3个凸轮，见图5-37，油泵凸轮用来驱动喷油泵工作，进、排气凸轮分别用来控制进、排气门的开、闭，前后轴颈支承凸轮轴。气门的工作次序由各凸轮在轴上的相互位置来保证。凸轮轴的轴向间隙可用其轴承盖下的垫片来调整。

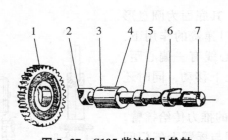

图 5-37　S195 柴油机凸轮轴

1-凸轮轴正时齿轮　2-喷油泵凸轮　3-平键槽
4-前轴颈　5-进气凸轮　6-排气凸轮　7-后轴颈

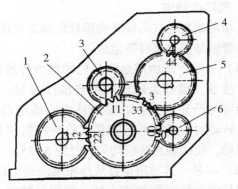

图 5-38　S195 型柴油机正时齿轮装配记号

1-凸轮轴齿轮　2-调整齿轮　3-曲轴正时齿轮
4、6-上、下平衡轴齿轮　5-启动齿轮

多缸机凸轮轴上配置有各缸进、排气凸轮，并靠凸轮轴颈支承于气缸体上。为安装方便，凸轮轴各轴颈从前向后依次减小。凸轮的轴向定位可采用可调螺钉或止推凸缘，游动量通常为 0.2mm 左右。

（2）凸轮轴正时齿轮　该齿轮通过平键固定在其凸轮轴的前轴颈上，与曲轴正时齿轮相啮合，传动比为 2∶1，将曲轴传来的动力传给凸轮轴。功用是保证曲轴位置和气门启闭的正确关系。装配时，必须将凸轮轴正时齿轮、平衡轴正时齿轮和曲轴正时齿轮等记号对准，才能保证齿轮相互位置正确、啮合平顺、噪声减小、工作正常。如 S195 型柴油机正时齿轮装配记号，见图 5-38。

三、配气机构的工作过程

发动机工作时，曲轴通过正时齿轮驱动凸轮轴旋转。当凸轮轴转到凸轮的凸起部分顶起挺杆时，挺杆推动推杆上行，推杆通过调整螺钉使摇臂绕摇臂轴摆动，推杆推力大于气门弹簧的预紧力，使气门开启。随着凸轮凸起部分升程的逐渐增大，气门开度也逐渐增大，此时便进气或排气。当凸轮凸起部分的升程达到最大时，气门实现了最大开度。随着凸轮轴的继续旋转。凸轮凸起部分的升程逐渐减小，气门在弹簧张力的作用下，其开度也逐渐减小直到完全关闭，结束了进气或排气过程。因此，凸轮轴转 1 周，进、排气门各开、闭 1 次。

四、减压机构

1. 减压机构的功用和组成

在启动或维护柴油机时，将气门部分或全部打开，使气缸内压缩阻力消失，以利转动曲轴。主要由减压轴、减压螺钉等组成。

2. 减压机构工作过程

减压机构通常是在摇臂上方安装一个减压轴。当减压轴平面朝下时，减压轴与摇臂不接触，减压机构不起作用；当转动减压轴，使其凸面向下时，便向下压缩摇臂，强制气门打开而减压，见图 5-39。有的机型在减压轴上装有减压螺钉，转动减压轴，螺钉将摇臂压下，使气门打开。此时气缸内没有压缩阻力，转动曲轴就省力。

3. 减压机构检查与调整

以 495A 型柴油机为例，其步骤如下：①转动曲轴，使第 1 缸处于压缩上止点。②此时第 1、3 缸排气门关闭，分别调整第 1、3 缸减压螺钉，即转动减压轴上的减压位置，松开调整螺钉的锁紧螺母，旋动调整螺钉；同时将 0.45mm 的厚薄规片插入气门间隙调整螺钉和摇臂间隙，以稍有阻滞感为宜，然后锁紧螺母。③转动曲轴一圈，使第 4 缸处于压缩上止点；用同样的方法对第 2、4 缸的减压螺钉进行检查与调整。④调好后复查。

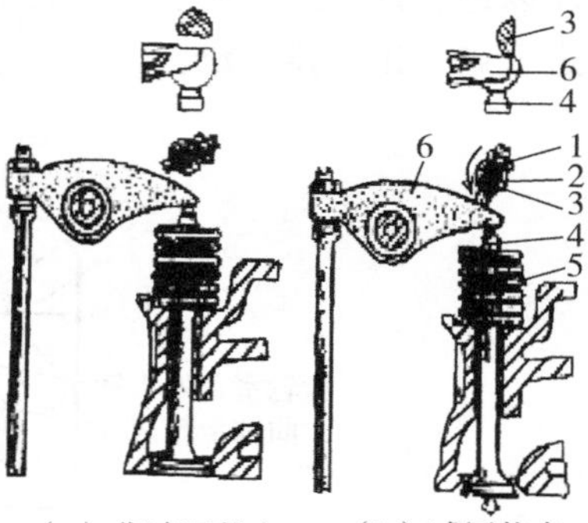

五、气门间隙

1. 气门间隙的定义和功用

气门间隙是指在冷机状态气门处于完全关闭时，气门杆尾端与摇臂长臂头（侧置式气门的挺柱）之间的间隙。其功用是给配气机构零件受热时留出膨胀量，保证关闭严密。

2. 气门间隙过大过小对发动机的影响

不同机型气门间隙值在冷、热状态下都不同，应按使用说明书规定进行调整。通常进气门间隙比排气门的小 0.05mm，热机时气门间隙比冷机时小 0.05mm。如在冷机时，4100A 柴油机进气门间隙为 0.25~0.30mm，排气门间隙为 0.30~0.35mm；R 系列柴油机进气门间隙为 0.3~0.4mm，排气门间隙为 0.4~0.5mm。气门间隙过小，零件受热膨胀后会使气门工作关闭不严，造成漏气，功率下降，甚至烧蚀气门与气门座工作面。气门间隙过大，将使气门开启持续时间减少，导致进气量减少、排气不净、功率下降；并使传动零件之间将产生撞击，噪声增大。

3. 气门间隙的检查与调整

气门间隙调整有逐缸调整法和两次调整法两种。检查调整气门间隙的前提是气门必须处于完全关闭状态，且挺柱处于最低点。即某缸在压缩行程上止点附近时可检测进排气门，在做功行程下止点附近可检调进气门，在进气行程下止点可检调排气门。对于顶置式配气机构，在检调前应检查并紧固摇臂轴架；有减压机构，应确认处于非减压状态方可进行检调。

（1）逐缸调整法 即每次检调 1 只缸的气门，此法较麻烦。步骤是：①首先拆下气缸盖罩，检查上紧气缸盖螺母和摇臂支座螺母。②然后打开减压机构，找出某缸压缩行程上止点（如从齿轮室盖观察孔见油泵凸轮已顶住喷油泵滚轮，或稍微转动一下曲轴，进、排气门保持不动，即说明是压缩上止点）。③再用规定间隙的厚薄规片塞入气门杆端面与摇臂之间，轻轻来回抽动厚薄规片或用手指转动推杆略有阻滞感为宜。此时厚薄规厚度即为气门间隙值，如不符合规定，就松开锁紧螺母，用螺丝刀旋转调整螺钉进行调整，调合适后拧紧锁紧螺母。④多缸机 2 个气门间隙值检调好后，再按发动机工作顺序，摇转一个做功间隔角，即四缸机 180°、六缸机 120°，调整下一个工作缸的两只气门，依此类推调完为止。

（2）两次调整法 即全部气门经摇转曲轴 2 次即可调完。采用 2 次调整法之前必须知道柴油机的工作顺序和气门的排列顺序。国产四缸发动机工作顺序多为 1—3—4—2，气门间隙的调整方法基本相同。只是第一缸压缩上止点的记号位置和气门排列顺序有所不同：有些机型的记号在飞轮与壳体处，有些机型在曲轴皮带轮与正时齿轮室处，见图 5-40。气门的排列顺

（a）非减压状态　（b）减压状态

图 5-39　柴油机减压机构

1-锁紧螺母　2-减压螺钉　3-减压轴
4-气门　5-气门弹簧　6-摇臂

序以进、排、进、排、进、排、进、排居多，还有些发动机的气门排列顺序为进、排、排、进、进、排、排、进。

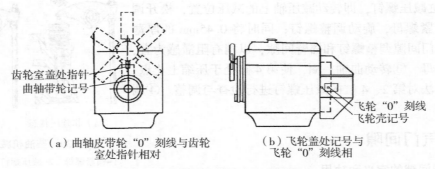

齿轮室盖处指针
曲轴带轮记号

飞轮"0"刻线
飞轮壳记号

（a）曲轴皮带轮"0"刻线与齿轮
室处指针相对

（b）飞轮盖处记号与
飞轮"0"刻线相

图 5-40　第一缸压缩上止点记号对

以某四缸机工作顺序为 1-3-4-2，气门排列顺序为进、排、进、排、进、排、进、排为例。

1）打开气门室盖，上紧摇臂支座螺母。

2）找准第一缸压缩上止点。有减压机构的将减压机构固定在工作位置（非减压位置），摇转曲轴，同时观察第四缸的进气门。当第四缸进气门的摇臂刚一点头时，应慢转曲轴，待曲轴皮带轮上"0"刻线正好对准正时齿轮室盖上的指针（或飞轮上的"0"刻线正好对准飞轮壳上检查窗上的记号时），表明是第一缸压缩上止点，见图 5-40。此时第一缸的进排气门均关闭，第二缸为做功下止点，进气门关闭，第三缸为进气下止点，排气门关闭，第四缸为排气上止点，进排气门都打开。若该发动机的气门排列顺序为进、排、进、排、进、排、进、排，可调 1、2、3、6 四个气门间隙（从前往后排列），因为这 4 个气门均为关闭状态。判断是第 1 缸或第 4 缸为压缩上止点的方法：通常是观察第 2 缸的排气门是否打开以及第 1 缸的进排气门是否关闭。如第 2 缸的排气门为打开状态，而第 1 缸的进排气门是关闭状态，则曲轴处于第 1 缸压缩上止点位置；如第 2 缸的进气门打开 而第 4 缸的进排气门关闭，则曲轴处于第 4 缸压缩上止点位置。

3）检查调整气门间隙。检查气门间隙时使用厚薄规。按气门间隙规定值选取厚薄规片，如能松快地插入气门间隙，说明间隙值偏大。这时松开调整螺钉锁紧螺母，可用螺丝刀拧入气门间隙调整螺钉（图 5-41、图 5-42），直至拉动厚薄规稍感费力为止，然后锁紧螺母。反之，

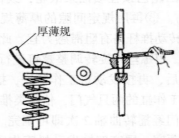

厚薄规

图 5-41　松开调整螺钉螺母

— 66 —

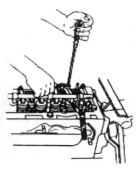

图 5-42　气门间隙的调整

气门间隙值过小，应用螺丝刀拧出调整螺钉至用手抽动厚薄规有阻塞感为合适。

一个气门调好后，再用同样方法调其他几个可调气门间隙。调完气门间隙后再复查一次。

　　4）检查调整剩余气门间隙。上述 1、2、3、6 四个气门调好后，再顺时针转动曲轴 360°，使第四缸活塞处于压缩上止点，用同样的方法调整余下的第 4、5、7、8 四个气门间隙（从前向后排，即：二缸排气门，三缸进气门，四缸进、排气门）。

　　5）气门间隙调完后，再转动曲轴几圈，复查一遍气门间隙，无误后，安装好气门罩盖等零件。

　　注意事项：①在紧固锁紧螺母时，要用螺丝刀顶住调整螺钉，不能使其跟着转动，以免气门间隙发生变化。有的机型（485Q 型）调整气门间隙的同时，还要调整减压螺钉。减压螺钉的调整方法是：在 1、2、3、6 四个气门调完后，转动减压轴，使第一、二缸的减压螺钉处在垂直位置，接着调整第一、二缸的减压螺钉，使气门的最大开启值达 0.6~0.8mm；在第 4、5、7、8 四个气门调完后，依同样方法再调整第三、四缸的减压螺钉。②不同型号柴油机在热态和冷态时气门间隙数值不同，应按说明书中的规定数值进行检调。如 CA6110 型柴油机的冷态间隙，进气门为 0.30 mm，排气门为 0.35mm；其热态间隙进气门为 0.25mm，排气门为 0.30mm。③对于有减压机构的柴油机，在调整气门前，必须把减压机构手柄放在工作位置上。调完气门间隙后再复查一次，达到规定值后安装气门罩盖。

六、配气相位和配气正时

（一）配气相位

用曲轴转角表示进、排气门实际开闭时刻及其延续时间，叫配气相位。配气相位用环形图来表示就叫配气相位图。

为了改善换气过程，增加总进气量，提高发动机工作性能，进、排气门的开启和关闭时刻并不是活塞到达在上或下止点处才开始的，而是采用提前打开和延迟关闭来延长进、排气时间。因此发动机的实际进、排气行程所对应的曲轴转角均大于 180°，见图 5-43。

1. 进气门早开晚关

由于进气门在上止点前开启，从进气门开启到上止点间所对应的曲轴转角 α 就叫作进气提前角，α 角一般为 10°~30°；早开目的是活塞一开始下行就能形成较大流通面积的进气通道，增加进气量。从下止点至进气门关闭所对应的曲轴转角 β 称为进气滞后角，β 角一般为 40°~80°；晚关目的是利用气缸内尚存吸力和进气流的流动惯性多进气。从上分析可知，进气门持续开启时若用曲轴转角来表示，即进气门开启持续角应为：180°+β+α，见图 5-43。

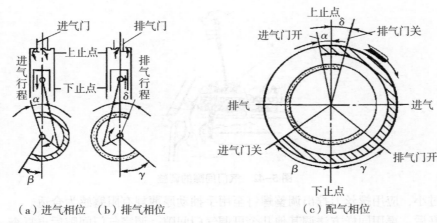

（a）进气相位　（b）排气相位　　　　　　　（c）配气相位

图 5-43　配气相位图

2. 排气门早开晚关

活塞到达下止点之前排气门打开，从排气门打开至下止点间所对应的曲轴转角 γ 就称为排气提前角，γ 角一般为 $40°\sim80°$；其目的是利用做功行程末期的膨胀余压让废气自行排出。排气门在上止点后关闭，从上止点到排气门关闭所对应的曲轴转角 δ 称为排气滞后角，δ 角一般为 $10°\sim30°$；晚闭目的是利用废气气流的流出惯性使气缸内残气更少。排气门开启持续持续角应为：$180°+\gamma+\delta$。

3. 气门重叠期

在上止点附近出现了进、排气门同时开启的现象（进气道、燃烧室、排气道三者相通），称为气门重叠。对应的曲轴转角（$\alpha+\delta$）称为气门重叠角。气门重叠时，进、排气门虽然同时打开，但进、排气两个高速气流的方向不同和排气气流的惯性较大，而且气门重叠时间很短，这时气门开度也很小，短时间内不会改变流向，所以不会出现新鲜空气随废气从排气门排出和废气倒流入进气管。一般柴油机的气门重叠角在 $20°\sim60°$，各机型柴油机配气相位参见其说明书。

（二）配气正时

配气正时是指为实现所确定的配气相位，必须保证凸轮轴正时齿轮与曲轴正时齿轮有正确的相对位置。为此，各种发动机在曲轴正时齿轮和凸轮轴正时齿轮上都做有专门的记号。装配时，这些特定的记号必须按规定对正，见图 5-40。装配后，还应检查配气相位是否符合规定数值。

（三）配气相位的检查和调整（以上海 495A 型柴油机为例）

1. 配气相位检查

配气相位失准会导致内燃机工作不稳、冒烟和功率下降等。在使用过程中除装配失误外，因配气机构一些零件的磨损也会改变配气相位。因此，内燃机必须定期检查配气相位。

（1）检查方法　有动态检查法和静态检查法两种。动态检查法，是在内燃机着火运转时测定配气相位，这种检查需要一定设备。静态检查法是在内燃机静止时，用百分表和角度盘来检查配气相位，此方法适合维修点采用。

（2）静态检查法　①将角度盘固定在曲轴前端或后端，也可随曲轴旋转，并在角度盘附近机体上做一固定指针。②拆下气门室罩；检查前要将气门间隙、凸轮轴轴向间隙调整到标准值。③然后转动曲轴，找出第 1 缸压缩上止点；将装上百分表的磁力表架放在气缸盖上平面。移动指针与刻度盘上的"0"相对；再将百分表头抵在第 1 缸进气门弹簧座上。④按柴油机运转方向缓转飞轮，观察气门的移动及百分表指针停止的时刻，立刻停转，观察飞轮上的刻线是否与机体刻线对齐，如提前或滞后则需调整。此时指针在刻度盘指示的刻度值即是进气门打开的提前角。顺转曲轴，在下止点后也是在百分表指针刚停止时，立刻停转，此时指针在刻度盘上指示的刻度值减去 180°，即是进气门关闭的滞后角。

2. 配气相位调整

1）根据所测配气相位的数值与该机规定值相比较，通过偏差的大小进行分析判定，找出原因并加以调整。一般气门间隙过大造成配气相位角度减少，可适当改变气门间隙弥补。如进气门开启角提前或滞后，关闭角相应提前或滞后，这种现象主要是正时齿轮装配记号失准、齿轮磨损严重、齿侧间隙过大、凸轮轴与凸轮轴齿轮之间滚键等故障，则需进行相应维修。进气开启角滞后，关闭角相应提前，这种现象主要原因是凸轮轴磨损严重，凸轮高度不够，应更换凸轮轴。

2）调整时，拧松凸轮轴齿轮上的 3 个螺钉，将凸轮轴按所需方向（如需提前，顺凸轮轴旋转方向；反之则按相反方向）转一适当角度，调好后拧紧 3 个螺钉。

3）按上述方法校核一遍，如无误，装复气门室罩。

七、进、排气系统

（一）进排气系统的功用与组成

进排气系统的功用是供给柴油机充足、清洁、新鲜的空气，并排尽废气，使柴油机正常工作。其主要由空气供给装置（空气滤清器、进气管道）和废气排出装置（排气管道、消音器）组成，见图 5-44。

（二）空气滤清器

1. 空气滤清器的功用

其功用是清除空气中的灰尘和杂质，将充足的洁净空气送入气缸内，减少气门、活塞环、活塞与气缸套等机件的磨损，延长发动机寿命。据在拖拉机上试验，如果把空气滤清器去掉，活塞环磨损将增加 8～10 倍，活塞和气缸套磨损将增加 3～5 倍，曲轴、连杆轴瓦和主轴承磨损增加

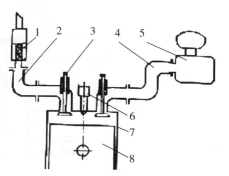

图 5-44　进排气系统
1-消声灭火器　2-排气管　3-气门
4-进气管　5-空气滤清器
6-喷油器　7-气缸　8-活塞

2～5 倍。同时功率下降，油耗增加。因此要设置空气滤清器是保证吸入气缸空气充足和洁净。

2. 空气滤清器的类型

空气滤清器按其滤清方式分为惯性式、过滤式和复合式 3 种，在这 3 种滤清方式中，若使用机油来提高滤清效果的叫湿式滤清器，反之叫干式滤清器。

3. 三级惯性油浴式空气滤清器

常用于 S195 和 4115A 型等柴油机上，其三级过滤是由粗滤部分（包括进气罩、导流片和集尘杯）、细滤部分（包括中心吸气管、油盘和油杯）和精滤部分（包括装在中心吸气管和壳体之间的上滤网盘和下滤网盘）组成，见图 5-45。

三级滤清是离心惯性滤清、湿式惯性滤清和湿式过滤滤清。柴油机工作时，在气缸内负压

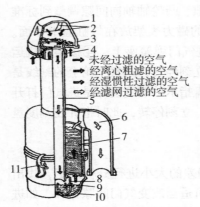

图5-45 三级油浴式空气滤清器

1-进气罩 2-窗口 3-导向叶片
4-夹紧圈 5-中心管 6-出气管
7-滤网 8-油杯 9-补油孔
10-储油盘 11-搭袢

作用下，空气以高速沿切向导流片进入进气罩内，产生向上的旋转运动，较大的尘土粒在离心力作用下被甩向罩壁，进入集尘杯或从排尘口排出，进行离心惯性粗滤。经过离心粗过滤的空气，沿中心管向下冲击油杯中的机油，并急剧改变方向向上流动，部分尘土因惯性作用被油面粘住。经湿式惯性过滤的空气再向上通过溅有机油的金属滤网，细小尘土被黏附在滤网上，经滤网过滤后的洁净空气则从进气管进入气缸。油杯上的补油孔是储油盘向油杯中补油用的，储油盘机油应按油面标记加注。

4. 二级惯性过滤式空气滤清器

按是否有机油黏附尘粒装置分为湿式和干式2种。

（1）二级惯性油浴式空气滤清器 见图5-46，第一级粗滤采用惯性湿过滤，空气从滤清器壳体四周孔吸入后，先向下冲击油槽中的机油。再经油槽急剧改变方向向上流动，这时空气中重的尘土因惯性被吸附在机油中。第二级细滤是空气向上经过粘有机油的金属滤网时尘土被吸附，再次滤清。

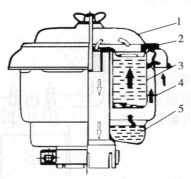

图5-46 二级湿式空气滤清器

1-滤清器盖 2-密封垫圈 3-滤网总成
4-滤清器壳体 5-油槽

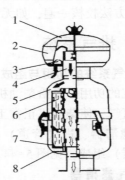

图5-47 二级干式空气滤清器

1-旋风式粗滤器 2-集尘盘 3-导流叶片
4-中心喉管 5、7-上下壳体
6-纸质滤芯总成 8-密封圈

（2）二级干惯性式空气滤清器 如K1112型纸质滤芯空气滤清器，常用于195、1100、290型等柴油机上，见图5-47，整个滤清器分粗滤和细滤两部分，第一级粗滤为离心惯性过滤，第二级细滤主要靠滤芯微孔滤纸，当粗滤后的空气通过滤芯时，除部分灰尘被滤芯挡住而吸附在它的外表面外，其余则落在外腔底部。较干净的空气穿过滤芯微孔，经下端中心管内腔进入气缸。空心圆柱形滤芯其内腔与进气管相通，滤芯两端有橡胶密封圈。

八、柴油机增压进气技术

增压进气技术是指利用柴油机排气驱动增压器中的涡轮机和同轴压气机，从而提高发动机进气压力和增加进气量。其功用就是通过增压器提高发动机进气压力和进气量，以增加进气中氧分子含量，使燃料充分燃烧，提高柴油机的动力性和经济性。实践表明，柴油机采用增压进气技术后可提高功率10%~30%，同功率油耗下降3%~10%，增压后发动机燃烧较完全，排烟浓度降低，废气中有害物质明显减少，降低机车排气污染和噪声。同时可缩小发动机结构尺寸。废气涡轮增压技术目前已在柴油机上得到广泛的应用。该技术装备主要由空气滤清器、增压器、中冷器等组成，见图5-48，关键部件是涡轮增压器。

（一）　涡轮增压器的结构

目前车用柴油机常采用的径流脉冲式废气涡轮增压器，主要由涡轮壳2、中间壳8、压气机壳13、转子体和浮动轴承6等组成，见图5-49。

涡轮壳2与内燃机排气管相连。压气机壳13的进口通过软管接空气滤清器，出口则与内燃机气缸相通。压气机壳13与压气机后盖板9之间的间隙构成压气机的扩压器，其尺寸可通过二者的选配来调整。转子体由转子轴12、压气机叶轮11和涡轮4组成。涡轮焊接在转子轴上，压气机叶轮用螺母固定在转子轴上，转子轴则支承在两浮动轴承6上高速旋转。转子轴高速旋转时（转速可达100 000 ~ 120 000 r/min），来自柴油机主油道并经精滤器再次滤清，压力为0.25~0.4MPa润滑油充满浮动轴承6与转子轴12以及中间壳8之间的间隙，使浮动轴承在内外两层油膜中随转子轴同时旋转，但其转速比转子轴低得多，从而使轴承对轴承孔和转子轴的相对线速度大大降低。

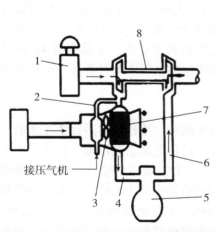

图5-48　废气涡轮增压系统示意图

1-空气滤清器　2-抽气管　3-中冷器风扇
4-进气歧管　5-发动机　6-排气歧管
7-中冷管　8-增压器

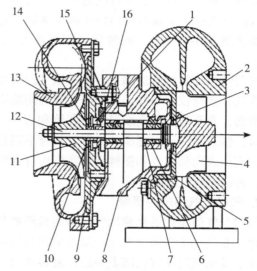

图5-49　废气涡轮增压器结构图

---→空气　→废气

1-推力轴承　2-涡轮壳　3-密封环　4-涡轮
5-隔热板　6-浮动轴承　7-卡环　8-中间壳
9-压气机后盖板　10-密封环　11-压气
机叶轮　12-转子轴　13-压气机壳
14-密封套　15-膜片弹簧　16-"O"形密封圈

中间壳中设有3、16、14、10等密封件，以防止压气机端的压缩空气和涡轮端废气漏入中间壳及防止中间壳润滑油外漏。

（二）　涡轮增压器工作过程

工作时，由排气歧管排出的高温、高压废气流经增压器的涡轮壳，利用废气通道截面的变化（由大到小）来提高废气的流速，使高速流动的废气按一定方向冲击涡轮，并带动压气机叶轮一起旋转。同时，经滤清后的空气被吸入压气机壳，高速旋转的压气机叶轮将空气甩向叶轮边缘出气口，提高空气的流速和压力，并利用压气机出口处通道截面的变化（由小到大）进一步提高空气的压力，增压后的空气经中冷器和进气歧管进入气缸，见图5-48。

中冷器和冷却系统中的散热器相同，其功用是冷却增压后的空气，以降低进入气缸的空气温度，进一步增加发动机进气量。中冷器风扇的驱动，是从压气机一端引出5%~10%的增压空气经抽气管流至与风扇制成一体的涡轮，通过涡轮带动中冷器风扇转动。

九、配气机构的使用维护

（一）气门和气门座检修、研磨和密封性检查

1. 气门与气门座的检修

（1）气门检修　气门磨损达下列情形之一应更换：气门杆磨损超过0.10mm，或有明显台阶形；气门头圆柱厚度不到1.0mm；气门尾端磨损超过0.5mm时。

（2）工作锥面修磨　气门磨损不严重，可对气门与气门座进行研磨。

（3）气门座的铰削　检查气门座工作锥面状态，密封环带过宽、有烧蚀、麻点而气门下陷量未超过允许不修值的可铰削修理。气门座经铰削后，再与气门研磨修理。若气门座口严重烧损或过度失圆，对镶有气门座圈的柴油机可更换座圈。镶气门座圈可用加热法，即将气缸盖均匀加热到160~180℃，同时将座圈在液态二氧化碳（干冰）中冷却至-70~-60℃时及时镶装。

气门座的铰削的方法如下：①根据气门头直径和工作斜面，选择一组合适的铰刀；根据气门导管孔径选择铰刀导杆，导杆与导管的间隙应不大于0.03mm。②用45°或30°粗刃铰刀铰削工作锥面，直至消除旧座圈表面的凹坑和麻点。③分别用15°和75°铰刀铰削工作锥面的上口或下口，修正工作锥面宽度和位置，检查下陷量，使之符合技术要求。④最后用45°细刃铰刀精铰，直至表面粗糙度和接触环带宽度均符合要求。⑤铰削后气门座要检查其下沉量不得大于2mm，否则更换气门座。

2. 气门与气门座的研磨

气门与气门座的研磨常用气门研磨机研磨和手工研磨两种，维修点多采用手工研磨。手工研磨时，在气门工作面上涂上一层很薄的粗研磨膏，在气门杆上涂上润滑油，插入导管内，用气门搓子带动气门在气门座上一边往复转动（转角在1/4~1/2圈）研磨，一边上下敲击，见图5-50，同时要不断调换气门与气门座的相对位置。当气门与气门座锥面上出现一条整齐的接触带时，用煤油洗去粗研磨膏，换用细研磨膏继续研磨。当锥面出现整齐的暗灰色环带时，洗去细研磨膏，涂上机油进一步研合。注意：研磨时不得将研磨膏掉入气门导管中，以免磨大导管间隙；研磨后的气门与气门座不得调换。

3. 气门与气门座研磨质量的检查

检查研磨质量即检查研磨后的密封性，常用画线法和浸油法2种方法。

（1）画线法　拆卸气门组合件，在气门工作锥面上径向均匀划上8~12条细铅笔线，见图5-51，将气门装到气门座上轻拍几次，若每条铅笔线条均在接触部位中断为合格。

（2）浸油法　装好气门组合件，气缸盖倒置，从进、排气支管处注入少量煤油，在2~3min内，若气门口处不漏油即为合格。若气门贴合不良，必须研磨气。

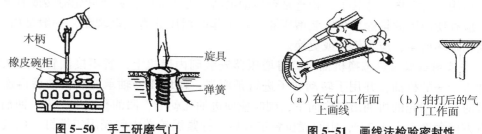

图 5-50　手工研磨气门　　　　图 5-51　画线法检验密封性

（二）空气滤清器的使用维护

拖拉机作业时，会吸入大量的草屑和灰尘等附着物黏附在防尘网、散热器上和空气滤清器中，容易引起堵塞，造成散热不好，水箱易开锅；或进气不足，使发动机功率下降，油耗增加，轻者冒黑烟；重则使发动机启动困难，工作中自动熄火。保养周期应根据工作环境的含尘量决定，拖拉机每个班次都要清扫干式空气滤清器，如收获时天气干燥，灰尘大，2h 后就要清扫滤芯。另外可多准备 2 个滤芯，必要时快速更换，或适当加高滤清器风筒管，以减少灰尘吸入。

（1）及时清除积尘盘或杯中的尘土（集有 1/3 以上尘土不许继续工作）。排尘口保持畅通。

（2）油浴式空气滤清器的使用维护　打开滤清器下部搭钩，将底部油盆拆下，检查机油油位和质量。若油量不足及时加注机油至规定油位，因油位过低滤清效果不好；油位过高，气缸易积碳和引起"飞车"。机油黏度过大，滤芯溅油不足易被尘粒堵塞，增加进气阻力；黏度过小则滤清效果降低，且易被吸入气缸。机油脏质量下降必须更换机油；倒掉脏机油，并用煤油或柴油清洗油盘和滤芯，甩干后装复（需要浸透机油，待多余机油滴净方可装复），再加入新的机油至规定的油面高度，然后按顺序重新安装好，保证密封性。

（3）干式空气滤清器保养　先拧下盖上的螺母，打开空滤器盖，取出滤芯，清理壳体内和积尘杯中的尘土，排尘孔应保持畅通。用手或木棒轻轻敲击滤芯两端，边敲边转动滤芯，将灰尘振落。对于干式纸质滤芯的空气滤清器则须定期清扫，最好用 700kPa 清洁压缩空气从滤芯内侧向外吹，不得破损，见图 5-52。纸质滤芯使用与维护中要保持干燥，不能碰水、油等，以免滤芯损坏；一般纸质滤芯寿命为 500h，安装前应检查滤芯是否完好，发现损坏及时更换破损滤芯。部分机型的内置干式空气滤清器滤芯由一级滤芯和安全滤芯组成，当一级滤芯更换三次时，需更换安全滤芯。

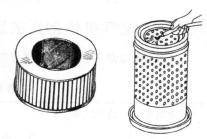

图 5-52　干式空气滤清器的保养

（4）保养时，要注意空气滤清器橡胶密封垫圈不能漏装，滤芯等部件不能装反，确保端盖定位、落座准确，各连接部分贴合严密、密封有效可靠。

（5）安装后密封可靠　安装时，各管路圈、垫和接头应保持完好，装后密封可靠。如湿式过滤的在柴油机低速运转时，堵住进气管口后，应立即熄火。但纸质滤芯不宜采用此法。

（三）增压器的使用维护

（1）安装前的检查　换用新的或维修后的增压器前，应先检查增压器型号是否与发动机相匹配。再用手转动增压器转子，检查是否转动灵活、有无异响，如果叶轮滞转或有磨损壳体的感觉，应查明原因并排除后再安装增压器。若工作时增压器有振动现象，一般是由于叶轮、轴承功涡轮损坏所至，应予修理或更换。

（2）安装增压器　热态换机油时，将增压器安装到内燃机上，暂不接油管，先从增压器进油口加入干净的机油，并用手转动转子进行预润滑，使增压器轴承充满机油后再连接进油管。安装时，中间壳的机油出口应向下，同时应使进油孔朝上，回油孔向下，进、回油孔中心线与垂直方向角度不大于23°，中间壳位置定好后，拧紧涡轮端中间壳固定螺钉，压气机壳与涡轮不能相对转动。转动压气机壳使压气机壳出口能与内燃机的排气管连接。

（3）检查润滑油和管路　检查机油滤清器无破损，密封良好；检查润滑油是否清洁、油量、油压、油温是否正常；检查机油管路是否清洁、油管无扭曲、无堵塞、无渗、漏油现象。

（4）启动前加注油润滑增压器　凡更换机油、机油滤清器或使用长期停放的内燃机，启动前应将增压器油管拆下注入约60mL的润滑油和盘车数圈，润滑增压器。

（5）确保增压器充分润滑　冷机启动后，应怠速运转3~5 min后再加负荷，以便使润滑油润滑轴承密封圈。运转中增压器进油压力应保持在196~392kPa，同时注意增压器有无异响和振动，若有一般是叶轮、轴承或涡轮损坏所至，应予修理或更换。

（6）高速运转时不可立即熄火　在高速及满负荷运转时，无特殊情况不要立即熄火，应逐步降速、降负荷，熄火前怠速运转3~5min，以利润滑油冷却增压器，防止烧坏密封圈、轴承咬死等。

（7）涡轮轴采用浮动式轴承润滑　增压柴油机应采用洁净的"增压柴油机机油"，并定期清洗、更换机油滤清器和热机更换符合规定牌号的机油，更换后滤清器内应注满干净机油。

（8）清洁　及时清洁增压器防护罩的草屑、灰尘等，防止火灾。

定期清洁空气滤清器和更换空气滤清器滤芯，空气不干净会引起增压器内零件磨损和漏油。

定期清洁涡轮和压气机及其进、排气通道，以保证压气清洁和防止杂物损坏叶轮。

十、配气机构常见故障诊断与排除

配气机构常见故障诊断与排除见表5-4。

表5-4　配气机构常见故障诊断与排除

故障名称	故障现象	故 障 原 因	排 除 方 法
气缸漏气	气缸漏气	1. 气门和气门座有积碳或烧蚀 2. 气门杆和气门导管配合间隙过大，使气门关闭时偏斜 3. 气门弹簧力不足或折断 4. 气门间隙过小，气门与气门座受热后密封不严	1. 清除积碳，研磨气门 2. 更换气门和气门导管 3. 更换气门弹簧 4. 调整气门间隙
气门有异响	气门有敲击声	1. 气门间隙过大，使摇臂敲击气门杆端部 2. 气门间隙过小，或配气相位失准，或气门下陷量不足，使气门与活塞顶相撞	1. 调整气门间隙 2. 检查调整气门间隙或配气相位，铰修气门座
气门脱落	气门脱落	1. 气门杆上锁片或卡簧因振荡而脱落 2. 气门弹簧折断	1. 熄火查明原因并排除 2. 更换气门弹簧

第四节　燃油供给系统

一、燃油供给系统的功用和组成

燃油供给系统的功用是根据柴油机的工作顺序和各缸工作循环，定时、定量、定压地将清洁的柴油以雾状喷入气缸和压缩后的空气混合燃烧做功，燃烧后的废气经净化处理后排入大气。

燃油供给系统由低压油路、高压油路和回油路（限压阀和回油管等）三部分组成，见图 5-53。

二、燃油供给系统的工作过程

发动机工作时，气缸内的真空负压把空气经空气滤清器滤清后吸入各气缸，完成空气的供给工作。同时，在发动机的带动下，输油泵把柴油经过低压油管从柴油箱吸出并输送往柴油滤清器，然后进入喷油泵，经喷油泵增压后的柴油，再经高压油管压入喷油器而直接喷入燃烧室与高温压缩空气混合并燃烧；最后气缸内燃烧的废气从排气管中排出。输油泵的供油量比喷油泵的最大喷油量大 3~4 倍，大量多余的燃油经喷油泵进油室一端的限压阀和回油管流回输油泵进口或直接流回柴油箱，喷油器泄漏的柴油也经回油管流回油箱。

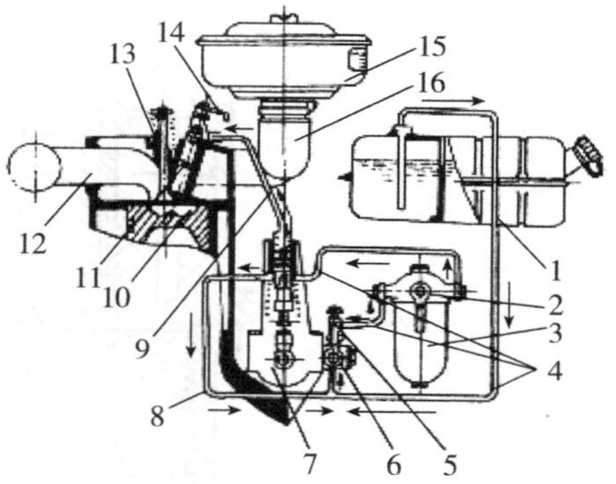

图 5-53　柴油机燃油供给装置

1-柴油箱　2-限压阀　3-柴油滤清器
4-低压油管　5-手动输油泵　6-输油泵
7-喷油磁　8-回油管　9-高压油管
10-燃烧室　11-喷油器　12-排气管
13-排气门　14-溢油管　15-空气
滤清器　16-进气管

三、燃烧室

当活塞到达上止点时，气缸盖和活塞顶组成的密闭空间称为燃烧室。拖拉机柴油机常用的燃烧室类型分为直接喷射式和分隔式燃烧室两种。

（一）直接喷射式燃烧室

直接喷射式燃烧室由凹顶活塞顶部与气缸盖底平面部所包围的单一内腔组成，几乎全部容积都在活塞顶部，燃烧室呈"ω"形和球形等，见图5-54，喷油器直接伸入燃烧室。特点是结构紧凑、散热面积小，燃油自喷油器直接喷射到燃烧室中，借助喷雾形状与燃烧室形状匹配，以及燃烧室内空气涡流运动，迅速形成混合气，故发动机启动性能好，做功效率高，油耗较低。一般选配双孔或多孔喷油器。

（二）分隔式燃烧室

分隔式燃烧室由位于活塞顶与气缸盖底面之间的主燃烧室和气缸盖中的副燃烧室两部分组成。主副燃烧室通过一个或几个孔道相连。常见有涡流室式和预燃室式燃烧室两种，见图5-55。其特点是柴油在副燃烧室内燃烧后喷入主燃烧室继续燃烧，所以工作较柔和，噪声较小，喷油器装在副燃烧室内，一般采用轴针式喷油器，喷油压力要求不高。但燃烧室散热面积较大，放热效率较低，油耗较高，目前较少采用。

涡流室式的副燃烧室是球形或圆柱形涡流室，其容积占燃烧室总容积的50%~80%，涡流

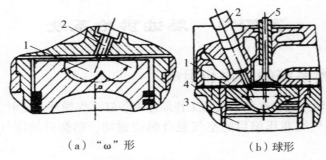

(a) "ω"形　　　　　　　　(b) 球形

图 5-54　直喷式燃烧室

1-燃烧室　2-喷油器　3-活塞　4-气缸体　5-气门

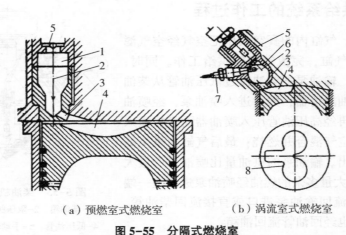

(a) 预燃室式燃烧室　　　　　　　　(b) 涡流室式燃烧室

图 5-55　分隔式燃烧室

1、2-预燃烧室　3-通道　4-主燃烧室　5-喷油器　6-副燃烧室　7-预热室　8-气流运动轨迹

室有切向通道与主燃烧室相通。预燃室式缸盖上的预燃室占燃烧室总容积的 1/3，预燃室与主燃室有通道。

四、柴油机燃油供给系统低压油路

低压油路是指从油箱到喷油泵入口处的油路，油压一般为 0.15～0.3MPa。它主要包括柴油箱、沉淀杯、柴油粗滤清器、细滤清器、输油泵和到喷油泵入口的低压油管等。

（一）燃油箱

燃油箱是储存柴油。上有加油口内装滤网、油箱盖上有通气孔；底部有滤网、开关和放油螺。

（二）柴油滤清器

其功用是滤清柴油中的杂质和水分，保证输油泵、喷油泵、喷油器工作正常和减少三大精密偶件等供油零件的磨损。柴油滤清常用的油水分离器、柴油粗滤器和细滤器三种装置。

1. 油水分离器

是滤网式透明沉淀杯结构。串联在油箱和滤清器之间，用来过滤和沉淀杂质及水分。

2. 柴油粗滤器

过滤柴油中较大的杂质。滤芯一般由金属滤网或纸质等制成，使用中需进行清洗或更换。

3. 柴油细滤器

过滤油中较小的杂质。拖拉机上多采用纸质滤芯柴油细滤清器，其结构见图5-56，主要由滤清器座、罩壳、滤芯、密封垫圈和弹簧等组成。滤芯内部为多孔薄钢片中心管，外面包着折叠式滤纸，两端用端盖、密封垫圈密封，装在罩壳内，靠弹簧压紧。

柴油机工作时，柴油在自重和输油泵吸力的作用下，通过低压油管按箭头方向进入滤清器壳体内与滤芯之间的外腔，再从下往上，从滤芯外部向内流动。由于容积增大，流速降低，流向改变，比柴油重的水分和较大的杂质在重力作用下沉淀于滤清器壳底部，而较小杂质随柴油流动被吸附于滤芯表面。过滤后的柴油进入滤芯内腔，从滤芯中心孔、滤座的出油口、低压油管进入喷油泵壳体内。在滤清器盖上有放气螺塞，用以排除进入低压油路中的空气。有些滤清器盖上设有限压阀，当油压超过0.1~0.15MPa时，限压阀开启，多余的柴油经限压阀直接回油箱。底部设有放油螺钉。回油管接头与喷油器回油管相接，多余的柴油经回油管流回油箱。

部分柴油机采用双级纸质滤芯，见图5-57，以保证进入喷油泵的柴油得到充分过滤。它由滤清器座、滤芯、压紧弹簧中心密封圈、滤芯密封圈和放气螺塞等组成。其工作过程：柴油经进油管接头进入滤清器壳内和纸质滤芯构成的外部空间，经第1级滤芯滤清后进入其内腔；然后经座上的放气阀油道进入第2级滤清器壳内，经第2级滤芯过滤后，更清洁的柴油经滤清器座上的油道进入喷油泵。

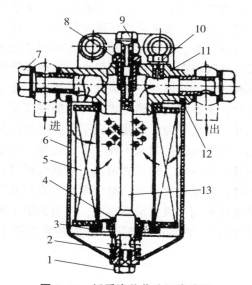

图5-56　纸质滤芯柴油细滤清器
1-放油螺钉　2-弹簧　3-滤芯垫圈　4、12-密封垫　5-滤芯　6-外壳　7-进油管接头
8-螺套　9-回油管接头　10-放气螺钉　11-滤清器盖　13-中心拉杆

4. 柴油滤清器的使用维护

使用时，应注意滤清器进、回油接头不可装反。定期拧下排污口上的排污螺塞，去除积聚在滤清器内的污垢和水；同时还应定期清洗或更换柴油滤芯，一是滤芯堵塞或油路有气而供油不足，二是滤芯损坏或安装不当产生供油不洁。其清洗步骤是：①将燃油滤清器的开关转向关

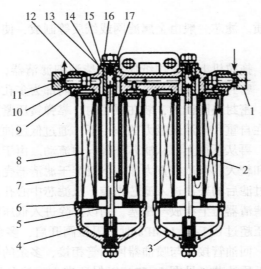

图 5-57 双级串联式纸质滤清器

1-进油管接头螺钉 2-导流管 3、4-积水杯 5-中心拉杆 6、9-密封垫圈 7-外壳
8-滤芯部件 10-铝垫圈 11-出油管接头螺钉 12-滤清器盖 13-O 型密封圈
14-垫圈 15-拉杆螺帽 16-螺塞 17-放气螺钉

的位置。②拆下滤清器外壳，清洗滤清器、滤芯或更换滤芯。洗纸质滤芯时，应将滤芯端面的中心孔堵住，防止污物进入滤芯内腔，清洗后用压缩空气吹干。有些柴油滤清器滤芯为一次性的，需定期更换。③检查滤清器接头、各密封垫圈和滤芯等是否损坏或老化变形，若有损坏、老化应更换。④检查限压阀、球阀应在导孔内移动灵活，球阀弹簧等不应有变形或损坏。⑤在壳体内装满燃油。⑥打开燃油开关，让燃油一边流出，一边在不让空气进入壳体内的情况下应按顺序装上，注意弹簧、垫片、密封圈的正确位置不可漏装或装反。进出油管接头处的垫圈和放气螺塞处一般是紫铜或铝片，安装时应注意使垫圈平贴并适当压紧。各密封垫圈必须完整无损，并安装到位，密封可靠。各螺纹件拧紧以不发生渗漏为准，过度拧紧易造成损坏。⑦当有空气进入时，应及时排除油路中的空气。松开滤清器上的放气螺钉，用手油泵泵油，直到放气螺钉处于不再有泡沫油流出时，拧紧放气螺钉；继续泵油，直到低压油路充满柴油为止，最后拧紧手泵柄螺塞。⑧部分柴油机采用 2 级滤清器串联，左边为第 1 级，右边为第 2 级。柴油机每工作 200h 后需更换第 1 级滤芯。更换时可将第 2 级滤芯装在第 1 级内，在第 2 级内换上新滤芯。

（三）输油泵

其功用是提高燃油输送压力，保证向喷油泵输送压力稳定，数量足够的燃油。其最大的供油量一般为柴油机满负荷工作所需油量的 3~4 倍，且供油量能随所需自动调节。柴油机广泛使用活塞式、膜片式输油泵。

1. 活塞式输油泵

（1）构造 活塞式输油泵又称柱塞式输油泵，其构造见图 5-58。输油泵主要由壳体、活塞、推杆、出油阀和手油泵等组成，活塞将泵体内腔分为前、后两腔，活塞的位置决定了两腔容积的大小。该输油泵一般和喷油泵安装在一起，并由喷油泵凸轮轴上的偏心凸轮驱动输油泵内活塞、在推杆和弹簧作用下做往复运动。

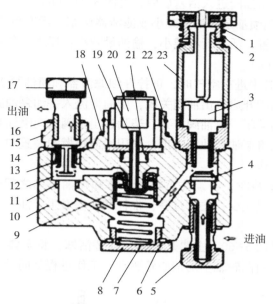

图5-58 活塞式输油泵

1-手柄 2、7-弹簧 3-手油泵活塞 4-进油止回阀 5、17-空心螺栓 6、14、16-密封垫片
8-螺塞 9-输油泵活塞 10-输油泵体 11-压套 12-出油止回阀 13-止回阀弹簧 15-出油管
接头 18-"O"形密封圈 19-顶杆 20-滚轮部件 21-橡胶密封环 22-卡环 23-手油泵体

（2）活塞式输油泵工作原理 见图5-59。

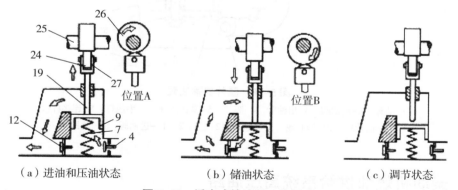

（a）进油和压油状态　　　（b）储油状态　　　（c）调节状态

图5-59 活塞式输油泵工作原理

4-进油止回阀 7-弹簧 9-输油泵活塞 12-出油止回阀 19-顶杆 24-滚轮
25-喷油泵凸轮轴 26-偏心轮 27-滚轮支架

1）压油和进油。柴油机工作时，曲轴驱动凸轮轴转动，当凸轮轴上偏心轮凸起部分转到背离滚轮，偏心轮凸起升程产生的推力小于弹簧张力时活塞后（上）移，后腔容积减小、油压升高，将出油止回阀关闭，柴油被压入滤清器；同时活塞前腔容积增大，油压减小，将进油阀打开，出油阀关闭，吸入柴油，完成压油和进油两个过程，见图5-59（a）。

2）储油。偏心轮继续转动，当凸轮轴上的偏心轮凸起部分顶起滚轮推动推杆，其升程产生的推力大于弹簧张力时活塞前（下）移，活塞前腔容积减少，油压增加，将进油阀关闭，出油阀开启，前腔柴油经出油阀进入活塞后腔，见图5-59（b）。

3）油量自动调节。当喷油泵需油量减小或滤清器堵塞，活塞后腔压力升高，弹簧仅能将活塞推到与油压平衡的位置，活塞行程减小，输油量减小；反之，负荷增加，需油量增大，活塞行程增加，见图5-59（c）。

4）手压泵油。当油管中进有空气时，可拧开细滤清器和喷油泵上的放气螺塞；提起手油泵手柄，活塞上移，进油阀开启，出油阀关闭，柴油即流入手油泵油腔内；然后压下手油泵手柄，活塞下移，使进油阀关闭、出油阀打开，柴油经出油阀流向喷油泵和各油道中去。如此连续扳动输油泵手柄，直接将柴油从油箱吸出，利用油流将燃油装置中空气驱出，不用时，拧紧放气螺塞，以利启动和工作。

（3）安装　输油泵安装时，必须注意输油泵体和喷油泵体之间垫片的厚度，垫片过薄，输油泵推杆行程小，泵油量减少；垫片过厚，推杆和活塞发生干涉。

2. 膜片式输油泵

膜片式输油泵结构见图5-60，主要是将膜片代替活塞，将泵体分为上、下两个腔。它常固定在柴油机机体侧面，由凸轮轴上的偏心轮驱动。工作过程类同活塞式输油泵。

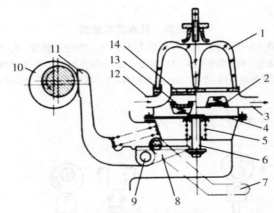

图5-60　膜片式输油泵

1-油杯　2-出油阀　3-出油管　4-膜片　5-弹簧拉杆　7-手压杆　8-连接杆
9-摇臂轴　10-偏心轮　11-摇臂　12-进油管　13-进油阀　14-滤网

五、柴油机燃油供给系统高压油路

高压油路是指喷油泵到喷油器处的油路，油压在12MPa以上。它主要包括喷油器、高压油管和喷油泵附带调速器总成等。

（一）喷油器

1. 功用和要求

其功用是将喷油泵供给的高压柴油以一定的压力呈雾状喷入燃烧室，与压缩空气形成良好的可燃混合气。对喷油器的要求：①雾化均匀；②喷射干净利落；③无后滴油现象；④喷射压力、射程、喷射锥角适应燃烧室要求。

2. 组成和类型

喷油器由针阀偶件、壳体、调压件三部分组成。针阀偶件由针阀和针阀体组成，并用螺套装在壳体上。壳体用来安装调压件和进、回油管等部件，并利用定位销将喷油器定位。调压件是控制和调节喷油器开启压力装置，由顶杆、调压弹簧、调压螺钉等组成，通过调压螺钉或调压垫片改变调压弹簧预紧力来调整喷油压力。柴油机常用的闭式喷油器（不喷油时，喷孔被针阀关闭）可分为孔式喷油器和轴针式喷油器两大类。

3. 孔式喷油器

（1）构造 孔式喷油器多用于直接喷射式燃烧室，孔数为 1~8 个，孔径为 0.2~0.8mm。孔式喷油器由针阀、针阀体、顶杆、调压弹簧、调压螺钉及喷油器体等零件组成，见图 5-61。其主要部件是针阀偶件，相互配合的滑动圆柱面间隙仅为 0.001~0.002 5mm，通过高精密加工和选配成对研磨，不同喷油器偶件不能互换。

针阀上部有凸肩，通过顶杆承受调压弹簧的预紧力，使针阀处于关闭状态；此时，凸肩与喷油器体下端面的距离为针阀最大升程，其大小决定喷油量的多少，一般升程为 0.4~0.5mm；调压弹簧的预紧力决定针阀的开启压力或喷油压力，调整调压螺钉可改变喷油压力的大小（拧入时压力增大，反之压力减小），通过调压螺钉盖将其锁紧固定。针阀体与喷油器体的结合处用 1~2 个定位销防针阀体转动，以免进油孔错位。针阀中部的环形锥面（承压锥面）位于针阀体的环形油腔中，其功用是承受由油压产生的轴向推力，使针阀上升。

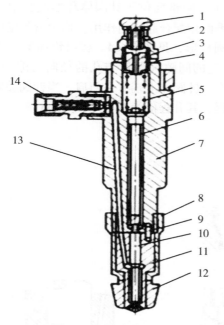

图 5-61 孔式喷油器

1-回油管螺栓 2-调压螺钉盖 3-调压螺钉 4-垫圈
5-调压弹簧 6-顶杆 7-喷油器体 8-喷油器紧
固螺套 9-定位销 10-针阀 11-针阀体
12-喷油器锥体 13-油道 14-进油管接头

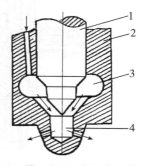

图 5-62 孔式喷油器

1-针阀 2-针阀体 3-高压油腔 4-压力室

针阀下端的密封锥面与针阀体相配合，组成喷油嘴偶件，起密封喷油器内腔的功用，见图 5-62。

（2）孔式喷油器工作原理 见图 5-61、图 5-62。

1）喷油。喷油泵供油时，高压柴油从进油口进入喷油器体与针阀中的油道进入针阀中部周围的环形槽，再经斜油道进入针阀体下面的高压油腔内，高压柴油作用在针阀锥面上，并给针阀锥面一个向上的轴向推力，当推力大于针阀弹簧张力和针阀偶件之间的摩擦力，使针阀向上移动，打开喷油孔，高压柴油经喷油孔喷入燃烧室。

2）停油。油泵不供油时，高压油管内的压力骤然下降，作用在喷油器针阀的锥形承压面上的推力迅速下降，在弹簧张力作用下，使针阀锥面迅速封闭喷孔，停止喷油。

3）回油。喷油器工作时从针阀偶件间隙中泄漏的柴油流经调压弹簧端、回油管接头螺栓、回油管流回滤清器，用来润滑喷油器偶件。

孔式喷油器喷孔的位置和方向与燃烧室形状相适应，以保证油雾直接喷射在燃烧室。喷射压力较高，喷油压力为 17.5MPa。喷油头细长，喷孔小，易堵塞；加工精度高。有的已改定向单孔结构，并将孔径加大到 0.5mm，喷孔中心线与针阀中心线夹角为 22°，在保证一定安装角度时，效果也较理想。

4. 轴针式喷油器

（1）构造　它由喷油器体、针阀体和针阀组成的精密偶件，以及挺杆、调压弹簧、调压螺钉等组成的调压机构等构成，见图 5-63。针阀中部为圆柱形，与针阀体内孔相配合，起密封和导向作用。下部有两个圆锥面，较大的 1 个圆锥面位于针阀体环形油腔中，称为承压锥面；较小的 1 个圆锥面则与针阀体下端的圆锥面相配合起阀门作用，称为密封锥面。密封锥面以下还延伸出一个轴针，其形状有倒锥形和圆柱形，见图 5-64。密封锥面的一部分可伸出孔外，圆柱形部分则位于喷孔中并与喷孔有一定的间隙（轴针与孔的径向间隙一般为 0.005 ~ 0.25mm）。使喷出的燃油呈空心的锥状或柱形。针阀体上端有一凸肩，当针阀关闭时，凸肩与喷油器体下端面有一定距离，以控制针阀升程，其升程值为 0.35 ~ 0.40mm。

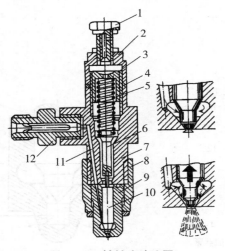

图 5-63　轴针式喷油器

1-回油管螺栓　2-调压螺钉盖　3-调压螺钉　4-垫圈
5-调压弹簧　6-顶杆　7-喷油器体　8-喷油器紧固
螺套　9-针阀体　10-针阀　11-油道　12-进油管接头

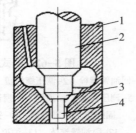

图 5-64　轴针式喷油器

1-针阀　2-针阀体　3-密封锥面　4-轴针

（2）轴针式喷油器工作原理和特点　轴针式喷油器主要用于分隔式燃烧室上。该喷油器的工作原理与孔式喷油器相同。轴针式喷油器只有一个喷孔，其直径一般在 1 ~ 3mm，喷油压力较低，为 10～14MPa。喷孔直径大，加工方便。工作时由于轴针在喷孔内往复运动，能清除喷孔中的积碳和杂物，工作可靠。

5. 喷油器的拆卸

喷油器的固定方式有圆孔压板固定和叉形压板固定。拆卸步骤如下：①首先拆下高压油管和固定螺母，取出总成。②清洗外部，在喷油器试验台上进行检验，检查喷射初始压力、喷油质量和漏油情况，如质量不好必须解体。③分解喷油器上部，旋松调压螺钉紧固螺母，取出调压螺钉、调压弹簧和顶杆。④将喷油器倒夹在台钳上，旋下针阀体紧固螺母，取下针阀体和针阀。⑤将针阀偶件用清洁的柴油浸泡。分解针阀与针阀体，分解过程中应注意保护针阀的表面，以防划伤。⑥喷油器垫片，在分解后应与原配喷油器体放置在一起。

（二）喷油泵

1. 功用

喷油泵又称高压油泵（简称油泵），其功用是提高柴油的输送压力，并根据发动机不同工况的要求，定时、定压、定量的将高压燃油送至喷油器，经喷油器喷入燃烧室。

2. 对喷油泵的要求

①定时。严格按照规定的供油时刻准确供油。②定压。保证喷射压力和雾化质量。③定量。根据柴油机负荷的大小供给精确的油量。④均匀。保证各缸工作的均匀性，要求各缸相对供油时刻、供油量和供油压力等参数可调并相同。⑤供油开始和结束要求动作敏捷，断油干脆，避免滴油。

3. 喷油泵的类型

拖拉机上以前常用的是机械式喷油泵主要有柱塞式和转子分配式两类。柱塞式喷油泵性能良好，使用可靠，大多数柴油机均采用此泵，它与调速器、输油泵等组成一体，固定在柴油机一侧的支架上。转子分配式喷油泵是依靠转子驱动柱塞实现燃油的增压（泵油）及分配，它具有体积小、质量轻、成本低、使用方便等优点，尤其体积小，利于发动机的整体布置。2018年以来，为节能环保达国Ⅲ标准，拖拉机上已采用电控 VE 分配泵、电控单体泵和电子高压共轨技术。

4. 柱塞式喷油泵

拖拉机上常用柱塞泵有Ⅰ、Ⅱ、Ⅲ号和 A、B 型、P、Z 等系列，其结构原理大体相同。下面以Ⅰ号泵为例，柱塞式喷油泵由泵油机构、油量调节机构、传动机构和泵体等组成，见图5-65。

该泵是利用柱塞在柱塞套内的往复运动实现吸油和压油。每一副柱塞与柱塞套组成的泵油机构称为分泵，只向一个气缸供油。单缸柴油机由一套柱塞偶件组成单体喷油泵；多缸柴油机则由多套泵油机构分别向各缸供油。中、小功率柴油机大多将各缸的泵油机构组装在同一壳体中，称为多缸泵；也有采用数目与气缸数相等的分泵分别向各缸供油。

（1）泵油机构　也叫分泵或单体泵，见图5-66。其功用是使柴油产生高压。它是由一套柱塞偶件、出油阀偶件、柱塞弹簧和出油阀弹簧等组成。

1）出油阀偶件。出油阀偶件包括出油阀芯和出油阀座。出油阀芯和出油阀座是一对精密偶件，见图5-67，经配对研磨后不能互换，其配合间隙为 0.01mm。出油阀是一个单向阀，其功用是密封、导向、输油和减压。柱塞回油开始时，在出油阀弹簧力作用下，出油阀上部密封圆锥面与阀座严密配合，停供时，隔绝高压油路，防止高压油管内的油倒流入喷油泵内。出油阀下部呈十字断面，既可导向又能通过柴油。

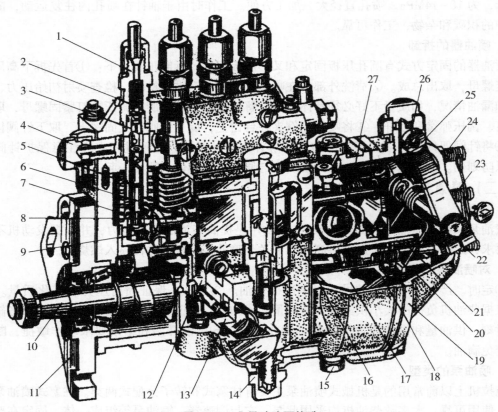

图 5-65　Ⅰ号喷油泵构造

1-高压油管接头　2-出油阀　3-出油阀座　4-进油螺钉　5-套筒　6-柱塞　7-柱塞弹簧
8-油门控杆　9-调节臂　10-凸轮轴　11-固定接盘　12-输油泵偏心轮　13-输油泵
14-进油螺钉　15-放油螺塞　16-手油泵　17-驱动盘　18-从动盘　19-壳体　20-滑套
21-校正弹簧　22-油量调整螺钉　23-怠速限位螺钉　24-高速限位螺钉
25-调速手柄　26-高速弹簧　27-飞球

　　出油阀锥面下有一小圆柱面，称减压环带，供油时，减压环带上移，离开阀座；供油终了回油时，出油阀被弹簧压向出油阀座，当减压环带 3 下边缘一落入阀座孔内，高压油管与柱塞上腔通路即被切断。随着出油阀芯继续下移，减压环带逐渐进入出油阀座内，像小活塞一样，使高压油管内容积很快增大，油压迅速下降，达到减压目的，使喷油器针阀迅速关闭，停喷迅速干脆，避免喷油器产生后滴和浸油现象。喷油完了时，减压环带和密封锥面还阻止了柱塞下行时高压油管内柴油的回流，使之维持一定量的柴油和余压，从而保证下次供油及时和油量稳定。

　　2）柱塞偶件。是由柱塞和柱塞套组成，也是一对精密偶件，配对研磨后不能互换，其径向间隙为 0.002～0.003mm。柱塞上部的出油阀由出油阀弹簧压紧在阀座上。柱塞头部的外圆柱面上铣有斜槽，斜槽通过径向孔、轴向孔和柱塞顶部相通。柱塞中部有一浅小环槽，贮存少量柴油，润滑柱塞和柱塞套筒之间的摩擦面。柱塞下端与装在滚轮体中的垫块接触，柱塞弹簧通过弹簧座将柱塞推向下方，并使滚轮保持与凸轮轴上的油泵凸轮相接触。柱塞尾部有油量调节臂，通过转动调节臂改变柱塞与柱塞套的相对位置，实现供油量的变化。

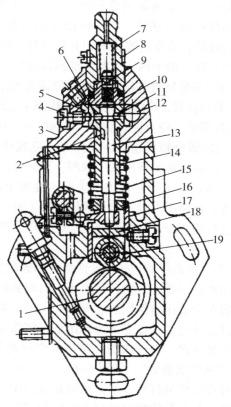

图 5-66　Ⅰ号喷油泵分泵

1-凸轮轴　2-柱塞斜槽　3-泵盖　4-定位螺钉　5-回油道　6-回油孔　7-出油阀弹簧
8-出油阀紧座　9-出油阀　10-出油阀座　11-进油孔　12-进油道　13-柱塞
14-柱塞套筒　15-柱塞弹簧　16-弹簧座　17-挺柱体　18-垫块　19-滚轮

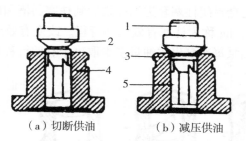

（a）切断供油　　　　（b）减压供油

图 5-67　出油阀偶件工作过程

1-出油阀芯　2-密封锥面　3-减压环带　4-出油阀　5-导向部

　　柱塞套上有进、回油孔，都与喷油泵体内的低压油腔相通。有定位凹槽的为回油孔，柱塞套装入泵体后，回油孔应用定位螺钉定位。

　　3）工作过程。工作时，在喷油泵凸轮轴的凸轮和柱塞弹簧的作用下，迫使柱塞在柱塞套内做往复直线运动；在柱塞向上运动，当其顶面密封套筒上的进油口时，油泵腔油压才上升到使喷油器针阀抬起开始供油，而当柱塞斜槽和回油孔接通时，油泵腔中的柴油经中心孔流入回流管，供油就结束。柱塞往复一次，喷油泵完成一次吸油、压油和回油过程，见图 5-68。同时当驾驶员操纵油门，使供油拉杆前后移动，供油拉杆经调节臂（或齿套）传动，使柱塞在柱塞套筒内做一定角度范围的转动，改变柱塞供油的有效行程，使供油量改变。

当要停车时，拉动调速器上的停油手柄，强制供油拉杆退到停止供油位置，发动机熄火。

A. 吸油过程。当凸轮的凸起部分转过去后，在柱塞弹簧力的作用下，柱塞下移，柱塞套上腔容积增大，如图 5-68（a）所示位置，出油阀关闭。当柱塞上边缘将进油孔和回油孔打开时，低压柴油便从这两个孔被吸入柱塞套上腔及柱塞斜槽。直到柱塞下移到下止点，进油结束。

B. 压油过程。当凸轮的凸起部分转到顶起滚轮体时，克服柱塞弹簧力推动柱塞上移。在自下止点上移的起初有一部分燃油从泵腔挤回低压油腔，直到柱塞上部的圆柱面将进、回两个油孔完全封闭时，如图 5-68（b）所示。柱塞继续上升，柱塞上部的燃油压力迅速增高到足以克服出油阀弹簧力和高压油管剩余压力时，出油阀即开始上升。当出油阀的圆柱环形带离开出油阀座时，高压燃油便通过高压油管流向喷油器。当燃油压力高出喷油器的喷油压力时，喷油器则开始向燃烧室喷油。

C. 回油过程。当柱塞继续上移到斜槽与柱塞套回油孔相通位置时，如图 5-68（c）所示，柱塞套上腔内的高压柴油经柱塞轴向孔、径向孔和斜槽，向回油孔回流到低压油室中，使柱塞上腔的油压迅速下降，出油阀在弹簧压力作用下立即回位关闭，喷油泵停止供油。此后柱塞仍继续上行，直到凸轮的凸起部分转过后，在弹簧力作用下，柱塞又下行，开始下一个循环。

凸轮轴旋转一圈，柱塞往复一次，供一次油，叫"一个供油循环"。每一个供油循环，供一次油，所供出的油量称为"循环供油量"。如图 5-68（e）所示，从开始供油到供油终了柱塞所移动距离称为柱塞有效行程或供油行程。多缸机喷油泵凸轮轴转一圈，凸轮轴上每一个凸轮推动一个柱塞上下运动一次，各分泵按规定顺序和时间分别泵油一次。为了保证喷油时刻准确，各传动齿轮上都有装配标记，装配时必须对准记号。

为了使喷油泵供油迅速，断油干脆，不滴油和正常喷射，要求出油阀具有减压作用。

D. 循环供油量的调节。柱塞在柱塞套内上、下止点间往复运动的距离 h 则叫"柱塞行程"，它等于凸轮升程，是不能改变的，如图 5-68（e）所示。柱塞只在这个行程的一段内供油。

当柱塞上移，在柱塞完全封闭柱塞套进油孔之后到柱塞斜槽和回油孔开始接通之前的这一部分柱塞行程 hg 内才泵油，hg 称为柱塞有效压油行程。改变有效压油行程的长短就改变循环供油量的大小。显然，喷油泵每次泵出的油量多少取决于有效行程的长短。

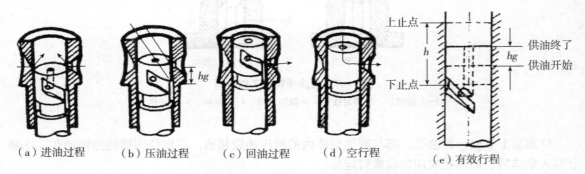

（a）进油过程　　（b）压油过程　　（c）回油过程　　（d）空行程　　（e）有效行程

图 5-68　柱塞式喷油泵泵油原理示意图

由于柱塞切槽是斜的，且开始供油时刻不变，即不随有效压油行程的变化而变化。因此，在同一凸轮位置下，当驾驶员操纵油门，使供油拉杆前后移动带动调节臂（或齿套）转动，使柱塞在柱塞套内转动一定的角度，就改变了柱塞斜槽上边缘与柱塞套回油孔下边缘的相对位置，从而改变了供油终了时刻、柱塞有效压油行程和循环供油量。将柱塞转向图 5-69 中箭头所示的方向，有效行程的供油量即增加；反之则减少。

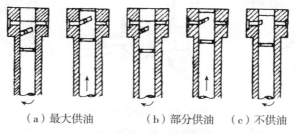

（a）最大供油　　（b）部分供油　（c）不供油

图 5-69　喷油泵油量调节

最大供油量：当柱塞斜槽最低部分相对进回油孔，柱塞有效行程最长，循环供油量最大。

部分供油量：将柱塞转动一定的角度，斜槽较高部分相对进回油孔，柱塞有效行程缩短，循环供油量减少。

不供油：柱塞继续转动，斜槽最高部分相对进回油孔，柱塞仍然做往复运动，而柱塞套上腔始终与进回油孔、环形油室相通，柱塞有效压油行程为零，不能压油，供油中断。

柱塞斜切槽有左、右旋之分。面对切槽，右旋柱塞可增大供油量的即为右旋，反之为左旋。一般喷油泵安装在拖拉机前进方向左侧时，采用左旋切槽柱塞，反之则用右旋。

（2）供油量调节机构　其功用是根据工作负荷大小，转动柱塞改变有效供油行程长短从而改变循环供油量。多缸机要调整处理各分泵供油均匀性。按转动柱塞的机构分为齿杆式、拨叉式和球销式三种，见图 5-70。

1）齿杆式油量调节机构。该机构主要由柱塞、柱塞套、调节齿杆、齿圈、调节套筒等组成。工作时，通过齿杆左右移动来带动可调齿圈转动，可调齿圈通过控制套筒带动柱塞旋转而改变供油量，见图 5-70（a），A 型泵采用此式。

2）拨叉式油量调节机构。该机构主要由供油拉杆、调节叉和调节臂等组成。供油拉杆由调速器控制，上装有调节拨叉，柱塞调节臂球头插在调节拨叉槽内。工作时，左右拉动供油拉杆，带动柱塞一起转动，从而改变供油量，见图 5-70（b）。Ⅰ号泵采用拨叉式调节机构。对于多缸喷油泵，如各缸的供油量不一致时，可通过改变调节叉在拉杆上的位置来调整供油量。

3）球销式油量调节机构。通过调节拉杆上的方槽与控制套筒上的滚球啮合以控制供油量，见图 5-70（c）。P 型泵采用球销式调节机构。各分泵法兰套的 2 螺钉孔为长圆弧形，转动法兰套可调整供油量及其均匀性，各法兰套下面的调整垫片可调整各缸供油起始角与供油时间间隔的一致性。

（3）传动机构　传动机构是由驱动齿轮、喷油泵凸轮轴和滚轮体总成等组成。其主要功能是推动油泵柱塞向上的压油运动。驱动凸轮由曲轴通过惰性齿轮带动。柱塞下行是靠柱塞弹簧的弹力。

喷油泵凸轮轴由曲轴正时齿轮驱动，对于四冲程柴油机，曲轴转两圈，喷油泵凸轮轴转一圈，各缸喷油一次。凸轮轴上有输油泵偏心轮来驱动输油泵，另一端固定调速器驱动盘，通过它将动力传给调速器。凸轮轴两端由圆锥滚子轴承支承。

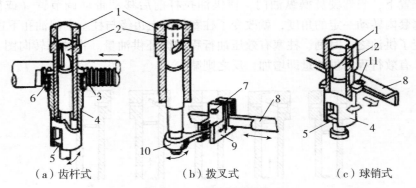

（a）齿杆式　　　　　　　　（b）拨叉式　　　　　　　　（c）球销式

图 5-70　油量调节机构

1-柱塞套　2-柱塞　3-调节齿杆　4-油量调节套筒　5-凸耳　6-调节齿圈
7-紧固螺钉　8-调节拉杆　9-调节叉　10-调节臂　11-钢球

　　滚轮体总成由滚轮体、滚轮和调整垫块等组成，其功能是将凸轮的运动平稳地传递给柱塞，并可适量调整柱塞的供油时间，保证供油开始时刻的准确性。常用调整方法有垫块调节法和螺钉调节法两种，见图 5-71。滚轮体总成工作高度 h 越大，柱塞关闭进油孔时刻越早，供油开始时刻也越早；反之，h 越小，供油开始时刻越迟后。

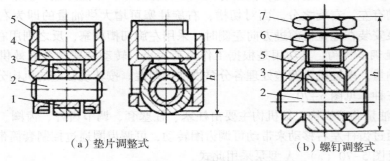

（a）垫片调整式　　　　　　　　　　　　　（b）螺钉调整式

图 5-71　滚轮总成

1-滚轮套　2-滚轮轴　3-滚轮　4-调整垫片　5-滚轮体　6-锁紧螺母　7-调整螺钉

　　（4）泵体　是喷油泵的骨架，一般用铝合金铸造，由上下两部分组成（A 型泵是整体式）。上体安装柱塞偶件和出油阀偶件；下体安装凸轮轴、滚轮体总成和输油泵等；泵体前侧中部开有检查窗孔，以便检查和调整供油量；下部有检查机油面的检查孔。

　　（5）供油提前角自动调节器　部分泵有，其功用是随着柴油机转速的变化自动调节喷油泵的供油提前角。喷油泵的供油提前角是指喷油泵开始向高压油管供油时所对应的喷油泵凸轮轴转角。喷油过早，导致着火燃烧过早，气缸压力过早提高，功率下降，油耗上升，启动困难，产生敲缸声音。喷油过晚，导致着火燃烧过晚，此时活塞已下行，空间容积增大，燃烧条件变差，导致排气冒黑烟，油耗上升，功率下降，排气温度升高，发动机过热。

　　在发动机一定工况下，能使发动机获得最大功率和最低燃油消耗的喷油提前角称为最佳喷油提前角。发动机在不同的转速和负荷下，其最佳喷油提前角也不同。转角升高时，喷油提前角应增大，这是因为转速升高，单位时间内所转过的曲轴转角增大，导致喷油的延续角度增大，发动机后期燃烧延长，排气容易冒黑烟，故有的柴油机上装有供油提前角自动调节器。常用的是机械离心式供油提前器，见图5-72。安装在油泵正时齿轮上或联轴器的主动凸缘盘上，柴油机转速升高，离心力增大，飞块进一步外甩，从动盘相对于主动盘再超前一角度，供油提前角增大。反之，柴油机转速降低时，喷油提前角相应减小。

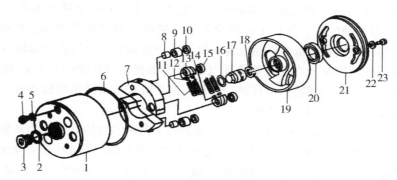

图5-72　供油提前角自动调节器

1-调节器壳体　2、10-垫圈　3-放油螺塞　4-丝堵　5、22-垫片　6、16-"O"形密封圈
7-飞块　8-滚轮内座圈　9-滚轮　11-弹簧　12、14、18-弹簧垫圈　13-弹簧座
15-定位圈　17-螺母　19-从动盘　20-油封　21-盖　23-螺栓

（6）润滑系统　柱塞偶件和出油阀偶件靠流过的柴油进行润滑，而驱动机构中的油泵凸轮轴、滚轮体总成、轴承和油量调节机构都靠油泵底部的润滑油进行飞溅润滑。凸轮轴两端加有油封防漏油损坏时，应及时更换，油标尺检查润滑油面，不足及时添加。

（7）单体1号泵的结构特点　以S195型柴油机用的单体1号喷油泵构造为例，见图5-73。其泵油机构和滚轮体总成均于多缸机1号泵相同，柱塞直径为8mm，左旋斜槽。其主要特点：泵体为整体式铸铁件，因其安装位置低于柴油滤清器，故不设放气螺钉。油泵凸轮与配气凸轮轴制成一体；柱塞定位螺钉正对进油孔；泵体与齿轮室盖间的垫片用来调整供油提前角，减少垫片供油提前角增大；反之，增加垫片供油提前角减小。

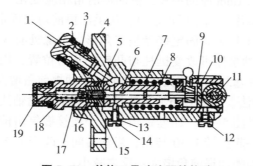

图5-73　单体1号喷油泵的构造

1-进油管接头　2-密封垫　3、19-防护罩　4-泵体　5-出油阀座　6-柱塞套　7-柱塞弹簧
8-柱塞　9-挺柱体　10-调整垫块　11-外滚轮　12-挺柱定位螺钉　13、15-密封垫
14-定位螺钉　16-出油阀　17-出油阀弹簧　18-出油阀紧座

六、燃油供给系统的使用维护

1. 喷油泵供油提前角的检查与调整

喷油泵使用较长时间后或重新向车上安装时，应对供油提前角进行检查与调整。

（1）检查供油提前角　先设定供油提前角观测点，以第1缸分泵为基准，多采用"定时管法"。卸下第1缸的喷油器，并在1缸的分泵上安装定时管（或使高压油管管口朝上），拧紧接头螺母；将油门手柄置于最大供油位置；打开减压机构后，缓慢摇转曲轴或飞轮。观察高压油管出口处油面波动情况，当定时管油面（或高压油管出口处油面）开始波动的瞬间，说明供油开始，立即停止转动飞轮；即可进行供油提前角检查。不同机型检查方法不同，常用的是飞轮记号法和测量风扇传动带弧长法。

1）飞轮记号法。是以飞轮供油刻线对准检视窗口上的刻线时恰好供油为观察基准，根据供油时飞轮刻线提前或落后于窗口刻线，即可判定供油时间的早晚。如195型和495型柴油机，检查飞轮的供油提前刻线是否与水箱上（195型）或飞轮壳检查孔上（495型）的刻线对齐。

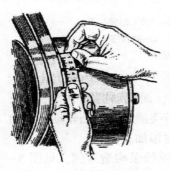

图5-74　测量风扇传动
皮带轮上两记号间的弧长

2）测量风扇传动带弧长法。是在定时齿轮室相对风扇传动带处的螺栓上安装一指针，作为测量风扇传动带弧长参考点，对应于开始供油点和上止点位置，可在风扇传动带上分别做出记号，测量两记号间的弧长，经计算即可得知供油提前角的大小。如4125A型柴油机，是通过量取供油时刻与压缩上止点之间在风扇皮带轮上的弧长来换算出供油提前角，见图5-74。该机对应皮带弧长为22.5~28.5mm，相当于供油提前角为15°~19°，即1.5mm相当于1°。

（2）调整供油提前角　每种机型都有相应的调整供油提前角的方法，常用的有增减垫片法、旋转喷油泵体法、旋转喷油泵凸轮轴法和改变滚轮体的高度（增减垫片或调整螺钉法）4种方法。

1）增减垫片法。如S195柴油机是增加或减少喷油泵体与齿轮室盖之间的垫片，每增减0.1mm厚的垫片，供油提前角相应变化1.7°。供油时间太早就增加垫片，供油时间太迟减少垫片。调整后再复测，使供油提前角在规定范围内。

2）旋转喷油泵体法。1号泵其固定接盘呈三角形，边缘处有3个圆弧孔，固定螺钉插入孔内，见图5-75。转动喷油泵体可改变挺柱与凸轮的相对位置，用以调整供油提前角。泵体逆凸轮轴旋转方向转动，柱塞封闭进油孔时间提前，供油提前角增大；反之减小。

3）旋转喷油泵凸轮轴法。如2号喷油泵就是采用转动凸轮轴法，即改变喷油泵凸轮轴与柴油机曲轴的相对位置，见图5-76。原理是当将2个连接螺钉由前一孔移入相邻一孔时，必须将花键接盘连同凸轮轴一起拨转1.30″转角，供油时间便改变了3°曲轴转角。顺凸轮轴旋转方向拨转花键接盘，供油和喷油提前角增大；反之减小。

4）改变滚轮体的高度法。见图5-71，常用增减垫片或调整螺钉法。

2. 喷油泵的性能调整

喷油泵的性能调整包括标定工况、怠速、启动、校正供油及停止供油等项目，而各种供油量是在柴油机设计制造时，经过反复试验所确定的。喷油泵各工况供油量的调整直接影响柴油机输出功率、耗油量、运转平稳性、使用寿命。多缸机喷油泵性能的调整应在油泵试验台上进行。

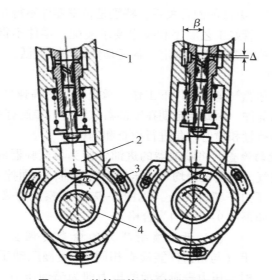

图 5-75　旋转泵体法调整供油提前角
1-喷油泵体　2-滚轮体　3-螺钉　4-凸轮轴

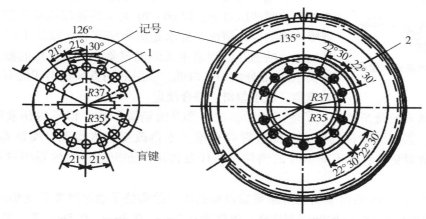

图 5-76　旋转泵轴法调整供油提前角（调整花键盘与喷油泵驱动齿轮的相对位置）
1-孔式花键盘　2-喷油泵驱动正时齿轮

3. 喷油泵的使用维护

1）使用清洁的柴油。

2）定期检查各连接和紧固部件，无渗漏。

3）定期检查机油油位和清洁度。

4）定期检查供油提前角、偶件的密封性和供油量均匀度等。

5）必要时应做试验台检验和恢复性能指标。在试验台下不得随意调整和拆卸。

6）拆前要清洗外部。

7）合理使用清洁工具，拆卸方法得当。

8）拆卸泵盖时要平放泵体，防止柱塞碰伤和错乱。

9）拆卸时要注意零件、组件的配合关系，特别是精密零件不得互换，应成对放置。

10）装前要清洗零件，管好工艺顺序和技术要求装配。零件不得错装和漏装，紧固扭矩应达到规定数值范围，有关间隙要符合规定，各运动件动作应灵活。

4. 喷油器的使用维护

喷油器就在高温高压和燃气腐蚀条件下工作，承受频繁的高速冲击与摩擦，工作条件差，是燃油系中最容易损坏的部件。因此要定期在喷油器试验台上参照有关标准对喷油器的密封性能、开始喷射压力、喷雾质量和喷射锥角进行检查和调整。

（1）喷油器密封性能的检查　将喷油器的进油管接头与试验器的出油管接头相连，打开三通阀，排除油路中的空气。一面缓慢均匀地压动手柄泵油，一面拧入喷油器调整螺钉，直至使其在 22.5~24.5MPa 的压力下喷油为止，见图 5-77。观察压力表指针从 19.5MPa 下降到 17.8MPa 所经历的时间，如果在 9~20s 内为合格。

（2）开始喷射压力的检查与调整　将喷油器装在试验器上（与密封性能检查相同）。缓慢压动手柄，当喷油器开始喷油时，压力表所指示的压力即为喷油压力，若油压低，则拧入喷油器油压调节螺钉；反之，则退出油压调节螺钉；调节合格后，将锁紧螺母锁定。

图 5-77　喷油器试验器

（3）喷射质量、喷射锥角的检查　喷射质量主要看雾化质量。在规定的喷油压力下，以 60~70 次/s 的速度压动手柄，观察喷油器喷出油的雾化情况，要求是应呈细雾状，喷油干脆并伴有清脆的响声，喷油开始和结束无滴油现象。喷雾锥角的测量，在距喷油头 100mm 处放一张白纸，喷射后用直尺量出印痕直径，计算喷雾锥角，应不偏斜，符合规定。

（4）喷油器的使用维护　①使用清洁燃油；②及时清除积碳，但不得伤及喷孔、导锥和各密封面；③安装喷油器时，垫圈应符合标准，不得改变装入深度，喷油器不得歪斜；④偶件只能成对更换；⑤不同型号的偶件不能任意代用；⑥应防止喷油器因过热而使针阀咬死。

如东方红-LR105 系列柴油机所用喷油器喷油压力的调整是通过改变调整垫片来实现的。调整垫片为 ϕ9.5mm×5mm 的低碳钢片环，厚度为 0.2mm、0.3mm、0.5mm 等。垫片每增加或减小 0.1mm，压力可增加或减小 1.76~1.96MPa。

5. 油路中空气的排除方法

长期停放或更换柴油滤清器滤芯及燃油用完后，空气会进入燃油管路。排除空气的步骤是：①将燃油箱加满燃油。②松开高压油泵放气螺钉（部分发动机无放气螺钉可松开输油泵出油接头或高压油泵进油接头）。③上下扳动发动机一侧的输油泵手柄，待放气螺钉排出空气，流出燃油时，一边泵油，一边将螺丝拧紧，即可排除油路中的空气。

七、燃油供给系统常见故障诊断与排除

燃油供给系统常见故障诊断与排除见表 5-5。

表 5-5　燃油供给系统常见故障诊断与排除

故障名称	故障现象	故障原因	排除方法
发动机燃油油路不畅	1. 燃油油路不畅 2. 管路漏油 3. 若柴油中有水，燃烧时有"啪啪"声音，排气管冒白烟 4. 难启动或中途会熄火	1. 油管老化、破裂或油管接头松动 2. 深沉杯中是否有水 3. 油路中有空气 4. 油路堵塞，启动困难，用手油泵泵油，若不出油，说明油太脏、滤清器和滤芯或通气孔等堵塞 5. 滤芯密封圈等安装错误，不密封 6. 燃油质量不合格或太脏	1. 检查更换老化、破裂的油管，拧紧油管接头 2. 排除油路中的水或更换合格的燃油 3. 拧松放气螺钉，揿动手油泵，排净油路中的空气 4. 使用扳手拆卸燃油滤清器，检查燃油滤清器滤芯是否堵塞，倒掉沉淀杯内的杂质和水珠 5. 正确安装滤芯和油杯，特别是杯垫或密封圈要放好，以防漏油 6. 如油太脏或质量不合格，应放尽旧燃油，清洁油箱后，加注合格的燃油
发动机有敲击声	发动机有敲击声	1. 供油时间过早 2. 减压环带磨损，使高压油管剩余压力升高 3. 各分泵供油量不均	1. 调整供油时间 2. 更换 3. 检查调整
喷射雾化不良	喷射雾化不良	1. 偶件严重磨损 2. 喷射压力过低	1. 更换 2. 调整喷射压力
不能喷雾或滴油	不能喷雾或滴油	1. 调压弹簧折断 2. 针阀卡死	1. 更换 2. 研磨或更换
喷油器喷油不足或不喷油	喷油不足或不喷油	1. 喷油器严重磨损 2. 喷射压力过低 3. 针阀卡死在关闭位置 4. 喷孔被积碳堵塞	1. 检修或更换 2. 调整 3. 研磨或更换 4. 清除积碳

八、柴油机调速器

（一）调速器的功用和类型

调速器的功用是在供油拉杆位置不变时，根据柴油机负荷及转速的变化自动调节供油量，稳定柴油机转速，并限制曲轴的最高转速和最低转速。拖拉机多采用全程机械离心式调速器，该调速器在柴油机最高与最低转速范围内，能维持驾驶员所选定的任何转速。

（二）全程机械离心式调速器组成和工作过程

1. 组成

全程机械离心式调速器是由驱动、感应、执行和控制等 4 个基本部分组成。下以 I 号喷油泵调速器为例，其构造见图 5-78。

（1）驱动部分　驱动元件为 60°锥面的驱动盘 11。其内表面有 6 个沿径向的半圆形凹槽。驱动盘压紧在驱动轴套上与其连成一体，然后通过半圆键和锁紧螺母紧固在喷油泵凸轮轴尾端锥面上，随凸轮轴一起转动。

（2）感应元件　感应元件是钢球（部分泵是飞锤）。6 个钢球装在驱动盘凹槽内，随驱动盘转动。

（3）执行机构　执行机构是推力盘、推力轴承、传动板和供油拉杆等。钢球另一侧为轴线成 45°锥面的推力盘，推力盘滑套在驱动轴套上，可作相对转动和轴向移动。工作时钢球的离心力作用

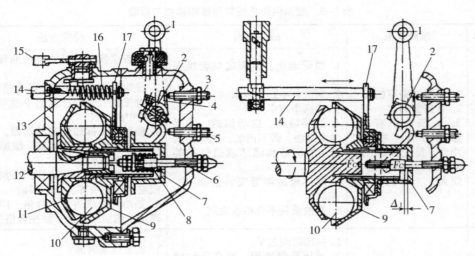

图 5-78　Ⅰ号喷油泵调速器

1-调速手柄　2-调速弹簧　3-高速限位螺钉　4-调速限位块　5-怠速限位螺钉　6-油量限位螺钉

7-滑套　8-校正弹簧　9-推力盘　10-飞球　11-驱动盘　12-凸轮轴

13-启动弹簧　14-拉杆　15-停车手柄　16-停车弹簧　17-传动板

在推力盘上，其轴向分力将使推力盘沿轴向滑动。套装在推力盘上的推力轴承和传动板也随之移动。传动板的上端套在供油拉杆上，因此供油拉杆也随传动板一起移动，从而改变供油量。

（4）控制机构　控制机构主要由调速手柄、（操纵臂）、调速弹簧、调速限位块等组成。

在调速器操纵轴上套有一根扭簧，即调速弹簧，见图 5-79。扭簧两端压在滑套上，滑套端面则紧靠传动板。当传动板向左移动时，需要克服弹簧的压力。当驾驶员转动调速手柄即可改变扭簧的预紧力，因而改变了调速器起作用的转速。

在操纵轴上装有调速器限位块，它随调速手柄一道转动。顺时针转动调速手柄，使限位块上端与高速限位螺钉相碰时，弹簧预紧力最大，柴油机在最高转速工况（一般为标定转速）下工作。逆时针转动手柄，使限位块下端与怠速限位螺钉接触时，弹簧预紧力最小，柴油机在最低转速工况下工作。

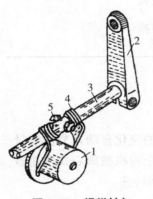

图 5-79　操纵轴与
调速弹簧

1-滑套　2-调速手柄　3-操纵轴　4-调速弹簧　5-螺钉

2. 工作过程

调速器是根据调速弹簧预紧力和钢球或飞锤的离心力相平衡的原理进行调速的。工作中弹簧预紧力总是将供油拉杆向循环供油量增加的方向移动，而离心力总是将供油拉杆向循环供油量减少的方向移动。其工作过程见图 5-80。

当驾驶员扳动（或脚踏）操纵油门，带动操纵臂顺时针摆动，调整弹簧被压紧，弹力增大，使调速器起作用的转速增高。当操纵臂与最高转速限位螺钉 9 相碰时，起作用的转速达到最大。通常该转速为标定转速。如将螺钉 9 向外拧，则起作用的转速升高；拧入则降低。

如将操纵臂逆时针摆动，则调整弹簧被放松，弹力减小，调速器起作用的转速降低。当操纵臂下端与怠速限位螺钉 8 相碰时，调速器则在最低空转转速下起作用，以保持息速工作稳定。如将螺钉8向外退出，则起作用的转速降低；拧入则升高。

综上所述，驾驶员拨动全程式调速器的操纵臂，只是改变调速弹簧的预紧力，也即改变柴油机的工作转速，而柴油机的供油量则由调速器根据外界负荷的变化自动调节大小。这就大大减轻驾驶员在负荷变化频繁时的紧张劳动，同时也提高了工作效率。

全程式调速器采用2根或多根调速弹簧。通常外弹簧刚度较小，且有预紧力；内弹簧具有较大的刚度，呈自由状态（与两极式调速器不同）。柴油机在低速工作时，外弹簧起作用，随着转速升高，内弹簧也开始工作，以适应不同转速范围内调速器性能对弹簧刚度不同要求。

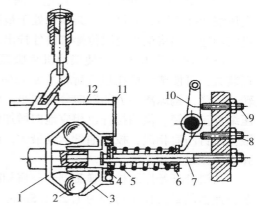

图5-80　机械离心式调速器工作过程示意图

1-传动盘　2-飞球　3-推力盘　4-弹簧座　5-调速弹簧　6-调速弹簧滑套　7-支承轴　8-急速限位螺钉　9-最高转速限位螺钉　10-操纵臂　11-传动板　12-供油拉杆

（1）负荷不变　工作时，驾驶员根据工作需要选择任何转速或行驶速度后，此时油门一定，调速弹簧的预紧力就相应地确定。负荷不变时，柴油机旋转的钢球（或飞锤）产生的离心力等于调速弹簧预紧力，调速器执行机构不动，供油量不变，柴油机稳定在该转速下工作。

（2）负荷减少　当发动机负荷减小时，转速升高，此时飞球的离心力增大，当离心力大于弹簧预紧力时，推动推力盘、弹簧滑座等向外移动，带动供油拉杆向循环供油量减少的方向转动；循环供油量减小，转速降低，离心力小于弹簧预紧力，推力盘、弹簧滑座等向内移，带动供油拉杆又向循环供油量增加的方向转动；循环供油量增加，转速又升高，直到离心力和弹簧预紧力平衡，供油拉杆才保持不变。这样转速基本稳定在很小的范围内。

（3）负荷增加　当负荷增加时，转速降低，离心力小于弹簧预紧力，推力盘、弹簧滑座等向内移，带动供油拉杆向循环供油量增加的方向转动；循环供油量增加，转速升高，离心力又大于弹簧预紧力，推力盘、弹簧滑座等向外移，带动供油拉杆又向循环供油量减小的方向转动；循环供油量减小，转速又降低，直到离心力和弹簧力达到新的平衡。

（4）一般工况　当调速手柄处于两个限位螺钉之间的任一位置，柴油机将稳定地在某一转速下工作，钢球的离心力与调速弹簧预紧力处于平衡状态。如外界负荷发生变化而引起转速变化，钢球离心力与调速弹簧预紧力失去平衡，调速器将自动调节供油量，使柴油机维持在原转速附近。

（5）冷启动工况　柴油机冷态启动，由于压缩终了气缸内压力和温度均较低，不利于燃油蒸发和形成混合气。因此要求喷油泵供给比正常情况更多的柴油（称启动加浓），才能保证混合气成分。

Ⅰ号喷油泵调速器的启动加浓作用是由启动弹簧来实现的。柴油机停车时，启动弹簧将供油拉杆拉到最左端，供油量达到较大值。启动时由于转速低，钢球离心力很小，不足以克服启动弹簧拉力，因此启动供油量较大。启动后转速迅速上升，钢球离心力即大于启动弹簧的拉力，使供油拉杆右移而减小供油量，启动加浓作用终止。

（6）急速工况　调速手柄转到限位块与急速限位螺钉相碰时，调速弹簧放松，弹簧预紧力最小，柴油机则在最低转速下工作。调整急速限位螺钉位置，可改变最低稳定转速。如将其向外拧出，则起作用的转速降低；反之拧入则转速升高。调速时以柴油机转速较低而又能稳定运转为佳。

（7）最高工作转速工况　调速手柄转到限位块与高速限位螺钉相碰时，调速弹簧受到最大压缩而弹簧预紧力最大，柴油机处于最高转速工况下。调整高速限位螺钉位置，可改变最高稳定转速。如将最高速限位螺钉向外拧出，则起作用的转速升高；反之拧入则转速降低。

（8）超负荷工况　为使柴油机克服短期超负荷的能力，在全程式调速器中多装有油量校正装置，可使柴油机在超负荷时增加 15%~20% 的供油量。当柴油机超负荷作业时，由于曲轴转速下降，钢球离心力的轴向分力减小。调速弹簧的预紧力大于离心力迫使润滑套左移，开始压缩校正弹簧。供油拉杆也相应地向增加供油量方向移动少许，以克服超负荷。当滑套与油量限位螺钉凸肩相碰，校正油量达到最大。此时，校正弹簧的弹力和钢球的轴向分力之和与调速弹簧的预紧力相平衡。

从滑套开始压缩校正弹簧到与凸肩相碰为止，供油拉杆所移动的距离称为校正行程。1 号泵调速器的最大校正行程为 1.2~1.5mm。

（9）停车　Ⅰ号喷油泵调速器装有停车手柄，供紧急停车时用。扳动停车手柄，可使供油拉杆移到最右端，喷油泵即停止供油而使柴油机熄火。

3. S195 柴油机调速器

该调速器为全程机械离心式，由调速齿轮、钢球、调速滑盘，调速弹簧等零件组成，见图5-81。调速齿轮装在机体的调速齿轮轴上，由曲轴正时齿轮驱动。调速支架用螺钉固定在调速齿轮上，调速支架上有 6 个径向长槽，分别装着 6 个钢球，钢球由调速支架带动一起旋转并沿长槽内作径向移动。具有 45° 锥面的调速推力滑盘内锥面将钢球压向调速齿轮一侧，外侧装有单向推力轴承。调速杠杆轴的上下端均支承在齿轮室盖的孔中，并与调速杠杆、转臂刚性连接。调速杠杆的短臂拨叉端部抵在推力轴承的外侧，长臂拨叉卡住 1 号喷油泵的调速臂球头或调节齿杆凸柄。调速弹簧装于转臂与调节螺钉之间，弹簧预紧力和钢球离心力分别具有增减供油量的趋势。调速手柄可在调速板弧形长槽中上下移动，因而操纵手柄可绕支轴摆动，从而改变弹簧预紧力。长槽底部和上部分别为最高转速和熄火位置。调速弹簧预紧力由调整螺钉调整。工作原理同上。

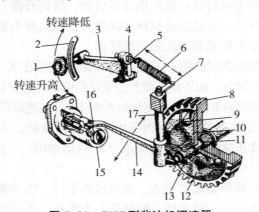

图5-81　S195型柴油机调速器
1-调速手柄　2-限速板　3-操纵手柄　4-锁定螺母
5-调速螺钉　6-调速弹簧　7-转臂　8-调速齿轮
9-飞球　10-飞球架　11-调速齿轮轴　12-推
力盘　13-推力轴承　14-调速杠杆　15-喷
油泵　16-柱塞调节臂　17-调速杠杆轴

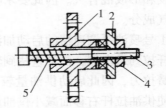

图5-82　S195型柴油机油量限位器
1-限位器座　2-调节螺母　3-限位
器轴　4-压紧螺母　5-弹簧

此调速器未设校正装置或限位装置，为完善因供油过多而导致冒黑烟，有些 S195 型柴油机上安装了油量限位器，其构造见图 5-82。限位器装在喷油泵观察孔处，其轴头作用在调速杠杆上，以适当控制调速器杠杆向增大供油方向的移动速度和移动距离。实质上这也是一个校正器，只是校正油量不一定符合冒烟界限的要求。

（三）　调速器的使用维护

1）柴油机停车熄火后，调速把手（油门手柄）应放在停车位置，以免调速弹簧长期受力而使弹力变弱。

2）经常检查调速器各螺栓、螺母等连接件是否可靠、牢固，防连接松脱造成飞车事故。

3）保持调速器外露部分清洁和内部润滑良好。

4）不准将弹簧"扎死"几圈来提高转速。

5）定期检查调速器。单缸机调整调节螺钉时，必须用转速表测量转速，如 S195 型柴油机最高转速为 2 200r/min。调好后应将锁紧螺母拧紧。多缸机调速器的检查调整应在油泵试验台上严格按工艺进行，不得在车上随意调整。当空转速过高或过低时，最高空转转速和怠速允许在车上调速，但必须可靠地进行测定。车上调整怠速时，应以得到尽可能低而又稳定运转的转速为宜。

6）调速器零件磨损，会使调速滑盘轴向间隙过大，造成转速忽高忽低（即游车），这时可在单向推力轴承和调速推力滑盘之间添加 1mm 左右的纸垫。

（四）　调速器常见故障诊断与排除

调速器常见故障诊断与排除见表 5-6。

表 5-6　调速器常见故障诊断与排除

故障名称	故障现象	故障原因	排除方法
发动机飞车	发动机转速突然升高并超出允许的最高转速而失去控制，且伴有巨大声响排气管冒黑而浓的烟	1. 额外的机油量进入气缸燃烧过多 2. 调速器内机油过多或过脏 3. 调速拉杆弯曲变形卡滞；油泵调速齿条或齿圈卡在最大供油位置 4. 调速机构弯曲变形 5. 柱塞套定位螺钉旋入过多，使回油不畅 6. 单体 1 号泵柱塞调节臂未装入拨叉内，并偏于大供油一侧	首先立即切断气路，把空气滤清器摘掉，用布堵塞死进气管，强制熄火 1. 检查空气滤清器和气门室内的机油量，排除过多机油 2. 检查调速器内机油，如机油过多排除，机油过黏、过脏则更换 3. 拆开喷油泵检视窗盖或喷油泵前端油量调节拉杆（齿杆）端面护帽，用手移动拉杆，如果涩滞，说明拉杆（齿杆）与套锈蚀，或润滑不良，应予以除锈润滑；检查拉杆（齿杆）是否弯曲变形卡滞，若是则应拆下矫正或更换新件；若拉杆运动自如，但向后推动不能自动前移，说明拉杆与调速器连接杆件脱开，应拆开调速器检视窗盖进行检查排除 4. 检查调速机构（调速臂、怠速钢丝）是否弯曲变形，若是则应拆下矫正或更换新件；检查调速齿轮轴和调速齿轮是否松动变形，若是则应拆下矫正或更换新件 5. 适当增加垫片厚度，重新拧紧螺钉 6. 重新安装

（续表）

故障名称	故障现象	故 障 原 因	排 除 方 法
发动机转速不稳	转速有高有低	1. 急速过低 2. 有高压油管漏油 3. 空气滤清器过脏 4. 各缸供油量或喷油压力不一致 5. 喷油雾化质量问题 6. 油路中有空气或水 7. 气缸密封不良 8. 某缸不工作或工作不良 9. 供油时间过早 10. 调速器供油拉杆移动不灵 11. 出油阀密封锥面严重磨损 12. 调速弹簧变形或刚度小 13. 调速器运动件阻力大 14. 油泵凸轮轴或连接件铰接处间隙大 15. 飞锤质量差过大或支架销孔不对称	1. 调整 2. 更换漏油的高压油管 3. 清洗或清扫 4. 检查调整一致 5. 修复或更换 6. 查明原因并排除 7. 检修缸套、活塞、活塞环等 8. 查明原因并排除故障 9. 调整供油提前角 10. 检修，改善拉杆滑动性 11. 更换 12. 更换弹簧 13. 检修改善运动件滑动性 14. 调速凸轮轴轴向间隙或检修更换连接件 15. 检修或更换
急速过高	急速过高	1. 喷油泵柱塞副磨损严重 2. 急速螺钉调速不当	1. 更换 2. 调整

第五节　润滑系统

一、润滑系统的功用

润滑系统的功用是不断地将洁净的润滑油输送到各运动机件的摩擦表面，以形成油膜润滑。其具体功用表现在：

（1）润滑作用　是将零件的直接摩擦变为间接摩擦，减少零件磨损和功率损耗。

（2）密封作用　润滑油布满气缸壁与活塞、活塞环与环槽之间的间隙，可减少气体泄漏。

（3）冷却作用　循环流动的润滑油带走零件表面摩擦所产生的部分热量。

（4）清洗作用　循环流动的润滑油冲洗零件表面并带走磨损下来的金属微粒。

（5）防锈作用　是将零件表面附上一层润滑油膜，防止与水分、空气接触发生氧化锈蚀。

二、润滑方式

润滑系统的润滑方式有压力润滑、飞溅润滑、综合润滑和润滑脂润滑4种：

（1）压力润滑　利用机油泵使机油产生一定压力，将机油连续地输送到负荷大、相对运动的摩擦表面　如主轴承、连杆轴承、凸轮轴承和气门摇臂轴等处的润滑。

（2）飞溅润滑　利用运动零件激溅或喷溅起来的油滴和油雾，来润滑外露表面和负荷较小的摩擦面，如凸轮与挺杆、活塞销与销座及连杆小头等处的润滑。

（3）综合润滑　压力润滑和飞溅润滑相结合。

（4）润滑脂润滑　对一些分散的、负荷较小的摩擦表面，定时加注润滑脂进行润滑，如水泵、风扇、发电机、启动机轴承的润滑。

三、润滑系统的组成和油路

（一）单缸柴油机润滑系统

1. 组成

单缸柴油机润滑系统由机油供给装置（包括机油泵、限压阀、油管和油道等）、滤清装置（机油集滤器等）和附件（油底壳、机油指示阀、油标尺）等组成，见图5-83。

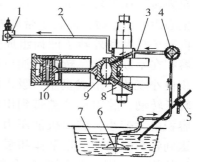

图5-83　195型柴油机
润滑系统示意图
1-压力指示器　2-机油管　3-主油道
4-机油泵　5-油标尺　6-集滤器
7-油底壳　8-曲轴　9-净油室　10-缸套

2. 工作过程

曲轴转动驱动机油泵工作，润滑油经集滤器粗滤后通过机体油道被吸入机油泵，增压后再由机体油道压入主轴承盖，在此分成两路：一路润滑后主轴承，并通过曲轴上的人字形油道润滑连杆轴颈和前主轴承；另一路通过紫铜管压送到气缸罩处压力指示阀，顶起指示阀活塞上的红色标记，当打开指示阀座上小孔时，机油从小孔喷射到气门摇臂总成等。曲轴飞溅起来的润滑油及连杆轴承和主轴承甩出的机油滴或油雾润滑气缸壁、连杆小头衬套、活塞环活塞销、上下平衡轴、挺柱、凸轮轴以及齿轮、室内齿轮和调速推力盘、钢球、推力轴承等零件。

（二）多缸柴油机润滑系统

1. 组成

多缸柴油机润滑系统由机油供给装置（包括机油泵、限压阀、油管和油道等）、滤清装置（包括机油粗滤器、机油细滤器、机油集滤器等）和附件（油底壳、机油压力表、油温表）等组成，见图5-84。

2. 润滑系统工作过程

发动机工作时，油底壳内的润滑油经集滤器被机油泵吸上来后分成两路。一路（少部分机油）进入细滤器，经过滤清后流回油底壳。另一路（大部分机油）进入粗滤器，滤清后的机油，在高温时（夏季）经过转换开关进入机油散热器，冷却后的机油进入主油道；当机油温度低（冬季）不需要散热时，可转动转换开关，使从粗滤器流出的机油不通过机油散热器而直接进入主油道；主油道把润滑油分配给各分油道，进入曲轴的主轴颈、凸轮轴的主轴颈，同时主轴颈的润滑油经曲轴上的斜油道，进入连杆轴颈，经分油道进入气缸盖上摇臂支座的润滑油润滑摇臂轴及装在其上的摇臂；主油道中还有一部分润滑油流至正时齿轮室润滑正时齿轮，最后润滑油经各部位间隙返回油底壳。多缸柴油机润滑系统油路见图5-85。

四、润滑系统的主要部件

（一）机油泵和限压阀

机油泵的功用是将机油从油底壳中吸出，连续不断地压送到各润滑表面。常用的机油泵有转子式和齿轮式两种。都是依靠密封容积的变化来完成吸油和压油过程。限压阀附设在机油泵体上，其功用是限制润滑油路上的最高压力，保持机油压力在一定范围内。机油压力过低时，零件润滑不良，磨损加剧；机油压力过高时，易使管路接头渗漏、密封衬垫损坏。

1. 转子式机油泵

该泵属内啮合式机油泵，主要由内、外转子、泵体、泵盖和垫片等组成，见图5-86。该泵内转子比外转子少一个齿，内外转子有偏心距。工作时，内转子带动外转子转动，内转子凸齿和外转子凹齿组成分隔的油腔容积在不断变化。转到进油口时，油腔容积由小变大，形成真空，吸入机油；随着转子转动，腔内机油被带到出油口，油腔容积由大变小，腔内机油压力升高，被压送到各润滑油道。在泵体和泵盖之间装有调整垫片，用来保证密封和转子的轴向间隙。

2. 齿轮式机油泵

齿轮式机油泵一般指外啮合式机油泵，主要由机油泵体、泵盖、泵轴、集滤器、限压阀和主、被动齿轮组成，见图5-87。齿轮的顶圆、端面和泵体及端盖之间的间隙很小。泵体两端和前后端盖封闭的情况下，内部形成密封容腔。齿轮啮合时齿向接触线把容腔分隔为：吸油腔和压油腔，

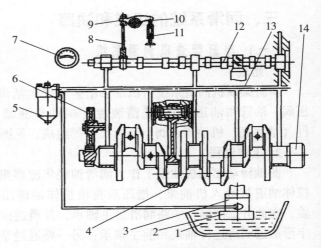

图5-84　多缸柴油机润滑系统示意图

1-油底壳　2-机油集滤器　3-机油泵　4-连杆轴瓦
5-粗滤器　6-正时齿轮　7-机油压力表　8-气门推杆
9-气门摇臂　10-气门　11-气门导管　12-凸轮轴
13-主油道　14-曲轴

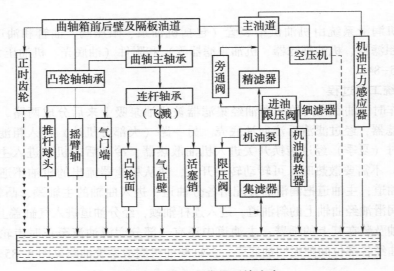

图5-85　多缸机润滑系统油路

起配油作用。在相互啮合过程中所产生的工作容积变化来完成吸油、压油过程。

（1）吸油过程　工作时，机油泵主动齿轮由凸轮轴驱动旋转，被动齿轮依图示方向转动，进油口容积因啮合着的齿轮逐渐脱开而增大，腔内产生一定真空，机油便从进油口吸入油腔，并充满齿间。随着齿轮的转动，吸入齿间的油液被带到泵的出油腔。

（2）压油过程　齿轮旋转时，将机油带到出油腔，而出油口的容积因齿轮进入啮合而不断减小，齿间的油液被挤出，油压随即升高，机油便被从出油口压送到发动机油道。齿轮连续

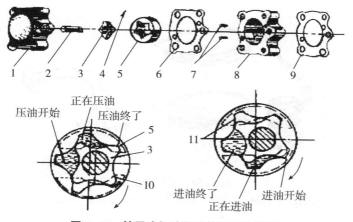

图 5-86　转子式机油泵结构及工作原理

1-机油泵盖　2-机油泵轴　3-内转子　4-圆柱销　5-外转子　6、9-垫片
7-定位销　8-机油泵体　10-进油槽　11-出油槽

旋转时，齿轮泵就不断地完成吸油、压油的循环过程，向系统供油。

因机油泵出油量及压力与齿轮转速成正比，当发动机高速运转时，机油压力会超过规定值，限压阀开启，机油又回到入口处，以保证一定的输油量及压力。

（二）机油滤清器

其功用是滤掉机油中的机械杂质和胶质，保持机油的清洁，减少零件磨损，防止油道堵塞，延长机油的使用期限。机油滤清器在润滑油路中的连接有全流式和分流式2种，前者串联在主油路中，多用于粗滤，滤后机油全部进入主油路送往摩擦表面；后者并联在油路中，常用于细滤，滤后机油不进入主油路而流回油底壳，改善油底壳机油的质量。按滤清效果分为粗滤器和细滤器；按过滤方式分为过滤式和离心式2种，前者是利用缝隙或微孔阻滞杂质而将机油过滤，多用于粗滤；后者是利用离心力将杂质从机油中分离而除去，多用于细滤。

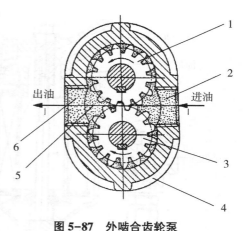

图 5-87　外啮合齿轮泵

1-主动齿轮　2-进油口　3-从动
齿轮　4-泵壳　5-限压阀　6-出油口

为了保证滤清效果，一般使用多级滤清器：集滤器、机油粗滤器和机油细滤器。不同型号的发动机采用不同组合的机油滤清器。

1. 集滤器

集滤器装在机油泵之前的吸油端，多采用滤网式，有浮筒式和固定式两种，见图5-88。固定安装在机油面下面，防止粒度大的杂质进入机油泵。

2. 机油粗滤器

粗滤器多采用纸质滤芯滤去机油中粒度较大（直径为 0.05~0.10mm 以上）的杂质。它对机油的流动阻力较小，故可以串联于机油泵与主油道之间，即属于全流式滤清器。

拖拉机用单级纸质粗滤器由滤清器座、壳体、滤芯、密封垫、旁通阀、进油口和出油口等

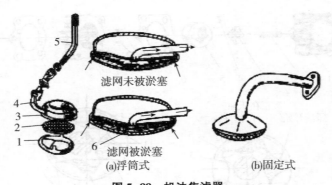

图 5-88　机油集滤器
1-罩板　2-滤网　3-浮筒　4-吸油管　5-固定油管　6-滤网环口

组成，见图 5-89。其滤芯为经化学处理的微孔滤纸，包裹在冲有许多小孔的金属薄壁圆筒外，滤纸呈折叠状，以增加机油通过面积。滤纸两端与端盖粘合密封。端盖与托盘和滤清器座接触处装有密封垫，防止机油未经处理而流入主油道。

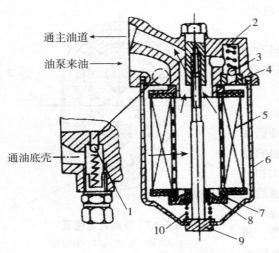

图 5-89　柴油机机油粗滤器
1-回油阀　2-滤清器座　3-安全阀　4、7-橡胶垫圈
5-滤芯　6-壳体　8-托盘　9-拉杆　10-弹簧

滤清器座上装有限压阀（又称调压阀）和安全阀（旁通阀）。限压阀的作用是用来控制和调节主油道机油压力；当主油道机油压力超高时，限压阀打开，部分机油由此流回油底壳。安全阀的作用是当滤清器滤芯堵塞时，安全阀被打开，机油不通过滤芯直接进入主油道，以保证运转机件摩擦表面的润滑，避免烧轴瓦。

工作时，油泵吸来的机油全部从粗滤器进油孔进入滤芯的外表面（外腔），压力油从滤芯外部穿过滤芯进入内腔，杂质被隔离在滤芯外表面上，清洁的机油则从滤清器的顶部出油口流出进入主油道。

3. 机油细滤器

机油细滤器主要滤去机油中的微小杂质（直径为 0.001~0.005mm），其流量小阻力大，机油流量仅占机油泵流量的 10%~15%。故多数细滤器安装方法为分流式，即与主油道并联，常用离心式细滤器。它由壳体、转子轴、转子体、转子盖、进油限压阀、进出油孔等组成。钢管装在转子内，上部装有进油孔并装有滤网，下部与 2 个尺寸相同的水平喷孔相通，但安置方向相反。

图 5-90 的机油滤清器包括右边为过滤式粗滤清器和左边为离心式细滤清器两部分，装在同一壳体上，分别用罩盖住组成一个总成。粗滤芯内外 2 层、并联，机油同时经过内外滤芯过滤，最后经过中央油道流出，夏季经过散热器后流入主油道，冬季直接进入主油道。为防止机油短路，在内外滤芯之间以及外滤芯的上端口处和内滤芯的下端口处，都装有毛毡密封圈。

工作时，油泵吸来的润滑油在滤清器底座内分成 2 路：一部分进入粗滤清器，一部分压入

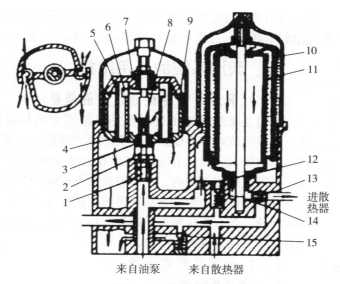

图 5-90　机油滤清器

1-轴心孔　2-转子轴　3-青铜衬套　4-喷孔　5-钢管　6-钢管进油口　7-转子盖
8-径向孔　9-转子　10-粗滤器外滤芯　11-粗滤器内滤芯　12-节流孔
13-油温调节开关　14-安全阀　15-回油阀

细滤器进油孔。当油压低于 100kPa 时，进油限压阀不开，机油不经细滤器而全部流向主油道，保证发动机可靠润滑。当油压高于 100kPa 时，进油限压阀被顶开，机油经转子轴的轴心孔和径向孔进入转子内腔，通过钢管进油孔进入钢管，然后再经两喷孔高速喷出，流回油底壳。在油的反射力作用下，转子及其内腔的润滑油高速旋转。转速可达 10 000r/min，在离心力作用下，机油中的杂质被甩向转子盖内壁并沉淀下来，清洁机油从出油口流回油底壳。

（三）机油散热器

其功用是对机油强制冷却，使机油在最佳温度（70~90℃）范围内工作。机油散热器有风冷式和水冷式。风冷式机油散热器一般安装在发动机冷却水散热器的前面，利用冷却风扇的风力使机油冷却，见图 5-91。

（四）机油尺和机油压力指示阀

机油尺的功用是检查油底壳机油量和油面的高低，它是一根金属杆，上面有上下两根刻线，见图 5-92，有的是一根刻线，其下端就是下刻线。机油面必须处于上下两刻线之间偏上处。

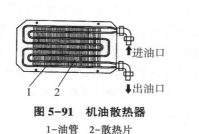

图 5-91　机油散热器

1-油管　2-散热片

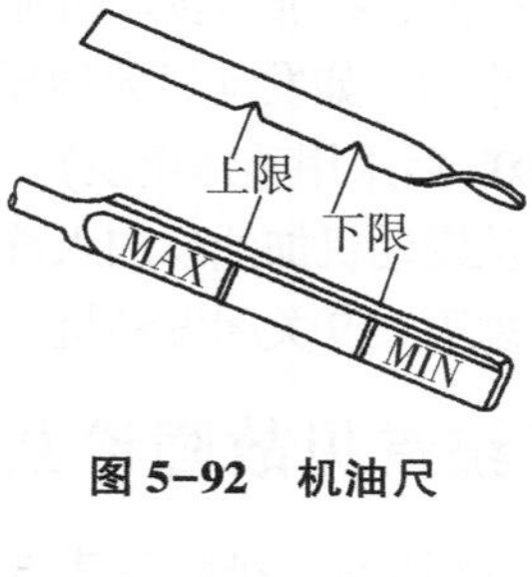

图 5-92　机油尺

机油压力指示阀的功用是指示主油道机油压力。S195 型柴油机机油压力指示阀结构见图 5-93，工作时，主油道机油进入指示阀活塞下腔，推动活塞压缩弹簧，使红色指示头在塑料罩中上升，显示油压正常。当活塞越过喷油孔时，高压机油从喷油孔中喷出润滑摇臂等。活塞上腔的泄油可从泄油孔流出到油底壳。若指示头上下窜动或升不起，表示油压异常。

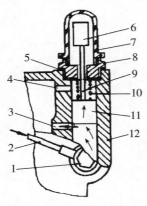

图 5-93　S195 型柴油机机油压力指示阀

1、8-接头　2-油管　3-喷油孔 4-泄油口　5-密封圈　6-指示头 7-塑料罩　9-指示杆　10-弹 簧　11-活塞　12-气门室罩

五、润滑系统的使用维护

（一）　润滑系统的机油压力的调整

润滑系统的调整主要内容是机油压力的检查调整。使用时间过长，弹簧变软或零件偏磨引起机油压力降低，应调整弹簧预紧力，使机油压力恢复正常。作业中经常检查机油压力表或指示头的工作情况，凡不在规定范围内，应即熄火检查排除，否则不准启动发动机。

润滑系统车上调整方法：调前应使机温达 70~80℃，将转速升至标定转速，拧入调压阀调整螺钉，压力升高；拧出则压力降低。确认调好后锁紧调整螺钉。

（二）　润滑系统的使用

1. 正确选用润滑油

应根据作业性质、环境、地区以及季节，按照说明书的要求选用合适品种（品质等级）和牌号（黏度等级）的柴油机机油。

2. 机油预热

冬季启动应预热机油，降低机油黏度。设有机油预热器的发动机，冬季应将滤清器开关置于"冬"位置。停用较长时间的发动机启动前应用手摇转曲轴，使机油润滑各运动表面。

（三）　润滑系统的维护

1. 检查与加添机油

（1）冷机检查机油油位　将拖拉机停在水平地面，保持水平状态；熄火后拔出油标尺，用干净抹布擦干净尺端后，再插入油底壳内，然后拔出，检查机油面是否在上、下限刻线中间偏上处。

（2）加注机油　如果油位接近下限刻线或低于下限刻线，必须立即加注规定牌号的清洁机油，并使油位达到上限刻线；如油面超过上限刻线则应从油底壳螺塞放出多余机油。

2. 定期清洗机油滤清器和更换机油滤芯

3. 定期更换机油和机油滤清器

更换步骤如下：①用梅花扳手拧松发动机油底壳下的放油螺塞。②趁热放出机油，拧紧放油螺塞。③将机油与柴油的混合物加入发动机加油口。④启动发动机，并使发动机低速运转数分钟，清洗机油道（注意油压指示，如发动机无油压应及时熄火）。⑤拆下机油滤清器，放出清洗油（旋转式机油滤清器工作 200h 后采用整体更换）。⑥在新的机油滤清器密封圈上，抹上机油，拧紧机油滤清器及放油螺塞。⑦从发动机加油口加入符合说明书要求的干净机油。⑧启动发动机，用低转速运行，直到油压指示灯熄灭。⑨关闭发动机，等 5min 后，再用油尺复查机油量。

六、润滑系统常见故障诊断与排除

润滑系统常见故障诊断与排除见表 5-7。

表 5-7　润滑系统常见故障诊断与排除

故障名称	故障现象	故 障 原 因	排 除 方 法
发动机机油压力过低	机油压力过低，机油压力报警灯亮	1. 油底壳内机油油面过低 2. 机油压力传感器或机油压力表损坏 3. 机油集滤器、滤清器堵塞 4. 机油限压阀弹簧过软 5. 油泵严重磨损或油封损坏 6. 机油牌号不符或油温过高	1. 用机油尺检查机油量和质量 2. 检查机油压力传感器线路是否断路；检查机油压力表是否良好。可拆下机油压力传感器上导线使之搭铁，接通点火开关，机油压力表指针应迅速上升，若指针不动，则机油表有故障 3. 检查清洗机油集滤器、滤清器，排除堵塞，或更换滤芯 4. 检修机油限压阀的工作是否正常 5. 检修或更换 6. 更换符合规定牌号的机油，查找机油过高的原因，进行排除，降低温度
发动机机油压力过高		1. 机油黏度过大或变质 2. 限压阀调整不当 3. 曲轴轴承或连杆轴承间隙过小 4. 缸体主油道堵塞 5. 机油滤清器滤芯堵塞且旁通阀开启困难 6. 机油压力表或传感器失效。	1. 更换机油 2. 调整或更换限压阀弹簧 3. 调整曲轴轴承、凸轮轴轴承间隙 4. 查明主油道堵塞部位予以排除 5. 清洗机油滤清器滤芯，更换旁通阀弹簧 6. 用换件法检查，更换
机油消耗过多		1. 油底壳、气门室盖或油封等漏油 2. 气缸、活塞、活塞环磨损严重，间隙过大 3. 气门与导管磨损严重 4. 机体破裂损或气缸垫破损 5. 曲轴箱呼吸孔堵塞，正压高	1. 外部有油迹，查明原因并修理 2. 曲轴箱通气口窜气严重，说明气缸、活塞、活塞环磨损严重，检修 3. 气门室盖处窜气严重，说明气门与气门导管磨损严重，更换磨损件 4. 排气管不冒蓝烟但水箱水面有机油存在，说明机体或气缸垫有破损，修理和更换 5. 清洁曲轴箱呼吸孔，查找原因，排除曲轴箱正压
机油温度过高	油温过高	1. 发动机长时间超负荷工作 2. 气缸间隙过大，漏气严重 3. 油温转换开关位置不当，散热器堵塞或通风不当	1. 减小负荷 2. 检修或更换气缸套、活塞、活塞环 3. 调换开关位置，清洁散热器和排除通风障碍
油底壳油面升高	油底壳油面升高，油中有水或机油稀释	1. 缸套阻水圈或缸垫损坏，缸体裂纹，水进入 2. 输油泵膜片损坏，柱塞泵推杆密封圈损坏，油泵凸轮轴前轴承油封损坏，燃油进入	1. 更换阻水圈或缸垫，检修缸体 2. 更换输油泵膜片，柱塞泵推杆密封圈或油封等密封件

第六节　冷却系统

一、冷却系统的功用和冷却方式

1. 冷却系统的功用

冷却系统的功用是把受热零部件部分热量及时散发到大气中，保持发动机在正常温度下工作。如冷却不足，温度过高，零件正常配合间隙被破坏，柴油机进气不足，功率下降，并使机油变质失效，导致零件磨损或卡死，柴油机无法工作。相反，冷却过度，导致热损失增大，使混合气的形成和燃烧不完全，功率下降，油耗增加，润滑油黏度变大，润滑不良，造成运动件摩擦阻力增大，加剧磨损。

2. 冷却方式

冷却系统有风冷式和水冷式两种基本形式。风冷式就是以空气为冷却介质，利用风扇产生的气流将受热零部件的部分热量散发到大气中去。一般用于 5 马力以下小型发动机。水冷式就是以水为冷却介质，将受热零部件吸收的热量通过水散发到大气中去。按照冷却水的循环方式分为蒸发式水冷和强制循环式水冷。小型柴油机多用蒸发式水冷，大中型柴油机多用强制循环式水冷。

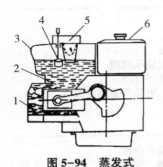

**图 5-94 蒸发式
水冷却系统**

1-缸盖水套　2-缸体水套
3-散热器　4-浮子
5-加水口　6-油箱

二、冷却系统的组成和工作过程

1. 蒸发式水冷却系统

S195 型等单缸柴油机多采用蒸发式水冷却方式，它由缸盖水套、缸体水套、水箱、浮子和加水口组成，见图 5-94。水箱与气缸、缸盖中的水套直接相通，水箱口装有漏斗形滤网，并敞开通大气。工作时，水套中冷却水吸收热量后，热水上升到水箱并蒸发汽化，并将热量散发到大气中去，使柴油机得到冷却。此冷却方式结构简单，但耗水量大。

2. 强制循环式水冷却系统

强制循环式水冷却分为闭式和开式两种。开式冷却系统中冷却水直接与大气相通，因而耗水量较大。在闭式冷却系统中冷却水不直接与大气相通，而是通过设置在加水口盖上的空气蒸汽阀在必要时与大气相通。其特点是冷却可靠，耗水量小，冷却强度可自动调节，各缸冷却均匀，但结构复杂，要消耗少量功率。多缸发动机均采用强制闭式循环水冷却方式。它由水套、水泵、散热器及盖、风扇、百叶窗、节温器、水温表和放水开关等组成，见图 5-95。

水冷发动机正常工作水温为 70~95℃。风扇皮带轮与水泵叶轮固定在同一根轴上，由曲轴前端皮带轮通过皮带传动。水泵进水口与散热器出水口及节温器的小循环通道相连，水泵出水口与机油冷却器相连。

当发动机开始工作，缸盖出水温度（简称水温）低于 70℃时，节温器关闭，旁通阀全开，冷却水不进入散热器，全部从水泵进水支管直接进入水泵，再由水泵压入分水管（部分机型从机油冷却器流到分水管），进入水套中，吸收热量后，经过缸体顶部出水孔、缸盖水道、出水管和节温器小循环通道（旁通管）直接回到水泵进水口，进行"小循环"（如图 5-94 中箭头所示）。当水温高于 70℃时，节温器部分打开，使一部分冷却水进入散

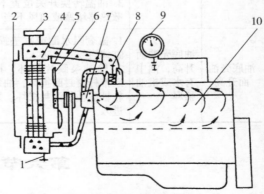

图 5-95 强制循环式水冷却系统

1-放水开关　2-百叶窗　3-散热器盖
4-散热器　5-护风罩　6-风扇　7-水泵
8-节温器　9-水温表　10-水套

热器进行热交换后，再进入水泵进水口，进行"大循环"，还有一部分冷却水仍进入"小循环"，大小循环同时进行称为混合循环。当水温高于85℃时，节温器全部打开，旁通阀全关，使冷却水全部进入散热器（如图中黑点所示）内进行热交换后，再进入水泵进水口，进行"大循环"。

三、冷却系统的主要部件

（一）散热器

散热器（俗称水箱），其功用是储存冷却液，并将来自水套中冷却水的热量散发到大气中，使发动机保持正常的工作温度。散热器主要由散热片、芯管、上、下水室等组成，其断面构造见图5-96。上水室的进水管和下水室的出水管均用橡胶软管分别与水套出水管和水泵进水管短管相连接，上水室有加水口，下水室有放水阀，散热器与柴油机分别固定在机架上，安装时要求可靠并防震，可在下水室与机架之间加装橡胶垫圈或弹簧。

散热器芯管大都采用扁圆形断面，有利于散热和承受冷却水循环及受热的膨胀力。

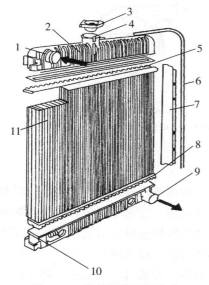

图5-96 散热器的断面构造
1-进水管口 2-上贮水室 3-散热器盖加水口
5-上管栅 6-溢流管 7-侧固定夹板
8-下管栅 9-出水管口 10-下贮
水室 11-散热器芯

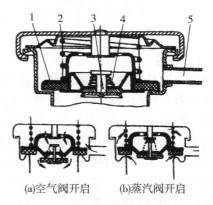

(a)空气阀开启 (b)蒸汽阀开启
图5-97 带空气-蒸汽阀的水箱盖
1-蒸汽阀 2-蒸汽阀弹簧 3-空气阀
4-空气阀弹簧 5-蒸汽引出管

散热器盖的功用是密封和加压，闭式冷却系散热器盖上装有一个单向空气阀和一个单向蒸汽阀的组合体，见图5-97。其作用是自动调节冷却系内部压力，提高冷却效果。

当冷却液工作温度正常时，阀门关闭，将冷却系统与大气隔开，防止水蒸气逸出，使冷却系统内压力稍高于大气压，从而增高冷却液沸点，保证发动机正常工作。当冷却液温度升高，散热器内部蒸汽压力高于大气压力25～38kPa时，蒸汽阀开启而使水蒸气从通气管排出，防止散热器芯被胀裂；同时由于散热器内压力提高，使水的沸点提高到110℃左右，因而减少了冷却水的消耗。当水温下降，散热器内的气压低于大气压 $1\sim4kPa$ 时，空气阀被外界的大气压力向里推开，空气从通气孔进入，防止散热器芯被大气压坏，见图 5-97。

（二）水泵

水泵的功用是强制冷却水循环流动，保证冷却可靠。常用离心式水泵，特点是结构简单，排水量大。水泵主要由壳体，叶轮、水泵轴和水封等组成，见图 5-98。水泵一般安装在发动机前端，与风扇同轴，由曲轴前皮带轮驱动。工作时，散热器下水箱的冷却水从水泵进水管被吸入叶轮中心，被叶轮离心力甩向出水管，进入缸体水套，其工作原理见图 5-99。

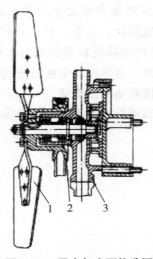

图 5-98 风扇与水泵构造图
1-风扇叶片 2-皮带轮 3-水泵

图 5-99 离心式水泵
1-壳体 2-叶轮 3-进水口 4-出水口

（三）风扇

风扇的功用是提高通过散热器的空气流速和流量，增强散热器的散热能力，同时对发动机其他附件也有一定的冷却功用。柴油机上均采用轴流式风扇，它通常安装在散热器的后面，并与水泵同轴驱动。当风扇旋转时，对空气产生吸力，使空气快速沿轴向流过散热器并冷却散热器芯内的水。为使气流集中，提高风扇效率，在散热器后面，即风扇外围装设护风罩。风扇的风量主要取决于风扇的直径、转速、叶片形状及安装角等。安装时，风扇叶不得装反。风扇皮带张紧度可通过移动发电机法或移动张紧轮法进行调整。

（四）水温调节装置

该装置的功用是根据柴油机不同工况改变散热强度，以保持合适的工作温度，并在启动时缩短预热（暖车）时间。

1. 节温器

节温器的功用是随发动机负荷的变化及冷却水温的变化，自动调节进入散热器的冷却水流量和循环路线，以保证发动机的最佳工作温度。节温器有弹簧箱式和蜡式两种。现代柴油机上常采用蜡式节温器。图 5-100 为双阀蜡式节温器，它主要由推杆、上、下支架、大循环阀座、大循环阀门弹簧、大循环阀门、小循环阀门、小循环阀门弹簧和温度感应体等组成。圆筒形感应器和罩组成一个刚性密封空间。器体内装有橡胶管，它们之间的环形空腔填满石蜡和白蜡的混合剂，混合剂熔点很低。胶管中间插有导杆，导杆下端有圆锥形尖头，上端焊接在上支

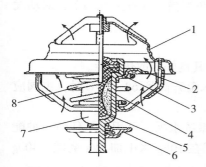

图 5-100　双阀蜡式节温器构造
1-支架　2-主阀门　3-推杆　4-石蜡
5-胶管　6-副阀门　7-节温
器外壳　8-弹簧

架上。

蜡式节温器工作时，在水温低于 70℃，石蜡处于固态，在弹簧力作用下，主阀门全关，旁通阀全开，从缸盖流出来的水经旁通阀管进入水泵，进行小循环。当水温在 71～85℃ 时，石蜡逐渐变成液态，体积随之增大，使胶管受压变形，因导杆上端固定限位，迫使圆筒形的感应体连同压缩弹簧下降，主阀门逐渐打开，旁通阀开度逐渐减小，部分热水进入散热器，大小循环同时进行。当水温高于 85℃ 时，石蜡全部变成液态，主阀门全开，旁通阀全关，从缸盖流出来的冷却水全部进经散热器，进行大循环。其特点是工作压力不敏感，工作可靠，使用寿命长。

2. 水温表

水温表的功用是监测冷却系统内的水温，监测部位通常是气缸盖水套或出水管。常用的有机械式和电热式两种水温表。机械式水温表主要由感温塞、毛细管和指示器等组成，见图 5-101。感温塞为黄铜圆筒，内盛 2/3 低沸点的氯化甲烷或乙醚，装于监测部位。毛细管是一充满不蒸发液体（甘油和醇的混合物）的金属软管，两端分别与感温塞和指示器中的弹簧扁管相连。水温升高，塞内液体蒸发，蒸汽压力传到弹簧扁管中。蒸汽压力不同，扁管内外壁压力差不同，管的弯曲度改变，其自由端便可拉动指针摆动，在刻度盘上指示出相应水温。

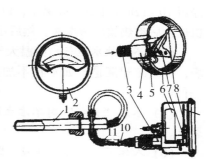

图 5-101　机械式水温表
1-感温塞　2-指示器　3-管接头
4-弹簧　5-连接杆　6-弹簧扁管
7-夹板　8-指针　9-刻度盘
10-毛细管　11-可绕护管

四、冷却系统的使用维护

1. 冷却系统的使用

（1）定期检查风扇皮带张紧度　用力按压皮带中部，以"V"带下陷 10～20mm 为宜，否则应通过张紧轮进行调整。

（2）检查冷却水量　检查副水箱（或水箱）水位是否在上下刻线之间，如不足，从副水箱加水口（无副水箱的从水箱加水口）加入干净的软水、纯净水或防冻液。不准加井水等硬水，因硬水中含矿物质多，易产生水垢，传热效果差，发动机易过热。

（3）保持正常工作温度　发动机启动后应等水温达到 60℃ 以上才可负荷作业，正常工作温度保持在 75～95℃ 范围内。

（4）正确使用防冻液　不同的配比，防冻液的防冻能力不一样；随使用时间的增加防冻能力下降，长效防冻液使用期限一般为 2 年；不同型号的防冻液不要混合使用，否则易引起化学反应，生成沉淀或气泡，降低使用效果；防冻液中乙二醇有毒，并对橡胶有腐蚀作用，切勿用口吸；防冻液温度升高时会膨胀，不能加得过满；使用中切勿混入石油产品，否则会产生大量气泡；当水箱出现水污、水锈和沉淀物时，应及时清洗、更换冷却液。

（5）更换防冻液应按下述步骤进行　①拆下放水塞，打开水箱盖，放净水箱及发动机机体内的冷却水。②用自来水清洗水箱内部直到没有污垢和锈浊流出（在水中加入散热器洗涤液，发动机空转 15min 以上，然后放干净，则散热器内部可更清洁）。③装上放水塞，加入必要量的新防冻液或软水；用剩的防冻液应在容器上注明名称以免混淆。④拧上水箱盖，启动发动机，查有无漏水。

2. 冷却系统的维护

（1）及时清除散热器管片间的油污、尘土和杂草等，保持其良好的散热功能。

（2）定期检查节温器工作状态　将其放入水中加热，当水温升高到 68~70℃ 时，主阀应打开，水温升高到 80~85℃ 时，主阀应完全打开。

（3）定期清除水垢　发动机工作 1 000h 后，应清除冷却系统水垢。可用以下任何一种配方溶液进行去垢：①在 10kg 水中加 750g 烧碱、250g 煤油。②在 10kg 水中加 1kg 烧碱、400g 煤油。

清洗方法：应在柴油机熄火后即放出冷却液，以免污物沉积在冷却系统中；取出节温器；将清洗液加入到柴油机冷却系统中，启动柴油机，并以中速运行约 10min；熄火后，使清洗液停留 10~12h（在冬季应保温，以防结冰）；再次启动柴油机，以中速运转 5~10min，在发动机熄火后趁热放出清洗液；然后用清水反复清洗 2~3 次；装节温器，加足冷却液。

（4）不要缺水运行　高温天气行车，水箱内的冷却液蒸发加快，要注意观察冷却液温度表，检查冷却液量。如水箱不加满，冷却液在水套内循环就存在问题，水温容易升高造成"开锅"。

（5）水箱"开锅"时不准立即打开散热器盖和骤加冷水　防烫伤人和温差大产生缸盖裂纹。

（6）人体不要接触防冻液　防冻液及其添加剂均为有毒物质，请勿接触，并置于安全场所。放出的冷却液不宜再使用，应严格按有关法规处理废弃的冷却液。

五、冷却系统常见故障诊断与排除

冷却系统常见故障诊断与排除见表 5-8。

表 5-8　冷却系统常见故障诊断与排除

故障名称	故障现象	故障原因	排除方法
水温过高	水温过高	1. 冷却水不足 2. 风扇带过松 3. 水泵损坏不出水 4. 节温器失灵，主阀不开 5. 水垢过多，杂物堵塞散热器 6. 长期超负荷，喷油过晚	1. 加水 2. 调整风扇带张紧度 3. 检修水泵 4. 检修或更换节温器 5. 清洗水垢，去除杂物 6. 减少负荷，调整喷油时间
漏水	漏水	1. 连接软管松动或破裂 2. 散热器破裂 3. 水泵水封损坏 4. 缸套阻水圈损坏 5. 缸垫损坏 6. 缸盖或机体水套破裂	1. 拧紧或更换 2. 修理 3. 更换水封 4. 更换阻水圈 5. 更换缸垫 6. 更换缸盖或机体

（续表）

故障名称	故障现象	故障原因	排除方法
发动机过热	发动机"开锅"，功率不足，行走速度慢，排大量黑烟	1. 柴油机长期超负荷运行 2. 冷却系统功能下降： ①冷却液不足 ②发动机散热片或散热器不清洁 ③发动机水垢多 ④节温器损坏 ⑤水泵皮带过松 ⑥水泵损坏 ⑦水箱盖的压力阀开启压力过低 ⑧水温表和传感器失灵 ⑨强制风冷式发动机导流罩破损 3. 供油时间过晚	1. 降低发动机负荷 2. 立即停机熄火，等水温降低后检查冷却系统： ①冷却液量缺少应补足 ②清洁发动机散热片或散热器 ③清洁水箱水垢 ④检修或更换节温器 ⑤检查调整水泵皮带松紧度 ⑥检修或更换水泵 ⑦检修水箱盖的压力阀开启压力等到正常值 ⑧检修或更换水温表和传感器 ⑨检修或更换发动机导流罩 3. 检查调整供油时间符合技术要求

第七节　柴油机新技术

一、电控单体泵供油技术

电控单体泵是提供产生喷油器的喷射压力装置，发动机有几个气缸，就有几个单体泵，属第二代电控燃油喷射系统。

（一）电控单体泵供油系统的组成

电控单体泵供油系统由油箱、手油泵、输油泵、旁通阀、限压阀、燃油粗细滤清器、进回油管道、电控单体泵和喷油器等组成，见图5-102。电控单体泵供油技术的核心部件是单体喷油泵，与传统的机械式喷油泵相比，主要有两点不同：一是每个油泵都是独立的，分别安装在发动机气缸体上，对应每一气缸，如六缸柴油机就有六个单体泵，见图5-103，由配气凸轮轴上的喷射凸轮驱动；二是电控单体泵的上部有电磁阀，电磁阀能够按照特性图谱的数据精确地控制喷射正时和喷油时间。

（二）电控单体泵供油系统的优点

电控单体泵供油技术具有以下优点：①单体泵由凸轮轴通过挺柱驱动，结构紧凑，刚性好；②喷油压力高达160MPa；③较小的安装空间；④高压油管短，且标准化；⑤任意设定调速特性，调速性能好；⑥具有自排气功能；⑦换泵容易。

（三）电控单体泵供油技术工作原理

发动机凸轮作用于单体泵挺柱，ECU将收集的传感器信号分析处理后发出指令，控制单体泵电磁阀的闭合、开启，在单体泵内形成高压，通过喷油器定时、定量地将最佳雾化的柴油喷入燃烧室，保证柴油机在各工况点达到最佳燃烧状态。其工作示意图见图5-104。

1. 低压油路

柴油从油箱出来．经输油泵进入柴油滤清器，经接头进入单体泵低压油路，柴油回油通道铸在气缸体上。

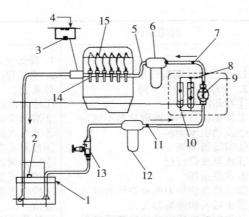

图 5-102　电控单体泵供油系统示意图
1-柴油箱　2-油箱盖　3-回油管道　4-卸荷阀　5、7、11-进油管　6-燃油细滤器　8-旁通阀
9-输油泵　10-限压阀　12-柴油粗滤器　13-手油泵　14-电控单体泵　15-喷油器

图 5-103　单体泵系统结构外形图

2. 高压油路

低压油路的燃油从单体泵加压后经很短的高压油管到喷油器，当喷油器压力达到 22MPa 时，喷油器开启（喷油始点由指令脉冲起点控制，喷油量由指令脉冲宽度控制，喷油正时可以在不同工况，根据经济性和排放性能的最佳综合折中效果而灵活调整），将燃油呈雾状喷入燃烧室，与空气混合而形成可燃混合气。

3. 柴油回流

由于输油泵的供油量比单体泵的出油量大 10 倍以上，大量多余的柴油经限压阀和回油管流回柴油箱，并且利用大量回流的柴油驱净油路中的空气，具有自动排气功能。

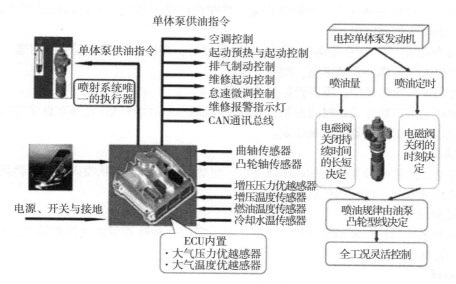

图 5-104　电控单体泵系统工作示意图

（四）主要组成部分及其功用

1. 单体泵

单体泵的作用是在发动机各种工况下，按照工作要求定时、定量供给高压柴油，使各缸能够正常工作，发出要求的功率和扭矩，同时满足排放标准。电控单体泵由柱塞套筒、柱塞、弹簧座、回位弹簧、出油阀、出油阀弹簧、出油阀座、出油阀压紧螺帽等组成。如 DEL PHI 电控单体泵和挺柱滚轮总成及主要参数见图 5-105。

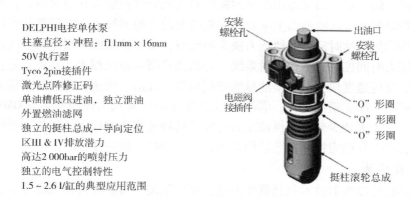

图 5-105　DEL PHI 电控单体泵和挺柱滚轮总成及主要参数

单体泵安装在发动机机体上，由发动机配气凸轮轴上的喷射凸轮通过挺柱总成驱动工作。工作过程如下。

（1）凸轮在基圆位置　凸轮在基圆位置时，柱塞位于下止点，高压腔与低压腔的燃油压力相等。

（2）压缩供油　凸轮轴旋转，凸轮通过挺柱压缩柱塞向上运动，只有在 ECU 给电磁阀通电并关闭以后，高压腔才能形成压力。高压腔的燃油在柱塞压缩下产生高压。

（3）喷射 高压燃油在高压油管中传递，并在到达喷油器后压力继续提升到22MPa时喷嘴打开，燃油喷入燃烧室中。

（4）喷射结束 在ECU使电磁阀断电并打开以后，高压油腔与低压油腔相通，高压油腔及喷嘴压力也大大下降，喷嘴落座，喷射过程结束。

在柱塞的下一次运动中，重新开始新的过程。

电控单体泵的控制方式是时间控制，无须在喷油正时与曲轴位置之间有直接的连接。喷油正时由电控单元根据传感器信号来确定。

2. 喷油器

喷油器功用是将喷油泵提供的高压燃油以一定的空间分布，雾状喷入发动机燃烧室，以便燃油与空气形成有利于燃烧的可燃混合气。

3. 燃油输油泵

燃油输油泵功用是在发动机各种工况下，以一定压力和输油量向电控单体泵提供充足的、压力相对稳定的燃油。

4. 回油阀

回油阀的功用是控制低压油路中的燃油压力，将多余的燃油引回燃油箱。

二、电控高压共轨柴油供油技术

电控高压共轨柴油供油技术是指在高压油泵、压力传感器和电子控制单元（ECU）组成的闭环系统中，将喷射压力的产生和喷射过程彼此完全分开的一种供油方式。其功用是用来提供最合适的燃油喷射量和喷射时刻，以此来满足发动机可靠性，动力性，达到低烟、低噪音、高输出、低排放的要求。

该技术不再采用喷油系统柱塞泵分缸脉动供油原理，而是用一只容积较大的共轨管连接在喷油泵和喷油器之间，把喷油泵输出的燃油输送到共轨管蓄积起来并稳定压力，再通过高压油管输送到每个喷油器上，由喷油器上电磁阀控制喷射的开始和终止。电磁阀起作用的时刻决定喷油定时，起作用的持续时间和共轨压力决定喷油量，由于该系统采用压力时间式燃油计量原理，故又称为压力时间控制式电控喷射系统。与机械式喷油系统相比，其优点是：①对喷油定时控制精度高，反应速度快；②对喷油量的控制精确、灵活、快速，喷油量可随意调节，可实现预喷射和后喷射，改变喷油规律；③喷油压力高（高压共轨电控喷油达200MPa），不受发动机转速影响，可大大减少柴油机供油压力随发动机转速变化的程度，优化了燃烧过程；④无零部件磨损，长期工作稳定性好；⑤结构简单，可靠性好，适应性强。

（一）结构组成

电控高压共轨柴油喷射技术包括低压油路、高压油路、传感和控制几部分。其结构组成示意图见图5-106。

1. 低压油路

其作用是产生足够的低压柴油输送给高压油泵。低压油路主要由油箱、柴油粗滤清器、电动输油泵、柴油细滤清器、回油阀、回油储存器、高压泵的低压区和低压回路的进、出油管等组成。结构原理与传统的柴油机供油系统低压油路相似。

2. 高压油路

其作用是产生高压（160MPa）柴油。高压油路主要由CP1高压喷油泵、限压阀、高压油管、高压存储器（共轨管）、流量限制器和电动喷油器等组成，见图5-16、图5-107。

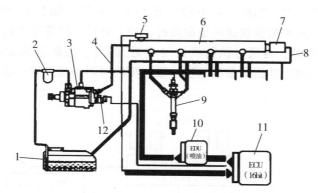

图5-106　电控高压共轨柴油供油技术组成示意图

1-柴油箱　2-柴油滤清器　3-供油泵　4-高压油管　5-燃油压力传感器
6-共轨管　7-限压阀　8-回油管　9-电动喷油器　10-EDU 电子驱动
单元　11-电控单元　12-供油量控制阀

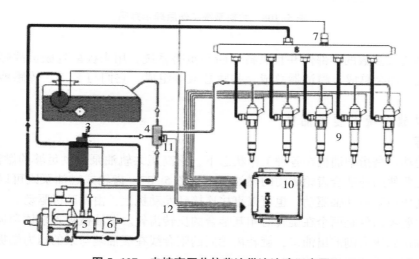

图5-107　电控高压共轨柴油供油油路示意图

1-电动输油泵　2-燃油滤清器　3-回油阀　4-回油储存器　5-CP1 高压泵
6-高压控制阀　7-共轨压力传感器（RPS）　8-共轨管　9-喷油器
10-EDC15C 控制单元　11-油温传感器　12-其他传感器

3. 传感与控制部分

　　传感与控制部分包括共轨压力传感器（RPS）、EDC15C 控制单元、油温传感器等其他各类传感器、控制单元（ECU）和执行机构。它们与电控供油泵总成、喷油器总成、共轨总成等共同控制各种零部件。

（二）工作原理

　　高压共轨喷油器的喷油量、喷油时间和喷油规律除了取决于柴油机的转速、负荷外，还跟众多因素有关，如进气流量、进气温度、冷却水温度、燃油温度、增压压力、电源电压、凸轮轴位置、废气排放等，所以必须采用相应传感器，采集相关数据。

　　工作时，发动机的工作情况（如发动机转速，加速踏板位置，冷却水温等）被各种传感器检测到，并将采集的数据，都被送入电控单元ECU，并与存储在里面的大量经过试验得到的最佳喷油量、喷油时间和喷油规律的数据进行比较、分析，计算出当前状态的最佳参数。根据ECU计算出的最佳参数，再通过执行机构（电磁阀等），控制电动输油泵、高压油泵、废气再循环等机构工作，使喷油器按最佳的喷油量、喷油时间和喷油规律进行喷油。工作原理见图5-108。

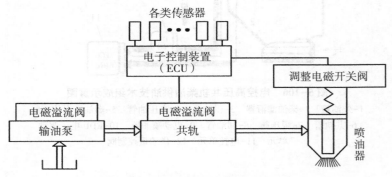

图5-108　共轨系统工作原理示意图

ECU控制着大多数的零部件并且具备诊断和报警系统，用来提醒驾驶员故障的发生。共轨系统由电控供油泵总成、喷油器总成、共轨总成等组成。它们与ECU、传感器等共同控制各种零部件。

（三）共轨系统主要零部件

1. 供油泵

供油泵的功用是指柴油机在各种工作状态下，给高压共轨油泵提供足够的燃油量。目前，在柴油机上主要使用外啮合齿轮驱动的燃油泵，见图5-87。齿轮式燃油泵既可以集成在高压油泵中，由高压油泵驱动轴驱动；也可以直接连接到发动机上，由发动机驱动。

齿轮泵主要零部件是两个在旋转时相互啮合的反转齿轮。燃油被吸入泵体和齿轮之间的空腔内，并被输送到压力侧的出油口，旋转齿轮间的啮合线在吸油端与泵的压力端提供了良好的密封，并且能防止燃油回流。

齿轮式燃油泵的供油量与发动机转速成比例，齿轮泵的供油量是由在进油口端的节流阀或者出油口端的溢流阀限制。

齿轮式燃油泵是免维护的。在第一次启动前，或者油箱内燃油被用尽，燃油系统内要排尽空气，可以直接在齿轮式燃油泵上或者低压油路中安装一个手动泵。

2. 燃油滤清器

燃油中若含有杂质，将导致油泵零部件、出油阀、喷油器的损坏。因此必须装用燃油滤清器。高压共轨系统必须使用符合共轨喷射系统的特定要求的滤清器，否则燃油供给系统正常运转和相关元件的使用寿命将无法得到保证。柴油中含有可溶于乳状或者自由水（例如，用于温度变化的冷却水），若这种水进入喷射系统，将会引起燃油系统元件的穴蚀。

高压共轨系统为保证高压喷射，精确流量控制，其各组成部分的精度都非常高，偶件间隙控制相当严格，部分直线度在0.8μm以下，偶件间隙为1.5~3.7μm，所以对柴油清洁度提出了很高的要求。传统的柴油滤清器只能过滤10μm以上的颗粒，3μm的颗粒过滤效率很差。高压共轨系统要求滤清器提供95%的水分离效率和98.6%的3~5μm的颗粒过滤效率。必须使用符合要求的滤清器，否则会造成喷油器、高压泵损坏。

图 5-109 是高压共轨系统使用的带有油水分离的燃油滤清器，该燃油滤清器可以把水从水分收集器中排出。当收集器水位到达一定高度时，通过报警灯来提示自动报警装置，告知驾驶员需进行水分收集器排水。

3. CP1 高压泵

高压泵是高压回路和低压回路的分界面，它主要功用是给使用车辆在所有工况下，提供足够的高压燃油，同时还必须保证使发动机迅速启动所需要的额外的供油量和压力要求。

共轨系统的高压部分被分成高压发生器、压力蓄能器和燃油计量元件。最重要的零部件配有元件关闭阀和压力控制阀的高压泵（CP1）或者带有进油计量比例阀的高压泵（CP2、CP3）、高压蓄能器、共轨压力传感器、压力控制阀、流量控制阀和喷油器。

如图 5-110 所示，高压泵不断产生高压蓄能器所需的系统压力。这就意味着燃油并不是在每个单一的喷射过程都必须被压缩（相对于传统的系统燃油）。

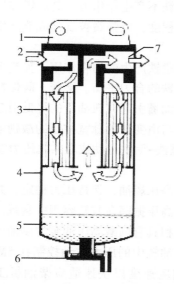

图 5-109 带油水分离装置滤清器
1-滤清器盖 2-进油口 3-滤芯
4-壳体 5-水分收集器
6-放水螺塞 7-出水口

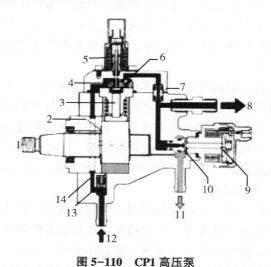

图 5-110 CP1 高压泵
1-带偏心凸轮的驱动轴 2-多边环 3-油泵柱塞
4-进油阀 5-元件关闭阀 6-出油阀 7-套
8-去共管高压接头 9-压力控制阀 10-球阀
（压力控制阀） 11-回油 12-燃油供给
250kPa 13-节流阀（安全阀）
14-燃油供给通道

4. 压力控制阀

压力控制阀设定一个正确的对应于发动机负荷的共轨压力，并且将它保持在这一水平。当共轨压力过大，压力控制阀打开，一部分燃油经回油管路流回油箱。当共轨压力过小，压力控制阀关闭，并将高压与低压段密封隔开。

见图 5-111，压力控制阀是通过一个安装法兰连接到高压泵或者高压蓄能器的。为了使高压段与低压段之间有良好的密封，枢轴使一个球阀抵靠在密封座上，有两个力作用在枢轴上：一是压下的弹簧力；二是一个由电磁铁产生的作用力。为了保证润滑和冷却，燃油必须流经枢轴。

压力控制阀由两个闭环控制组成，用于设定变化的平均共轨压力的慢速作用的电子控制环

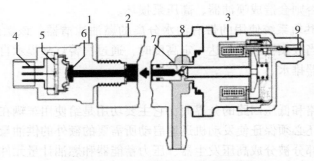

图 5-111　压力控制阀与压力传感器
1-共管压力传感器　2-共管　3-压力控制阀　4、9-电子连接头
5-电路　6-带传感器元件膜片　7-0.7mm 节流孔　8-球　9-电子连结头

和用于补偿高频压力波动的快速作用的机械液压控制环。压力控制阀未通电时，来自于共轨或者高压泵出口的高压作用于压力控制阀。由于未通电的电磁铁不产生作用力，高压燃油压力超过弹簧弹力导致控制阀打开，并维持至由供油量决定的某种程度，以弹簧被设计成能产生近似10MPa 的压力。

压力控制阀通电，若需要增大高压回路中的压力，由电磁铁产生的力将作用于弹簧上。压力控制阀被触发并关闭，直到共轨的压力与弹簧弹力和电磁铁的合力平衡。接着，阀保持部分开启，并维持一定的燃油压力。泵的供油量的改变或者由于油嘴引起共轨油量的降低引起的压力变化由阀的不同开度设置来补偿的。电磁铁的产生的力是与由变化的脉宽控制的激励电流的大小成比例的。1kHz 的脉冲频率足够用来防止不期望的电磁铁-衔铁运动或者共轨压力波动。

5. 共轨总成

共轨总成又叫高压蓄能器，简称共轨管。其功用是存储高压燃油，保持压力稳定，共轨管同时作为燃油分配器。由于高压泵在供油和燃油喷射产生的高压振荡在共轨容积中衰减，此时又要保证在喷油器打开时刻，喷射压力维持定值。共轨管容积具有削减高压油泵的供油压力波动和每个喷油器由喷油过程引起的压力振荡的功用，使高压油轨中的压力波动控制在 5MPa 以下。但其容积又不能太大，要能保证共轨有足够的压力响应速度以快速适应柴油机工况的变化。

根据发动机的安装条件对共轨管的约束管状燃油共轨的设计是可变的。共轨管上装有用于测量供给燃油的共轨压力传感器、限压阀和流量限制器、压力控制阀（如果高压泵上未装压力控制阀），见图 5-112。由高压油泵过来的高压燃油通过高压油管到达共轨管的进油口。通过进油口燃油进入共轨管并被分配到各个油嘴。

燃油压力由共轨压力传感器测量并通过压力控制阀调节到所要求的数值。限压阀用来防止油压超过最大许用压力。高压燃油通过流量限制器从共轨管到油嘴，它可以防止油嘴关闭不严时，燃油进入燃烧室。

共轨管的内部永久的充满压力油。高压下的燃油的可压缩性被用来产生储能功用，当燃油从共轨管被用于喷射时，即使喷油量较大，高压蓄能器的压力保持实质上的定值。

6. 限压阀

限压阀安装在高压泵旁边或共轨管上。其功用是根据发动机负荷状况调整和保持共轨管中的压力。限压阀具有与溢流阀一样的功能。若压力过大，限压阀将打开泄油通道来控制共轨压

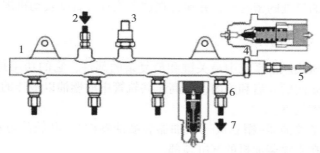

图5-112 高压蓄能器、限压阀与流量控制阀
1-共轨管 2-高压泵来的供油 3-共轨管压力传感器 4-限压阀
5-回油 6-流量限制阀 7-到喷油器的高压管

力。限压阀允许瞬时最大共轨压力为系统额定压力+5MPa。

限压阀是由带有螺纹的壳体、流回油箱的回油油路、活动柱塞、柱塞弹簧构成的一个机械装置，见图5-113。在通向共轨油路的末端，壳体上开有一个通道，柱塞的锥形末端顶住壳体的密封座，限压阀处于关闭状态。在正常工作压力时弹簧力使柱塞抵住密封座，限压阀始终关闭。一旦超过系统最大压力，共轨压力大于弹簧力，柱塞在共轨压力作用下将被迫上升，此时，高压燃油通

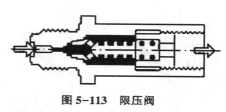

图5-113 限压阀

过通道流入柱塞，再通过它流向一段通往油箱的回油路。当阀打开时燃油流出共轨管，从而限制共轨管内部压力。

7. 流量限制器

流量限制器的功用是阻止在某个喷油器关闭不严时的不期望情况下的连续喷射。为了完成这个工作，只要流出共轨管的燃油量超过一定量，流量限制器立即关闭通往有问题的喷油器的油路。流量限制器由一个带有旋入高压共轨螺纹的金属壳体和一段为了旋入喷油器的螺纹组成。壳体在每端都提供有为共轨管和喷油器油路连接的通道。在流量限制器内部有一个被弹簧推向燃油蓄能器方向的活塞，活塞与壳体内壁间密封，中间的轴向通道用来连接进油、出油口路。轴向通道末端直径减小，其节流作用用来控制燃油流量。

正常工作过程：活塞处于自由位置，即活塞抵靠在流量限制器的共轨端。燃油喷射时，喷油器端的喷油压力下降，导致活塞向喷油器方向移动，流量限制器通过活塞移动来补偿由喷油器从共轨管中获得的燃油量，而不是通过节流孔来补偿，因为它的孔径太小了。在喷油过程结束时，处于居中位置活塞并未关闭出油口。弹簧使它回位到自由位置，此时燃油通过节流孔向喷油器方向流动。

弹簧和节流孔是通过精确设计的，即使在最大喷油量（加上安全储备），活塞都有可能移回流量限制器共轨端位置，并保持在该位置，直到下一次喷射开始。

大量泄漏故障状态下的工作过程：由于大量燃油流出共轨管，流量限制器活塞被迫离开自由位置，抵靠至出口处的密封座，即处于流量限制器的喷油器端，并保持在这个位置，阻止燃油进入喷油器。

少量缺少的故障工作过程：由于燃油泄漏，流量限制器活塞无法回到自由位置，经过数次

喷油后，活塞移向出油口处的密封座，并保持在这个位置，直到发动机熄火，关闭通向喷油器的进油口。

8. 电动喷油器

电动喷油器是共轨式燃油系统中最关键和最复杂的部件，它的功用是根据 ECU 发出的控制信号，通过控制电磁阀的开启和关闭，将高压共轨管中的燃油以最佳的喷油定时、喷油量和喷油率喷入柴油机的燃烧室。

电动喷油器取代了喷油器-帽总成（喷油器和喷油器帽）。共轨的电动喷油器与普通发动机的安装相同，安装在直喷柴油机的气缸顶部。

电动喷油器结构组成见图 5-114，主要分为孔式喷油器、液压伺服系统和电磁阀三部分。

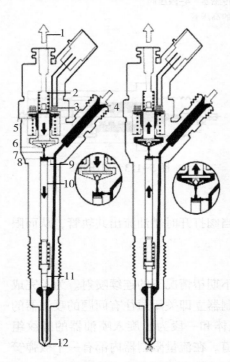

（a）喷油器关闭　（b）喷油器打开

图 5-114　电动喷油器结构示意图
1-回油管　2-回位弹簧　3-线圈　4-高压连接　5-枢轴盘　6-球阀　7-泄油孔　8-控制腔　9-进油口　10-控制活塞　11-油嘴轴针　12-喷油器

工作时，燃油来自高压油路，经通道流向喷油器，同时经节流孔流向控制腔，控制腔与燃油回路相连，途经一个受电磁阀控制其开关的泄油孔。泄油孔关闭时，作用于针阀控制活塞的液压力超过了喷油器针阀承压面的力，结果，针阀被迫进入阀座且将高压通道与燃烧室隔离、密封。

当喷油器的电磁阀被触发，泄油孔被打开，这引起控制腔的压力下降，结果，活塞上的液压力也随之下降；当液压力降至低于作用在喷油器针阀承压面上的力时，针阀被打开，燃油经喷孔喷入燃烧室。这种对喷油器针阀的不直接控制，采用了一套液压力放大系统，因为快速打开针阀所需的力不能直接由电磁阀产生，所谓的打开针阀所需的控制作用，是通过电磁阀打开泄油孔使得控制腔压力降低，从而打开针阀。

此外，燃油还在针阀和控制柱塞处产生泄漏，控制泄漏的燃油，使之通过回油管，会同高压泵和压力控制阀的回油流回油箱。

三、VE 分配式喷油泵

VE 型分配式喷油泵简称 VE 泵，又叫电控分配泵。它主要由 VE 单柱塞分配泵和电控燃油喷射系统等组成，见图 5-115。其特点是结构紧凑，体积小，质量轻，噪声低、使用故障少等优点。特别适合于中小型高速柴油机使用。单柱塞 VE 型分配泵工作原理是：单个柱塞在端面凸轮的作用下，既做往复运动又作旋转运动，往复运动产生高压燃油，旋转运动是在规定的时间内将一定数量的燃油、按柴油机的工作顺序分配给各个气缸的喷油器，喷入燃烧室内，同时实现既泵油又分配供油的作用。

（一）电控燃油喷射系统

电控分配泵燃油喷射系统是由各种传感器、电子控制器（ECU）和执行器等组成，见图5-116。其工作过程与电控直列泵燃油喷射系统相同。其功用是根据各种传感器的信息检测出发动机的实际运行数据，送入电子控制器，并与存储在里面的大量经过试验的最佳参数进行比较、分析，计算出当前状况的最佳参数，再通过执行机构完成喷油量控制、喷油时间控制和怠速转速控制。

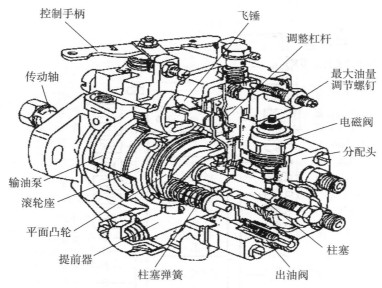

图 5-115　VE 单柱塞式分配泵

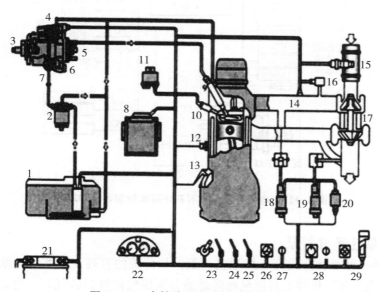

图 5-116　电控分配泵喷射系统的组成

1-油箱　2-滤清器　3-喷油泵　4-泵控制单元　5-高压电磁阀　6-计时电磁阀　7-计时器　8-发动机 ECU
9-喷油器　10-预热装置　11-预热控制器　12-冷却液温度传感器　13-曲轴转速传感器　14-进气温度
传感器　15-空气流量传感器　16-增压压力传感器　17-涡轮增压　18-EGR 阀　19-增压调节器
20-真空泵　21-蓄电池　22-仪表板　23-加速踏板传感器　24-离合器开关　25-制动器触电
26-车速传感器　27-巡航控制器　28-空调压缩机开关　29-故障指示灯及诊断接口

不同的机型电控的具体内容不同，有些机型可以实现喷油量控制、喷油时间控制和怠速转速控制三项控制，有些机型仅对喷油时间进行控制。电控分配泵系统按喷油量、喷油时间的控制方法可分为位置控制式和时间控制式两类。电控分配泵喷射系统基本控制内容和功能见图 5-117。

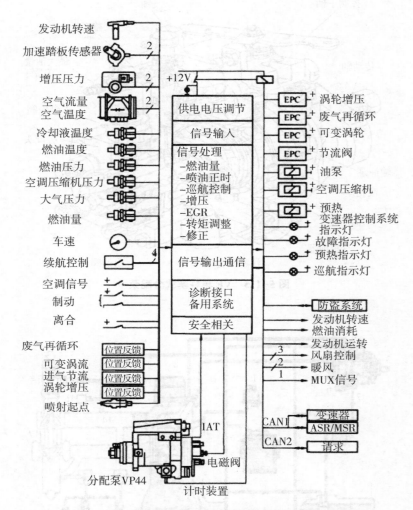

图 5-117　电控分配泵喷射系统基本控制内容和功能

（二）VE 单柱塞分配泵

VE 分配泵是一种单柱塞式高压燃油喷射泵，与传统的直列式柱塞喷油泵相比，VE 泵仅用一对柱塞偶件通过分配机构定时定量地将燃油分别供给柴油机各气缸。它由壳体、壳体盖、二级滑片式输油泵、高压泵、驱动机构（传动轴、凸轮盘等）、电磁停油阀、调速器和供油提前器等组成，并集于一身，是一个封闭的整体，见图 5-115、图 5-118。

1. 壳体和壳体盖

壳体和壳体盖是分配泵的骨架，其所有零件都是安装在它们的内部和外部。壳体左侧的圆形台肩与柴油机齿轮箱接头的圆孔相配合。法兰盘上的长圆孔可以使壳体相对于柴油机机体略有转动，以便调整供油提前角。

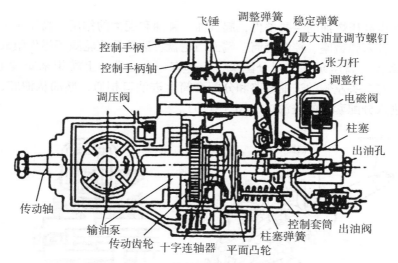

图5-118　VE单柱塞式分配泵结构图二

2. 输油泵和调压阀（图5-119）

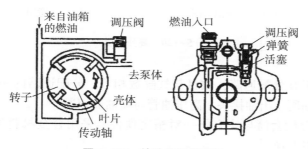

图5-119　输油泵和调压阀

（1）输油泵　输油泵采用的二级滑片式输油泵，它由泵壳体内壁上的进油槽和压油槽、偏心环、转子、润滑片等组成。功用是使燃油以一定的压力（0.6~0.8MPa）输入旋转的柱塞。

工作过程：输油泵转子利用月牙键连接在传动轴中部，并随轴旋转。转子的十字槽内放有滑片，轴旋转时带动转子和滑片一起转动，同时滑片在十字槽中做往复移动，由于转子中心与偏心环内孔中心有偏心距离，滑片在离心力的作用下始终贴在偏心环的内壁上，沿内表面刮动，进油区容积由小到大进行吸油，压油区容积由大到小进行压油，完成泵油过程。

（2）调压阀　又叫压力控制阀。由于分配泵内全部零件都依靠燃油进行润滑和冷却，所以在二级输油泵压油区油道上加装了压力控制阀，用来控制输油压力。该阀由阀体、弹簧、调压活塞等组成。

柴油机转速升高，输油压力增加；当输油压力大于调压弹簧压力时，调压活塞上移，打开阀体回油孔，柴油返回进油道。输油压力越高，调压弹簧压缩时越大，活塞上移越多，回油孔露出的面积增大，回油量越多，起到自动调节输油压力的作用。

由于调压阀的作用，输油泵产生的油压随着油泵转速增加而成正比例提高，从而使供油提前角随转速提高而线性加大，满足柴油机高效燃烧的要求。

3. 高压泵

高压泵是产生高压燃油的主要部件，起进油、泵油和配油的作用。高压泵由高压泵头、分配套筒、柱塞、柱塞弹簧座、控制套筒、端面凸轮盘、滚轮及滚轮圈等零件组成。

（1）高压泵头　高压泵头又叫分配头，上部有一个通孔，上端用来安装电磁式停油阀，下端是进油口，与泵头左侧的进油通路和分配套筒上进油口相通，燃油从油腔，经进油通路、电磁式停油阀进入分配套筒的进油口（图5-120）。

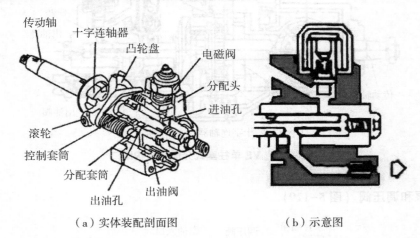

（a）实体装配剖面图　　　　　　　（b）示意图

图5-120　高压泵头

泵头中心孔内加工有分配通路，数目与气缸数相等，分配通路的一端与套筒的分配口相通，另一端则通过出油阀、出油接头、高压油管与喷油器相通。

（2）分配套筒　分配套筒与柱塞是一对精密偶件，采用合金材料经过精密加工和选配、研磨而成，配对后不得互换。

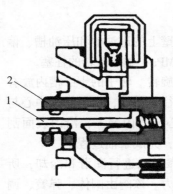

图5-121　分配套筒副

1-柱塞　2-分配套筒

分配套筒压配在高压泵头的中心孔内。进油口、配油口与高压泵头的进油口、配油口数目相等，并相通。另外在分配套筒的末端还有一个均压孔，此孔与分配泵油腔相通。分配套筒的前端用螺塞、密封圈和放气螺钉、垫圈等封闭（图5-121）。

（3）柱塞　柱塞装在分配套筒的中心孔内。柱塞头部（右端）有进油槽，数目与缸数相等；柱塞中部有一分配口，下部有溢油口；柱塞中心有轴向油道，与分配口、溢油口（泄油孔）相通（图5-122）。柱塞套上有一个进油孔和数目与气缸数相同的分配油道，每个分配油道都连接一个出油阀和一个喷油器。当柱塞的进油槽与分配套筒进油口相通时，燃油便进入柱塞上端的压油腔。当柱塞上的分配口与分配套筒的某一个分配口相通时，喷油泵便向该缸供油。在柱塞的溢油口处套装着控制套筒，用来调整供油量。当控制套筒打开溢油口时，高压燃油便流到分配泵油腔内。

在柱塞分配口的下方有均压槽，当均压槽与分配套筒上的某个分配通路相通时，该分配通路通过柱塞的均压槽和分配套筒的均压孔与分配泵油腔相通，因此分配通路内的燃油压力便与分配泵油腔内的燃油压力平衡。这样可使各个分配通路内的燃油压力在喷射前趋于一致，从而

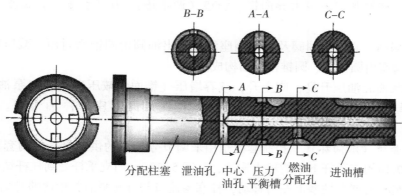

图 5-122　柱塞

使各缸供油量均匀。柱塞末端的缺口与端面凸轮盘上的传动销钉相连接，以带动柱塞做旋转运动。

在分配泵供油过程中，柱塞从下止点移动到上止点位置时，柱塞所移动的距离称为柱塞的全行程。全行程的大小取决于端面行程的升程。柱塞从下止点上行到进油口完全关闭时，柱塞所移动的距离称为预行程 L，它是根据柴油机对供油提前角的要求而决定的。从柱塞关闭进油口到控制套筒将柱塞溢油口打开回油时，柱塞所移动的距离称为柱塞的有效行程 h。

改变控制套筒位置，即改变供油结束时刻，便改变柱塞的有效行程 h，控制套筒位置上移，柱塞的有效行程 h 增大，供油量增加；反之，控制套筒位置下移，柱塞的有效行程 h 下降，供油量减小，见图 5-123。柱塞的有效行程 h 总是小于其全行程。

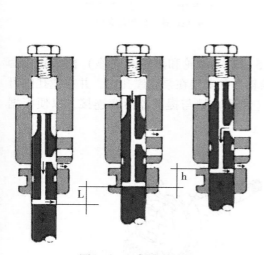

图 5-123　柱塞行程

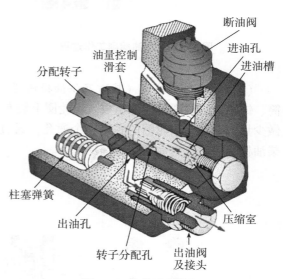

图 5-124　分配泵转子

我们把控制断油时刻来改变有效行程实现分配泵供油量调节的方法称为断油计量法。

注意：分配转子上进油槽和分配孔错开 45°，保证当进油通道与进油槽相通时，分配孔与出油通道要隔绝。转子左端加工有泄油孔，由油量控制滑套遮掩。见图 5-124。

（4）柱塞弹簧　柱塞弹簧的作用是保证柱塞从上止点回到下止点位置，并使端面凸轮盘压紧在滚轮上。柱塞弹簧总成由导向销、隔垫（调整垫）、压缩弹簧、弹簧座、槽盘等零件组成。

（5）出油阀副　它由出油阀及出油阀座组成。出油阀由圆锥密封面、减压环带、十字油槽构成；出油阀座由圆柱面、圆锥密封面构成。

工作时，泵油腔油压升高，阀上升，减容增压（锥面到减压环离座）泵油迅速。反之，泵油腔油压降低，阀下落，增容减压（减压环到锥面落座）停油干脆。工作过程见图5-125。

（6）控制套筒（泄油环）　控制套筒是用来调节分配泵的供油量。控制套筒的圆形凹坑与调速器杠杆机构的支承杆下端的球头连接，见图5-126。当支承杆受到杠杆结构的作用而左右摆动时，控制套筒就在柱塞上左右移动，柱塞溢流口与分配泵油腔相通的时刻改变，即供油结束时刻改变，从而使柱塞的有效行程改变，分配泵的供油量也随之改变。

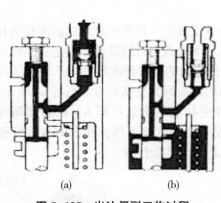

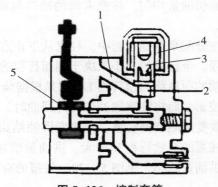

图5-126　控制套筒

1-进油道　2-阀芯　3-弹簧
4-电磁铁　5-控制套筒

（a）　　　　　（b）

图5-125　出油阀副工作过程

（7）滚轮和滚轮圈（座）及供油提前器　见图5-127。滚轮和滚轮圈（座）由滚轮、套筒、销轴及滚轮圈等零件组成。滚轮圈上装有4个滚轮，并安装在泵壳镗孔内，并在镗孔内可做少量的转动。滚轮圈的底部一个通孔，通过圆柱（调整）销与提前器活塞连接，以便根据柴油机转速变化自动调节供油提前角。

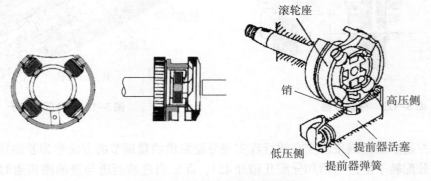

图5-127　滚轮座与供油提前器

当泵体内柴油压力变化时，推动提前器活塞移动，带动圆柱销使滚轮转动，改变滚轮与平面凸轮盘凸起的相对位置，从而达到改变供油提前角的目的。

（8）端（平）面凸轮盘 其传动机构见图5-128。端面凸轮盘上均匀分布着间隔相等的端面凸轮，凸轮的数目与缸数相等。当传动轴通过十字联轴器带动端面凸轮盘旋转时，凸轮便转到滚轮圈的滚轮上，滚轮使凸轮盘抬起，并带动柱塞旋转。柱塞弹簧和弹簧座将柱塞压在凸轮盘上，使柱塞在旋转的同时又做往复运动。这样，柱塞腔中的柴油既压缩产生高压，又通过柱塞中的出油孔分配到泵体上相应气缸的油道，经出油阀、高压油管和喷油器喷入对应的气缸。凸轮盘转一圈时，柱塞也转一圈，并做了与气缸数相等次数的往复运动，实现分配泵对每一个气缸完成了一次喷油。

端面凸轮盘上有连接器方块和传动销钉等。

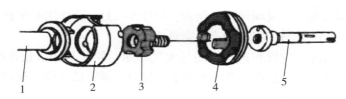

图5-128 端面凸轮盘传动机构

1-传动轴 2-滚轮座 3-联轴器 4-端面凸轮盘 5-柱塞

4. 调速器

其功用是根据柴油机负荷的变化自动改变供油量。柴油机采用的是机械离心式全速调速器，见图5-129。传动轴上齿轮带动飞锤座和飞锤旋转，飞锤的离心力推动调速套筒轴向移动。经调速机构拨动柱塞上的油量控制套筒随转速变化而左右移动，改变其右侧棱边与柱塞上径向卸载孔的相对位置，从而达到随转速变化来调节供油量的目的。当柴油机转速升高，飞锤离心力增大，调速弹簧被压缩，油量控制滑套左移，供油量减小。反之转速下降，飞锤离心力减小，调速弹簧被张开，油量控制滑套右移，供油量增大。

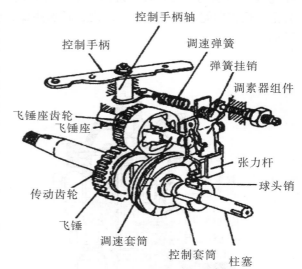

图5-129 调速器

5. 电磁式停油阀

电磁式停油阀的功用是切断燃油输送，使柴油机停止工作。主要由阀体、电磁线圈、弹簧等组成。其电路由点火开关控制，见图5-130。

ST-A 柴油机启动时，电磁阀由蓄电池直接供电，电压较高，克服弹簧力迅速开启。

ON-柴油机正常运转时，电磁阀一直通电。为减少电磁阀发热，延长电磁阀使用寿命，串联入一个降压电阻，使电磁阀电压减小到能保持阀芯吸住在开启中位置的最低值。

OFF-电磁阀断电，阀芯在弹簧力作用下落座，切断进油通道，柴油机停机。

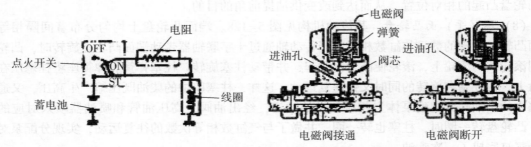

图 5-130　停油电磁阀及控制电路

6. 附加装置

（1）气动油量调节装置　又叫增压补偿器，见图 5-131。其作用是根据进气歧管内的空气压力来调节供油量（LDA 装置，提高功率，降低排放）。

工作原理：上腔与进气歧管相通，下端与大气相通。膜片与调节销连接在一体，下端锥形。进气歧管的压力升高时，膜片上腔压力大于弹簧力，调节销下移，止动杆顺时针转动，张力杠杆逆时针转动，增加供油量。

（2）转矩校正装置　①其作用一是改善柴油机高速范围内的转矩特性。正转矩校正工作原理：见图 5-132。转速达到校正转速，转速升高，校正弹簧预紧力小于飞锤离心力，启动杠杆绕 N 向右摆动。校正杠杆绕挡销顺时针转动压缩校正弹簧，起到校正销大端靠到启动杠杆为止。校正期间供油量减小。反之，转速降低，供油量增加。②作用二是改善柴油机低速时冒黑烟。

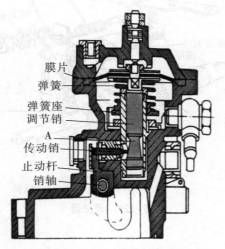

图 5-131　气动油量调节装置

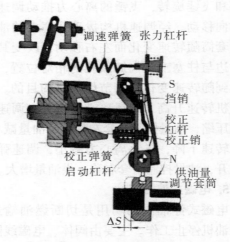

图 5-132　正转矩校正

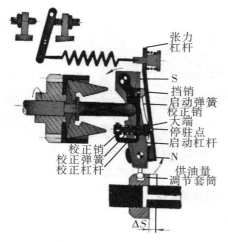

图 5-133　负转矩校正

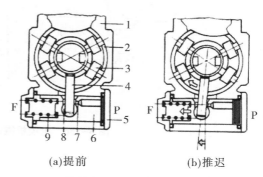

(a)提前　　　　　　(b)推迟

图 5-134　供油器自动提前装置

负转矩校正工作原理：见图 5-133。低转速时调速套筒直接作用于校正杠杆上，转矩校正销靠在张力杠杆上。转速升高，校正杠杆逆转，销轴 S 带动启动杠杆绕 N 向左摆动，供油量增加，直到校正杠杆靠到校正销大端上。

（3）供油器自动提前装置　其功用是根据柴油机转速变化自动调节供油时间。主要由定时活塞 6、定时弹环 9、定时销 4 等组成。工作过程见图 5-134。

全负荷 25%~70% 起作用。小孔 7 的节流作用，可以减小活塞抖动，提高稳定性。

（4）大气压力补偿器　其作用是在大气压力降低或海拔高度增加，自动减少供油量。

工作原理：见图 5-135。大气压力下降，感知合膨胀，推杆下移，连接销左移，控制臂绕轴销 S 逆时针转动。张力杠杆、启动杠杆绕销轴 N 向右摆动，调节套筒左移，供油量减少。

（5）电控机械式冷启动供油提前器　见图 5-136。其功用是降低冷启动排放，便于启动（KSB 装置）。

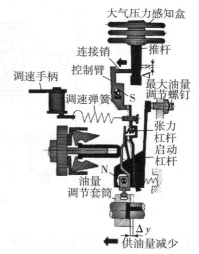

图 5-135　大气压力补偿器

工作原理：冷启动时，感温器使拉杆位于冷启动位置，带动偏心销转动，滚轮架转动，活塞左移，供油更提前。

冷启动后，感温器通电，加热石蜡，推动拉杆回到正常工作位置。KSB 装置此时不起作用，提前器正常工作。

（三）VE 分配泵工作过程

1. VE 分配泵油路

VE 分配泵油路包括低压油路、高压油路和回油油路，见图 5-137。

（1）低压油路　从燃油滤清器来的燃油进入泵的进油接头后分成两路：一路被二级输油泵输入泵的油腔内，其中部分燃油经开启的电磁停油阀进入柱塞上方的压油腔；另一路流入供油角自动调节机构的正时活塞一侧的油室内。

（2）高压油路　进入压油腔的燃油被压缩后产生高压、高压燃油沿柱塞的轴向油道和分

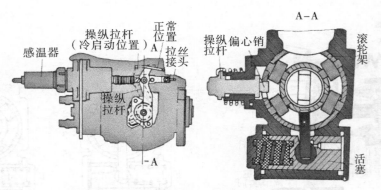

图 5-136　电控机械式冷启动供油提前器

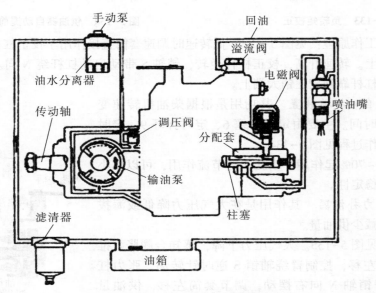

图 5-137　VE 分配泵燃油喷射系统油路

配口，经分配套筒的分配通路、出油阀、出油接头和高压油管，送至喷油器。

（3）回油油路　分配泵油腔内的多余的燃油，润滑和冷却分配泵内部的工作零件后，经分配泵壳体盖上的溢流口流回油箱。所以，分配泵不再设置另外的润滑油槽。

2. 工作过程

VE 分配泵柱塞、分配套筒（即柱塞套）和平面凸轮盘的相对位置见图 5-138。首先介绍凸轮与柱塞上进、出油槽相互之间的相位。

对于四缸柴油机而言，分配泵的平面凸轮盘上有四段凸轮型线，相互间隔 90°；滚轮座中装有 4 个滚轮，相互间隔也是 90°。柱塞顶端有 4 条进油槽，圆周上有一条出油槽，相应的分配套筒上有 1 个进油孔和 4 个出油孔。

油泵传（驱）动轴每转过 90°，在凸轮和柱塞弹簧的配合作用下，拉推柱塞左右往复运动一次的同时转动 90°，柱塞就相应完成一次进油、压油和分配的供油过程。这样的供油过程重复 4 次，分别向 4 个气缸喷油。在柴油机的一个工作循环中，分配泵传动轴旋转一周。

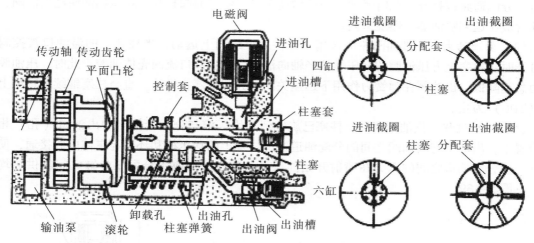

图 5-138　柱塞分配套筒和平面凸轮盘的相对位置

对于六缸柴油机而言，分配泵的平面凸轮盘上有六段凸轮型线，相互间隔 60°；滚轮座中装有 4 个滚轮，但相互间隔分别为 60°和 120°。柱塞顶端有 6 条进油槽，而圆周上仍只有一条出油槽，相应的分配套筒上也有 1 个进油孔和 6 个出油孔。油泵传动轴每转过 60°，柱塞就完成一次进油、压油和分配的供油过程。这样的供油过程重复 6 次，分配泵传动轴旋转一周。无论是四缸分配泵还是六缸分配泵，柱塞完成一次进油、压油和分配的供油过程是相同的。

柴油机运行时，由曲轴齿轮带动分配泵的传动轴旋转，带动输油泵转动并将柴油从油箱中抽出，经过柴油滤清器和油水分离器，滤掉柴油中的杂质和水分后进入输油泵，使柴油压力升高。同时通过调速器驱动齿轮带动调速器轴旋转。在驱动轴右端通过联轴器与平面凸轮盘连接，利用凸轮盘上的传动销带动柱塞。柱塞弹簧将柱塞压紧在平面凸轮盘上，并使平面凸轮盘压紧滚轮。滚轮轴嵌入静止不动的滚轮座上。当驱动轴旋转时，平面凸轮盘与柱塞同步旋转，而且在滚轮、平面凸轮和柱塞弹簧共同作用下，凸轮盘还带动柱塞在分配套筒内做往复运动和旋转。往复运动使柴油增压，旋转运动进行柴油分配。

柴油进入分配泵泵体内，再经过电磁阀进入柱塞腔。当柱塞向上运动时，压缩柴油产生高压，经柱塞中的油道和出油孔，分配到泵体上相应气缸的油道，再经过出油阀、高压油管和喷油器喷入对应的气缸。泵体内多余的柴油从顶盖上的溢流阀返回油箱。柴油如此循环流动既可带走油路中的气泡和零件摩擦产生的热量，又可润滑各个运动零件。与此同时，泵体内的柴油压力控制提前器，相应改变喷油提前角。工作过程详述如下：

（1）进油　传动轴带动平面凸轮转动，当平面凸轮最高点与滚轮接触时，柱塞处于上止点。平面凸轮继续转动，滚轮沿平面凸轮下降段下滑，在柱塞弹簧作用下，柱塞由上向下运动的同时并旋转，行至接近下止点位置时，柱塞上部的进油槽与分配套筒上的进油孔接通，此时柱塞上的出油槽已转过分配套筒上的出油孔而关闭，来自输油泵的具有一定输油压力的燃油，经电磁式停油阀进入柱塞上方压油腔和轴向油道内。柱塞下行至下止点（BCD）位置时，平面凸轮已旋转到最低点与滚轮接触，进油结束，柱塞上方的压油腔和轴向油道充满燃油。

（2）泵油和配油　当端面凸轮继续旋转时，滚轮沿凸轮的上升段升起，柱塞由下向上运动并同时旋转，在行至柱塞上部的进油槽转过分配套筒上的进油口而关闭，柱塞上方压油腔燃油被压缩，压力上升。当柱塞继续上行并旋转至柱塞上的分配口与分配套筒上的分配口之一相通时，分配通路被打开，此时燃油压力已增高至足以使出油阀打开，高压燃油便经出油阀、高压油管被压送到喷油器，燃烧室内。

（3）供油结束　在端面凸轮的作用下，柱塞继续向上运动，当柱塞上的溢油口被控制套筒打开时，柱塞上方压油腔的高压燃油经轴向油道、由溢油口流回壳体油腔。此时，压油腔的压力急速降低，出油阀在弹簧力作用下迅速关闭，分配泵停止供油。直至柱塞继续上行至上止点（TDC）为止。

（4）均压过程　供油结束后，柱塞已旋转到其均压槽与分配套筒上的出油口（孔）相通的位置上，出油口与出油阀之间的分配油道通过柱塞上的均压槽和环槽与泵体内腔接通，使各缸这一段分配油道之间的压力在喷射开始前保持一致，从而改善分配泵各缸之间的供油均匀性，见图5-139。

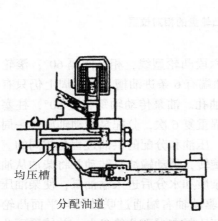

图5-139　VE分配泵的均压过程

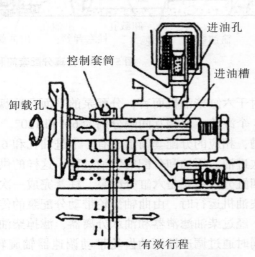

图5-140　VE分配泵供油量的控制原理

（5）供油量的调节原理　VE泵采用改变供油结束点相对凸轮的位置（即通过控制套筒来控制柱塞上溢流孔的相对位置），来改变供油的有效行程，见图5-140。当调速器根据转速和负荷来调节控制套筒的移动位置，可以改变柱塞溢油口（卸载孔）与壳体油腔相通的时刻，即改变供油结束时刻，从而改变了柱塞有效行程h。其控制平面越往右移，溢流口露出的相位越迟，供油结束越晚，供油有效行程越大，供油量就越多。反之控制套筒往左移，有效行程h减小，供油量减小。

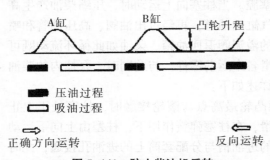

图5-141　防止柴油机反转

（6）防止柴油机反转　分配泵可防止柴油机反转。当柴油机按正常方向运转时，柱塞下行到接近下止点位置，燃油被吸进柱塞上方的压油腔内。然后柱塞上行至进油口关闭，柱塞分配口与套筒分配通路之一相通，压送燃油。而当柴油机反转时，柱塞上升时进油口开起。因此，容易不能得到增压，不能喷射，见图5-141。

四、柴油机排气净化技术

（一）废气再循环系统

废气再循环系统简称 EGR，其结构见图 5-142。ECR 是将柴油机产生废气的一小部分（5%~20%）再送回气缸，因废气中含有大量惰性气体，将会延缓燃烧过程，也就是说燃烧速度将会放慢，从而导致燃烧室中的压力形成过程放慢，这就是氮氧化物（NO_x）减少的主要原因。另外，提高废气再循环率会使总的废气流量减少，因此废气排放中总的污染物输出量将会相对减少。

EGR 系统的任务就是使废气的再循环量在每一个工作点都达到最佳状况，从而使燃烧过程始终处于最理想的情况，最终保证排放物中的污染成分最低。尽管提高废气再循环率对减少氮氧化物的排放有积极的影响，但同时也会对颗粒物和其他污染成分的增加产生消极的影响。

（二）选择性催化还原系统

选择性催化还原系统简称 SCR。SCR 系统采用尿素作还原剂（又名添蓝）。在选择性催化剂的还原作用下，NO_x 被还原成氮气和水，能有效地去除柴油机排气中的 NO_x。通过将 SCR 处理系统与共轨柴油发动机结合并合理匹配，可满足更高排放标准的要求。

SCR 系统由催化消声器、计量喷射泵、喷嘴、添蓝罐、后处理控制单元（ACU）及相应管路和线束构成。添蓝在排气管混合区遇高温分解成氨气（NH_3）和水，与排气充分混合后进入 SCR 催化消声器。在催化消声器里，NH_3 和 NO_x 反应生成氮气和水，排出到大气中。

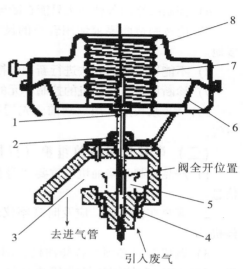

图 5-142 废气再循环系统结构图
1—阀杆 2—密封圈 3—阀室 4—阀座
5—阀门 6—膜片 7—回位弹簧
8—真空气室

（三）颗粒捕集器

柴油发动机的污染主要来自微粒排放物质、碳氢化合物（HC_x）、氮氧化物（NO_x）和硫 3 个方面。其中微粒排放物质（烟灰）大部分是由碳或碳化物的微小颗粒所组成的。

颗粒捕集器简称 DPF，是一种安装在柴油发动机排放系统中的陶瓷过滤器，喷涂有金属铂、铑、钯，柴油发动机排出的含有碳粒的黑烟，通过专门的管道进入发动机尾气微粒捕集器，经过其内部密集设置的袋式过滤器，将碳烟微粒吸附在金属纤维毡制成的过滤器上。当微粒的吸附量达到一定程度后，尾端的燃烧器自动点火燃烧，将吸附在上面的碳烟微粒烧掉，变成对人体无害的二氧化碳排出。

柴油颗粒捕捉器可以有效地减少微粒物的排放，能够减少柴油发动机所产生的烟灰达 90%以上。它先捕集废气中的微粒物，然后再对捕集的微粒进行氧化，使颗粒捕捉器再生，恢复 DPF 的过滤性能。

拖拉机使用与维修

五、电控柴油机的使用维护

（一）电控柴油机的使用

1）没有接通蓄电池不要启动发动机。

2）发动机运行时，不要从车内电路拆卸蓄电池。

3）蓄电池的极性和控制单元的极性不能搞反。

4）发动机不能使用快速启动装置，只能采用蓄电池辅助启动。

5）给车辆蓄电池充电时，需拆下蓄电池。

6）控制线路的各种插头只能在断电状态（点火开关关闭状态）进行拔插。

7）应按制造商要求使用合适的设备进行故障诊断；诊断时，诊断设备应与发动机机体接地。

8）不能用传统的方法进行新型电控柴油发动机的故障诊断。

9）诊断设备与发动机的控制单元的连接接插应合适。

10）VE 泵长期不用启动前，先用手动泵泵油，通过顶盖上的溢流阀排除柴油管路中的空气。

（二）电控柴油机的维护（以国Ⅲ发动机为例）

1）产品标牌是柴油机的重要"身份"信息，客户应牢记柴油机型号和编号等重要基础信息。

2）客户在使用中，应及时观察仪表和柴油机工作状态。发现异常声响和现象，要立刻停机。

3）购机客户必须磨合柴油机，国Ⅲ柴油机最低磨合时间是 60h。经过较好磨合的柴油机，整体工况和使用特性曲线将会趋于完美。使柴油机更有劲、更省油、噪声更小、操控更灵活。

4）应及时清理主机和柴油机表面上（包括水箱）的麦秆、草秸、灰尘。及时清洁和更换空滤、柴滤、机滤等，避免因不清洁导致柴油机故障。

5）机油是柴油机的"血液"，机油的选择关系到柴油机的使用寿命。至少要选择使用标号 CF-4 级以上的机油，以保证柴油机较好地得到应用。

6）为了保证符合排放要求，对喷油泵和喷油器的要求更为严苛，所以使用清洁质优的柴油，才能保证较好的使用柴油机，以及延长柴油供给系统的使用寿命。

以零号柴油为例，国Ⅲ发动机使用的柴油十六烷值从国标的 45 提高到 51，含硫量从国Ⅱ标准的 2 000mg/kg 下降到高于 350mg/kg。柴油的十六烷值越高，着火延时期越短，点火质量越好。而这两项指标的提高对降低污染物排放、减少发动机噪声、延长机器的使用寿命作用巨大。柴油颜色区别：国Ⅱ发动机使用的零号柴油为金黄色，国Ⅲ呈草绿色。

7）严禁带电拔、插电线束连接部分。国Ⅲ柴油机增加了较多的电器元件（ECU、线束、传感器、电控元件等），使用前应尽量检查接口处有无松脱、裸露的地方，提前发现，尽早处理。拔、插线束连接部分之前，要切记先关闭点火开关与蓄电池总开关，以避免瞬时产生的高压和电流冲击造成元件烧毁，然后才可以进行柴油机电气部分的日常维护。

8）当电气部分意外进水后，例如控制单元或线束被水淋湿或浸泡，切记应先切断蓄电池总开关，并立即通知维修人员处理，不要自行运转发动机。在清洗柴油机的时候，尽量不要用水直接冲洗发动机及其电控部分的零部件。

— 134 —

9）电焊修补时，一定要关闭总电源或断开蓄电池正负极，以防烧坏电器元件。

10）柴油机的水温、转速、排温、油泵等传感器，是ECU（大脑）元件的"中枢神经"，负责向ECU时搜集传输柴油机工作信号。

11）配有增压器的机型，要特别注意增压器的使用和保养。工作和停机前，应怠速运转3~5min，使得增压器有充足的机油润滑。

12）不要长时间怠速运转柴油机，影响喷油器的使用寿命。

13）配装EGR系统的柴油机，要及时清洁EGR内部的积碳（每工作200h），防止阀门开合的延迟导致柴油机工作不完全。

14）在农闲时停机后，要彻底放净水箱、机体内冷却水，避免气温降低时冻坏机体和零部件。

15）农忙前保养时，要仔细检查、加注、调整、磨合柴油机和整车。以良好技术状态投入作业。

六、电控柴油机常见故障诊断与排除

电控柴油机常见故障诊断与排除见表5-9。

表5-9 国Ⅲ电控柴油机常见故障诊断与排除

故障现象	故障原因	故障排除
	1. 车辆总电源继电器不断吸合或者不吸合，蓄电池接线柱氧化	整理蓄电池接线以及ECU线路上的各个接头
	2. ECU没有电到，开点火开关的时候故障灯不自检	1. 线路问题，仔细检查电路，ECU要正常工作必须保证104这条线和主电源线必须有电到。（知识点：ECU内部有一继电器，通过钥匙开关间接控制继电器开关，继电器再来控制主电源的通断） 2. 熔丝烧坏，更换熔丝
发动机不能启动，启动加速后自动熄火	3. 油路进空气或者油箱没有油	1. 正常手油泵泵油的时候会感觉到阻力，且很快就会泵紧，油箱没有油的情况下，泵油的时候感觉手泵没有阻力，且一直泵不紧 2. 手油泵之前进空气，在泵手油泵的时候可以听到手油泵里面咕噜咕噜的声音，手油泵里面没有空气的时候泵手油泵是没有声音的 3. 手油泵之后油管进空气，通过泵紧手油泵可以看出进空气处会存在漏油 4. 松开高压油泵的进油口螺栓，泵手油泵会有气泡冒出，则证明有空气 5. 低压油路已经排空，但是轨压一直建立不起来，可以将燃油计量阀拔掉，让高压油泵处于最大供油状态供油，尽快将高压部分空气排尽 6. 启动需要的最低轨压为200bar，低于这个值系统将不发指令给喷油器喷油
	4. 除转速传感器外其他的传感器没有5V参考电压	1. 线路问题，仔细检查电路 2. ECU损坏，更换ECU 知识点：ECU工作后用万用表测量转速传感器外其他的传感器，都有一条线是有5V电，如果没有，证明ECU没有工作

（续表）

故障现象	故障原因	故障排除
发动机不能启动，启动加速后自动熄火	5. 发动机一打马达，故障灯即亮	1. 用诊断仪检测有故障码：轨压泻放阀打开。而且从诊断界面可以看到实际轨压在启动过程中不断增大。能达到约 1 800bar，发动机状态位显示 48，点火开关标志位在 1 和 0 中变换。此故障是点火钥匙开关接线有误，使在打马达时 ECU 断电，但因 ECU 内部有继电器，使得在打马达过程中 ECU 在保存数据状态而未完全处于断电状态。因此判断 ECU 在启动过程中是否通电主要是看点火钥匙标志位在 1 2. 如果是 ECU 电源在打马达的瞬间断电，则会出现一些没有这些功能的故障码
	6. 启动电压过低，ECU 工作电压范围在 9~12V	1. 更换蓄电池 2. 充电
	7. 自动变速器不能显示空档，报故障：UC029 CAN A BUS OFF。ECU 的 134、135 两点之间电阻不是 120 欧姆	更换 ECU
	8. 同步信号不同步	1. 曲轴信号错误，曲轴位置传感器损坏或者传感器头上有铁屑，换件或者清除杂物解决问题 2. 凸轮轴信号错误，凸轮轴位置传感器损坏或者传感器头上有铁屑，换件或者清除杂物解决问题 3. 曲轴信号盘损坏，导致信号错误，换件处理 4. 曲轴位置信号盘和曲轴错位，导致信号不同步。从新调整即可 5. 曲轴传感器和凸轮传感器互调接错（4E）
	9. 热保护作用	1. 检查水温传感器故障或者水温是否真的高。如果水温过高要解决水温高 2. 进气温度传感器故障或者进气温度高，一般进气温度高的可能性比较小，多为进气温度传感器故障。更换进气温度传感器
难启动	1. 边泵手油泵边启动（方可启动） 2. 轨压不能建立，高压油泵溢流阀被金属丝在打开的位置卡滞 3. 泵手油泵的时候和启动后高压油泵的溢流阀口有油流出	取出溢流阀内造成卡滞的金属丝，或者更换高压油泵
	4. 同步信号不同步	1. 曲轴位置传感器信号丢失，查线路，或者传感器损坏 2. 凸轮轴位置传感器信号丢失。查线路，或者传感器损坏 3. 凸轮轴位置传感器插接件和水温传感器插接件两个插接件插反。调整过来即可 4. 曲轴位置信号盘和曲轴错位，导致信号不同步。重新调整即可

（续表）

故障现象	故障原因	故障排除
自动熄火	1. 进回油管或者管接头内径过小，引起供油不畅	1. 更换油管，油管长度≤3m时，内径≥10mm；油管长度≤6m时，内径≥11mm 2. 油管接头的内容也要符合这个要求
	2. 热保护作用	1. 检查水温传感器故障或者水温是否真的高。如果水温过高要解决水温高 2. 进气温度传感器故障或者进气温度高，一般进气温度高的可能性比较小，多为进气温度传感器故障。更换进气温度传感器
故障灯亮，发动机在息速正常，且出现限速1 700r/min	1. 喷油器线束问题，一般会有故障码：322—喷油器驱动线路故障－组1短路，低端对地短路或324—喷油器驱动线路故障－组2路，低端对地短路	主要检查喷油器线束是否有磨破或是有短路的情况，只要喷油器线束中有一条线出现短路，都会出现前面的故障码：322或324更换喷油器线束，解决短路情况
	2. 喷油器问题，主要是某缸或多缸喷油器的接线铜柱滑牙，喷油器线束与喷油器不能很好接触，一般都会有故障码：某缸喷油器驱动开路	更换喷油器或使喷油器线束与喷油器接线柱能很好连接
	3. 轨压传感器及相关故障	1. 拔掉流量阀后能启动，启动后冒黑烟，敲缸，加速很慢，也加不到最高转速 2. 指示值1 000bar或者720bar左右固定，故障码为32、33、441（间歇）、51，换轨压传感器后正常 32和33分别代表加速踏板第1路和第2路故障（出现油门故障码主要是因为控制器油门和轨压传感器的参考电压采用同一模块输出），441代表轨压传感器信号故障 3. 根据故障代码检查相关信号，发现轨压信号漂移，更换共轨管即好
	4. 轨压控制模式故障	1. 油路和滤清器堵塞造成进油不足，从而引起轨压控制模式故障，从诊断仪上面可以看出实际轨压比理论轨压小至少200bar以上且时间超过两秒，或者轨压能满足，但是燃油计量阀开度比较大，导致出现供油量过大故障模式：轨压闭环控制模式故障7—overun模式供油量过大，清理油路即可 2. 回油管胶管内部脱层导致回油不畅，电脑检测故障码，发现轨压在0bar左右——实际轨压值低于设定轨压值，轨压故障模式2-实际轨压值高于设定轨压值，数据跟踪检测，发现有实际轨压高于设定轨压约200bar的情况，说明回油油路有堵塞，导致其回油慢，使实际轨压高于设定轨压，检查其回油管，发现内径脱层导致回油不畅造成 3. 喷油器泄露，松开喷油器的回油管，比较各个缸的回油大小，回油比较大的缸即为泄露，正常的喷油器回油为滴状 4. 油门故障导致出现轨压传感器的故障码。（ECU内部：油门和轨压传感器的参考电压是同一路）

（续表）

故障现象	故障原因	故障排除
故障灯亮发动机在急速正常，且出现限速1 700r/min	5. 增压压力传感器及相关故障	出现增压压力传感器的相关故障，解决线路故障
		增压压力传感器顶部磨穿了孔，故障诊断仪在停机的状态下显示增压压力低于环境压力，更换传感器处理
	6. 出现434故障码，轨压过高	当共轨管上的卸压阀被打开的时候可以通过手摸共轨管的两端，卸压阀被打开的时候靠近卸压阀端温度要明显高很多
	7. 燃油计量阀及其线路故障码	检查燃油计量阀的线路有没有短路、断路
高急速（1 100r/min），踩油门无反应	整车线束电子加速踏板接插件处、松脱、接错线、线路短路、断路、两条线之间互接，进水	将线接好 用压缩空气把接插件吹干，轻轻刮去表面锈蚀 出现反馈信号电压超低限的时候可以考虑： 1. 5V 参考电压线短路 2. 信号反馈线断路 出现反馈信号电压超高限的时候可以考虑： 1. 5V 参考电压线和信号反馈线之间短路 2. 油门地线断路
	加速踏板6条线不是使用屏蔽线或者双绞线，导致反馈信号有干扰	1. 使用屏蔽线或者双绞线 2. 将油门信号线远离大电流、高电压、高辐射的器件
	使用非玉柴指点的加速踏板	更换为玉柴指点的加速踏板即可
无力，发动机加速慢	无故障码，通过诊断界面可以看到进气压力在踩油门时是负压	1. 检查进气管路是否存在很大泄露 2. 检查进气管路是否有严重堵塞；部分软管是要到一定温度才软化，从而被吸瘪。造成进气负压很大 3. 检查增压器是否在正常工作
	进气压力不足	1. 自由加速的时候进气压力一般在 130~140kPa 2. 全负载的时候增压器的放气压力为 210kPa，达不到以上压力的一般可以认为是中冷器管路漏气或者增压管路之前有管路堵塞、空滤器堵塞等
	刹车、缓速器拖刹	自由加速一切正常，行车的时候可以看到进气压力比较大，同时循环喷油量比较大（主要通过两台车进行对比）
	无力车两个检测试验方法：	1. 连续换挡试验：一挡起步，在放离合器的同时将油门全开，同时记时，但发动机转速到达发动机转速标定转速的80%再连续换挡，直到最高挡，发动机转速到达发动机转速标定转速的80%时停止计时。通过两台车进行比较，两台车必须是同样的车型，同样的路段、同一个驾驶员对比两台车所用的时间比较，就可以判断出发动机是否真的有力 2. 直接挡加速：将车加速到最高挡，然后松油门，待发动机转速回到1 000r/min 的时候叫驾驶员全油门开度加速，同时开始计时，等发动机转速加速到发动机转速标定转速的80%计时结束 通过两台车进行比较，两台车必须是同样的车型，同样的路段、同一个驾驶员对比两台车所用的时间比较，就可以判断出发动机是否真的有力

（续表）

故障现象	故障原因	故障排除
出现 366 故障码	主继电器线路故障－对电源短路	ECU 输出 24V 电源 104、204 线对地短路
出现 262 故障码	新出的 6M 粗滤带油水分离传感器及报警灯，即信号预留指示灯 3	按照电路原理图排查相关线路

小知识

一、国内的发动机从国 Ⅱ 向国 Ⅲ 以上升级技术

国内的发动机从国 Ⅱ 向国 Ⅲ 以上升级时，一般采用电控 VE 泵、电控单体泵、高压共轨三条技术路线。如果采用电控单体泵，对发动机改动非常小，仅以外挂式的凸轮轴箱代替国 Ⅱ 发动机的直列泵就可达到国 Ⅲ 标准。当从国 Ⅲ 向国 Ⅳ 升级时，发动机机身主体结构仍然不变，但要把国 Ⅲ 系统里机械式喷油器改成电控喷油器，形成双电磁阀单体泵供油系统；或采用高压共轨技术；在发动机整体结构不做大的调整下，就可以达到国 Ⅳ 的排放水平。

国 Ⅲ 发动机的电控喷油泵代替机械式喷油泵外，增加了较多的微电子元器件，发动机燃油由全机械燃油供给控制转向了电子化控制，以获得更加精确的燃油供给量、供给时间、喷射次数和更优的排放指标，并借助微电子技术实现发动机的动态曲线调整能力。喷射时间、喷射量等随工况不同而动态变化，自动调整。

国 Ⅲ 发动机的微电子控制部分主要由传感器单元、控制器单元、执行器单元和辅助单元四部分组成。

传感器单元：由各种传感器组成，是一种检测装置，能感知发动机工况的五官，功能是负责收集发动机信息，并向控制单元传递数据。

控制器单元：由微电脑组成，是发动机燃油供给控制的大脑，负责接收传感器单元传来的数据，并指挥执行器单元工作。

执行器单元：由各种电磁阀、开关和电路等组成，负责按控制器指令完成对机械供油机构和电器线路开关的开启及关闭。

辅助单元：由通讯接口、车载辅助设备组成。负责故障诊断、通信、人机交互功能的实现。

二、电控 VE 泵、电控单体泵和高压共轨技术路线的主要电子元件组成

电控 VE 泵、电控单体泵、高压共轨技术路线的主要电子元件组成见表 5-10。

表 5-10　电控 VE 泵、电控单体泵、高压共轨技术路线的主要电子元件组成表

技术路线 / 所属单元	电控 VE 泵	电控单体泵	高压共轨	主要功能
传感器单元	正时行程传感器	曲轴位置传感器		精确计算曲轴位置，用于喷油时刻和喷油量计算及转速计算
		凸轮位置传感器		判缸和曲轴传感器失效时用于跛脚回家
		进气温度传感器		测量进气温度，修正喷油量和喷油正时、过热保护
		增压压力传感器		监测进气压力和进气温度，一起计算进气量，与进气温度集成在一起
	水温传感器			测量冷却水温度，用于冷启动、目标怠速计算等，同时还用于修正喷油提前角、过热保护等
			共轨压力传感器	测量共轨管中的燃油压力，保证油压控制稳定
	油门位置传感器			将驾驶员的意图传送给控制器 ECU
	车速传感器			提供车速信号给 ECU，用于整车驱动控制，由整车提供
传感器单元	大气压力传感器			用于不同海拔高度，校正喷油控制参数，集成在 ECU 中
	EGR 行程传感器			
控制器单元	控制器（ECU）VE36、D42A	控制器（ECU）威特 ECU2.0	控制器（ECU）EDC7UC31	接收计算传感器数据，对比默认 MAP，指挥执行器单元工作
执行器单元	EGR 电磁阀			
			燃油计量阀	控制高压油泵进油量，保持共轨压力满足指令需求
	正时电磁阀	单体泵电磁阀	喷油器电磁阀	精确控制喷油提前角、喷油规律和喷油量
	供油、回油电磁阀	继电器控制		用于空调压缩机、风扇 ON/OFF、排气制动和冷启动装置的控制
	指示灯控制			故障指示灯、冷启动指示灯
	转速输出			用于整车转速表
		CAN 总线		用于与整车动力总成、ABS、ASR、仪表、车身等系统的联合控制
	K 线（RS-232C）	K 线（ISO K-Line）		用于故障诊断和整车标定
辅助单元	空调输入信号			
	离合器开关			
	钥匙开关			
	刹车开关			

第六章　拖拉机底盘

第一节　拖拉机底盘结构

一、拖拉机底盘的功用

拖拉机底盘是指除发动机、电气系统和液压系统以外所有的系统、装置的总称。底盘的功用是接受或切断来至发动机的动力，实现拖拉机的行驶、作业和停车，并支承拖拉机的全部重量。

二、拖拉机底盘的组成

轮式拖拉机底盘一般由传动系统、转向系统、制动系统、行走系统和工作装置及驾驶台五部分组成，见图 6-1，其组成及功用见表 6-1。轮式拖拉机底盘常采用的是前桥转向、后桥驱动或四轮驱动的行走方式。其特点是结构简单，在路面或平地行驶时机动性好，行走阻力小；但对自然条件的适应性较差，机组接地压力较大，在湿田工作时下陷较深，行走阻力大。

表 6-1　轮式拖拉机底盘的组成及功用

组成部分名称	主　要　构　成	功　用
传动系统 （机械式）	离合器、变速器、中央传动（主减速器）、差速器和最终传动系统	减速增扭、传输扭矩、改变行驶速度、方向和牵引力
转向系统	转向操纵机构、转向器、转向传动机构	改变和控制拖拉机的行驶方向
制动系统	制动器和制动传动装置	降低转速、停止转动、减小转弯半径
行走系统	车架、导向轮、驱动轮和前桥	由扭矩转变为驱动力、支撑重量
工作装置	牵引装置、动力输出轴和液压悬挂装置	连接、牵引农具，输出动力，操纵农具升降

三、拖拉机的行驶原理

轮式拖拉机是依靠柴油机的动力，经过传动系统降低转速和增大扭矩后传递到驱动轮上，产生一个驱动力矩 M_q 作用到土壤上，再通过驱动轮与土壤间的相互作用产生一个大小相等、方向相反的土壤反作用力 P_q，这个反作用力就是推动拖拉机行驶的驱动力，见图 6-1。

拖拉机驱动轮的驱动力不仅要克服拖拉机本身的滚动阻力 P_{fc} 和 P_{fq}，还要克服农机具的牵引阻力 P_T。这样拖拉机才能前进。

驱动力 P_q 的大小不仅取决于驱动转矩 M_q 的大小，还受到土壤附着力限制。土壤给驱动轮的最大反作用力叫做附着力。附着力大，则驱动轮产生最大驱动力的能力也大。附着力小，则地面对驱动轮可能产生的反作用力也小，即使发动机能给驱动轮提供足够的驱动转矩，只会使驱动轮打滑，也难以产生足够的驱动力。田间作业时为防止拖拉机驱动轮打滑导致工效降低、耗油和磨损增加，一般通过增加配重铁的方法来提高附着力。

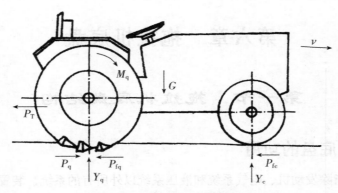

图 6-1 轮式拖拉机行驶原理

M_q-驱动转矩 P_q-驱动力 G-重力 P_{fc}-前轮滚动阻力

P_{fq}-后轮滚动阻力 P_T-牵引阻力 Y_c-前轮垂直反力

Y_q-后轮垂直反力 v-前进方向

第二节 传动系统

一、传动系统的功用

传动系统是指发动机与驱动轮之间所有传动件的总称。其功用是减速增扭、变速变扭、改变驱动轮的旋转方向、分离和接合动力、改变力矩传递方向。

二、传动系统的组成

轮式拖拉机传动系由离合器、变速器和后桥（中央传动、差速器和最终传动）组成，见图 6-2 和图 6-3。其传动路线：发动机→离合器→变速器→后桥→中央传动（主减速器）→差速器→左（右）轮边减速器→左（右）驱动轮（前轮）。

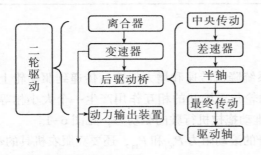

四轮驱动增加：分动器
（或分动装置）→ 传动轴 → 前驱动桥

图 6-2 轮式拖拉机传动系组成示意图

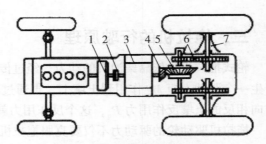

图 6-3 轮式拖拉机传动系统

1-离合器 2-联轴器 3-变速器 4-中央传动

5-差速器 6-最终传动 7-驱半轴

履带式拖拉机传动系统由离合器、变速器和后桥（中央传动、转向离合器和最终传动）组成，见图 6-4。其传动路线：发动机→离合器→变速器→中央传动→转向离合器→最终传动→驱动轮。

履带式拖拉机传动系统和轮式拖拉机的主要区别在于后桥中设置的不是差速器，而是在中央传动和最终传动之间设置由驾驶员操纵的两个转向离合器。

手扶拖拉机是由"V"形带、离合器、链条传动箱、变速器和最终传动装置组成。转向采用牙嵌式转向离合器。其传动路线：发动机皮带轮→"V"形带→离合器→链条传动箱→变速器→最终传动→驱动轮，见图6-5。

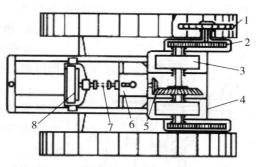

图6-4　履带式拖拉机传动系统

1-驱动轮　2-最终传动　3-转向离合器　4-后桥
5-中央传动　6-变速器　7-传动轴　8-离合器

三、离合器

（一）离合器的功用和分类

离合器是用来传递和切断发动机传给变速器等

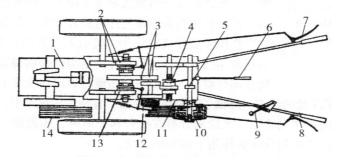

图6-5　手扶拖拉机传动系统的组成

1-发动机　2-最终传动　3-中央传动　4-变速器滑动齿轮　5-旋耕机传动齿轮
6-变速杆　7-右转向手把　8-左转向手把　9-离合器制动手柄　10-离合器
11-传动箱　12-制动器　13-牙嵌式制动离合器　14-三角带

动力的装置，主要由主动部分、被动部分、压紧机构和操纵机构组成。

1. 离合器的功用

（1）接合　工作时，柔和接合发动机的动力，传递给底盘和工作部件。

（2）分离　临时切断发动机的动力。

（3）保护　在发动机过载时出现打滑，以防止传动系零部件损坏。

2. 离合器的分类

离合器根据传递动力的方式可分为摩擦式、电磁式和液力式三种，目前摩擦式应用较多。摩擦式离合器按从动片数目分为单片式、双片式和多片式三种。按加压方式分为常接合式（在弹簧压力下主、从动盘常处于接合状态）和非常接合式（主、从动盘平时处于分离状态，接合时靠操纵手柄扳动杠杆机构加压）二种。按其作用分为单作用和双作用式；双作用离合器中的主离合器控制传动系统的动力，副离合器控制动力输出轴的动力。主、副离合器只用一套操纵机构且按先后顺序操纵的称为联动双作用离合器；主、副离合器分别用两套操纵机构的称为双联离合器。

（二）单作用摩擦式离合器

单作用摩擦式离合器是用来控制发动机到变速器间的动力传递。其特点是：零件数目少，结构简单，制造容易，分离彻底性及散热性较好；但传动扭矩较小。在小型拖拉机上广泛应用。

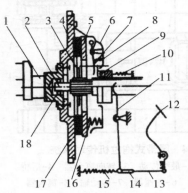

图6-6 拖拉机单作用离合器
1-曲轴 2-从动轴 3-从动盘 4-飞轮
5-压盘 6-离合器盖 7-分离杠杆
8-弹簧 9-分离轴承 10、15-回
位弹簧 11-分离叉 12-踏板
13-拉杆 14-拉杆调节叉 16-压
紧弹簧 17-从动盘摩擦片 18-轴承

1. 单作用摩擦式离合器的组成

单作用摩擦式离合器由主动部分、从动部分、压紧部分和操纵部分组成，见图6-6。

（1）**主动部分** 是指离合器不论在接合或分离位置上，始终随发动机曲轴一起旋转的叫主动部分。它由飞轮、压盘和离合器盖等组成。柴油机动力经过飞轮与压盘的摩擦面传给从动盘。

飞轮上有甩油孔，在离心力的作用下将漏入离合器中的油甩到离合器室内，从放油孔放出。

压盘由灰铸铁制成，有足够的刚度和一定的厚度及体积，可防止变形和有效地吸收滑磨过程中产生的热量。压盘与飞轮或离合器盖的驱动方式有凸台式、驱动销式、综合驱动式和传动片式等。凸台式即离合器盖固定在飞轮上，压盘边缘上铸有相应的凸台，凸台伸进离合器盖上开有长方形窗口以传递扭矩。综合驱动式广泛用于双片或双作用式离合器，其前压盘通过驱动销驱动，后压盘用凸台驱动。传动片式是由弹簧钢带制成的传动片，一端铆在离合器盖上，另一端用螺钉固定在压盘上；沿圆周切线方向布置，其特点是简化了压盘的结构、降低了装配精度要求、有利于压盘定中。

离合器盖用螺钉固定在飞轮上。无论离合器在接合和分离时，压盘和飞轮都一起带动从动盘旋转，同时压盘在操纵机构或弹簧作用下做轴向移动。

（2）**从动部分** 是指离合器在接合位置时，随发动机曲轴飞轮、主动部分一起旋转，而在分离时不动的部分。它由从动盘和离合器轴组成。

从动盘由从动钢片、摩擦片和从动盘毂等组成。从动钢片用薄钢板冲裁而成，其上均布径向切口，其功用是消除内应力和防钢片受热后产生翘曲变形。从动盘的花键毂上铆有钢片，钢片两侧铆有环状铜丝石棉摩擦片，从动盘花键毂内花键孔和离合器花键轴连接，二者一起转动，从动盘可在离合器轴上做轴向移动。

离合器轴一般都是前部带有花键的传动轴，轴前端支承在飞轮中央轴承孔的滚动轴承中，后端支承在离合器壳体上的滚动轴承中。

（3）**压紧部分** 拖拉机上常用弹簧压紧装置，它由装在压盘与离合器盖之间的几组螺旋弹簧组成。压紧弹簧均布在压盘圆周上。弹簧的一端安置在弹簧座内，另一端压在压盘上。有的离合器在弹簧一侧装有隔热垫片，可保护弹簧不因受热退火而降低弹力。压紧弹簧的预紧力推动压盘和从动盘向飞轮方向靠拢，使三者的接触面相互压紧。

（4）**操纵部分** 拖拉机离合器有机械传动式和液压传动式两种操纵机构，其中机械传动式应用较多，液压传动式在四轮驱动拖拉机上采用。

1）机械传动式操纵机构。该机构是由分离轴承、分离杠杆、分离拉杆、分离爪、轴承盖和操纵手柄或踏板等组成，见图6-7。离合器踏板轴安装在车架上，轴的一端固定着摇臂，通过分离拉杆与分离叉的外端连接，分离叉以球头支柱为支点。当驾驶员踏下离合器踏板时，通过踏板轴、摇臂、分离拉杆使分离的一端以球形支柱为支点向后移动，另一端向前移，推动分离套筒压下分离杠杆，从而带动离合器压盘向后移动，实现离合器分离。放松踏板，在回位弹簧作用下，离合器恢复到接合状态。

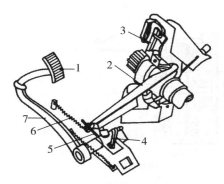

图 6-7　机械传动式操纵机构
1-踏板　2-分离叉　3-分离杠杆　4-摇臂
5-分离拉杆　6-回位弹簧　7-踏板臂

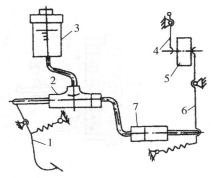

图 6-8　液压传动式操纵机构示意图
1-踏板　2-主缸　3-储液室　4-分离杠杆
5-分离轴承　6-分离叉　7-工作缸

2）液压传动式操纵机构。该机构由离合器总泵、离合器分泵、踏板、分离叉等部件组成，见图 6-8。离合器液压式操纵机构和液压制动油路并联，由液压油箱提供刹车油。离合器总泵（主油缸）与离合器分泵（工作分泵）装在离合器踏板与分离叉之间。当踩下踏板时，推动油缸内活塞移动，从而带动分离叉绕球形支柱转动，通过分离套筒、分离杠杆使压盘右移，实现分离。当放松离合器踏板，在回位弹簧的作用下使油缸内活塞和分离叉回位，压盘在压紧弹簧的作用下又将从动盘紧压在飞轮上，完成离合器接合。

2. 单作用摩擦式离合器的工作过程

以常接合式离合器为例。

（1）接合过程　见图 6-9（a）。当驾驶员松开离合器踏板，控制操纵机构使分离拨叉带动分离轴承向后移动，在压盘弹簧张力的作用下，迫使压盘和从动盘压向飞轮。当其摩擦力矩大于传动系统的阻力矩，拖拉机平稳起步；当摩擦力矩大于发动机的输出扭矩时，发动机的全部扭矩通过摩擦力作用在离合器从动盘上，从而驱动离合器轴（变速器输入轴）将动力传给变速器。

（2）分离过程　见图 6-9（b）。当踏下离合器踏板时，通过拉杆、分离拨叉等使分离轴承前移，加压于分离杠杆球头上，分离杠杆带动压盘克服离合器弹簧的弹力向后移，此时从动盘与飞轮及压盘间的接触面相互分离，摩擦力消失，动力被切断，离合器处于分离状态。

离合器处于接合位置时，分离杠杆内端与分离轴承端面之间的间隙，称为离合器分离间隙（简称离合器间隙）。与之相对应的踏板行程，叫踏板的自由行程。自由行程在一定程度上反映了离合器间隙。对于技术状态较好的拖拉机，可以通过踏板自由行程来判断离合器间隙的大小。

在正常情况下，分离爪与分离轴承之间应有 1~3mm 间隙，分离爪与压力盘摩擦平面的距离应为（34.5±0.25）mm 间隙。中间盘调整间隙应为 1.25mm，摩擦片厚度为 3.5mm 时，仍能传递 800N·m 扭矩。

3. 小制动器

部分拖拉机的离合器上还附设有离合器轴制动器又称小制动器。它也受操纵机构控制，其作用是在离合器分离后，将离合器制动，以便顺利挂挡或换挡，并防停车后因离合器从动部分

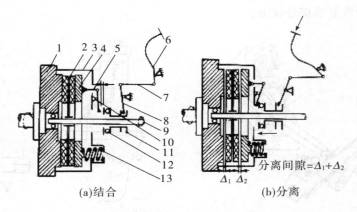

图 6-9 单作用常接合离合器工作过程
1-飞轮 2-离合器片 3-离合器罩 4-压盘 5-分离拉杆 6-踏板
7-拉杆 8-拨叉 9-离合器轴 10-分离杠杆
11-分离轴承套 12-分离轴承 13-弹簧

及变速器第一轴等的惯性高速旋转引起挂挡困难甚至打坏齿轮。

小制动器由固定在离合器轴上并铆有摩擦衬片的制动盘、受分离轴承座托架两侧切口夹持不能转动而能沿切口做轴向移动的制动压盘以及连接制动压盘与分离轴承座的 2 个耳环、螺栓和制动弹簧等组成。2 个耳环分别与分离轴承座上的 2 个耳销相连接，而 2 个螺栓则分别连接于制动压盘两凸耳上，通过弹簧使耳环与螺栓形成弹性连接关系。当耳环随分离轴承座移动时，通过弹簧去推动螺栓和制动压盘。在未踩下离合器踏板时，制动盘与制动压盘间存在 7~8mm 间隙。

从踩下离合器踏板开始到消除制动盘与制动压盘间的间隙为止是制动前准备阶段。继续踩下踏板，制动压盘受制动盘阻挡不再向前移动。此时分离轴承座将拉动耳环克服弹力压缩弹簧并继续向前移动，使耳环与制动压盘分离而出现一个间隙（耳环间隙），因此在制动压盘与制动盘之间便产生一定的压紧力，使制动盘及离合器轴得以制动。这阶段，即踏板踩到制动器的间隙消除，称为制动阶段。

在制动前准备阶段，作为对应的分离轴承前移，离合器分离，为离合器的分离阶段。为保证先分离后制动，如东方红-802 拖拉机规定，一般在初始状态下，小制动器制动盘与制动压盘间存在 7~8mm 间隙，如间隙不符，可通过改变踏板下面拉杆长度进行调整，拉杆调长，间隙变大；反之间隙变小。分离轴承与分离杠杆间的离合器间隙为 2.5~3.5mm。离合器彻底分离时，耳环后端面与制动压盘间的间隙应为 3~5mm。该间隙表明制动弹簧的压缩程度，即反映制动力矩的大小。如间隙不足，将影响制动效果。

此离合器的调整，为保证先分离后制动，以及接合可靠、分离彻底，应遵照先调整制动器间隙，并检查耳环与压盘间隙，后调整离合器间隙的顺序进行。

（三）双作用摩擦式离合器

双作用摩擦式离合器是分别控制发动机到变速器和动力输出轴之间的动力传递。其特点是能传递较大的扭矩，但结构复杂。在大中型拖拉机上常用此式离合器。

1. 双作用离合器的构造

随着拖拉机配套农具的增加和动力输出轴应用范围的不断扩大，目前中型轮式拖拉机多采用双作用离合器。它将两个离合器装在一起，其中一个离合器将发动机的动力传给变速器和后桥，驱动拖拉机行驶，称主离合器；另一个离合器将发动机动力传递给动力输出轴，向农具提供动力，称为动力输出离合器或副离合器。

双作用离合器有联动操纵式和独立操纵式两种。联动操纵式是主、副离合器共用同一套操纵系统，分离和接合按一定先后顺序进行；独立操纵式是主、副离合器分别用两套操纵机构，分离和接合互不相关。下面以东风-50型拖拉机联动操纵式双作用离合器为例，见图6-10。

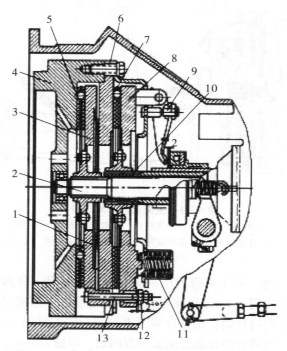

图6-10　东风-50型拖拉机联动式双作用离合器
1-蝶形弹簧　2-副离合器轴　3-前压盘　4-飞轮　5-副离合器从动盘　6-隔板　7-主离合器从动盘　8-后压盘
9-调整螺钉　10-主离合器轴　11-主离合器弹簧　12-限位螺母　13-联动销

联动式双作用离合器的中间压盘将主、副离合器分开。主离合器在前，副离合器在后。主、副离合器均用碟形弹簧分别将主、副离合器从动盘压紧在飞轮与主离合器压盘之间以及隔板与副离合器压盘之间。隔板和离合器盖用螺栓固定在飞轮上。前、后压盘上有凸耳，分别嵌入隔板和离合器的凹槽内，由中间压盘和离合器盖驱动，实现与飞轮的同步转动与轴向移动。分离杠杆的外端与后压盘驱动销上的孔铰接，并绕可变支点摆动，进行运动补偿。分离拉杆将前、后压盘活动地联在一起，并在后压盘与调整螺母之间留有1.5~2mm分离间隙。

2. 双作用离合器工作的过程

双作用离合器工作过程有接合、主离合器分离和副离合器分离三种工作状态。

（1）接合状态　驾驶员不踩下离合器踏板时，由于碟形弹簧的作用，主、副摩擦片被压紧，离合器处于"接合"状态，使其随主动部分一起旋转。因此从动部分所有零件也都转动，发动机动力分别传递到变速器第一轴和动力输出主动轴，见图6-10。

（2）主离合器分离状态　当驾驶员踩下离合器踏板时，通过拉杆8、臂7带动分离叉轴旋转，固定在分离叉轴上的分离叉6即推动分离轴承向左移动。当分离轴承和离合器压盘分离杠杆之间2mm间隙消失后，分离轴承继续左移则迫使分离杠杆绕支点销转动，通过销轴将主离合器压盘向右拉，压缩碟形弹簧，主离合器从动盘与主离合器压盘、中间压盘之间便出现间隙。此时摩擦力消失，使主离合器处于"分离"状态，变速器第一轴的动力被切断，而副离合器仍处于接合状态，见图6-11。

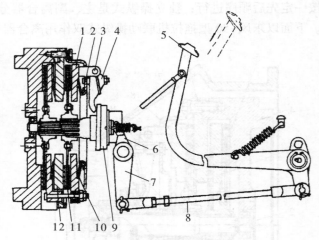

图6-11　主离合器分离过程

1-主离合器压盘　2-支点销　3-销轴　4-分离杠杆　5-离合器踏板　6-分离叉　7-分离叉轴及臂

8-拉杆　9-分离轴承　10-碟形弹簧　11-主离合器从动盘　12-中间压盘

（3）副离合器分离状态　在主离合器压盘向右移动的同时，分离拉杆弹簧被压缩，主离合器压盘与分离拉杆螺母之间1.5mm间隙被消除。如继续踩下踏板时，副离合器压盘通过分离拉杆螺母带动分离拉杆向右移动，副离合器压盘也随着向右移动，碟形弹簧被压缩。此时，副离合器从动盘与飞轮、副离合器压盘之间便出现间隙，摩擦力消失，副离合器被分离，变速器动力输出主动轴的动力被切断，见图6-12。

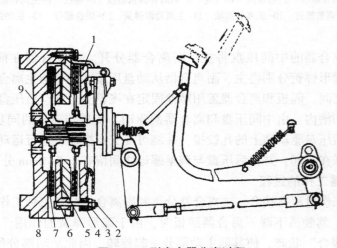

图6-12　副离合器分离过程

1-主离合器压盘　2-分离拉杆　3-分离拉杆螺母　4-分离拉杆弹簧　5-碟形弹簧

6-副离合器压盘　7-副离合器从动盘　8-飞轮　9-动力输出主动轴

(四) 东风-12型手扶拖拉机离合器

该离合器设在皮带轮中，带轮兼作离合器壳，受带轮直径的限制，离合器采用双片、弹簧压紧、摩擦式，其构造见图6-13。它有2个从动盘、1个主动盘和1个压盘。主动盘和压盘外缘各有3个凸耳，均嵌于离合器壳内壁3道直槽中，并能沿直槽作轴向移动。2个从动盘分别装在离合器盖和主动盘、主动盘和压盘之间，并由6根弹簧压紧。

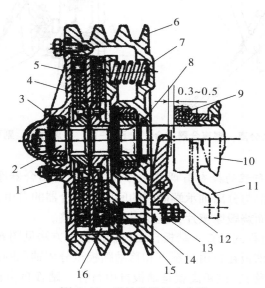

图6-13 手扶拖拉机离合器

1-离合器盖 2-离合器轴 3-轴承 4-从动盘 5-主动盘 6-壳体 7-压紧弹簧 8-油封 9-分离轴承
10-轴承座 11-分离摇臂 12-分离杠杆 13-调整螺母 14-分离拉杆 15-压盘 16-直槽

离合器操纵手柄安装在左扶手把上。手柄的最前端位置为离合器"接合"位置，手柄向后拉，通过拉杆拉动分离摇臂转动，分离摇臂和分离轴承座上的斜面分离爪将分离摇臂的转动变成推动分离轴承的轴向移动，从而推动分离杠杆使离合器分离。离合器分离间隙为0.3～0.5mm，离合器操纵手柄自由行程为25～30mm。

(五) 离合器的使用维护

1. 离合器的拆装与调整

（1）拆卸 首先在发动机与变速器的连接处进行分体，然后松开3个分离杠杆调整螺钉，再把固定离合器总成的6个螺栓拧出，从柴油机飞轮上取下离合器总成。

（2）安装 应将离合器总成装在专用芯轴上，然后插入飞轮轴承内，使主、副离合器摩擦片总成花键孔保持同心，拧紧6个螺栓。检查调整3个分离杠杆，保证3个分离杠杆头部离开柴油机后端面距离一致，并符合技术要求，如东风-50拖拉机为（117±0.2）mm。

2. 离合器的检查与调整

为保证离合器平稳接合和可靠分离，必须定期进行检查和调整间隙，各厂相关间隙数值有异，应符合其说明书规定。下面以上海-50拖拉机为例：其离合器踏板自由行程为25～35mm，相应的分离杠杆与分离轴承的间隙为2～2.5mm，此时分离杠杆头部至柴油机机体端面距离为158.5±0.15mm；当主离合器分离，而副离合器接合，踏板总行程为114～120mm，见图6-14；

当主、副离合器全部分离，踏板总行程为 202~208mm，见图 6-15。

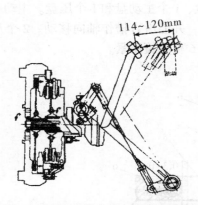
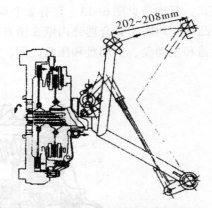

图 6-14 主离合器分离，副离合器接合　　　图 6-15 主离合器、副离合器全部分离

（1）离合器踏板自由行程的检查与调整　作业中，随着离合器摩擦片和其他相关零件的磨损，会造成分离杠杆头部与分离轴承端面间的间隙及离合器的自由行程会逐渐变小，如不及时调整会造成离合器打滑而烧毁摩擦片，应及时检查与调整。

1）离合器踏板自由行程的检查。踏板自由行程的检查方法见图 6-16。将有刻度的钢板尺支在驾驶室底板上，测出踏板在自由状态下和移动踏板至分离轴承刚好接触到分离杠杆时两个位置的距离（即踏板的位移），该距离就是踏板自由行程。踏板自由行程过大，使踏板的有效工作行程减小，压盘后移不足，造成离合器分离不彻底；过小，则离合器打滑，加速了分离杠杆、分离轴承等接触机件的磨损。踏板自由行程大小和分离轴承与杠杆间隙各生产厂家是不同，一般离合器踏板自由行程为 25~35mm（相应离合器压盘分离杠杆头部和分离轴承间隙为 2.0~2.5mm）。

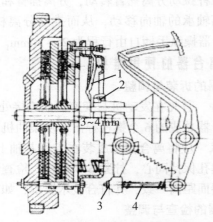

图 6-17 离合器踏板自由行程的调整
1—分离杠杆；2—分离轴承；
3—调整螺母；4—分离拉杆

图 6-16 离合器踏板自由行程的检查

2）离合器踏板自由行程的调整。调整方法见图 6-17。调整时，先拆下销轴或松开锁紧螺

母，通过旋进或旋出连接叉或分离拉杆（离合器与脚踏板之间细长拉杆）两端上的调整螺母，以减小或增大踏板的自由行程，调合适为止，调好后用锁紧螺母锁紧，装上销轴。

（2）离合器压盘分离杠杆的调整　当上述调整方法达不到25～35mm自由行程时，说明分离轴承座后移，已与第1轴承座台肩靠住。此时应将发动机和变速器分开（或打开观察孔盖板），松开螺母，用旋具逆时针方向转动分离杠杆调整螺钉，使3个离合器压盘分离杠杆头部和发动机缸体端面距离为158.5mm（各机型有异）。此时分离杠杆头部与分离轴承端面间的间隙一般为2～2.5mm。调整时，应确保3个分离杠杆与分离轴承接触端面应在同一平面内，误差不大于0.2mm。否则将导致分离不彻底，起步发抖或打滑。调整完毕后，将螺母拧紧，然后将发动机和变速器合拢，再检查踏板自由行程是否在25～35mm内，见图6-18。

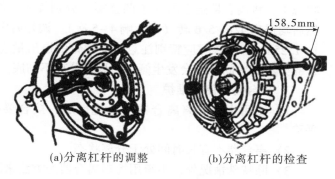

(a)分离杠杆的调整　　　　　(b)分离杠杆的检查

图6-18　离合器压盘分离杠杆的检查与调整

分离杠杆调整方法：①取下调整螺母上的开口销，转动调整螺母，顺时针方向拧紧时，杠杆内端面向外移动，距离增大；逆时针方向拧松螺母时，距离减小。按规定高度值调好后穿上开口销锁牢。②用专用工具车上调整法：见图6-19，将定中心器插入离合器从动盘轴座中，顺序旋动3个分离杠杆调整螺钉改变主离合器分离杠杆高度，直至用塞尺测量分离杠杆头部与调准器定位之间的间隙为0.1mm。副离合器分离杠杆高度也照此方法调整即可。

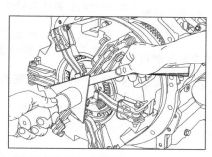

图6-19　离合器车上调整专用工具

1-调准器　2-定中心器

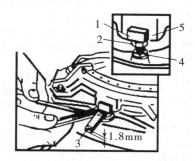

图6-20　调整螺钉与副摩擦片压板凸耳间隙

1-副摩擦片压板凸耳　2-调整螺钉

3-塞规　4-螺母

（3）**主离合器分离行程的调整**　从主离合器分离到副离合器开始分离之间应有合适的踏

板行程，以免副离合器过早分离或不分离现象。为获得合适的踏板行程，应使装在离合器主板上的限位调整螺钉端面和副摩擦片压板上 3 个凸耳之间的间隙约为 1.8mm，见图 6-20。调整方法一：松开螺母，转动调整螺钉，用塞规检查调整螺钉端面与副摩擦片压板凸耳之间的间隙为 1.8mm。调整完毕，拧紧螺母。调整方法二：在发动机与变速器不分体的情况下，外部进行检查和调整：打开变速器观察孔盖板，此时应注意将发动机熄火拉杆处于熄火位置和减压杆处于减压位置，变速杆挂空挡，然后用钢棒拨动离合器总成，使调整螺钉与副摩擦片压板凸耳对准观察孔，用前述方法逐个检查调整。

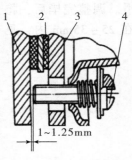

图 6-21 中间压盘
限位螺钉的调整
1-中间压盘　2-后压盘
3-从压盘　4-限位螺钉

（4）双片离合器中间压盘限位螺钉的调整　对于双片式结构的离合器，为了保证两从动盘均能彻底分离，中间压盘与限位螺钉之间应保持一定距离，如过小前从动盘分离不彻底，过大则后从动盘又分离不彻底。为此，要调整 3 只限位螺钉。调整方法见图 6-21。在离合器接合状态下，将离合器盖上的 3 个调整螺钉分别旋入，使其抵住中间压盘，然后均退出 4/6~5/6 转（即：响 4~5 次）。调好后中间压盘的后移量为 1~1.25mm。调整时应特别注意 3 个螺钉的退出量应保持一致，否则离合器分离时中间压盘会发生倾斜，导致分离不彻底。

3. 离合器的使用维护

1）使用中，分离离合器要迅速彻底，接合要缓慢平顺，起步要平稳。

2）离合器不宜长时间处于分离状态。

3）除特殊情况外，不得用控制离合器的方法来降低车速。

4）定期润滑轴承等，发现离合器摩擦片因油污打滑时，应趁热车用煤油清洗。

5）定期对离合器有关间隙、行程进行检查与调整，使其保持良好的技术状态。

（六）离合器常见故障诊断与排除（表 6-2）

表 6-2　离合器常见故障诊断与排除

故障名称	故障现象	故障原因	排除方法
离合器打滑	起步时离合器踏板完全放松后，发动机的动力不能全部输出，造成起步缓慢无力；加速时发动机转速上升而车速不能迅速上升。若摩擦片长期打滑而产生高温烧损，可嗅到焦臭味	1. 离合器自由行程（或自由间隙）过小或消失 2. 压紧弹簧因高温退火、疲劳、折断等原因使弹力减弱，致使压盘上的压力降低 3. 离合器从动盘、压盘或摩擦片磨损严重、翘曲、变形或摩擦片铆钉松脱 4. 壳体漏油，摩擦片上粘有机油或黄油 5. 分离杠杆不在同一平面 6. 踏板回位弹簧松弛失效	1. 检查调整离合器自由行程 2. 更换离合器压紧弹簧或更换离合器总成 3. 校正从动盘，磨修压盘和修理或更换摩擦片，必要时更换离合器总成 4. 修复离合器壳体漏油处，彻底清洗摩擦片表面 5. 调整分离杠杆螺母 6. 更换回位弹簧

（续表）

故障名称	故障现象	故障原因	排除方法
离合器分离不彻底	离合器踏板完全踏到底，离合器分离不彻底，挂挡困难，并有变速器齿轮撞击声。若勉强挂上挡后，不等抬起离合器踏板，机器有前冲起步或立即熄火现象。	1. 离合器分离间隙和踏板自由行程过大 2. 液压系统中有空气或油量不足，油液泄漏 3. 三个分离杠杆高度不一致或内端面磨损严重 4. 曲轴轴向间隙过大 5. 摩擦片翘曲、变形或铆钉松脱 6. 双片式离合器调整螺钉与中间主动盘之间的距离过小，造成中间主动盘后移不足，使之与前面的摩擦片分离不彻底；反之，调整螺钉与中间主动盘距离过大，中间主动盘后移过多，与后面的摩擦片相碰也会使离合器分离不彻底 7. 前压盘弹簧长度与刚度相差比较大或损坏、弹簧的孔深不等，以及离合器盘总成翘曲、铆钉松动等，导致离合器总成的径向圆跳动和端面全跳动超过规定，使其处于断续接触状态 8. 液力操纵式离合器的液压缸活塞与推杆的间隙调整不当	1. 检查调整离合器分离间隙和踏板自由行程至正常值 2. 排放液压系统中的空气，在必要时更换主泵或分泵 3. 调整分离杠杆高度，必要时更换分离杠杆或膜片弹簧 4. 检查调整曲轴轴向间隙至正常值 5. 修理或更换摩擦片 6. 调整离合器调整螺钉与中间主动盘之间的距离 7. 更换前压盘弹簧，检修弹簧孔深一致 8. 调整液压缸活塞与推杆的间隙
离合器发抖（接合不平顺）	起步时，离合器平稳接合时，不是逐渐且平滑地增加速度，而是间断起步，甚至产生车振，严重时会使整个车身发生抖振现象。	1. 分离杠杆高度不一致 2. 压紧弹簧弹力不均、磨损、破裂或折断、扭转减振弹簧弹力衰损或折断 3. 摩擦衬片破损、表面硬化、铆钉松动、露头或折断 4. 压盘或从动盘钢片翘曲变形 5. 摩擦片上粘有油污 6. 飞轮、离合器壳、变速器体等有关零件的连接螺栓松动 7. 分离轴承运动不灵活	1. 调整分离杠杆高度 2. 更换压紧弹簧或离合器从动盘 3. 检修或更换离合器摩擦衬片 4. 磨修压盘，校正离合器从动盘，必要时更换离合器从动盘 5. 彻底清洗摩擦片表面 6. 检修拧紧飞轮、离合器壳、变速器体等连接螺栓 7. 清洗、润滑或更换轴承或轴
离合器异响	轻轻踩下离合器踏板，有"沙沙"响声	1. 离合器从动盘翘曲 2. 离合器减振弹簧折断 3. 离合器从动盘与轮鼓啮合花键之间的背隙过大 4. 离合器踏板回位弹簧过软、折断或脱落 5. 分离轴承或导向轴承润滑不良、磨损松旷或烧毁卡滞	1. 校正离合器从动盘或更换 2. 更换 3. 更换离合器从动盘，必要时更换离合器从动盘或离合器轴 4. 更换回位弹簧 5. 对轴承充填润滑脂，严重时更换分离轴承和分离轴承座

四、变速器

拖拉机通常将变速器、主减速器、差速器设计制作在一个变速器体内，也叫变速器总成（简称变速器）。

（一）变速器的功用

（1）变速变扭　在发动机转速和扭矩不变的情况下，改变发动机传给驱动轮的转速和扭矩。

（2）减速增扭　降低发动机转速，即增大驱动轮的扭矩。

（3）实现空挡　在发动机不熄火的情况下长时间停车，并实现发动机无负荷启动。

（4）实现换向　使拖拉机能向前和倒退行驶。

（二）变速器的种类

变速器按传动比分为有级式和无级式2种。有级式变速器是指其输入轴至输出轴之间有限的传动比不等的动力传递路线，其结构简单，拖拉机广泛应用。有级式按组合方式分为简单式和组成式；组成式实质上是由简单式组成的主变速器和副变速器串联而成。按工作轴的数量（不包括倒挡轴）分为两轴式和三轴式。三轴式变速器可在保证结构紧凑前提下增大传动比，但齿轮数多，传动效率稍低。无级式变速器是在一定的范围内获得任意速比，无级式能充分发挥拖拉机功率和提高其生产力，但传动效率低，制造成本高，常见皮带无级变速和 HST 变速器用于收获机械。为便于操纵，部分大功率拖拉机上采用动力换挡机构。

（三）齿轮式变速器的组成和工作原理

1. 变速器的组成

拖拉机的有级式变速器大多为滑移齿轮式和啮合套式变速器。滑移齿轮式变速器，见图6-22。它主要有变速装置和操纵机构两部分组成。变速装置的主要功用是改变扭矩的大小和方向；操纵机构的功用是实现变速器传动比的变换，即换挡。变速装置主要由齿轮、轴、滚动轴承和箱体等组成。

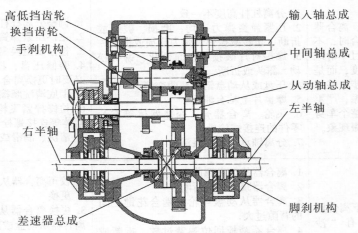

图6-22　滑移齿轮式变速器结构

2. 变速器的工作原理

传动比公式：

$$传动比 = \frac{主动齿轮转速}{从动齿轮转速} = \frac{从动齿轮齿数}{主动齿轮齿数} = \frac{从动齿轮上扭矩}{主动齿轮上扭矩}$$

当小齿轮带动大齿轮转动时，传动比大于1，在大齿轮轴上获得较低的转速和较大的扭矩；相反，若大齿轮带动小齿轮时，传动比小于1，在小齿轮轴上获得较高的转速和较小的扭矩。一对齿轮啮合可以获得一个传动比，即一个排挡，得到一种转速和扭矩。为使拖拉机有多个行驶速度和驱动扭矩，变速器由传动比不同的多对齿轮组成。当其中某一对齿轮传递动力时，其他齿轮脱离啮合。当所有的变速齿轮都脱开啮合时，即为空挡。此时动力传动被切断。如果在主动齿轮和被动齿轮间增加一个中间齿轮，即主动齿轮通过中间齿轮来带动被动齿轮，就可以改变变速器输出轴的转动方向，即倒车。

（四）变速器的基本构造

变速器一般由变速输入轴（第一轴）、输出轴（第二轴）、变速齿轮、变速操纵机构等组成。

1. 两轴式变速器

两轴式变速器是指只具有两根主要轴（不含倒挡轴）的变速器。下面以东方红-802型拖拉机为例，构造和简图见图6-23，其两轴式变速器有5个前进挡、1个倒退挡。

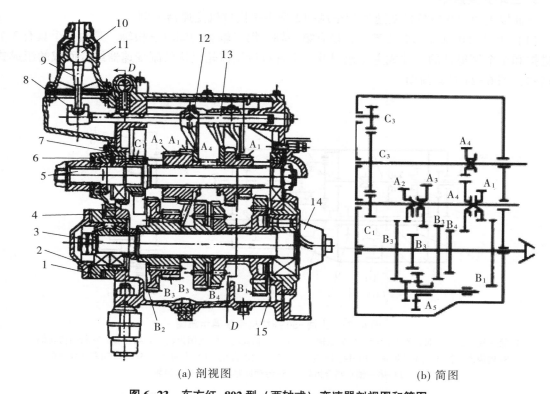

(a) 剖视图　　　　　　　　　　　　(b) 简图

图6-23　东方红-802型（两轴式）变速器剖视图和简图

1-调整垫片　2-轴承座　3-第二轴　4-调整垫片　5-第一轴　6-油封　7-轴承卡环　8-拨头　9-变速器
10-球头　11-变速杆座　12-Ⅱ、Ⅲ挡拨叉　13-Ⅰ、Ⅱ挡拨叉轴　14-小锥齿轮　15-箱体

（1）第一轴　指和曲轴连接在一起，启动力输入的花键轴，该轴上套有 A_2、A_3 和 A_4、A_1 两幅双联滑动齿轮，前部设有固定齿轮 C_1，它与倒挡轴上的固定齿轮 C_2 常啮合。

（2）第二轴　指动力输出轴，该轴上装有固定齿轮 B_2、B_3、B_4 和 B_1，它们可分别与第一轴上相应的齿轮啮合而获得相应的挡位。与 B_2 制成一体的 B_5，为Ⅴ挡固定齿轮。轴的后端制有中央传动主动圆锥齿轮。为承受圆锥齿轮传动时产生的轴向力，该轴的前端用2个圆锥轴承支承。轴承装在杯形轴承座中，轴承座装在箱体的孔中，用螺栓连同轴承盖一起紧固在箱体上。在轴承盖下和轴承座台肩下各垫有一些垫片，分别用来调整第2轴轴向间隙和圆锥齿轮的轴向位置。

东方红-802变速器（两轴式）的主要挡位（1~3挡）由第1轴和第2轴上的齿轮传动，V挡单独设有中间轴加上倒挡轴共4根轴。倒挡轴布置在箱体右上方，两端用球轴承支承。V挡轴设在倒挡轴右下方。两轴前部设有常啮合齿轮C_2和C_3，而C_2又和1轴的C_1常啮合，从而使两轴始终随第1轴转动。如推动倒挡轴上滑动齿轮A_6向前与第2轴上的4挡齿轮B_4啮合，第1轴的动力便通过倒挡轴传给第2轴。由于经过2对齿轮传动，所以改变了第2轴的旋转方向，实现倒挡。V挡滑动齿轮是空套在V挡轴上，并与第2轴上的V挡固定宽齿轮B_5常啮合。推动V挡滑动齿轮向前用齿轮上的内齿与V挡轴上的小齿轮啮合，便获得5挡。5挡要经过3对齿轮，故传动损失大，效率低。V挡滑动齿轮的轴套是靠嵌在箱体上特制的集油槽内齿轮油经引油管及轴上的油孔引入轴套内表面润滑。

2. 三轴式变速器

下面以上海-50拖拉机变速器和东风-12型手扶拖拉机变速器为例。

（1）上海-50拖拉机变速器　它是有第一轴、第二轴和中间轴三根轴。是由一个具有3个前进挡和1个倒退挡的三轴式主变速器及一个具有行星齿轮机构的副变速器组合而成的组成式变速器，图6-24是其简图。

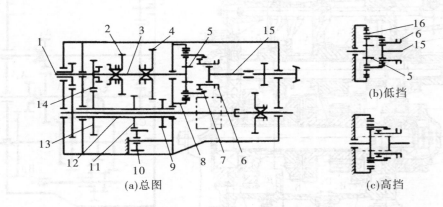

图6-24　上海-50拖拉机变速器示意图

1-第一轴　2-Ⅱ、Ⅲ挡滑动齿轮　3-第二轴　4-Ⅰ、倒挡齿轮　5-太阳齿轮　6-啮合套　7-行星齿轮架
8-内齿圈　9-Ⅰ挡主动齿轮　10-倒挡齿轮　11-Ⅱ挡主动齿轮　12-中间轴　13-中间轴常啮合齿轮
14-第一轴常啮合齿轮　15-传动齿轮轴　16-行星齿轮

1）主变速器。其第一轴为输入轴，第二轴为动力输出花键轴，中间轴为空心轴。各轴前后端由滚动或滚针轴承支承。倒挡轴是短轴，倒挡齿轮与主动齿轮常啮合。第一轴的外面套有动力输入轴，其前端花键与副摩擦片毂的花键孔相连接，后端的齿轮与动力输出轴前端的齿轮常啮合。

2）副变速器。为单级行星齿轮机构。当太阳轮转动时，行星齿轮除绕本身轴线自转外，还沿着内齿圈滚动做公转，并带动行星架以低于太阳轮的转速旋转。拨动啮合套使之与太阳轮上花键套啮合时，动力直接由第二轴传递给传动齿轮轴，行星架空转，此时为高挡转速［图6-25（c）］。拨动啮合套后移至与行星架内的内齿圈啮合时，第二轴的动力经行星架减速后再传给传动齿轮轴，此时为低挡转速［图6-24（b）］。

（2）东风-12型手扶拖拉机变速器　它是由装于一个箱体中的主、副变速器构成的组成式变速器，其传动路线见图6-25。

主变速器是一个有直接挡的三轴式变速器，由从动链轮和与之制成一体的常啮合主动齿轮构成第1轴。第1中间轴的花键上固定有2个齿轮，倒挡滑动齿轮与轴用花键连接。第2中间轴上装有滑动齿轮，它实际上为主变速器的输出轴。连同倒挡轴一起，可变换3+1个挡位。

副变速器由第二中间轴上的双联固定齿轮和第2轴上的双联滑动齿轮组成，可变换高、低2个挡位。所以变速器的总挡位应为（3+1）×2，即有6个前进挡和2个倒退挡。

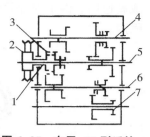

图6-25　东风-12型手扶拖拉机变速器示意图
1-第一轴　2-链轮　3-常啮合主动齿轮　4-第二轴　5-第二中间轴　6-第一中间轴　7-倒挡轴

3. 变速齿轮

（1）变速齿轮类型　变速器是通过改变变速齿轮传动比，实现变速的。变速器的齿轮一般采用直齿轮和斜齿轮啮合两种。

（2）变速齿轮啮合方式

1）滑动啮合。滑动啮合变速器一般采用输出轴的齿轮为滑动齿轮。在滑动齿轮滑套上加工出花键，同时在变速器的输出轴上也加工出花键，使滑动齿轮可以在输出轴上做轴向滑动或转动。利用滑动齿轮的滑动，使该齿轮分别与其他齿轮啮合，达到变速目的，见图6-26。

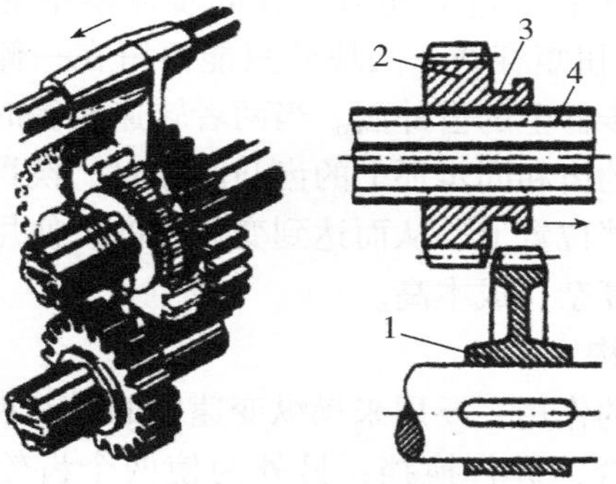

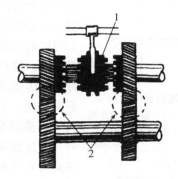

图6-26　滑动啮合变速
1-固定齿轮　2-滑动齿轮　3-换挡拨叉槽　4-花键轴

图6-27　爪式离合器啮合
1-爪式离合器　2-常啮合齿轮副

2）常啮合。是将输入轴和输出轴的各个齿轮副都处于常啮合状态。为了将松套在输入轴或输出轴上常啮合齿轮的动力传递出去，在其轴上设置了爪式离合器、啮合套或同步器等啮合方式。

（A）爪式离合器。图6-27为爪式离合器啮合，爪式离合器滑套内孔是花键，该花键与输入轴上的花键为滑动配合。爪式离合器既可沿输入轴做轴向滑动，又可随输入轴一起旋转。在爪式离合器两个侧面加工出若干个爪形凸块，同时输入轴上的齿轮侧面加工若干个凹孔。当爪式离合器向右滑动时，随着凸爪插入输入轴的高速挡齿轮侧面的凹孔内。原本松套在输入轴上的高速挡齿轮和输入轴一起旋转了，通过常啮合齿轮副，把动力传递给输出轴。此时，变速器处于高速挡。反之，离合器向左滑动，当其凸爪插入到低速挡齿轮侧面的凹孔中，此时低速挡齿轮和输入轴一起旋转，并把动力传递给输出轴，此时变速器处于低速挡。

（B）啮合套啮合。啮合套啮合与爪式离合器相似，其构造见图6-28，简图见图6-29。啮合套借助花键毂与输入轴相连，啮合套两侧的齿轮均松套在轴上，两侧齿轮朝向啮合套一端均有啮合齿圈。当啮合套向左或向右滑动时，与低速挡或高速挡齿轮的齿圈啮合，则挂入低速挡或高速挡。由于啮合套与待啮合的齿轮齿圈的圆周速度不同步，故挂挡不平顺，会发生冲击和噪声。

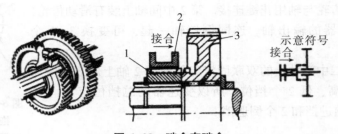

图 6-28　啮合套啮合
1-花键毂　2-啮合套　3-空套在轴上的齿轮

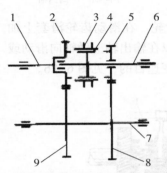

图 6-29　啮合套啮合简图
1-第一轴　2-第一轴常啮合齿轮
3-啮合套　4-花键毂　5-第二
轴Ⅴ挡齿轮　6-第二轴　7-中间
轴　8-中间轴Ⅴ挡齿轮
9-中间轴常啮合齿轮

（C）同步器啮合。是在啮合套基础上发展起来的，通过同步器来实现。同步器啮合原理见图 6-30。换挡时，通过滑动换挡套，在同步环和接合体（变速齿轮接合齿圈）之间的锥形摩擦面上强制产生一个摩擦力矩，从而使它们的转速趋于一致。同步环相对于接合齿圈在圆周方向有一定的间隙（在同步体槽中的凸块带有间隙），只要上述摩擦扭矩存在，凸块就只能停留在一侧，使换挡套上的齿被阻止在同步器上的齿外面。当两者转速相等时，该摩擦力矩消失。换挡套上的齿和同步环上的齿凸凹相对，换挡齿套得以经对准的齿侧滑入挂挡位置上，从而达到变速目的。使用同步器操作更加方便，但结构复杂，成本高。

4. 变速操纵机构

变速操纵机构的作用主要用来操纵变速器的滑动齿轮，使其与有关齿轮分离与啮合，进行换挡；另外为使两个齿轮达到全长啮合，并可靠止动。为防止同时挂上两个挡还设置了自锁机构、互锁机构和连锁机构。一般由换挡机构、自锁、互锁和连锁机构组成，见图 6-31。

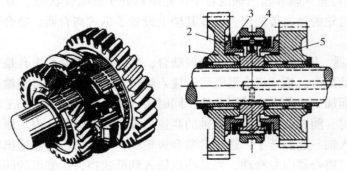

图 6-30　同步器啮合
1、5-空套在轴上的齿轮　2-啮合齿圈　3-同步器环　4-换挡套

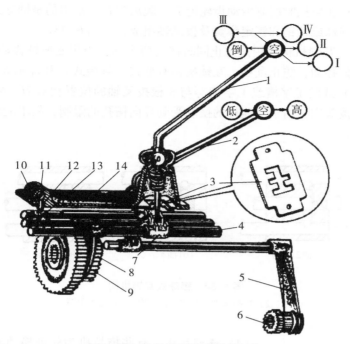

图 6-31 拖拉机变速器操纵机构
1-主变速杆 2-副变速杆 3-导向框板 4-拨叉轴 5-高低挡拨叉 6-高低挡接合套 7-Ⅳ、Ⅲ挡接头
8-Ⅳ、Ⅲ滑动齿轮 9-Ⅳ、Ⅲ挡拨叉 10-弹簧 11-连锁轴 12-限位板 13-拨叉轴锁定销 14-变速器盖

（1）换挡机构　换挡机构是用来拨动滑动齿轮到所需位置进行换挡。拖拉机常采用球支座式换挡机构。它由变速杆、拨叉轴、拨叉、球头支座等组成，见图6-32。变速杆上球头装在球支座内，可前后左右灵活摆动。杆的下端安放在拨叉轴上拨头的凹槽中。拨叉轴上有3个位置，居中为空挡，向前向后各挂一个挡位。当变速杆向左或向右移动时，其下端嵌入其中一根拨叉轴的拨头凹槽中，然后向前或向后移动变速杆，就可使固定在拨叉轴上的拨叉拨动滑动齿轮，挂上或脱开相应的挡位。

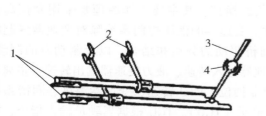

图 6-32 球支座式换挡机构
1-拨叉轴 2-拨叉 3-变速杆 4-球头支座

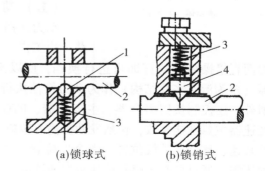

(a)锁球式　　　(b)锁销式

图 6-33 自锁机构
1-钢球 2-拨叉轴 3-锁定弹簧 4-锁销

（2）自锁机构 自锁机构功用是防拖拉机在工作中自动挂挡和脱挡，并保证变速器的挂挡齿轮能全齿啮合，在空挡时所有滑动齿轮能完全脱离啮合。常用的是锁球式和锁销式两种锁定机构。它主要由锁球或锁销和锁定弹簧及拨叉轴组成，见图6-33。

（3）互锁机构 互锁机构功用是防止同时挂上两个挡，当用变速杆移动一个滑动齿轮时，其他滑动齿轮不应该移动，防止乱挡。互锁机构有框式（导板式）和球销式结构，图6-34为锁球式。框（导板）式的王字槽或工字槽等与3根拨叉轴的位置相对应，变速杆下端经槽孔伸入某一拨叉轴的拨头内。由于变速杆的摆动受到导向槽孔的限制，故不能同时拨动2根拨叉轴而挂上2个排挡。

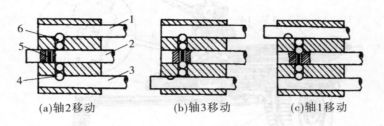

(a)轴2移动　　　　　(b)轴3移动　　　　　(c)轴1移动

图6-34 锁球式互锁机构
1、2、3-拨叉轴　4、6-互锁钢球　5-互锁顶销

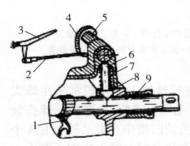

图6-35 变速器连锁机构
1-拨叉　2-调整拉杆　3-离合
器杠杆　4-曲臂　5-连锁轴
6-锁定销　7-弹簧　8-变
速箱体　9-滑杆

（4）连锁机构 有些拖拉机为保证换挡时首先彻底分离离合器，在离合器操纵机构和变速器操纵机构之间装有连锁机构，见图6-35。其功用是防止在离合器还未彻底分离时就进行换挡，即保证不同时挂上两个排挡。

锁定销的上方有一根连销轴，轴上铣一长槽。当离合器接合时，连锁轴的圆柱表面朝向锁定销，使锁定销没有抬起的余地，滑杆就动不了。当离合器彻底分离时，连锁轴刚好转到长槽朝向锁销的位置，销定销才能抬起，允许滑杆移动换挡。变速器的换挡操作由驾驶员操纵换挡手柄进行，通过两根轴控制变速器体上的两个拨叉轴的位置来实现。

（五）动力换挡变速器

动力换挡变速是指无需踩离合器踏板，拖拉机可以带着负载一边工作，一边变换挡位，即不切断发动机传给变速器的动力而直接操纵变速杆即可进行换挡，所以又叫负载换挡。其主要工作原理是采用摩擦离合器（多为湿式多片结构）作为动力换挡执行元件。变速器的液压控制系统除对变速器强制润滑外，还控制换挡离合器、主离合器、PTO和前桥驱动的分离和结合，以及制动器的制动。变速器主要性能参数，包括发动机输入转速、变速器输入转速、液力变速器输出转速、主离合器转速、离合器踏板位置、离合器位置、主变速器挡位、PTO转速、变速器温度、润滑系统油压等，通过各类传感器传递至变速器电子控制单元（TCU）。TCU根据驾驶员输入指令，控制液压系统中的电磁阀和对应的换挡离合器实现换挡；同时对转速、转矩、压力、流量、温度等进行监测。开发动力换挡变速器，均需对（TCU）进行开发和参数设定，保证其控制的稳定和一致性。

1. 动力换挡变速器的种类和特点

动力换挡变速器可分为定轴齿轮传动和行星齿轮传动两种。其中定轴齿轮传动变速器具有结构简单、操作简便以及制造容易等特点。而行星齿轮传动变速器则具有结构紧凑，传动效率相比定轴齿轮传动变速器要高很多，因此在动力换挡变速器中得到了更广泛的运用。

由于动力换挡变速器比普通变速器换挡过程简单，且动力不中断，改善了拖拉机的操纵性能，降低了劳动强度，提高了工作效率和作业质量，减少换挡时发动机所受到的惯性负载以及可提高车辆在坡上换挡的安全性等优点，因此在大功率拖拉机上得到较多的应用。如果串联的动力（负载）换挡变速器只有 2 个挡位，通常称为增扭器。增扭器的增扭作用只用来克服临时增大的阻力，阻力克服后，增扭器恢复到原来的直接传动和高挡传动。典型的传统方案有离合器式增扭器、离合器自由轮式增扭器以及离合器—自由轮—行星齿轮机构式动力（负载）换挡装置等。

2. 离合器式增扭器

其工作原理见图 6-36，2 和 3 二个主动齿轮固定在输入轴上，而 2 个离合器的主动部分分别和 1 和 5 二个从动齿轮制成一体，从动齿轮空套在第 2 轴上，离合器的从动毂则与第 2 轴上的花键连接。离合器的接合靠油压通过活塞将主、从动部分压紧，分离则是在油压解除后靠压缩弹簧将推到放松位置。拖拉机工作时，如图若左侧离合器分开，右侧离合器接合，则为第 II 档。换挡时，原处于接合状态的离合器逐渐分开（打滑），所传递的功率逐渐减小直至 0；而原处于分离状态的离合器逐渐接合，所传递的功率逐渐增加直至全部功率，则实现第 I 档。可见其换挡过程中进行平顺，有一定的重叠和伴随着离合器摩擦片的打滑，但功率流基本未中断。

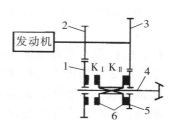

图 6-36　离合器式增扭器
1、5-从动齿轮　2、3-主动齿轮
4-第二轴　6-离合器从动毂

3. 离合器自由轮式增扭器

其原理见图 6-37，自由轮设在齿轮轮毂和输出轴之间，只有当齿轮轮毂的转速超过输出轴的转速时，自由轮的滚子才被楔住而传递扭矩。此时齿轮轮毂带动输出轴以相同转速旋转。若轮毂转速低于或等于输出轴转速，则输出轴虽可自由旋转，但不能传递扭矩。当操纵增扭器使其离合器接合时，动力由输入轴经离合器直接传给输出轴，为直接传动挡，此时自由轮处于放松状态。当操纵增扭器使其离合器分离时为减速（增扭）挡。在离合器分离过程中，由于打滑而使输出轴转速下降，直至低于齿轮轮毂的转速时，自由轮开始逐渐传递扭矩。待离合器完全分离时，输入轴的全部扭矩经 2 对啮合齿轮和自由轮传给输出轴，实现减速增扭。装自由

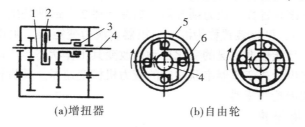

(a)增扭器　　　　　　　(b)自由轮
图 6-37　离合器自由轮式增扭器
1-输入轴　2-离合器　3-自由轮　4-输出轴　5-齿轮轮毂　6-滚子

轮的负载换挡机构换挡时功率也可能瞬时中断，另外在减速（增扭）挡时，如果下坡，发动机对拖拉机不起制动作用，使用中应予注意。

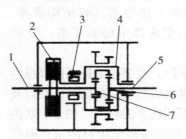

图 6-38　离合器—自由轮—
行星齿轮机构式增扭器

1-输入轴　2-增扭器离合器　3-自由轮　4-行星架　5-输出轴　6-从动太阳齿轮　7-主动太阳齿轮

4. 离合器—自由轮—行星齿轮机构式增扭器

该增扭器原理见图 6-38，行星架与输入轴间以离合器相联系，行星架与壳体间通过自由轮相连。当离合器接合时，行星架与输入轴，即与主动太阳齿轮的轴联成一体，所以行星齿轮不产生自转。整个行星齿轮机构变成一个整体而旋转，输入轴的动力直接传给输出轴，获得直接传动挡。

5. 全挡位动力换挡变速器

图 6-39 为 Ford-971 型拖拉机变速器，全部挡位都可以动力换挡。该变速器前面是驱动动力输出轴 1 的 2 对常啮合齿轮，后面是齿圈固定的行星齿轮减速机构 7，中间的变速部分由 3 套串联的行星齿轮机构（X_1、X_2、X_3）、3 个液力操纵的带式制动器（Z_1、Z_2、Z_3）、3 个液力压紧的多片离合器（L_1、L_2、L_3）和 1 个自由轮 6 组成。变速部分最前面的制动器—自由轮—行星齿轮机构，构成 1 个具有 2 个挡位的副变速器。在制动器 Z_1 放松时，自由轮 6 卡紧，使制动毂与行星齿轮机构锁紧成一个整体。是输入转速与输出转速相等的低速挡（直接传动挡）。当将制动器 Z_1 制动，即将太阳轮固定时，自由轮放松，行星齿轮架带动行星齿轮在太阳轮上滚动，并经过行星齿轮推动齿圈升速转动，成为高速挡。第 2 个行星齿轮机构连同离合器、制动器，加上第 3 个行星齿轮机构及其制动器和 2 个多片摩擦离合器为主变速部分，靠使其中 2 个制动器的制动或放松和 3 个离合器的接合或分离的各种组合，可获得（5+1）个挡位，配合前面的副离合器 2 个挡位，便可获得（5+1）×2 个挡位，即 10 个前进挡和 2 个倒退挡。也可获得空挡和停车 2 种工况。

（六）　液力变速器

液力传动是一种以液体为介质的能量转换装置。它有液力耦合器和液力变扭（矩）器 2 种。与有级式机械传动相比：液力传动不仅使工作机械具有工作平稳、防止过载、操作简便和提高使用寿命等优点，还能使工作机械具有自动适应性，在保持发动机标定工况条件下，能根据外负荷的变化自动地改变传动比，特别是能增大输出力矩和实现无级调速。因此在拖拉机和收获机械上得到广泛的应用。

液力传动主要是由能量的输入部件（一般称为泵轮）和输出部件（一般称为涡轮）组成。前者是把机械能转换成液压能，后者是把液压能转换为机械能而输出。在液力传动装置中，如只有上述 2 个部件，则该装置称为液力耦合器。如在上述 2 个部件基础上再加上 1 个固定的导流部件（一般称为导轮），则该装置称为液力变矩器。液力变矩器，尤其是综合式液力变矩器结构简单、工作可靠，且能根据工况的变化自动地改变其工作状态，传动效率较高。目前广泛采用的有液力变扭器与齿轮式变速器串联构成的液力机械变速器。其齿轮式变速器多为行星齿轮式，也有采用定轴式齿轮变速器。

（七）　变速器使用维护

1. 变速器的安装调整

1）安装时，要求齿轮、操纵机构等零件相对关系准确，安装可靠；运动件运动灵活、不卡滞。

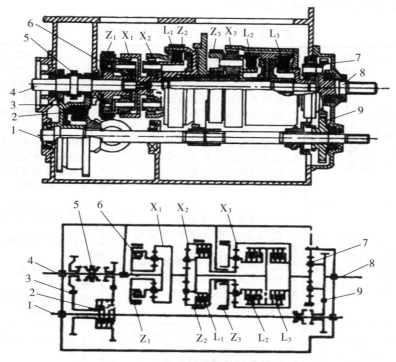

图 6-39　Ford-971 型拖拉机变速器

1-动力输出轴　2-动力输出轴离合器　3-动力输出轴齿轮　4-输入轴　5-啮合套　6-自由轮
7-行星机构　8-输出轴　9-同步动力输出轴齿轮　X_1、X_2、X_3-行星齿轮
L_1、L_2、L_3-离合器　Z_1、Z_2、Z_3-制动器

2）通常箱中第 2 轴的轴向位置和轴向间隙是调整的主要内容。如东方红-802 型拖拉机第 2 轴前轴承座与箱体间的垫片可调整 2 轴的前、后位置，轴承盖下垫片则可调整轴承间隙（或预紧力）。该调整与中央传动调整一起进行。

2. 变速器的使用维护

1）掌握正确的换挡方法。变速器挂挡或换挡必须在行走离合器彻底分离后才能进行；变速杆应扳到位，使齿轮完全啮合；切换挡位时，发动机要用小油门，起步、加速要平稳；扳动变速杆不要过猛，挂不上挡时，应使离合器稍稍接合后再挂挡，否则，容易打坏齿轮的齿并引起拨叉的变形。

2）不猛抬离合器踏板起步，不猛冲越过障碍，以减少对齿轮的冲击；遇不平路面应减速行驶；不长期超负荷工作。

3）拖拉机在斜坡上行驶时不允许换挡。

4）采用液压驱动的变速器，需要停车换挡。

5）变速器壳体内机油应定期检查更换，油面不应超过或低于检测孔螺孔位置，油位过高容易窜入离合器引起打滑。变速器正常油温不应超过 70℃。

6）经常检查并拧紧变速器固定连接处螺栓。

（八）变速器常见故障诊断与排除

变速器常见故障诊断与排除见表6-3。

表6-3 变速器常见故障诊断与排除

故障名称	故障现象	故障原因	排除方法
挂挡困难或挂不上挡	换挡时，踩下离合器，难以挂上所需挡位，变速器齿轮有尖锐的"嘎嘎"声，或无法扳动拨叉轴	1. 操作不当致离合器分离不彻底 2. 离合器踏板自由行程过大 3. 三个分离杠杆高度不一致 4. 摩擦片花键套滑动不灵 5. 变速杆或拨叉严重磨损或变形 6. 滑动齿轮端面打毛、剥落	1. 加强换挡操纵技能训练，使离合器分离后再挂挡 2. 调整离合器踏板自由行程至正常值 3. 调整三个分离杠杆高度并一致 4. 检修或更换摩擦片花键套 5. 修复或更换变速拨叉 6. 更换滑动齿轮
自动脱挡（跳挡）	作业时，出现发动机转速突然升高，车速变慢而停车，箱内齿轮自动跳回空挡位置	1. 变速器操纵机构变形 2. 拨叉轴凹槽、锁销或定位球磨损 3. 定位弹簧过软、弹簧弹力小 4. 换挡拨叉弯曲或工作面磨损 5. 齿轮轮齿磨损 6. 轴和轴承严重磨损	1. 检修或更换变速杆、罩壳、挡位板等 2. 更换拨叉轴凹槽、锁销或定位球磨损 3. 更换锁定弹簧 4. 更换拨叉 5. 修理变速齿轮轮齿表面或更换 6. 更换轴和轴承
乱挡	变速杆不能退出挡位，也挂不上预定的挡位，或同时挂上2个挡位	1. 变速杆球状定位销松动或球状磨损严重 2. 变速叉轴导槽磨损严重 3. 互锁销（锁球）严重磨损 4. 换挡轴行程限止片弯曲或断裂	1. 上紧定位销，修复或更换 2. 更换 3. 更换 4. 校直或更换
变速器工作有异响	挂挡后发响： 1. 空挡时有异常响声，踩下离合器踏板后响声消除 2. 换入任何挡位都有响声 3. 行驶中换入某挡后，响声明显 4. 作业时，突然出现撞击响声 5. 某挡出现无节奏而沉闷的响声，手握变速杆时响声消除 6. 空挡时发响 7. 轴承处有响声	1. 一轴前后轴承磨损松旷 2. 二轴后轴承磨损松旷 3. 该挡齿轮磨损严重 4. 多是齿轮严重磨损或断裂 5. 该挡拨槽或变速杆下端拨头磨损严重 6. 润滑油老化和缺油 7. 齿轮磨损严重或齿尖断裂，啮合不良 8. 变速器内有异物 9. 轴承失油或损坏	1. 检修或更换一轴前后轴承 2. 检修或更换二轴后轴承 3. 更换该挡齿轮 4. 更换严重磨损或断裂齿轮 5. 检修或更换磨损严重拨叉槽轴或变速杆 6. 加足符合技术要求的润滑油 7. 更换齿轮 8. 清除变速器内异物 9. 轴承加油润滑或更换轴承
变速器渗油、漏油、发热	1. 变速器表面油垢多 2. 变速器渗油漏油 3. 变速器烫手	1. 变速器通气孔堵塞产生正压 2. 润滑油冷却不良 3. 油封损坏老化、油封弹簧弹力不足；箱体接合平面不平、纸垫损坏；紧固螺栓松动或拧紧力不一致 4. 轴颈油封部位磨损、箱体有裂纹，螺塞松动等 5. 齿轮啮合间隙过小，轴承、垫圈装配过紧 6. 润滑油不足、黏度过小或变质	1. 清洁疏通变速器通气孔 2. 加大对润滑油的冷却措施 3. 更换油封，检修箱体结合平面，更换密封纸垫，拧紧紧固螺栓，并拧紧力矩要一致 4. 检修轴颈和油封、焊接箱体裂纹，拧紧螺塞 5. 适当增大齿轮啮合间隙和轴承、垫圈装配间隙 6. 加足符合规定牌号的润滑油

五、后桥

后桥是拖拉机后部、两侧驱动轮之间所有传动机构及其壳体的总称，又称驱动桥。其功用是减速增扭、改变扭矩的传动方向并借助机体承担整机的推动力。

（一）后桥的组成与布置

轮式拖拉机后桥一般由中央传动、差速器和最终传动装置组成。其根据最终传动装置的布置形式分为外置式和内置式两种，见图6-40。即两侧最终传动分别靠近驱动轮处，并有单独壳体的叫外置式，有较大的离地间隙；反之两侧最终传动靠近中间，与中央传动等装在同一壳体内的叫内置式，其结构紧凑，但离地间隙较低。

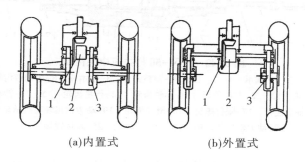

(a)内置式　　　　　　　　(b)外置式

图6-40　轮式拖拉机后桥

1-中央传动　2-差速器　3-最终传动

外置式最终传动。发动机转矩经变速器输入中央传动主减速器，减速增扭后，改变扭矩旋转方向，经差速器分配给左右半轴，通过最终传动齿轮传至驱动轮，驱动拖拉机行驶。

履带式拖拉机后桥由中央传动、转向离合器和最终传动等组成，见图6-41。转向离合器既是传动部件，又是转向系统组成部分。

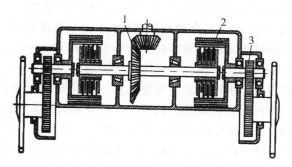

图6-41　履带式拖拉机后桥

1-中央传动　2-转向机构　3-最终传动

（二）中央传动

1. 中央传动的组成和功用

中央传动也叫主减速器，由一对圆锥齿轮或螺旋圆锥齿轮组成。它的功用是将变速器传来的扭矩进一步增大，转速进一步降低；将纵置发动机动力的旋转平面转过90°，然后再传给差速器、驱动半轴。图6-42为东风-50拖拉机中央传动。对于手扶拖拉机等横置发动机的无须改变扭矩传递方向，所以其中央传动采用圆柱齿轮。

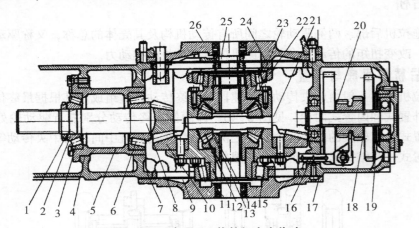

图 6-42　东风-50 拖拉机中央传动

1-锁紧螺母　2-锁片　3、6-轴承　4、7、11、24-调整垫片　5-轴承座　8-小圆锥齿轮轴　9、26-轴承盖
10-大圆锥齿轮　12、22-差速器壳　13-半轴齿轮　14-行星齿轮　15、23-轴承　16-动力
输出轴变速杆　17-限位螺钉　18-滑动齿轮　19-动力输出轴高挡从动齿轮
20-动力输出传动轴　21-行星齿轮轴　25-差速锁接合套

东风-50 拖拉机中央传动由一对螺旋锥齿轮组成，传动比为 4.875。其中小锥齿轮与变速器第二轴（亦称小圆锥齿轮轴）8 制成一体并支撑在两个锥轴承 3、6 上，用专用螺母 1 锁紧，并借以调整轴承的预紧力在 1.47~2.45N·m。使用中，装配时小圆锥齿轮的安装距离以小圆锥齿轮的小端端面到该齿轮轴轴承座孔端面间的正常距离为 $182^{+0}_{-0.03}$ mm；当小圆锥齿轮的轴向间隙超过 0.10mm 时，应在轴承座 5 与壳体之间减少调整垫片 4 的数量进行调整。

从动大圆锥齿轮 10 用螺栓固定在差速器壳 12 上。差速器壳盖 22 用螺栓与差速器壳 12 紧固在一起，支撑在两个轴承 15、23 上。在左、右轴承盖 9、26 与轴承 15、23 的外圈之间有调整垫片 11、24，用以调整从动大圆锥齿轮的轴向位置和轴承预紧度。

差速器壳 12 内安装着两对相互啮合的行星齿轮 14 和半轴齿轮 13，半轴齿轮用花键与半轴连接。变速器的动力经圆锥齿轮轴前的啮合套传给主、从动锥齿轮、差速器壳。然后经行星齿轮将动力分配给左右半轴齿轮、半轴，并最终传给驱动轮。

东风-50 拖拉机中央传动大小锥齿轮的齿侧间隙对新齿轮副规定为 0.25~0.35mm。使用中由于齿面磨损而增大间隙时不进行调整。新机出厂时，对大锥齿轮即差速器壳的两个圆锥滚子轴承规定有 1.96~2.94N·m 的安装紧度（预紧力矩）。使用中，当轴承磨损使差速器壳的轴向间隙超过 0.15mm 时，应予调整。此项调整以及啮合印痕调整过程中，需变动大锥齿轮轴向位置时，均采用改变轴承座与轴承外圈间垫片 11 的厚度方法。

2. 中央传动的正确啮合与调整

中央传动圆锥形齿轮必须处于正确的啮合位置，否则会造成噪声大、磨损快、齿面剥落甚至轮齿折断现象。正确的啮合位置是指两个锥形齿轮的节锥母线要重合，通常用齿侧间隙和啮合印痕来判断。安装一对新圆锥齿轮时，正确的齿侧间隙为 0.2~0.5mm（具体数值查阅产品说明书），齿面上的啮合印痕应不小于齿长之半，且应处于齿高的中部，在齿长方向应稍近小端。后一要求是因检查印痕时齿轮上未承受载荷之故。实际工作中轮齿受载荷作用，小端的齿形变形较大，啮合印痕会向大端方向移动，而趋向齿长的中间。

（1）齿侧啮合间隙的测量与调整　常用啮合印痕法或百分表法 2 种方法。①啮合印痕法就是将长 15~20mm、厚 0.5mm 的铅片放在拖拉机前进时的锥齿轮副受力面之间（主动圆锥齿轮的凹面，从动圆锥齿轮的凸面），转动齿轮挤压后，取出测量最薄处厚度的方法测得啮合间隙。②百分表法是将表触头于从动圆锥齿轮大端齿面上（触头运动方向应与齿面垂直），固定住主动圆锥齿轮，按旋转方向摇动从动圆锥齿轮，此时百分表的读数即为啮合间隙。无论采用什么方法检查，其测量点数应不少于 3 点，且应均匀分布在齿轮圆周上。

使用中，由于齿面磨损，齿侧间隙随之增大。对于螺旋齿轮，单纯因齿面磨损造成的齿侧间隙增大，无需调整，因调整反而会破坏正确啮合位置。当齿侧间隙磨损到极限时应成对更换（有的机型用增减从动锥齿轮轴承座调整垫片来调整）。更换新的圆锥齿轮副时，应按规定调整齿侧间隙。

（2）啮合区的检查与调整　在从动大齿轮的工作面上涂上一层红印油，整个齿轮等分 4 处，每处 3~4 牙，然后正反转动齿轮数转，这时粘贴在主动小齿轮上对应啮合面上的印痕即为啮合印痕。轮齿两齿面齿长方向接触区均应不少于 45% 齿长，齿高方向接触区均应不少于 50% 齿高，啮合区在齿面中部稍偏小端，但距端边不得小于 5mm。

啮合印痕变动主要因轴承磨损引起齿轮轴向定位间隙增大，造成啮合位置变动。所以使用中要定期检查调整中央传动，消除因轴承磨损而增大的轴承间隙，从而使大小锥齿轮副恢复正确的啮合位置。

为提高中央传动锥齿轮的支承刚度，有的车辆规定安装或调整时要使圆锥滚子轴承有一定的预紧力，也有的车辆规定留有一定的轴向间隙。这与不同车辆的结构和工作受力、受热变形情况有关。

为了调整中央传动圆锥滚子轴承的安装紧度或间隙及锥齿轮啮合位置（轴向位置），一般都采用调整垫片或调整螺母两种调整方法。调整时要按说明书规定进行：①调整时应先调好轴承的安装紧度或轴向间隙，然后调整啮合印痕。如有的机型当中央传动主动圆锥齿轮轴承 30309、32310 有轴向间隙时，松开止推垫片，拧紧圆螺母，直至单独转动主动弧齿锥齿轮时产生 0.75~1.50N·m 的预紧力矩，然后再将锁紧止推垫片锁紧。②为便于安装和印痕调整，一般都规定中央传动小锥齿轮的安装距离。为方便测量，有的定为小锥齿轮小端端面到后桥轴中心线（或差速器壳体、小锥齿轮轴承座安装端面间）的距离。一般情况下只要啮合印痕正确，安装距离也能保证。但有时会遇到调整好印痕后，安装距离会稍大于或小于规定值，这是制造和安装中的积累误差所致。应当指出，只强调啮合印痕完全不考虑安装距离是不对的，因为这样有时可能出现打齿现象。③检查调整啮合印痕时，应以前进工作面为主，适当照顾倒退挡，倒退挡工作面上印痕只要不过分偏移到齿轮边缘即可。各机型具体调整方法按其产品说明书的规定进行。

（三）差速器

1. 差速器的功用

差速器的功用是为适应在转弯或在不平路面上行驶时，将中央传动传来的动力传递给左、右两半轴，使左、右两侧驱动轮以不同的速度转动，实现顺利转向。转弯时，外侧驱动轮走的距离长，内侧驱动轮走的距离短。因此拖拉机上都装有差速器，满足转弯时左右两半轴转速不同的要求，保证两驱动轮在转弯时做纯滚动，不产生滑移。

2. 差速器的组成

拖拉机上一般采用闭式圆锥齿轮差速器。差速器主要由齿轮箱盖、半轴齿轮、行星齿轮和

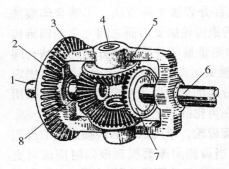

图 6-43　差速器结构
1、6-半轴　2-差速器壳　3-中央传动
大锥齿轮　4-行星齿轮轴　5、7、8-行
星齿轮　6-中间齿轮

差速器壳等零件组成，见图 6-43。为了便于拆装，整个差速器做成单独的总成，并做成专门的差速器齿轮箱壳以安装行星齿轮和半轴齿轮。中央传动大锥齿轮固定在差速器壳上，壳内有 4 个直齿圆锥齿轮，与左右半轴连在一起的两个锥齿轮为半轴齿轮，与半轴齿轮啮合的圆锥齿轮为行星齿轮，行星齿轮空套在轴上，轴安装在差速器壳上。行星齿轮大都采用 4 个，齿数为 10～12 齿；半轴齿轮 2 个，齿数一般为 16～20 齿。

3. 差速器的工作过程

中央传动大锥齿轮带动差速器壳转动，作用在差速器壳上的扭矩经轴传给行星齿轮，然后再通过行星齿轮的轮齿平均地分配给两边的半轴齿轮，使两边驱动轮得到相同的扭矩。如果拖拉机直线行驶，则两边半轴齿轮在行星齿轮的驱动下随同差速器壳体一起旋转，两边驱动轮转速相同。

拖拉机转向时，一侧行走轮受阻，使两边半轴齿轮转速不同，受阻碍半轴齿轮的转速低于差速器壳，另一侧半轴齿轮的转速高于差速器壳，且一侧减少的值恰好等于另一侧增加的值。这时行星齿轮随差速器壳公转外，还产生自转。

4. 差速器的工作特点

由于差速器是通过行星齿轮传递和分配扭矩，其特点是"差速"不"差扭"。这给一侧驱动轮陷入泥泞或冰雪路面打滑时，另一侧在良好路面上，仍造成拖拉机不能前进，为消除这一缺陷，轮式拖拉机差速器上设有差速锁。

5. 差速器总成轴承间隙的调整

当差速器总成轴承有轴向间隙时，应同时抽掉左右短半轴轴承座相等厚度的垫片，然后将固定左右短半轴轴承座的螺栓拧紧。拧紧后以稍稍用力能用手扳动从动弧锥齿轮（拆除主动弧锥齿轮及两侧最终减速大齿轮）转动为宜。

6. 差速器总成轴承的预紧与调整

将差速器总成放入后桥壳体中，在轴承和齿面上涂润滑油，然后在左右短半轴总成内压入轴承外圈到位，并将该总成（不带调整垫片）装入箱体孔中，支托起差速器总成。先拧紧左边 2 个沉头螺钉，并将 5 个专用 M12×25 螺钉以 60N·m 力矩拧紧。再拧紧右半轴总成上 5 个专用螺钉，使差速器上产生摩擦阻力矩（含主动锥齿轮阻力矩）5.5～8.0N·m。也可将细绳索缠在差速器壳上，用弹簧秤测得拉力为 70～100N。

（四）差速锁

差速锁是一种强制性锁死差速器的装置。一般由操纵手柄、推杆、回位弹簧、缓冲弹簧、连接齿套等组成，见图 6-44。当车辆发生一侧驱动轮滑转或进入泥泞滑溜地段时，驾驶员应停车后再操纵差速锁手柄至接合位置，经推杆压缩回位弹簧，使连接齿套向左移动，通过花键啮合将两半轴联成一体，将差速器暂时锁死，消除差速，使两驱动轮以同样速度旋转，整个车辆的驱动力取决于两侧驱动轮的附着力之和，充分利用良好地面一侧驱动轮的附着力，使拖拉机驶出打滑路段。拖拉机驶出打滑路段后，先分离离合器，再松开差速器操纵手柄，连接齿套在回位弹簧作用下与半轴齿轮分离，差速器又恢复差速作用。

使用中应特别注意：差速锁处于接合状态时，拖拉机必须保持直线行驶，否则会损坏差速

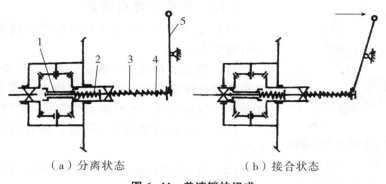

（a）分离状态　　　　　　　　　（b）接合状态

图 6-44　差速锁的组成

1-连接齿套　2-缓冲弹簧　3-回位弹簧　4-推杆　5-操纵柄

器和传动系其他零件；使用后及时松开差速锁操纵手柄或踏板，在回位弹簧作用下差速锁就自动分离，否则转弯时将造成极大困难。差速锁布置形式有连接两半轴和连接一根半轴与差速壳两种形式。

（五）　最终传动

拖拉机行走传动系统中最后一级的（差速器或转向机构之后，驱动轮之前）变速机构称为最终传动。其功用是再进一步提高驱动轮的驱动扭矩和降低驱动轮的转速。拖拉机最终传动方式有外啮合圆柱齿轮传动和行星齿轮传动两种。

1. 外啮合圆柱齿轮最终传动

外啮合圆柱齿轮最终传动以东风-50型拖拉机为例，该传动属外置式，由一对直齿圆柱齿轮和壳体等组成，见图6-45。它布置在机器两侧驱动轮上，又称边减速器。主动齿轮6和半轴制成一体，用两个圆柱滚子轴承支撑。从动齿轮1套在驱动轮轴3的花键上。驱动轮轴3通过两个圆锥轴承支撑在最终传动壳体2中，轴的伸出端有驱动轮接盘，用来安装驱动轮。两个圆锥轴承的内圈靠轴上的隔套及螺母夹紧，外圈靠两端的轴承盖抵住，并可用里轴承盖下的调整垫片调整轴承间隙。在外轴承盖中装有自紧油封，防止漏油和泥水浸入。最终传动壳体2用螺栓连接到半轴壳体5上。在连接部位的半轴与其壳体间装有自紧油封，以防最终传动中的润滑油窜入半轴壳体内，影响制动器工作。

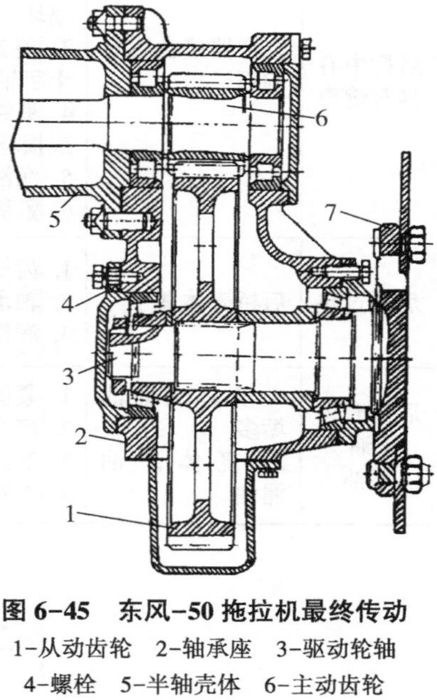

安装时，若使最终传动壳体与半轴壳体上的孔相对错开一个位置，即可改变拖拉机的离地间隙和轴距。壳体上有单独的加油口和放油孔。特点是：具有结构简单，制造和装配较方便的特点，故被应用于多数拖拉机上。

图 6-45　东风-50 拖拉机最终传动

1-从动齿轮　2-轴承座　3-驱动轮轴　4-螺栓　5-半轴壳体　6-主动齿轮和半轴　7-驱动轮毂

2. 行星齿轮最终传动

现在拖拉机上也有采用单级行星齿轮为最终传动的边减速器，见图6-46。动力传递为：驱动半轴→小齿轮→内齿轮→驱动轮毂。特点是：具有结构紧凑，可获得较大的传动比和箱体受力较均匀的特点，但结构和制造工艺都比较复杂。

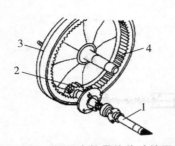

图 6-46　行星齿轮最终传动简图

1-驱动半轴　2-小齿轮

3-驱动轮幅盘　4-内齿轮

（六）　后桥的使用维护

（1）定期检查各连接部位螺栓紧固情况，如有松动应及时按要求紧固。

（2）新车磨合后应趁热放出箱体内润滑油，进行清洗，并更换符合规定的润滑油。定期检查变速器和最终传动齿轮室的油位和油质，及时添加符合规定的润滑油。

（3）定期清洁疏通通气孔等；若有泄漏应及时更换密封装置。

（4）使用中发现有异常响声或箱体过热现象，应立即停车，排除故障。

（5）定期检查调整轴承间隙（或预紧度）和齿轮啮合印痕。

（6）最终传动主、从动齿轮齿面剥落或磨损严重时，可将从动齿轮翻转 180°，将左右两侧主动齿轮相互调换重新安装使用，或将左右两侧主动齿轮连同轮毂等成对换边使用。

（七）　后桥常见故障诊断与排除（表 6-4）

表 6-4　后桥常见故障诊断与排除

故障名称	故障现象	故障原因	排除方法
后桥中有异常响声	离合器接合后有响声	1. 轴承磨损或调整不当 2. 中央传动齿轮副啮合不正常或损坏 3. 差速器行星齿轮、半轴齿轮、十字轴、垫圈磨损 4. 最终传动齿轮或轴承严重磨损或损坏 5. 润滑油量不足 6. 紧固螺母（栓）松动	1. 正确调整或换用新轴承 2. 重新调整或换用新齿轮副 3. 换用新件 4. 检查调整或换用新件 5. 按要求加足润滑油 6. 按要求紧固螺母（栓）
后桥过热	后桥壳体烫手	1. 齿轮副配合间隙过小 2. 轴承间隙过小或预紧度过大 3. 润滑油量不足或用油不当	1. 重调齿侧间隙 2. 重调轴承间隙或预紧度 3. 补加或更换合格的润滑油
后桥壳体渗油、漏油	1. 壳体表面油垢多 2. 壳体渗油漏油	1. 紧固螺栓松动或拧紧力不一致 2. 接合平面损坏或垫片损坏 3. 油封老化或磨损 4. 齿轮油加注过多	1. 按要求紧固 2. 修整结合平面或更换垫片 3. 更换油封 4. 放油至正常油位

第三节　转向系统

一、转向系统的功用

转向系统的功用是用于保持和改变拖拉机的行驶方向，以保证车辆正确、安全地行驶。

轮式拖拉机行驶方向的改变是通过转向轮在路面上偏转一定的角度来实现的，控制转向轮偏转的一套操纵机构叫拖拉机转向系统。

二、转向方式

为使拖拉机转向，必须在车上造成一个与转弯方向一致的转向力矩，来克服车辆转弯的阻力矩。按产生转向力矩的方法分为偏转前轮（轮式）、偏转驱动轮（履带和手扶式）、偏转前后轮（即四轮转向）和折腰转向法。按其转向能源可分为机械式（手动）和液压式（液压助力）转向系统两种。

三、轮式拖拉机的转向系统

（一）机械式转向系统

机械式转向系统是以人的体力作为动力，所有传力件均为机械。常用的有转向梯形式和双拉杆式两种。它们主要由转向操纵机构（转向盘和转向轴）、转向器（减速传动装置）和转向传动机构三部分组成。其特点是操纵较费力，劳动强度较大，但结构简单、工作可靠、路感性好、维护方便。故在轮式拖拉机中广泛采用。

1. 机械式转向系统的形式

（1）转向梯形式转向系统　该转向系统的传动机构是由转向垂臂、纵拉杆、横拉杆、转向节臂、左右梯形臂等组成，因是单根拉杆故又称为单拉杆式。其中左、右梯形臂、横拉杆和前轴组成转向梯形，见图6-47。转向时，驾驶员作用于转向盘上的力，经过转向轴传给转向器，经转向器将转向力放大后，再通过纵拉杆和转向节臂带动转向梯形及两导向轮偏转，实现转向。当转向梯形布置在前轴（前桥）前面的称为前置式转向梯形；布置在前轴后面的称为后置式转向梯形。

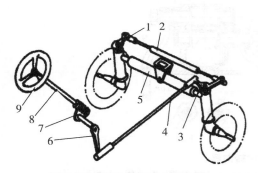

图6-47　转向梯形式转向系统
1-转向梯形臂　2-横拉杆　3-转向节臂
4-纵拉杆　5-前轴　6-转向垂臂
7-转向器　8-转向轴　9-转向盘

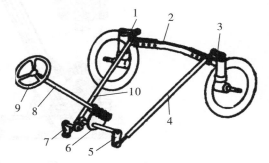

图6-48　双拉杆式转向系统
1-左转向节臂　2-前轴　3-右转向节臂
4-右纵拉杆　5-右转向垂臂　6-转向器
7-左转向垂臂　8-转向轴
9-转向盘　10-左纵拉杆

（2）双拉杆式转向系统　上海-50型拖拉机采用双拉杆式转向系统，见图6-48。其传动机构由左、右纵拉杆和左、右转向节臂组成2个"半梯形"构成。每个"半梯形"纵拉杆分别与左、右垂臂相铰连。操纵转向盘时，通过转向器使转向内侧垂臂向前、外侧垂臂向后摆动，带动左、右两纵拉杆分别操纵左、右转向节臂，使前轮发生偏转，且内侧导向轮偏转角大于外侧偏转角，实现转向。特点是没有横拉杆，总体布置较易，可缩小导向轮与转向节立轴间的距离，减少操纵力；但要在转向器内增加一对传动副，结构较复杂。

2. 转向操纵机构

该机构由转向（方向）盘和转向轴组成。其功用是操纵拖拉机实现转向轮偏转和保持直线行驶。

（1）转向盘 它是一个直径为 400~500mm 的金属圆环和辐条焊接制成，外面包有橡胶或树脂及皮等。其功用是操纵拖拉机行驶方向；设置于驾驶员正前方，有的安装喇叭开关等。

（2）转向轴 转向轴上部加工有螺纹和花键，穿过转向盘中心孔，然后用紧固与转向盘紧固，下部直接与转向器相连，或通过万向节传动装置与转向器连接。

3. 转向器

转向器是转向减速增扭传动机构。其功用是将转向盘的扭矩增大并变换为转向垂臂的前后摆动，带动纵拉杆驱使导向轮向左或向右偏转，完成转向动作。拖拉机以前常用的转向器有循环球式、球面蜗杆滚轮式和蜗杆曲柄指销式转向器，现中型以上拖拉机大多采用液压转向器。

（1）循环球式转向器

1）构造。又称综合转向器，是由两套或三套传动副组成。两套传动副用在单拉杆（转向梯形）式转向传动机构上，其中一套是螺杆螺母传动副，另一套是齿条齿扇传动副或滑块曲柄销传动副。三套传动副的用在双拉杆式转向传动机构上，除螺杆螺母副外，另两套是由曲柄销副和扇形齿轮副构成。上海-50 型、东风-50 型拖拉机采用后者，见图 6-49。

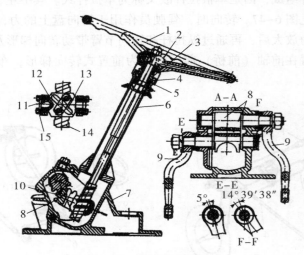

图 6-49 循环球式转向器

1-转向盘 2-锁紧螺母 3、5-轴承上下座 4-止推钢球 6-转向柱管 7-壳体 8-扇形齿轮
9-转向垂臂 10 钢球 11-球头指销 12-转向螺母 13-导流管 14-转向螺杆 15-调整垫片

转向螺母直径大于螺杆直径，松套在螺杆上。在螺母和螺杆的内、外圆面上加工出断面近似半圆的螺旋槽，二者的槽配合成螺旋形通道。螺母侧面有两对通孔，可将钢球从此孔塞入螺旋通道内；螺母外有两个钢球导管，每导管的两端分别插入螺母侧面的一对通孔中，以组成两条管状的封闭循环通道，实现了螺杆与螺母之间的滚动摩擦，减小了摩擦阻力。转动转向螺母时，螺杆通过钢球推动转向螺母做轴线移动，同时由于摩擦力的作用，所有钢球在螺旋通道内滚动，形成"球流"。钢球在螺母内绕行两周后，流出螺母进入导管，再由导管流回螺母通道内，故在转向器工作时，两列钢球只是在各自的封闭通道内循环，而不会脱出。

当转动转向螺杆时，螺杆通过钢球推动转向螺母做轴向移动同时，又通过球头指销和曲柄带动下扇形齿轮轴转动，并使上扇形齿轮轴以相反方向跟着转动，从而带动左右转向垂臂做一前一后的摆动，再经左、右纵拉杆和转向节臂使左、右导向轮偏转。其中曲柄与下扇形齿轮轴制成一体，安装在曲柄上的两个球头指销，插在循环球螺母外圆上 2 个对应的半球形销窝中，销与销窝间的间隙，可用球头指销板与曲柄间的垫片调整。因为曲柄销作圆弧运动，所以与转向轴制成一体的螺杆下端没有轴承支承，仅在转向轴上端设一推力球轴承，支承在转向柱管中，让转向螺杆下端能做少量的摆动。此转向轴的轴向游动量，可用扳手转动轴承上座进行调整。

螺母外表面切有倾斜的等齿厚齿条，与其相啮合的是变齿厚齿扇，齿扇与转向摇臂轴制成一体，支承在壳体的衬套上。

2）传动副啮合间隙的调整装置。啮合间隙是通过改变转向摇臂轴的轴向位置即改变齿扇与螺母间的相对位置来实现的。调整螺钉圆头嵌在摇臂轴端部的"T"形槽内，其螺纹部分拧在侧盖上，并用螺母锁紧，将螺钉旋入，则啮合间隙变小；反之则啮合间隙变大。

3）传动副特点。正传动效率很高，可达 90%～95%，故操纵轻便，使用寿命长。但逆传动效率也高，在坏路面上行驶，易发生转向盘"打手"现象。

（2）球面蜗杆滚轮式转向器 球面蜗杆滚轮式转向器结构，见图 6-50。所谓滚轮是蜗轮轮齿的变形。在转向蜗杆箱 6 中，安装蜗杆 3 和滚轮 9 组成的转向啮合传动副。蜗杆 3 的内孔以三角花键套在转向轴 5 的下端，蜗杆两端装在两个无内圈的圆锥滚子轴承（即蜗杆轴承 4），蜗杆的两端做成斜面形状，代替了轴承内圈。转向轴 5 上端与转向盘连接。滚轮 9 通过大锥角轴承 8 或滚针套在滚轮轴 10 上，滚轮轴又安装在转向摇臂 11 中部凸起的 U 形销座上。当转动转向盘使转向轴 5 转动时，球面蜗杆 3 就带动与之相啮合的滚轮 9 滚动，与滚轮轴 10 相连的转向摇臂轴 11 则随之转动，通过锥形三角花键或其他形式连接在转向摇臂轴 11 伸出端的转向摇臂轴就随之前后摆动，带动传动装置使前轮偏转，实现转向。该种转向器传动效率高，磨损小，啮合情况好，铁牛-55 等拖拉机采用这种转向器。

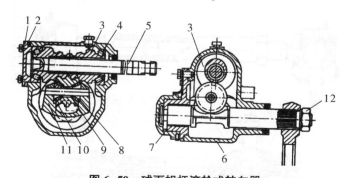

图 6-50 球面蜗杆滚轮式转向器
1-轴承盖 2、7-调整垫片 3-蜗杆 4-蜗杆轴承 5-转向轴 6-蜗杆箱
8-大锥角轴承 9-滚轮 10-滚轮轴 11-转向摇臂轴 12-螺母

蜗杆蜗轮式转向器与球面蜗杆滚轮式转向器属同一类型，只是将球面蜗杆改成普通蜗杆，滚轮改为扇形蜗轮而已。它传动比小，传动效率低，操纵费力，磨损快，将被球面蜗杆滚轮式转向器取代。

（3）蜗杆曲柄指销式转向器 蜗杆曲柄指销式转向器结构见图 6-51。该转向器用曲柄代替蜗轮，用锥形指销代替蜗轮齿。其传动副以转向蜗杆为主动件，其从动件是装在摇臂轴 2 上曲柄 4 端部的指销，曲柄销插在蜗杆的螺旋槽中。转向时蜗杆转动，使曲柄销绕摇臂轴做圆弧运动，同时带动摇臂轴转动。其特点是加工容易。长春-30、40 等拖拉机采用此转向器。

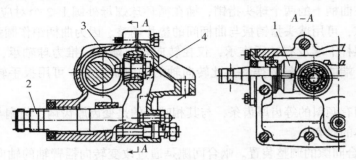

图 6-51　曲柄指销式转向器
1-转向摇臂　2-转向摇臂轴　3-指销　4-曲柄

4. 转向传动机构

机械转向传动机构的功用是将转向盘转动，经转向器变成转向摇臂的前后摆动，再通过纵拉杆、拉杆球头和转向节臂带动转向梯形，从而带动两导向轮偏转。机械转向传动机构主要由转向摇臂、纵拉杆、转向节臂和转向梯形组成。

（1）转向摇臂　转向摇臂与摇臂轴间用三角形细花键连接，下部以球头销与纵拉杆铰链连接。为保证向左和向右转向时，导向轮最大偏转角相同，转向摇臂与转向轴间应刻有装配记号或花键中制有盲键等，供装配时找准相对位置。

（2）纵拉杆　通过一根连接转向摇臂与转向节臂的空心管子做传动杆件，见图 6-52。两端有拉杆接头，分别与转向摇臂和转向节臂上的球头销配合。拉杆接头内部设有补偿弹簧，以消除球头销磨损后产生的间隙。纵拉杆长度可以调整。

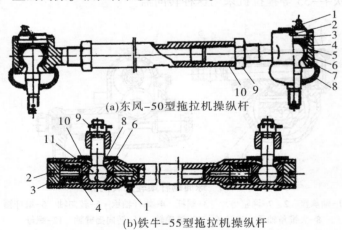

(a)东风-50型拖拉机操纵杆

(b)铁牛-55型拖拉机操纵杆

图 6-52　二种型式的纵拉杆
1-注油嘴　2-开口销　3-密封盖　4-补偿弹簧　5-球头销盖　6-球头销座
7-接头　8-防尘罩　9-锁紧螺母　10-转向拉杆　11-球头销

（3）横拉杆　横拉杆的拉杆体两端加工有正、反螺纹与两端接头旋装连接。当旋松夹紧螺栓时，旋转横拉杆体即可改变横拉杆有效长度，调整前轮前束值。横拉杆接头上装有球头销分别与两侧转向梯形臂连接，球头部分夹紧在球头销座内。横向布置的补偿弹簧将球头座压在球头上，可自动消除其之间的间隙，减小转向盘自由行程，防左右两球头中心距改变。

（二）液压传动转向系统

为了减轻驾驶员劳动强度，在大中型拖拉机中广泛采用液压传动转向系统。液压传动转向是利用发动机输出的动力转换成液压能来推动转向机构实现转向。按其配用的是机械式转向器还是液压式转向器，又分为液压助力式和全液压式两种。其特点是转向操纵灵活轻便、性能安全可靠、结构轻便、成本低。详见第八章第三节。

四、履带式拖拉机的转向系统

履带式拖拉机转向系统和轮式拖拉机不同，履带式拖拉机转向是利用设在传动系内的转向机构，改变传到两侧驱动轮上驱动力矩，使两侧履带上具有不同驱动力，形成转向力矩，从而实现转向。履带式拖拉机广泛使用的是转向离合器式，它由转向离合器和操纵机构组成。

（一）转向离合器

1. 构造

履带式拖拉机转向离合器的构造见图6-53。2个转向离合器分别布置在中央传动与左右最终传动之间，并各设一套操纵机构，通过操纵左右操纵杆来分别控制。

转向离合器的作用原理和主离合器的作用原理是一样的，但因动力经过变速器和中央传动两级增扭后，转向离合器传递的扭矩比主离合器大得多，所以履带式拖拉机多采用干式多片常接合式摩擦离合器，见图6-53。其横轴11由中央传动大锥齿轮带动，花键端装有主动鼓1，主动鼓的外圆齿槽上松动地套有10片主动片6，每两主动片之间有一片两面铆有摩擦衬片的从动片5，也是10片。从动片的外圆周上有齿，与从动鼓4的内齿套合上。从动力鼓4用螺钉固定在从动鼓接盘3上，并通过它带动最终传动主动齿轮。6对大小压紧弹簧7通过拉杆8将压盘12压向主动鼓1，使主、从动片压紧，即常啮合。

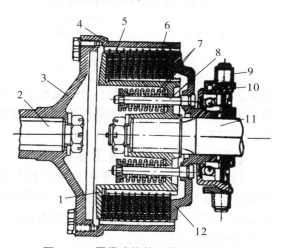

图6-53 履带式拖拉机转向离合器

1-主动毂 2-最终传动主动轴 3-从动毂接盘 4-从动毂 5-从动片 6-主动片 7-大小压紧弹簧 8-弹簧拉杆 9-分离拨叉 10-分离轴承座 11-横轴 12-压盘

分离轴承被螺母压紧在压盘12的颈部，分离轴承座10的外面套有分离拨叉9，当转动分离拨叉9时，分离轴承往中央传动方向移动，带动压盘和压紧弹簧，进而使主、从动片之间的压紧力降低或彻底分离。

2. 工作过程

（1）直线行驶　两侧转向离合器都接合，动力经中央传动到左右转向离合器、最终传动和驱动轮给两侧驱动履带的动力相等，拖拉机保持直线行驶。

（2）转向　如操纵一侧转向杆，使之处于半分离状态或间断地做分离或接合动作，便可减小这一侧履带的驱动力，使拖拉机向该侧作所需大转向半径转弯的需要。如操纵一侧转向杆，使该侧离合器完全分离，即完全切断该侧履带的驱动力，就可进行较小半径的转弯。如在一侧离合器完全分离时，又踩下制动踏板，使该侧转向离合器从动部分完全制动，该侧履带停止拖行，则拖拉机就绕该侧履带原地转向。

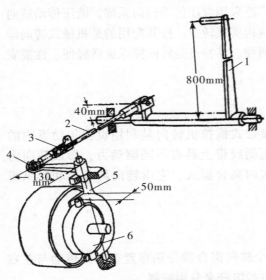

图6-54　履带式拖拉机操纵机构
1-操纵杆　2-推杆　3-调整接头
4-分离杠杆　5-分离叉　6-分离拨圈

（二）操纵机构

东方红-75拖拉机转向离合器的操纵机构见图6-54。其操纵杆全行程为400~500mm（含60~80mm的自由行程）。摩擦片磨损后，自由行程减小，不能保证离合器的可靠接合。为恢复原数值，可拧转调整接头3以缩短推杆的长度。

五、手扶拖拉机的转向机构

手扶拖拉机的转向方式是通过改变两侧驱动轮动力来实现的，转向时驾驶员通过对手扶架上的转向把手施加一定的转向力矩以协助转向。有尾轮的手扶拖拉机，通过两侧驱动轮的驱动差，同时偏转尾轮来实现转向。手扶拖拉机常采用牙嵌式离合器，见图6-55。

（一）牙嵌式离合器的组成

转向离合器常设在变速器内，由转向拨叉、转向齿轮、牙嵌式离合器转向轴、中央传动从动齿轮和操纵部分（转向把手、拉杆、转向臂）等组成。左右两根转向拨叉装在转向盖板上，其下端插入转向齿轮的拨叉槽内。转向轴中间套装着中央传动从动齿轮，由弹簧挡圈限位，该齿轮两端和左、右两个转向齿轮的内端都有接合牙嵌，组成左、右两个牙嵌式离合器。

（二）牙嵌式离合器工作过程

（1）直行　当两转向手把处于放松位置时，在转向弹簧的作用下，两转向齿轮牙嵌与中央传动从动齿轮牙嵌相啮合，动力经左右转向牙嵌传给左右最终传动，使两驱动轮得到相等的扭矩而直线行驶。

（2）左转向　当捏紧左边转向手把，通过左转向拉杆、转向臂拉动左转向拨叉，使左转向齿轮压缩弹簧向左侧移动，左转向齿轮牙嵌与中央传动从动齿轮左侧牙嵌分离，左侧驱动轮动力切断，右侧驱动轮照常转动，拖拉机向左转向。转向后，松开转向把手，恢复动力传递，拖拉机又开始直行。转向半径大小和拖拉机速度、牙嵌分离时间的长短有关。

（3）右转向　捏右侧转向手把，原理相同。

（三）转向下陡坡

手扶拖拉机转向下陡坡时的操作与平地上行驶转向操

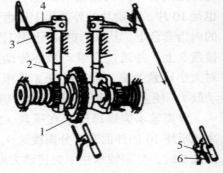

图6-55　手扶拖拉机牙嵌式转向离合器
1-中央传动从动齿轮　2-转向拨叉
3-转向拉杆　4-转向臂
5-把套　6-转向把手

作相反，即左转向下陡坡，捏右转向把手；右转向下坡，捏左转向把手。下坡前应减速用人力扳动整个扶手架进行转向，最好垂直下坡。

为保证转向牙嵌的完全接合和彻底分离，转向离合器在分离状态其转向手把与扶手套间应有 2~4mm 间隙。

六、转向系统的使用维护

（一）转向系统使用

1. 轮式拖拉机转向系统使用

（1）保持两侧轮胎气压正常和一致 轮胎气压过低会增大转向时的操纵力，缩短其使用寿命；气压过高时，行驶时产生颠簸，容易引起机手疲劳；轮胎气压不一致时，车辆易跑偏。

（2）合理掌握车速 过沟或田埂应降低车速，防止震坏转向零部件，禁止高速急转弯。

（3）避免猛打转向盘 地头转弯时若猛打转向盘会打死车轮，使前轮停止滚动而侧滑。

（4）尽量避免偏牵引作业 以免频繁纠正方向。

（5）定期对调左右两驱动轮 轮胎磨损不一致会使拖拉机自动跑偏，对调使其磨损一致。

（6）行驶时禁用差速锁 只有当拖拉机一驱动轮严重打滑或需要过障碍物时，才能接合差速锁。

（7）接合差速锁必先彻底分离离合器 使拖拉机停驶后再进行缓慢踩下差速器踏板；特别是驱动轮打滑时，更不能猛踩差速器踏板，否则易将差速锁打坏。差速锁接合后禁止拖拉机转弯。

2. 履带式拖拉机转向系统的使用

1）拉放操纵杆应缓和、迅速平稳。急转弯时，首先迅速将操纵杆拉到底，使转向离合器彻底分离后再踩制动器；放松时则次序相反，达到动作敏捷，配合恰当。否则，除增大功率消耗外，还会加速摩擦片的磨损和翘曲变形。

2）尽量避免重负荷下转向和急转弯。否则会加大柴油机的负荷及熄火，还会加剧离合器打滑，加速磨损。

3）严禁长期超负荷作业。防止离合器摩擦片发热烧损或早期磨损。

4）避免偏牵引作业。否则会造成一侧转向离合器摩擦片早期磨损。

（二）转向系统的维护

（1）转向器的调整 转向器传动副的可调元件是传动副的被动部分，通过改变其主动部分的相对位置，以改变其啮合间隙。转向轴通常用 2 个（或 1 个）锥形轴承支承，因此其轴向游动量（即轴向间隙）一般可通过改变轴承盖下的垫片调整或用调整螺母调整。拧紧调整螺母的同时用手不断地转动转向器轴，直至消除其间隙并稍有阻力时为止，最后拧紧锁紧螺母，装复转向盘，见图 6-55A。

（2）球头销与座配合的调整 前后移动纵拉杆，如有明显晃动，说明其配合间隙过大，应调整。其方法是先取出开口销，再将调整螺钉调到底，然后按各机型的规定退到一定的圈数，通常为 1/3~1/2 圈。退回后的位置要为开口销的顺利插入提供方便。

（3）转向盘自由行程 它是转向器啮合副之间和各传动杆件连接处所存在间隙的综合反映。其调整内容应包括对转向轴（或螺杆）轴向间隙、转向器中啮合间隙及各球头销处间隙的调整。测量转向盘自由行程时，应从其居中位置开始，一般为 15°，超过 30° 时即应调整。当

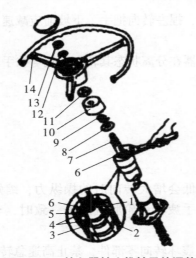
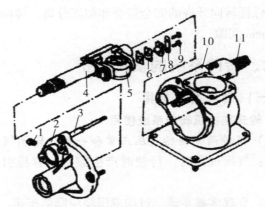

图 6-55A　转向器轴止推轴承的调整　　　　图 6-55B　转向螺母与固定销配合的调整

1-滚珠　2-油封罩　3-滚珠下球座　4-滚珠球座　　　1-螺塞　2-转向器侧盖　3-螺栓　4-左扇

5-转向器轴套管　6-调整螺母　7-转向器轴　　　　形齿轮　5-转向螺母　6-调整垫片

8-锁紧垫片　9-锁紧螺母　10-防尘罩　　　　　7-固定销　8-锁片　9-紧固螺钉

11-毡垫　12-垫圈　13-螺母　14-转向盘　　　　10-转向器壳　11-右扇形齿轮

上述两项调整完成后,转向盘自由行程仍偏大,即拆下转向器总成,检查转向螺母在左扇形齿轮叉架间的配合状况,见图 6-55B。如转向螺母在固定销上晃动,则应减小调整垫片厚度,使其既无晃动又能用小力矩转动即可。

（4）正确使用工具　转向系角度和摩擦力矩的测量,需要角度仪和拉力计进行；个别螺钉拧松紧时需要专用扳手。

（5）及时润滑和检查调整　及时对移动、旋转等运动部件加注润滑油脂和检查调整相关行程及间隙。

七、转向系统常见故障诊断与排除

转向系统常见故障诊断与排除见表 6-5。

表 6-5　转向系统常见故障诊断与排除

故障名称	故障现象	故障原因	排除方法
转向沉重	转动转向盘沉重费力	1. 车架、前轴、悬架等变形,前轮定位失准,轮胎气压过低,轮毂轴承过紧 2. 转向器缺油、配合间隙过小、啮合不良、转向轴弯曲等 3. 转向传动机构缺油、装配过紧,轴承损坏,转向拉杆、转向节臂变形	1. 顶起前桥,若转动转向盘感觉轻松,则故障在车架、车桥、车轮、悬架内,检查前轮定位是否正常、轮胎气压是否过低,轮毂轴承是否过紧,前轴、钢板弹簧及车架有无变形 2. 感觉沉重则拆下转向垂臂,若转向仍沉重则故障在转向器内,检查并排除转向器缺油、配合间隙过小、啮合不良、转向轴弯曲等问题 3. 拆下转向垂臂后感觉转向轻松则故障在转向传动机构,检查并排除转向传动机构缺油或装配过紧、轴承损坏、转向拉杆与转向节臂变形等问题

（续表）

故障名称	故障现象	故障原因	排除方法
前轮摆头	行驶中方向忽左忽右不稳定，车头发摆，不能直线行驶，前轮有摆动，出现"蛇形"运行轨迹	1. 转向器传动副配合间隙过大 2. 转向传动机构各连接点磨损，间隙过大，前轮定位失准等 3. 导向轮轴承过度磨损	1. 检修转向器部分：如转向盘自由行程过大，说明转向器啮合传动副间隙过大；如转向盘松动，则为蜗杆或螺杆上下轴承调整过松或转向器总成安装松动。应予以调整或紧固。检查调整转向垂臂轴与衬套配合间隙 2. 检修转向传动部分：两前轮朝向正前方，转动转向盘，观察各拉杆球头销是否松旷、检查主销与衬套的配合间隙等。如发现前胎异常磨损则应检查前轮前束 3. 支起前桥检查轮毂轴承间隙和轴承，必要时更换轴承
履带拖拉机转向离合器打滑	离合器打滑，驱动力不足，起步困难，转弯慢或向一侧偏转	1. 转向离合器沾有油污 2. 操纵杆自由行程过小 3. 从动片摩擦衬片磨损严重 4. 弹簧弹力下降	1. 清洗 2. 调整自由行程 3. 更换摩擦衬片 4. 更换弹簧
履带拖拉机转向离合器转向失灵	离合器分离不彻底，不转向	1. 转向操纵杆自由行程过大 2. 主、从动片翘曲变形 3. 分离轴承过度磨损 4. 转向离合器产生锈蚀黏结	1. 调整自由行程 2. 更换主从动片 3. 更换分离轴承 4. 拆卸清理或更换

第四节　行走系统

一、行走系统的功用和组成

行走系统功用是将发动机传到驱动轮上的驱动扭矩转变为拖拉机工作所需要的推进力，并把驱动轮的旋转变为拖拉机在地面上的移动；支撑拖拉机重量；减轻冲击和振动。拖拉机行走系统分为轮式（车架、前桥和车轮）和履带式行走系统（车架、履带行走装置和悬架）。

二、车架

车架上都安装柴油机和传动系统，下面接行走装置，使拖拉机各个部分形成一个整体。拖拉机车架分为全梁架式、半梁架式和无梁架式3种。

1. 全梁架式

全梁架式车架是一个完整的框架，拖拉机所有的部件都安装在框架上。特点是拆装方便，但金属用量多，车架变形后零部件易损坏。一般履带式拖拉机采用此车架，它由纵梁、前梁及后轴等组成，见图6-56。

2. 半梁架式

半梁架式是前半部分采用专门梁架，用来安装发动机和前轴等，后半部分则由离合器、变速器和后桥的三壳体组成车架。优点是刚度较好，维修发动机较方便。如铁牛-55拖拉机等，见图6-57。

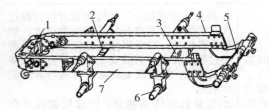

图6-56 全梁架式车架
1-前梁 2-前横梁 3-后横梁 4、7-纵梁
5-后轴 6-台车轴

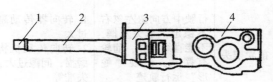

图6-57 半梁架式车架
1-前梁 2-纵梁 3-离合器壳 4-变速器和后桥壳

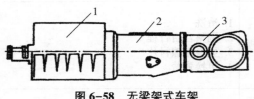

图6-58 无梁架式车架
1-发动机壳 2-变速器壳 3-后桥壳

3. 无梁架式

这种车架无梁架，而是由拖拉机的柴油机、变速器和后桥壳体联成。特点简化结构、减轻重量、节约金属、车架刚度很高，不易变形；但制造和装配技术要求高，大维修时需要全部拆开。国产拖拉机应用较多此车架，如东方红-30、东风-50、上海-50拖拉机，见图6-58。

三、轮式拖拉机的行走系统

（一）轮式拖拉机前桥

轮式拖拉机前桥又称为转向桥。前桥用来安装前轮，又是拖拉机机体的前支撑，承受拖拉机前部的重量。轮式拖拉机前桥有双前轮分置式、双前轮并置式和单前轮式三种，但大多拖拉机采用双前轮分置式前桥，因其行驶稳定性好、轮距可调，以适应不同行距的低茎秆作物的行间作业。双前轮并置式和单前轮式前桥，由于前轮位于中间转弯半径小，离地间隙大，故适于高秆作物的行间作业，但稳定性差，仅采用在中耕型拖拉机上。轮式拖拉机前桥由前轴、摇摆轴、转向节支架管、转向节总成（转向节立轴和前轮轴）等组成，见图6-59。

轮式拖拉机的前桥与机架间或轮胎与前桥轴间一般都采用刚性连接（刚性悬架），前轴与机体前部铰接。这样当拖拉机在不平的地面行驶时，前轴可摆动，并保证前两轮同时着地。其摆动角是有限的，一般为4°～10°。为适应不同行距的农作物作业，前轮轮距一般是可调的，即前轮轴做成伸缩套管或伸缩板梁式。

（二）前轮定位

为保证拖拉机直线行驶的稳定性、操纵轻便性和减少轮胎及机件的磨损，要求前轮和转向主销安装在前轴上，并保持一定的相对位置。这种具有一定相对位置的安装就叫前轮定位。其内容包括转向节立轴后倾、转向节立轴内倾、前轮外倾和前轮前束四项。

1. 转向节立轴后倾

转向节立轴上端沿拖拉机纵向向后倾斜一个角度 γ，称为转向节立轴后倾，见图6-60。其功用是转向后前轮自动回正。显然后倾角 γ 越大，回正力矩也越大。但是过大的回正力矩会使拖拉机在行驶中产生"晃头"现象，转向费力。所以拖拉机的转向节立轴后倾角 $\gamma=0°$～5°，该角度在焊接前轴时已确定。立轴后倾角的回正作用与车速有关。

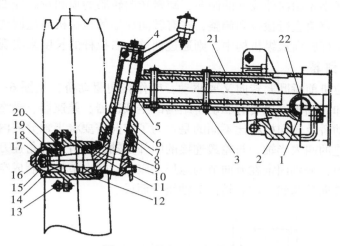

图 6-59 拖拉机前桥构造

1-摆轴 2-托架 3-螺栓 4-转向节臂 5-副套管 6-主套销 7-主销 8-油封 9-转向节轴 10-垫环
11-圆锥轴承 12-前轮毂 13-前轮螺栓 14-纸垫 15-轴承盖 16-开口销 17-螺母 18-垫圈
19-圆锥轴承 20-轴环 21-主套环 22-摆动支撑管

2. 转向节立轴内倾

转向节立轴上端向内倾斜一个角度 β 就叫作转向节立轴内倾，见图 6-61。其作用使前轮具有自动回正，并保持直线行驶稳定性。拖拉机转向节立轴内倾角 β=3°~9°。立轴内倾角的回正作用与车速无关。

3. 前轮外倾

安装时前轮在垂直于地面的平面内，向外倾斜一个角度 α 就叫作前轮外倾，见图 6-61。其作用使转向轻便，同时，在地面反作用力的作用下，使前轮向内压，减小了外端小轴承的负荷，保证前轮不易松脱。前轮外倾 α=1.5°~4°。

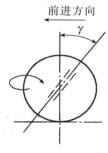

图 6-60 转向节立轴后倾

4. 前轮前束

在通过前轮中心的水平面内，两前轮前端的距离 B 比后端的距离 A 小一些，前轮的前窄后宽现象叫前轮前束。其差值（A-B）称为前束值，见图 6-62。一般前束值为 2~12mm。

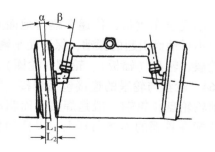

图 6-61 转向节立轴内倾和转向轮外倾

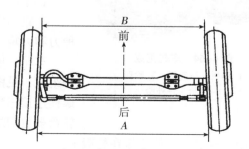

图 6-62 前轮前束

由于前轮外倾在行驶中要向外滚开，因有前轴的连接，限制其向外滚开而强制其做直线运动，将会造成前轮产生横向滑移而加剧轮胎磨损。前轮前束的作用使前轮向前滚动时产生向里运动的趋势，从而减小轮胎向外滚开的倾向，减轻转向轮胎磨损和轮毂外轴承的压力。

使用中，要对前束值进行检查和调整，在有转向梯形的拖拉机通过调整横拉杆的长度来调整前束值；而在双拉杆转向操纵机构中，则通过调整左右拉杆的长度来实现。

（三）转向驱动桥

四轮驱动的拖拉机前桥既要转向又要驱动，叫作转向驱动桥，见图6-63。在结构上既要有转向桥的转向节和立轴等，也要有驱动桥结构的主减速器、差速器、最终传动和半轴。转向驱动桥和单独的驱动桥及转向桥相比不同的是：为了转向需要将半轴分成内半轴和外半轴两段制造；与差速器相连的叫内半轴，与轮毂连接的叫外半轴；二者用等角速万向节连接。于是立轴也被分成上下两段，分别固定在万向节的球形支座上；转向节轴颈制成空心，以便外半轴从中穿过。转向节由转向节球状壳体和转向节轴组合而成。

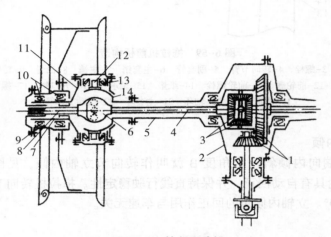

图6-63 转向驱动桥
1-主减速器 2-主减速器壳体 3-差速器 4-内半轴 5-半轴套管 6-万向节 7-转向节
8-外半轴 9-轮毂 10-轮毂轴承 11-转向节壳体 12-主销 13-主销轴承 14-球形支座

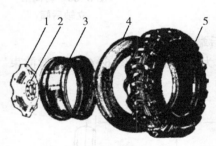

图6-64 车轮组成
1-辐板 2-轮毂 3-轮辋
4-内胎 5-外胎

等角速万向节的内外端有止推垫片，防轴向窜动，以保证立轴轴线通过节心，防止运动干涉。转向节壳体与上下盖之间有调整垫片，用来调整立轴轴承的预紧度和保证两半轴的轴线重合。

（四）车轮

车轮的作用是承受全车重量，传递车辆与地面间的各种力和力矩，吸收不平地面引起的振动，保证使车辆行驶。

车轮一般由轮毂、轮盘（辐板）、轮辋（轮圈）、轮胎等组成，见图6-64。轮盘与轮辋的连接包括焊接、铆接和螺栓连接三种。前轮轮盘与轮辋一般是焊接，而驱动轮的轮盘多数用螺栓装配在轮辋的连接凸耳上，以便调整驱动轮的轮距。轮盘用螺栓连接在轮毂上。

1. 轮毂

轮毂用来连接车轮和轮轴。拖拉机前轮轮毂常用两个锥轴承安装在前轮轴上，后轮轮毂常用花键或平键与驱动轴相连，轮毂外缘用螺栓连接在辐板上。

2. 轮辋与轮盘

轮辋又叫轮圈，用薄钢板滚轧成型后焊接而成，它具有特殊的断面，以便于安装外胎。

轮盘又叫辐板，用来连接轮圈和轮毂，并增加轮圈的刚度。拖拉机常用盘式辐板，前轮的辐板和轮圈焊接在一起，而驱动轮的轮盘多数用螺栓装配在轮辋的连接凸耳上，以便调整驱动轮的轮距。轮盘用螺栓连接在车桥的轮毂上。调整轮辐安装位置时，严禁将固定轮辋用的 4 个 M12 螺栓卸开，以免轮辋飞出伤人。若拆下 4 个 M12 螺栓，必须先将轮胎气放完才能实施。

3. 轮胎

轮胎安装在轮辋上，直接与路面接触。其作用是支撑车辆总重量，传递驱动力和制动力，吸收和缓和拖拉机行驶时所受到的部分冲击和振动，保证轮胎与路面的良好附着，提高车辆的动力性、制动性和通过性。拖拉机轮胎按结构分有内胎和无内胎两种；按充气压力分高压胎、低压胎和超低压胎三种，一般气压在 0.5～0.7MPa 为高压胎，0.15～0.45MPa 为低压胎，0.15MPa 以下为超低压胎。拖拉机常用的是有内胎的低压橡胶充气轮胎。它由内胎、外胎和垫带组成。

（1）内胎　是一个环形粗橡胶管，上面装有气嘴以便充气和排气，安装在轮圈和外胎间。

（2）外胎　是车轮与地面直接接触的部分，它由胎面、胎侧、帘布层、缓冲层和钢丝圈等组成。随着大型拖拉机的发展，轮胎断面宽度趋向于加宽，以提高其附着性能和减少在松软土壤上的滚动阻力。驱动轮的直径较大，装在驱动轮桥上，胎面上有"人"字形或"八"字形凸起较高的越野花纹，使轮胎与地面有较好的附着性能，减少打滑。导向轮装在转向轮桥上，胎体较窄小，胎面有条形纵向花纹，改善导向性和防止车轮侧滑。按胎体中帘线排列方向分为普通斜线外胎和子午线外胎，见图 6-65。普通斜线外胎的帘线与轮胎子午断面的交角为 52°～54°，帘线料可为棉线、人造丝、尼龙和钢丝等。子午线外胎帘线排列方向与轮胎子午断面一致（即与胎面中心成 90°），各层帘线彼此不相交；帘线与子午断面交角较大（70°～75°）。使子午线外胎比普通斜线外胎的耐磨性好，使用寿命长 30%～50%；滚动阻力可减小 25%～30%，油耗可降低 8% 左右；附着性能好，承载能力大，缓冲能力强，不易被刺穿，质量较轻的优点。

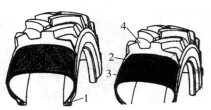

(a)普通斜交轮胎　(b)子午线轮胎

图 6-65　外胎

1-胎圈　2-帘布层　3-缓冲层　4-胎冠

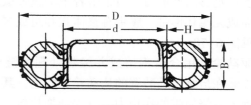

图 6-66　轮胎尺寸表示符号

B-断面宽度　d-轮辋直径　D-外径　H-断面高度

（3）轮胎规格的表示　轮胎规格有英制和公制两种表示方法，我国采用的是英制法。图 6-66 为轮胎外形尺寸图，D 是轮胎的外径，d 是轮辋直径，B 为轮胎断面宽度，H 是轮胎断面

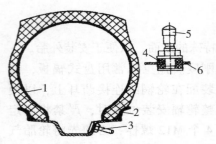

图 6-67 无内胎轮胎
1-硫化橡胶密封层 2-胎圈橡胶密封层
3-气门嘴 4-橡胶密封垫
5-气门嘴帽 6-轮辋

高度，单位是英寸（in）。由于 B 约等于 H，故轮辋直径可按 d=D-2B 来计算。低压轮胎用 B-d 表示，"-"表示低压胎；高压胎用 D×B 表示。如 9.0-20 表示轮胎断面宽为 9in（228mm）、轮辋直径为 20in（508mm）的低压轮胎；34×7 表示轮胎外径为 34in（864mm）、断面尺寸为 7in（178mm）的高压轮胎。

（4）无内胎轮胎 该轮胎在外观上和有内胎轮胎相似，不同的是它没有内胎及垫带，见图 6-67。压缩空气直接充入外胎内，由轮胎和轮辋保证密封。因没有内胎，故摩擦生热少，散热快，工作温度低，使用寿命长，有结构简单、质量轻、维修方便等优点。适于高速行驶。

四、履带式拖拉机的行走系统

履带式拖拉机是履带和地面接触，履带接地面积大、比压小、在松软的土壤上下陷深度小；同时履刺多，牵引附着性能好，适应在恶劣环境下作业。该系统由车架、行走装置和悬架组成。其行走系统由四轮（驱动轮、导向轮、支重轮和托带轮）、一条履带及二张紧装置（张紧缓冲装置和悬架）组成，见图 6-68。支重台车见图 6-69。

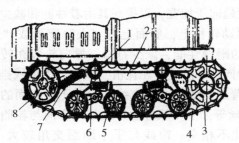

图 6-68 履带式拖拉机行走系统
1-托轮 2-车架 3-驱动轮 4-履带 5-支重轮
6-支重台车 7-张紧装置 8-导向轮

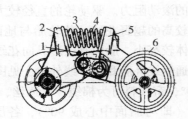

图 6-69 支重台车
1-摆轴销栓 2-内平衡臂 3-外平衡弹簧
4-内平衡弹簧 5-外平衡臂 6-支重轮

1. 履带和驱动轮

履带作用是将拖拉机重量传给地面，并保证其附着在土壤上，发挥足够的推进力。履带由若干块履带板通过履带销相互连接而成无端环形带。履带有整体式和组成式两种。履带和驱动轮见图 6-70。

驱动轮是用合金钢铸成并经热处理的链轮，齿形不经加工，安装在最终传动装置的从动轮轮毂上。其作用是将驱动转矩转换成卷绕履带的作用力，以保证拖拉机行驶。工作时，轮齿逐个依次与履带节销啮合，以卷绕履带，推动拖拉机行驶。驱动轮允许换边使用，以延长其使用寿命。

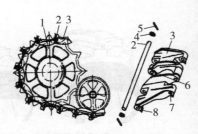

图 6-70 履带和驱动轮
1-驱动轮 2-履带销 3-履板
4-垫圈 5-锁销 6-导向筋
7-销孔 8-履刺

2. 支重轮与悬架

支重轮和悬架共同构成支重台车总成，承载拖拉机重量和外界冲击负荷。履带拖拉机行走系可分为单台车式和多台车式两种。单台车式是指每台拖拉机左、右侧各有1架台车，每侧的支重轮、托带轮、导向轮及履带张紧装置都安装在1组单台车上，常采用半弹性悬架。多台车式每侧履带的4个支重轮分别装在2组支重台车上，属弹性平衡式悬架；每组支重台车由支重轮（图6-71）、内外平衡臂、内外平衡弹簧等组成。内外平衡臂用摆动轴铰接，上方装有内外平衡弹簧，外平衡臂轴孔中装有衬套与台车轴间隙配合，使整个台车能绕台车轴摆动。如东方红-802型拖拉机行走系统为多台车式，其支重轮和悬架由四组弹性平衡式支重台车构成，每组构造见图6-69。在支重轮轴上的密封壳和平衡臂轴孔端面间装有调整垫片，用以调整轴承间隙。支重轮装在台车轴上，并用调整垫片、止推垫圈和台车轴锁紧螺栓加以轴向定位。

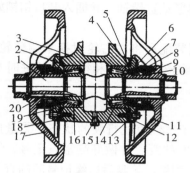

图6-71　支重轮

1-支重轮轴　2、4-密封圈　3-平衡臂
5-大密封环　6-小密封环　7-橡皮套　8-密封罩
9-密封弹簧　10-弹簧压圈　11、17-支重轮盘
12、19-轴承盖　13、18-调整垫片
14、16-圆锥滚子轴承　15-放油螺塞　20-平键

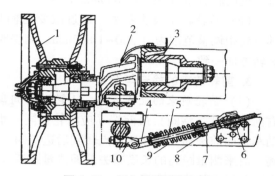

图6-72　导向轮及张紧机构

1-导向轮　2-拐轴　3-支座　4-成型叉
5-张紧螺杆　6-顶架　7-螺母　8-支撑压圈
9-张紧弹簧　10-插入耳环

3. 导向轮和张紧装置

导向轮的作用是引导履带运动，防止横向滑脱。张紧装置用来保持履带有合适的张紧度，以减少履带工作时的振跳及兼起缓冲作用。东方红-802拖拉机导向轮和张紧装置见图6-72。

4. 托带轮

托带轮的功用是托住驱动轮和导向轮之间的上方区段履带，防止履带下垂过大，以减少工作中履带的跳动和防止履带的横向滑脱。托带轮外缘是不经加工的铸钢件，通过两个球轴承安装在固定于支架的轮轴上。轮轴用间隔套做轴向定位，内端装有用弹簧压紧的端面油

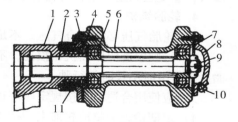

图6-73　托带轮

1-托架　2-托轮轴　3-密封壳
4-端面油封　5、7-向心球轴承
6-托轮　8-托轮盖　9-螺母
10-油塞　11-密封罩

封，油封的大小密封环与支撑轮的密封环通用，外面用托带轮盖封住，托带轮盖上设有加、放油塞，见图6-73。

五、拖拉机行走系统的使用维护

（一）轮式拖拉机行走系统的使用维护

1. 轮毂轴承间隙检查调整

轮毂轴承因磨损会使间隙增大引起行车晃动，甚至车轮脱落，必须定期检查调整。如拖拉

机前轮轴承间隙一般为 0.05~0.25mm，当该间隙超过 0.5mm 时，应加以调整。调整方法：是用千斤顶将前轮轴顶起前轮离地，拆去轴承盖及锁紧件后，再将前轮轴端的调整螺母拧到底（轴承间隙消除），然后退回 1/6~1/5 圈，此时前轮应能灵活转动又无明显轴向游动。

定期对轮毂轴承、转向节轴承和轴套及前桥摇摆轴衬套等处加注润滑脂。

2. 拖拉机轮距的调整

根据田间不同的作业要求调整轮距，以福田欧豹-500 型拖拉机为例，其调整方法如下。

（1）前轮轮距调整方法　用千斤顶将拖拉机前轴支起，使前轮离地；拨出螺栓，拆下油缸销轴调整油缸位置，松开横拉杆调节螺栓。然后把导向轮支架移到所需的轮距，再把螺栓插入螺母拧紧，横拉杆调整至相应的长度后，拧紧螺栓；拧紧油缸销轴，并插入开口销销好螺母。使前轮获得 1 350~1 650mm 的轮距。

（2）后轮轮距调整方法　通过改变轮辋与幅板的不同装配和将左右轮对换来调整轮距。其后轮距调整范围为 1 360~1 802mm。调整时应注意轮胎旋转方向标记和拖拉机前进时车轮旋转方向一致。

3. 前轮前束的检查与调整

（1）前轮前束的检查方法　①转动转向盘，使前轮处于车辆直线行驶的状态。②量出左右前轮轮盘（钢圈）最前端（应与轮轴同一水平位置）之间的距离并做好测量点记号。③推动车辆向前滚动，使该测量点转到后边的同一水平位置。④测量两轮盘后边缘记号间的直线距离，后来测量距离的长度减去前面测量距离长度，其差为前束值，一般为 6~12mm。前束超差会引起导向轮快速磨损。

（2）前轮前束的调整方法　如前束值不符合规定，需做如下调整：①松开横拉杆的锁紧螺母，用手转动横拉杆，使其同时伸长或同时缩短，拉杆伸长前束值将减小；相反，前束值将增大；②复查调整结果，前轮前束值应符合该机要求，然后紧固横拉杆的锁紧螺母。

4. 轮胎维护

1）轮胎气压必须符合气压。不足时应按规定气压充气。

2）行驶中避免胎面机械损伤，不在颠簸路面上高速行驶；非紧急情况应避免急刹车；轮胎严重打滑时不长时间行驶。

3）应使用合适工具按规定顺序正确拆装轮胎，严防轮胎沾染油酸碱等，防腐蚀。

4）定期检查调整前轮前束和按规定顺序进行轮胎换位。

5. 轮胎的检查与更换

当外胎出现下列现象之一者，应予更换：①胎体周围有连续不断裂纹。②胎面胶已磨光，并有大洞口。③胎体帘线层有环形破裂或整圈分离者。④胎缘钢丝断裂或子口爆裂。

当内胎只出现小孔眼时，可采用热补或冷补修补；如内胎破损的范围较大时，则需采用生胶修补。当内胎出现下列现象之一者，应予更换，不能修补使用：①有折叠或破裂严重。②裂口过大或发黏变质。③老化。④变形过甚。

（二）履带式拖拉机行走系统的使用维护

1. 履带下垂度的检查调整

（1）检查　将拖拉机停放在平坦的硬路面上，分离转向离合器，踩下履带板，用一平直木条放在两托链轮上方的履带板上，测量下垂最大处的履带板与木条间的距离。正常下垂度为 30~50mm，此时弹簧压缩长度为 260~263mm。如不符合时，可拧动调整螺母进行调整。若张紧螺母拧到最后位置，下垂度仍过大时，可拆下一块履带板，装复后重调。

（2）调整　如不符合时，可拧动调整螺母进行调整。用千斤顶顶起拖拉机后，松开履带导向轮调节螺杆上的锁紧螺母，调整调节螺栓或调节螺母（不同机型调节部位有所不同），通过改变调节螺杆的工作长度，调整导向轮的前后位置，使中间支重轮与履带的间隙为标准值。最后拧紧锁紧螺母，平稳地撤下千斤顶。若张紧螺母拧到最后位置，下垂度仍过大时，可拆下一块履带板，装复后重调。

2. 履带和驱动轮的拆装

拖拉机驱动轮、履带严重磨损后，应及时更换新的驱动轮（当驱动轮齿单边磨损时，可交换安装左右驱动轮）和新的履带。其更换步骤如下：①顶起机器，使其平稳。②拆下托带轮。③旋松导向轮张紧螺杆，放松履带。④卸下驱动轮紧固螺栓，取下驱动轮。⑤卸下旧的履带。⑥在驱动轮花键处均涂一层黄油，装上新的驱动轮。⑦装上新的履带。⑧张紧导向轮。⑨上托带轮，放下机器。

单独更换驱动轮不必拆下履带，只需顶起机器，调节导向轮前后位置，放松履带即将驱动轮拆下。

3. 台车轴轴向间隙的检查调整

用千斤顶架起拖拉机一侧，使支重轮离开履带板轨道，将台车轮撬向内端，用厚薄规测量轴向间隙，若超出 1mm，应抽出相应数量的调整垫片，装得后再检查一次。

4. 支重轮轴承轴向间隙的检查调整

支重轮轴承轴向间隙为 0.3~0.5mm，超出此范围应调整。拆下支重轮和密封壳，取出全部垫片，并测其厚度。再装上密封壳，压紧后测量密封壳端面与平衡臂凸缘之间的间隙，垫片的总厚度减去该间隙值，就是轴承实际间隙值，若不符，可增减垫片调整。

5. 导向轮轴承轴向间隙的检查调整

该轴向间隙正常值为 0.3~0.5mm。调整时卸下履带，放尽润滑油、拆下端盖，展平锁片，松开外侧锁紧螺母，拧紧调整螺母，消除轴承间隙。然后将调整螺母退回 1/5~1/3 圈，再将锁紧螺母拧紧，并用锁片锁住。

6. 驱动轮轴承轴向间隙检查调整

该轴向间隙正常值为 0.2~0.4mm，检查时用专用工具。拆下压盘固定螺钉的锁紧铁丝，拧下任意 1 个螺钉，装上专用的检查压罩和螺钉。在拧紧螺钉过程中，用手锤敲打压罩外端，以免压扁。间隙消除后，用手转不动驱动轮。用厚薄规在压罩上 3 个缺口处测量压盘与轴承端面之间的间隙，其平均值即为轴向间隙值。若超过 0.4mm，可减去相应数量的垫片。若抽完垫片后轴承间隙还大，可在轴肩和轴承内环端面处加 1 个 2mm 的垫片，再重新调整。

7. 维护

1）经常清除行走系统各机件上的泥沙和污物。

2）检查和及时拧紧各连接螺栓。

3）检查履带锁"S"形锁销，有脱落的及时补上。

4）按时向导向轮曲拐轴衬套等处注入润滑脂，直到旧润滑脂从衬套口挤出为止。

5）检查导向轮、支重轮、托带轮油位是否合适，不足时，应添加到检油孔溢出为止。每500h 更换导向轮、支重轮、托带轮里机油。换油量应趁热放出旧机油，加入柴油，开动拖拉机行驶 3~5min，然后放出清洗油，再加入新机油至要求的油位。

6）作业中应避免偏牵引和高速急转弯；使用中应注意某些零件的翻转和调边，如台车轴、摆动轴、台车挡圈经及拐轴大、小轴套等，以延长零部件的使用寿命。

六、拖拉机行走系统常见故障诊断与排除

拖拉机行走系统常见故障诊断与排除见表6-6。

表 6-6　行走系统常见故障诊断与排除

故障名称	故障现象	故障原因	排除方法
行驶跑偏	轮式拖拉机直线行驶时，若驾驶员放松转向盘，行驶方向会自动偏向一边	1. 前轮气压不一致 2. 前轮定位失准 3. 前轮轮毂轴承松紧不一 4. 制动拖滞 5. 钢板弹簧折断、骑马螺栓松动等导致弹力相差过大 6. 车架、前轴变形，左右轴距相差过大 7. 转向节臂、转向节变形或松动	1. 检查调整前轮气压并一致 2. 调整前轮前束 3. 检修前轮轮毂轴承 4. 排除制动拖滞 5. 检查钢板弹簧是否折断、骑马螺栓是否松动并排除 6. 检修车架、前轴并调整左右轴距 7. 检修转向节臂、转向节
	履带拖拉机行驶跑偏	1. 两边履带长度不等或张紧度不一致 2. 单边转向离合器打滑，操纵杆无自由行程 3. 导向轮拐轴变形 4. 车架纵梁变形	1. 正确调整履带长度或张紧度 2. 维修摩擦片或调整行程 3. 送修或更换 4. 送修
轮胎非正常磨损	轮胎磨损快	1. 轮胎充气压力过高或过低 2. 车辆超载 3. 前束值不符合规定 4. 制动过猛 5. 乱石、铁钉等造成损伤或扎破 6. 轮胎偏磨 7. 钢板弹簧销和衬套严重磨损	1. 测量轮胎气压，按规定气压充气 2. 按规定装载 3. 调整前束值 4. 正确操作、减少紧急制动 5. 行驶时注意选择路面 6. 定期进行轮胎换位 7. 更换磨损零件，定期加油润滑
卷耳衬套早期磨损	钢板弹簧衬套磨损严重	未按规定加注润滑脂	按规定保养加油润滑
钢板弹簧片断裂	钢板弹簧片早期断裂	1. 长期超载或连续冲击 2. 弹簧夹箍或螺栓丢失 3. 未按规定保养润滑 4. 钢板弹簧"U"形螺栓未按规定力矩拧紧	1. 按规定装载、正确使用 2. 及时修复、补装 3. 按润滑表进行润滑 4. 按规定力矩拧紧
履带脱落	履带脱落	1. 履带过松、张紧弹簧预紧力不够 2. 履带销磨损严重 3. 导向轮拐轴弯曲或轴套磨损严重 4. 行走装置各轴承间隙过大 5. 在烂泥地块作业急转小弯	1. 按规定调整履带张紧度 2. 更换履带销 3. 送修或更换拐轴或轴套 4. 按规定调整轴承间隙 5. 作业时减速转大弯
履带和驱动轮磨损不正常	早期磨损严重	1. 最终传动圆锥轴承磨损，使驱动轮位移而偏磨 2. 台车轴轴套止推台肩磨损使台车位移而偏磨 3. 导向轮拐轴轴套间隙过大或拐轴弯曲使导向轮倾斜偏磨 4. 履带过松过紧	1. 调整轴承间隙或更换轴承 2. 送修或更换 3. 送修或更换 4. 按规定调整履带张紧度

（续表）

故障名称	故障现象	故障原因	排除方法
轴承损坏或漏油	轴承损坏或漏油	1. 轴承间隙过大过小或轴承损坏 2. 润滑不良或进人泥土 3. 密封装置损坏	1. 检查或更换轴承，正确调整轴承间隙 2. 补足润滑油或清洗后换油 3. 更换密封油封

第五节　制动系统

一、制动系统的功用

制动系统的功用是用来强迫拖拉机在行驶中迅速减速和刹车（最短距离内停车）；控制车辆下坡的车速；保证车辆在斜坡或平地上可靠停车；协助转向。拖拉机上一般有两套独立的制动系统：一套行走制动系统，一套停车制动系统。前者又称主制动系统，多用脚操纵踏板；后者又称辅制动器或驻车制动器，一般用手柄操纵。

二、制动系统的组成和工作原理

（一）组成

制动系统由制动器和制动操纵传动装置两部分组成。制动器是用来直接产生摩擦力矩，迫使驱动轮转速降低；制动器主要由旋转元件和制动元件组成。旋转元件（如制动鼓）随车轮或传动系上某个轴一起旋转，而制动元件（制动凸轮、制动蹄、摩擦片等）则与车桥或机体联系，是非旋转部分。制动操纵传动装置的功用是把驾驶员或其他能源的作用力传给制动器，迫使制动器产生摩擦力矩，实现制动或停车。操纵传动装置中设有调整机构，用以调整行程、压力和作用顺序等。

（二）工作原理

拖拉机上普遍采用摩擦式制动器，其原理见图6-74。不制动时，制动蹄或带与制动鼓之间保持一定间隙，制动鼓随车轮自由转动而不受阻碍。当踩下制动踏板时，通过制动操纵传动机构使制动凸轮转动，撑开两制动蹄，使其制动元件摩擦片压紧在旋转元件制动鼓的内圆表面上，利用摩擦片对制动鼓施加压力，造成摩擦阻力矩，从而使车轮迅速减速或停止转动。

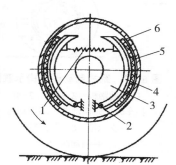

图6-74　制动系统工作原理
1-弹簧　2-支承销　3-制动底板
4-制动蹄　5-摩擦片　6-制动鼓

三、制动器

拖拉机制动系统按其结构形式不同常分为带式、蹄式和盘式三种；按操纵传动装置可分为机械式、液压式和气压式。制动器安装的位置可以在变速器从动轴上、最终传动装置传动轴上或差速器两侧的半轴上，但以安装在半轴上较常见。

（一）带式制动器

1. 组成和工作过程

带式制动器主要由操纵杆、制动鼓和制动带等组成，见图6-75。不制动时，制动带与制动鼓之间保持一定间隙，制动鼓随车轮自由转动而不受阻碍。制动时，拉动制动操纵杆使制动带紧箍在旋转的制动鼓上，不旋转的制动带对旋转的制动毂产生摩擦力矩，进行制动。带式制动器按制动时的收紧方式分为单端拉紧式、双端拉紧式和浮动式三种，见图6-76。其特点是结构简单，但制动力矩较小，为获得同样的制动力矩就需要较大的尺寸和重量，且操纵费力、磨损不均，散热条件不良，并有较大的径向力。常用在履带式拖拉机转向离合器从动鼓的制动，如东方红-75、28型和红旗-100型拖拉机上。

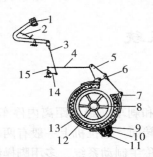

图6-75 带式制动器结构示意图
1-制动踏板 2-回位弹簧 3-调整拉杆 4-拉杆
5-制动臂 6-连接杆 7-耳环 8-制动轮鼓
9-制动带销 10-弹簧 11-支承螺钉
12-石棉制动带 13-制动带钢片
14-制动器杠杆 15-拉臂

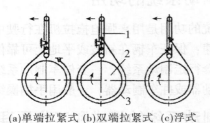

(a)单端拉紧式 (b)双端拉紧式 (c)浮式

图6-76 带式制动器简图
1-操纵杆 2-制动鼓 3-制动带

2. 带式制动间隙与制动踏板自由行程的检查调整（图6-75）

带式制动器在自由状态下，制动带与制动轮的间隙应均匀一致，且不小于1mm。调整时，可调节连接杆6长度和拧动支承螺钉11顶起制动带，可改变制动带与制动轮的间隙。

制动踏板自由行程一般为15～20mm，可通过改变拉杆3的长度来调整自由行程的大小。

（二）蹄式制动器

1. 组成和工作过程

蹄式制动器又称鼓式制动器。主要由制动鼓、制动蹄、制动凸轮、回位弹簧制动底板和支撑销等组成，见图6-77。制动时踩下制动踏板，通过制动操纵机构的传动杆件，使制动器凸轮顺时针转动90°，凸轮凸起部分撑开制动蹄，使其摩擦片压紧在制动毂内圆表面上。制动蹄与制动鼓接触面上产生一个与车

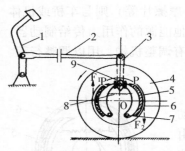

图6-77 蹄式制动器结构示意图
1-制动踏板 2-拉杆 3-臂
4-车轮 5-制动鼓 6-制动蹄
7-支承销 8-回位弹簧
9-制动凸轮

轮旋转方向相反的摩擦力矩，使制动毂停止转动，迫使拖拉机制动或停车。不制动时，松开制动踏板，在回位弹簧的作用下，使制动器凸轮逆时针旋转90°，凸轮凸起部离开制动蹄，制动蹄与制动鼓之间有1～1.5mm的间隙。特点是结构尺寸和操纵力相对比带式制动器为小，散热情况也比带式好，但制动器的磨损也是不均匀的。

根据制动时两制动蹄对制动鼓径向力的平衡状况，蹄式制动器可分为非平衡式、平衡式（单向助势、双向助势）和自动增力式三种。非平衡式常应用在中小功率的拖拉机上，对制动效果要求较高时，可采用浮动凸轮结构的自动增力式蹄式制动器。

2. 蹄式制动间隙及制动踏板自由行程的检查调整（图 6-77）

蹄式制动器在自由状态下，制动蹄与制动鼓之间应有 1~1.5mm 的间隙。调整时首先支起驱动轮，调节制动底板上的调整棘轮或调节螺杆，使制动鼓不能转动，然后反方向调整制动棘轮或调节螺杆使制动鼓与制动蹄之间有一定间隙。经上述调整后，制动踏板自由行程仍较大（一般自由行程为 10~30mm），应对制动器操纵机构进行调整，调整完后应锁紧螺母。

（三）盘式制动器

盘式制动器主要由支撑在机体上可轴向移动的制动压盘、机体上的固定制动盘和端面铆有摩擦衬片的旋转元件摩擦制动盘蹄等组成。制动时在操纵机构作用下制动压盘将旋转的摩擦制动盘蹄压向固定制动盘，它们之间产生的摩擦力矩对制动盘产生制动作用。其特点是结构紧凑，操纵轻便，摩擦衬面磨损均匀，密封性好，有自行增力的作用，但制动不够平顺，个别零件加工要求较高。在东方红-30/40、铁牛 55/60、东风-50 等拖拉机上广泛采用。

盘式制动器的旋转元件是以端面为工作表面的圆盘，称为制动盘。静止的制动元件是由支撑在机体上可轴向移动的制动压盘或制动钳体等。按制动过程可分为外张式和收缩式两种。

1. 外张盘式制动器

（1）构造　以东风-50 型拖拉机为例，见图 6-78。其旋转元件为两制动盘装在旋转半轴上，随轴旋转并可轴向移动。盘两面铆有摩擦材料，故又称摩擦盘。其制动元件为两制动盘之间夹装有两块环形压盘和制动器室壁。制动压盘浮动地支承在半轴壳体内 3 个凸肩 A 上，并与半轴同心，同时能作小弧度转动。压盘的环形表面上沿圆周方向开有 5 个均匀分布的球面斜槽。斜槽中放进钢球。两压盘合在一起后，两压盘上的斜槽方向相反。两压盘间用弹簧拉紧使之一起靠紧。每一压盘上有两凸耳 B 和一铰链点，凸耳 B 可与制动器壳体上的凸肩 A 压靠，铰链点上连接连杆内外拉杆等，与制动踏板相连。

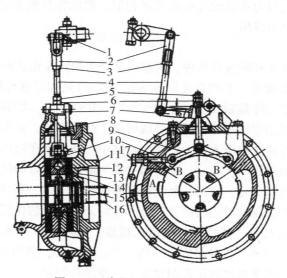

图 6-78　东风-50 型拖拉机制动器

1-销　2-叉头　3-锁紧螺母　4-外拉杆　5-锁紧螺母　6-调整螺母　7-拉杆臂　8-内拉杆
9-拉板　10-半轴壳　11-轴承座　12-钢球　13-制动压盘　14-制动盘　15-回位弹簧
16-半轴　17-调整螺钉　A-半轴壳内的凸肩　B-制动压盘上的凸耳

（2）工作过程　制动时，操纵制动踏板使两制动压盘相对转动一个角度，即经外、内拉杆等拉动前压盘逆时针方向转动，而后压盘顺时针方向转动。这时钢球由斜槽的深处向浅处移动，因而将两压盘向外张开，逐渐压紧制动盘而起制动作用，见图6-79。当松开制动踏板后，在连接两压盘的回位弹簧作用下使两压盘沿相反的方向相对旋转而回复原位，钢球重新进入斜槽浅处，解除制动。

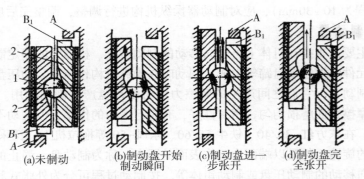

(a)未制动　　(b)制动盘开始　　(c)制动盘进一　　(d)制动盘完
　　　　　　　制动瞬间　　　　步张开　　　　全张开

图6-79　外张盘式制动器工作过程和自行增力作用原理简图
1-压盘　2-钢球　A、C-制动器壳体上的凸肩　A_1、B_1-压盘上的凸耳

盘式制动器的自行增力作用。制动开始否，当两个摩擦盘在半轴带动下逆时针旋转（拖拉机前进方向）时，靠摩擦面之间产生的摩擦力矩使制动盘也跟着逆时针旋转。由于内侧制动压盘的凸耳受到半轴壳体上凸肩的限制，不能再转动，而外侧制动压盘在摩擦力矩的带动下将相对于内侧制动压盘继续反时针转动，这就协助钢球继续把两个制动压盘向两侧撑开，这过程就起着自行增力作用，使得操纵省力。倒车时，即当制动盘顺时针旋转时，外侧制动压盘的凸耳被调整螺钉限制，其增力及制动过程和上述相似。因此拖拉机无论前进或倒退，制动时，盘式制动器都具有自行增力作用。

2. 收缩盘式制动器

该式制动器包括钳盘式和蹄盘式两种。钳盘式又分为固定夹钳式和浮动夹钳式两种。

（1）**固定夹钳盘式制动器**　其构造见图6-80。旋转件是固定在轮毂上的制动盘，其两端面是摩擦工作表面。固定元件是制动块、导向支承销、轮缸活塞，均装在跨于制动盘两侧的钳体上，统称为制动钳。制动钳用螺栓与转向节或桥壳上凸缘固装，并用调整垫片来调节钳与盘之间的相对位置。制动时油液被压入内、外两个轮缸中，其活塞在液压油作用下将两制动块压紧制动盘，产生摩擦力矩而制动。此时，轮缸槽中的矩形橡胶密封圈的刃边在活塞摩擦力的作用下产生微量变形。放松制动时，活塞和制动块依靠密封圈的弹力和弹簧的弹力回位。矩形橡胶密封圈除起密封作用外，制动时还起活塞回位和自动调整间隙的作用。

（2）**浮动夹钳盘式制动器**　其结构与固定式相似，只是钳体在轴向处于浮动状态，见图6-81。制动轮缸装在钳体内侧，数量是固定式的一半。制动时，利用内摩擦块的反作用力P_2，推动制动钳移动，使外侧摩擦块也紧压在制动盘上，使车轮制动。

（3）**蹄盘式制动器**　它用于驻车式制动器，结构见图6-82。当向后拉动操纵杆时，通过制动拉杆带动操纵臂逆时针方向摆动，推动前蹄臂和前蹄后移，同时通过制动臂拉杆拉动后蹄臂，压缩支持弹簧，使后蹄前移。两蹄于是将制动盘夹紧，产生制动作用。棘爪机构则将操纵杆锁定于制动位置。解除制动过程则与之相反。

制动盘和蹄片的间隙可通过调整螺母和两调整螺钉调整。螺母可调整间隙大小，螺钉可使制动蹄上下端间隙趋于一致。

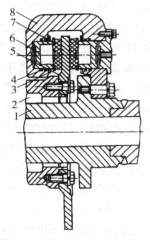

图6-80　固定夹钳盘式制动器

1-制动钳支架　2-轮毂　3-防尘罩　4-密封圈　5-制动盘

6-活塞　7-制动摩擦块　8-钳体（液压轮缸）

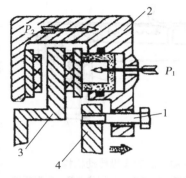

图6-81　浮动夹钳盘式制动器

1-滑销　2-钳体　3-制动盘

4-制动钳支架

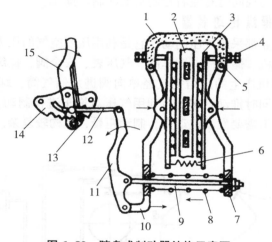

图6-82　蹄盘式制动器结构示意图

1-支架　2-制动盘　3-制动压盘和制动蹄　4-调整螺钉　5-销　6-拉簧　7-后制动蹄臂

8-定位弹簧　9-蹄臂拉杆　10-前制动蹄臂　11-拉杆臂　12-传动拉杆

13-棘爪　14-扇齿　15-驻车制动操纵杆

四、制动操纵传动装置

　　制动操纵传动装置的功用是根据驾驶员的意图控制制动器的制动、保持和解除制动等过程。制动操纵传动装置按传动原理分为机械式、气压式和液压式三种。其中机械式和液压式在拖拉机上应用较多。液压式传动机构是将驾驶员踩制动踏板或拉（推）手柄的力，通过推杆推动液压总泵的活塞，并使具有压力的油液进入各分泵（又称轮缸），分泵将制动蹄摩擦衬片压靠到制动鼓上，使拖拉机制动。

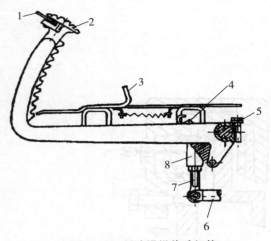

图 6-83　制动操纵传动机构
1-连锁板　2-踏板　3-卡板　4-回位弹簧　5-踏板轴
6-连接臂　7-推杆　8-调节叉

（一）机械式制动操纵传动装置

机械式制动操纵传动装置在拖拉机上广泛采用，主要由制动踏板、卡板、踏板轴、调节叉、回位弹簧、推杆和连接臂等组成，见图6-83。它是将驾驶员操纵制动踏板或制动手柄的力，通过一系列的销轴、杠杆、拉杆等传给制动器，使制动器产生制动力矩。按布置方式可分为左右制动器分别操纵制动式和同时操纵制动式两种。

1. 左、右制动器分别操纵制动式

该式就是在拖拉机左、右轮制动器上各用一套操纵机构，有两个制动踏板，可方便地实现单边制动操作（田间作业时可减小转弯半径，协助转向），也可用锁片连接，同时进行制动操作（用于道路运输）。

2. 同时操纵制动式

该式是在拖拉机左右轮制动器上共用一套操纵机构，踩下制动踏板可实现同时对左右轮制动器的制动操作。

（二）气压式制动操纵传动装置

轮式拖拉机带挂车作业都采用气压制动。它是利用压缩空气的压力转变为机械推力，使车轮制动。主要由空气压缩机、储气筒、刹车阀、气压表、安全阀、操纵装置及管路组成，见图6-84。工作时，空气压缩机产生的压缩空气经单向阀进入储气筒，踩下制动踏板时，通过机械制动机构制动拖拉机，同时推动刹车阀，利用气压对拖车进行制动。其特点是踏板行程短，操纵轻便，制动强度大；但需要发动机动力，制动粗暴，结构较复杂。

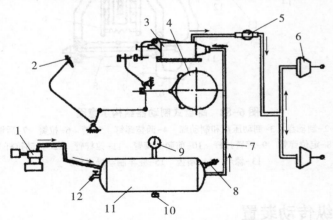

图 6-84　挂车气压制动装置简图
1-空气压缩机　2-踏板　3-控制阀　4-拖拉机制动器　5-管路接头　6-制动器室
7-管路　8-安全阀　9-气压表　10-放水塞　11-储气筒　12-放气阀

气压制动使用注意事项：各管路连接必须牢固可靠，防漏气；定期检查安全阀的开启压力，若不符应调整；经常检查调整刹车阀中的限位螺钉，保证踏板踩到底时，拐臂的位置也被限制住。

（三）液压式制动操纵传动装置

该装置是以制动液为介质，将驾驶员的操纵力传给制动器，使之产生制动作用。其特点是制动作用柔和，结构简单，使用方便等优点。液压制动传动装置按布置形式分为单管路和双管路两种。

1. 单管路液压制动传动装置

（1）组成 单管路制动装置是利用一个制动主缸（油泵），通过一整套相互连通的管路来控制全车制动器，其基本构造和液压回路见图6-85。它主要由制动踏板、推杆、制动主缸（即活塞式油泵）、制动轮缸（即分泵，活塞式油缸）、制动蹄、贮油室和油管等组成。整个系统充满油液。主缸的活塞直接由驾驶员通过制动踏板和推杆操纵。

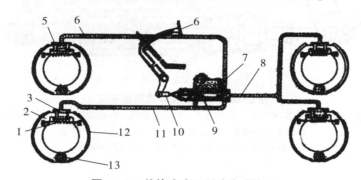

图6-85 单管路液压制动传动装置

1-回位弹簧 2-制动器 3-制动轮缸 4-轮缸活塞 5、8、11-油管 6-制动踏板
7-贮油室 9-制动油缸 10-主缸推杆 12-摩擦片 13-支承销

（2）工作过程 当踩下制动踏板，推杆推动主活塞向右移动，主缸内部油压升高，制动油液从油管分别传递到前后制动轮缸，推动轮缸活塞外移，使制动蹄张开，产生制动作用。放松踏板时，推杆跟着移出，活塞在其回位弹簧作用下向左退出，油缸工作腔油压降低。各制动蹄在回位弹簧作用下也向内收缩，各轮缸活塞内移，制动油液便分别从各轮缸向主缸流动，制动蹄鼓又恢复原有的间隙，制动解除。

（3）制动主缸 又称制动总泵，拖拉机上常采用单向作用活塞式油泵，是该装置的主要部件。其功用是接受制动踏板传来的力，使油液压力升高，并将此高压油液分别送入各制动轮缸。主缸是由缸体、活塞、出油阀、回油阀、回位弹簧、皮碗和皮圈等组成，见图6-86。

1）构造。主缸和贮油室制成一体的称为整体式主缸，两者分开用油管连接的称为分开式主缸。整体式主缸上部为贮油室，下部为工作缸筒。贮油室盖上的螺塞中有挡片，并有通大气的孔。直径6mm的进油孔和直径最小为0.7mm的补偿油孔将主缸筒和贮油室相连通。缸筒内装有活塞将其分为左、右两腔并形成环形油室，内中贮满油液。活塞左端部装有密封圈，并由挡板和弹性卡环轴向限位。活塞右端面铆有辐射状星形钢片，恰好将活塞顶部沿圆周均布的6个轴向孔掩盖，以防橡胶皮碗与活塞端面黏结或从小孔处被液压击穿。橡胶皮碗外圈表面多制有一个环形槽，并有若干个轴向槽与之相通，以便在工作时能使油液单向地补偿。回油阀为带金属托片的橡胶圈，其中心孔被带弹簧的出油阀封闭（统称复合式单向阀）。回位弹簧处于橡胶皮碗与回油阀之间，它将活塞推靠在挡板上，并使回油阀关闭。工作长度可调，推杆前端与踏板下臂连接，推杆后端球头伸入活塞背面凹部，并保持一定的摆动间隙。

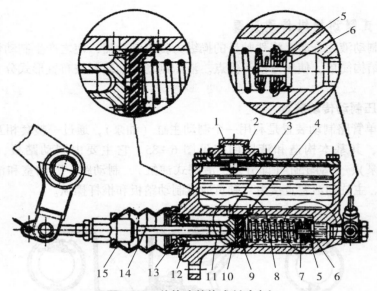

图 6-86　单管路整体式制动主缸

1-螺塞　2-通气孔　3-补偿孔　4-旁通孔　5-回油阀门　6-出油阀门　7-出油阀门弹簧
8-活塞回位弹簧　9-皮碗　10-活塞上小孔　11-活塞
12-皮圈　13-挡圈　14-推杆　15-橡胶防护罩

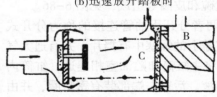

(a)制动时

(b)迅速放开踏板时

(c)活塞完全回位时

图 6-87　制动主缸工作示意图

B-补偿室　C-压力室

2) 主缸工作原理如下：

A. 不制动时。活塞在回位弹簧作用下处于最左位置。活塞头部和皮碗正好位于进油孔和补偿油孔之间，活塞腰部环腔通过进油孔和头部右腔通过补偿油孔与贮油室相沟通。

B. 制动时。当踩下制动踏板时，推杆使活塞及皮碗右移，在皮碗遮蔽补偿孔后，主缸右腔油压开始升高（此时将踏板机构输入的机械能转换成液压能），当足以克服弹簧的预紧力而推开出油阀门，将制动油液经管路传送到各轮缸，使轮缸中的油压升高（液压能转换成机械能），推动轮缸活塞外移，克服了蹄鼓间隙后，产生制动作用，见图 6-87（a）。油压越高，制动力越大，它与踏板力成正比。最高时可达 8MPa。

C. 维持制动时。踏板踩到某位置保持不动时，活塞亦停止移动。主缸和轮缸工作腔油压保持某定值不再升高，制动系维持一定的制动强度。由于出油阀两边油压已趋于平衡，弹簧使出油阀关闭。维持一定的制动强度。

D. 缓慢放松制动时。当缓慢撤除制动踏板力后，制动踏板、主缸活塞和轮缸活塞均在各自回位弹簧作用下回位（主缸活塞等向左退出，轮缸活塞内移）。管路中高压油液借其压力推开回油阀门流回主缸，制动蹄鼓又恢复原有的间隙，解除制动。制动解除过程中，因主缸活塞回位弹簧在装配状态下有一定预紧力，在油液回流时，当油管和轮缸中油压降至与预紧力平衡时，回油阀关闭。此时，油管及轮缸中油压要比主缸油压高 50~100kPa、并保持此时的剩余压力，以防空气渗入，使轮缸活塞皮碗张紧以提高其密封性能和使轮缸活塞紧靠于制动蹄端以消除滞后间隙的作用。

E. 迅速放松制动时。当迅速放开制动踏板时，见图 6-87（b），由于右侧工作腔容积因活塞的急速左移而迅速增加和管路与回油阀对油液的阻尼作用，该腔会形成一定的负压，而活塞左腔环形油室油压又相对高于右腔。因此，在此压力差作用下，使得活塞头部星形垫片的臂和皮碗的边缘离开活塞。于是油液便自贮油室经进油孔、环形油室、活塞顶部 6 个轴向孔推翻皮碗边缘，额外地流入右侧工作腔填补真空。这样，制动蹄鼓间隙过大或空气渗入等造成一脚制动时制动力不足的情况下，可迅速放松踏板，再踩第二脚，使出油量增多，产生更大的制动力。因此，踏板有越踩越高的感觉，有利于进一步提高制动力，也可借此排出渗入管路内的空气。

F. 放松制动踏板后。当踏板完全放松时，活塞左移回位，补偿孔开放，管路中多余的油液便经补偿孔流回贮油室，见图 6-87（c）。

为保证主缸活塞彻底回位，推杆头部与活塞之间具有 1~2mm 间隙。踩下制动踏板时，为消除这一间隙所需的踏板行程称为踏板自由行程。自由行程不正确时，可改变推杆长度，或将踏板与推杆间的连接销制成偏心形式，用以调整踏板自由行程。

（4）制动轮缸　又称分泵，即单向作用活塞式油缸。其功用是将主缸传来的液压力转变为制动元件张开或压紧的机械力，以实现制动。常见的有双活塞式、单活塞式和阶梯式多种。

1）双活塞式制动轮缸见图 6-88，主要由固定在制动底板的缸体、活塞、皮碗以及使皮碗紧贴活塞的弹簧等组成。两活塞用各自背面上装的顶块分别与两个制动蹄的上端相抵。缸体两端装有防尘罩，以防尘土和泥水浸入。制动时，主缸中的油液压力传到轮缸后，两活塞便向外推动制动蹄片张开，产生制动作用。

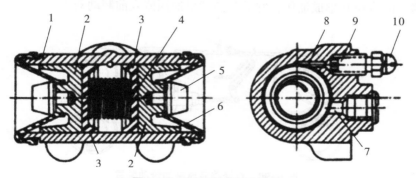

图 6-88　双活塞式制动轮缸

1-缸体　2-活塞　3-皮碗　4-弹簧　5-顶块　6-防护罩　7-进油孔
8-放气孔　9-放气阀　10-放气阀防护螺钉

2）单活塞式制动轮缸见图 6-89。为缩小轴向尺寸，液腔密封件不是抵靠活塞端面的皮碗，而是采用装在活塞导向面上切槽内的皮圈上。进油间隙由活塞端面的凸台保持。

轮缸的直径一般比主缸直径稍大，使由主缸活塞杆上的推力经油液传到轮缸活塞上后，对蹄片的推力得到放大。后轮轮缸直径一般大于前轮轮缸直径，以加大对负荷较大的后轮的制动力。在轮缸缸体上设有放气阀，用来排除进入系统中的空气，以免影响制动效果。放气时，旋

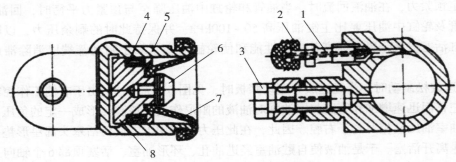

图 6-89　单活塞式制动轮缸

1-防护套　2-活塞　3-进油管接头　4-护罩
5-放气阀　6-顶块　7-缸体　8-皮圈

下防护螺帽，旋松放气阀并踩下制动踏板。如从螺钉孔中排出带气泡的油液，表明油液中含有空气。空气放净后应立即旋紧放气阀和防护螺帽。

2. 双管路液压制动传动装置

该装置是利用一个双腔主缸，通过两套独立回路，以分别控制车轮制动器。工作时两油路互不干扰，分别将制动液输送到前、后制动轮。其中一套回路损坏时，另一套仍能起制动作用，提高了制动的可靠性和安全性。

双腔制动主缸的两腔可以是串联，也可是并联。串联式双缸主缸构造见图 6-90。其构造与单管路制动相似。但有两点不同。其一是活塞、回位弹簧和阀门均两套；其二是前活塞后退一定距离后有限位螺钉予以阻止。此外，前回位弹簧要比后回位弹簧的张力大，故后（A）腔压力要略大于前（B）腔。其工作原理与单缸相同。正常制动时，主缸活塞由推杆推动左移，在旁通孔被皮圈遮蔽后，A 腔形成液压。后腔 A 油液在从出油阀流入后制动器的同时，又推动前活塞左移，使前腔 B 形成油压，并推开前端出油阀流入前制动器。

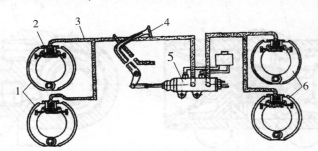

图 6-90　双管路液压制动传动装置

1-前轮制动器　2-制动分泵　3-油管　4-制动踏板机构
5-制动总泵　6-后轮制动器

当制动管路漏油时，后腔 A 仍能形成液压，但只有在前活塞被压到底之后，A 腔液压才能升高到制动所需数值。当后制动管路漏油时，只有当后腔主活塞与前腔 B 活塞接触后，前活塞才能被推杆推动左移，使前腔形成液压，产生制动作用。

可见该系统中任何一套管路漏油时，另一套仍能继续工作，但踏板的行程会加大。

五、制动系统的使用维护

1. 制动系的使用

1）出车前要检查制动性能。在确保制动器安全可靠的情况下，方可出车。

2）行驶中应与前车保持安全距离（大于制动停车距离）。

3）行驶中发现前方有情况，驾驶员应按预见性减速和预见性停车的方法操作。预见性减速先采用怠速牵阻，如达不到预期效果时则采取制动减速，做到"刹慢不刹停"预见性停车是当车速降至 10km/h 时，逐渐放松制动踏板，使车辆有一点余速，待其将停未停时，制动踏板再稍许抬一点，然后轻轻踏下。

4）车辆行驶中突然遇到紧急情况时，应实施紧急制动。迅速放松加速踏板，果断狠踩制动踏板，然后再踩离合器踏板。切忌先踏离合器踏板和情况未变化时就放松制动踏板，否则，制动距离增加，易发生危险。泥泞道路上禁止使用紧急制动，以避免侧滑。

5）使用中不要向热制动鼓上洒冷水，以防制动鼓"白口"，造成蹄、鼓接触不良，制动不灵。

6）轮式拖拉机运输作业时，应用连锁片将左右踏板锁住，防止单边制动造成事故。

7）车辆停放时，轮式拖拉机应踏下制动踏板并用定位爪锁住。

2. 制动系的维护

第一，定期检查机械传动制动系统踏板自由行程、带制动间隙和蹄式制动蹄、鼓间隙。拖拉机左右踏板行程应一致，必要时进行调整。在平坦路面上进行制动试验：高速行驶中，紧急制动时，左、右车轮地面拖痕长度应相等。

第二，对液压制动传动装置，要定期检查整个系统密封性和贮油室油面高度，不足时加注制动液（刹车油），漏油、破损处应及时修复。然后用脚踏制动踏板，当脚感到制动无力时，说明制动管路中有空气。此时应打开放气螺栓，用脚反复踏制动踏板，排出空气，直到脚感到费力为止（无气泡），装好放气螺栓。

第三，对气压制动传动装置，要经常检视贮气筒气压，发现气压上升得过慢，停车后迅速降低，要查明原因，加以排除；定期清洗制动控制阀、空气压缩机的空气滤清器以及气压调节阀管路接头中的滤芯和滤芯罩；定期检查空气压缩机传动带张紧度；每天行车后及时放出贮气筒中积聚的油水，如发现放出的水中含有过多的机油，应及时检修或更换空气压缩机活塞环；经常检查贮气筒、控制阀、制动气室、各管路接头、各软管等有无破损、漏气、脱落等情况，发现问题及时排除。制动阀下部排气口若有漏气声，可拆下后用砂布打平后再装复。

第四，定期对各注油点加油润滑。

第五，发现制动器因油和泥水浸入，导致摩擦片打滑或制动器分离不清等，应检查更换有关油封和密封装置并予以清洗。可在制动器壳体内注入煤油或汽油，使车辆中速行驶数分钟，然后放出清洗油并晾干。

第六，定期检查、试验和调整制动系统的制动性能。

3. 制动系统的检查调整

制动系统中主要调整项目是制动器间隙、踏板自由行程和工作压力。调整项目及方法因制动器及其传动装置的不同而有所差别。

（1）机械制动传动装置的检查调整　踏板自由行程是制动器间隙的直接反映。是指用手

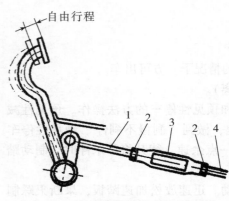

图 6-91 制动踏板自由行程调整
1、4-拉杆 2-锁紧螺母 3-调节螺杆

推动制动踏板至感觉有阻力时为止，踏板所移动的距离为踏板自由行程，一般为 40~80mm。该行程过大，造成旋转元件与制动元件的距离变大，影响制动效果；过小，使旋转与制动两元件始终处于摩擦状态，造成制动器发热，磨损加剧，驱动轮输出力矩减小，油耗增加。调整方法见图 6-91。①用手按下制动踏板时，通过钢板尺测量。②若自由行程过大或过小，松开锁紧螺母，拧动调节螺杆，使拉杆长度和踏板行程增大或减小，并符合规定值。注意：左右制动轮踏板应同时调整。③再通过制动器自身的调整机构调整其间隙。间隙的大小以踏板自由行程度量。例如，在调整外张盘式制动器时，通过调整外拉杆长度以保证踏板在初始状态时，拉杆臂后倾 6°，再调整内拉杆长度使制动器间隙达到要求值。

此时踏板自由行程应为 65~75mm，如不符合，可再度伸缩内拉杆长度，直到使踏板自由行程符合要求。单纯改变外拉杆长度，虽可调整踏板的自由行程，但不能保证拉杆臂的正确位置。④调整结束后应进行检验，使左右制动基本相同。

（2）液压制动和气压制动传动装置的检查调整　在液压或气压制动时，踏板对制动器是间接控制的，踏板自由行程反映的不是制动器间隙，而是推杆和制动主缸活塞间的空隙（液压）或自动控制阀的排气间隙（气压）。液压制动装置是通过改变推杆长度调整（推杆加长时，踏板自由行程减小；反之增大）。气压制动是通过改变调整螺钉的高低调整。制动器间隙均应通过自身的调整机构调整之。气压制动传动装置的最大制动气压是控制阀拉臂最大工作行程的反映，并由调整螺钉加以限制。

此外，在主车气压制动传动装置中，前、后轮制动时间差，主、挂车气压制动传动装置中，控制阀主、挂车排气间隙都可经特设的螺钉进行调整。应当强调指出，对制动系统的调整要注意调整条件和前、后顺序，调整数据应符合要求。

4. 排除液压制动系统内的空气

当液压制动系统因油液不足或其他原因有空气渗入时，可导致踏板已踩到底，但液压仍不能建立，造成制动不灵，此时应立即停车放气。排气时先从距总泵最远的分泵开始，由远到近。在放气过程中，需要随时向贮油罐中补充制动液，以防干底。待 4 个制动器放气完毕后，再一次加足。排除空气的方法：①拧开总泵贮油罐油塞，并向其中加制动液。②卸下左右制动分泵放气螺钉的橡胶护罩，松开放气螺钉并装上软管进行放气。管的另一端应垂直放入有少量制动液的容器内。③将放气螺钉松开 1/2~3/4 转，然后将制动踏板迅速而有力地踏下后缓缓放松，如此重复二三次，这时总泵活塞往复运动几次，使油液不断从进油孔和补偿油孔进入工作腔，挤压空气从轮缸放气螺塞处排出，直到踩踏板时，盛有制动液容器中的软管没有气泡出现为止。④将分泵的放气螺钉旋紧，卸下软管，装上螺钉防护罩。放气顺序为：右后轮制动器→左后轮制动器→右前轮制动器→左前轮制动器。4 个制动器放气完毕后，应向总泵中添加制动液，直至液面低于油罐口 15~20mm 为止，然后盖上并拧紧油罐螺塞。

六、制动系统常见故障诊断与排除

制动系统常见故障诊断与排除见表6-7。

表6-7　制动系统常见故障诊断与排除

故障名称	故障现象	故障原因	排除方法
制动失效	行驶中踩下制动踏板或一脚制动将踏板踩到底，机器不能减速或停车	1. 制动总泵内缺油 2. 制动油管破裂或接头处漏油 3. 机械连接部分脱落 4. 总泵皮圈损坏或老化 5. 贮气筒放污开关不严 6. 空气压缩机损坏 7. 空压机传动带损坏、松弛 8. 气压管路破裂、松脱或堵塞 9. 控制阀排气阀漏气 10. 制动气室膜片漏气	1. 连续踩下制动踏板不能踩到底，应先检查总泵是否缺油，缺油按规定加油 2. 若不缺油，再检查前后制动油管是否破裂或漏油，并排除 3. 分段检查各传动杆件有无脱落 4. 最后检查总泵皮圈是否损坏或老化，并更换 5. 关严或修复放污开关 6. 检修或更换 7. 更换或调整传动带 8. 检修或更换气压管路 9. 检修排气阀 10. 更换
制动不良	制动效果差，制动距离过长	1. 总泵进油孔堵塞、出油阀损坏，系统内有空气 2. 制动踏板自由行程过大 3. 制动器间隙过大、摩擦片严重磨损、有油污或接触不良 4. 制动泵卡阀 5. 制动液缺少，油管路内有空气 6. 制动管路系统有泄漏 7. 传动推杆变形、损坏 8. 制动控制阀工作不良 9. 贮气筒气压不足	1. 排放制动油管内的空气，若制动仍不良则检查制动总泵 2. 检查调整制动踏板自由行程 3. 调整摩擦片与制动鼓的间隙，清洗或更换摩擦片 4. 清洗制动泵 5. 添加制动液，排除油管路内空气 6. 排除泄漏点 7. 校正或更换 8. 检修控制阀 9. 检修
制动跑偏	紧急制动时，两侧车轮制动距离不一样	1. 一侧车轮的制动间隙过大，使制动蹄不能压紧制动毂，摩擦力减小 2. 一侧制动摩擦片磨损严重或损坏 3. 一侧制动器内有油污或分泵损坏 4. 制动泵平衡阀失效或节流阀封死 5. 两后轮胎气压不一致 6. 左或右侧制动管有空气 7. 某侧制动凸轮发卡 8. 某侧制动气室推杆连接叉弯曲变形，膜片破裂，接头漏气 9. 各车轮制动蹄回位弹簧弹力相差过大	1. 检查制动效果差的一侧制动器间隙，不符合规定值时进行调整 2. 更换制动摩擦片等 3. 拆下制动效果差的一侧车轮制动器，清除油污或检修分泵 4. 更换零件 5. 按规定压力给轮胎充气 6. 排气 7. 检修 8. 校直，更换，检修 9. 更换弹簧
制动器分离不彻底	放松踏板，还有制动力	1. 踏板自由行程过小 2. 回位弹簧弹力不足或折断 3. 制动鼓变形失圆 4. 摩擦表面异物卡滞 5. 摩擦盘卡滞或钢球失圆及球槽磨损	1. 调整自由行程符合技术要求 2. 更换弹簧 3. 检修整形或更换 4. 清理摩擦表面 5. 检修

（续表）

故障名称	故障现象	故障原因	排除方法
制动器过热	制动器温度过高	1. 制动间隙过小 2. 回位弹簧弹力不足或折断 3. 制动衬片接触不良或偏磨 4. 制动时间过长和制动频繁	1. 调整间隙符合技术要求 2. 更换 3. 修磨制动衬片或更换 4. 改进操作方法
制动有异响	制动时有响声	1. 制动衬片松动 2. 回位弹簧折断或脱落	1. 检修 2. 更换

第六节　拖拉机工作装置

拖拉机的工作装置包括牵引装置和动力输出装置等。利用这些装置可把拖拉机动力通过各种方式传递给农具，使它能与农具配合进行田间、运输和固定作业等。

一、牵引装置

连接拖拉机与农具的装置叫牵引装置。牵引装置上连接农具的铰接点，称为牵引点。牵引点的位置可进行左右水平调节，有的还可改变牵引高度。牵引装置分为固定式和摆杆式两种。

（一）固定式牵引装置

固定式牵引装置由牵引板、牵引卡、插销和牵引销等组成，见图6-92。托架固定在后桥壳体两侧后下方。牵引板用插销与托架连接。农机具通过牵引卡间接地与牵引板连接。牵引卡可在一定范围内摆动，使挂接农具方便。牵引点调好后是固定的；牵引点在驱动轮轴线之后。由于牵引叉是一个两端成"U"形挂钩，连接农具和倒车时，在一定范围内可左右摆动。牵引板上5个孔可获得5种横向牵引位置。托架可颠倒安装，牵引板可正反安装，能得到4种不同高度的牵引点。该装置结构简单，故被中小型拖拉机广泛采用。但转向时，农具会增大拖拉机转向阻力矩。

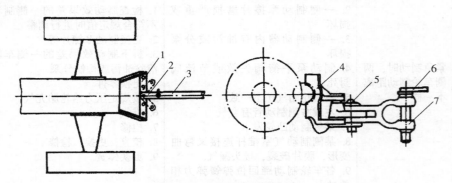

图6-92　固定式牵引装置

1-牵引板　2-牵引卡　3-辕杆　4-牵引托架　5-插销　6-牵引销　7-牵引叉

装有悬挂机构的拖拉机，可利用其左右下拉杆安装牵引板和牵引卡，并用斜撑板固定。但在牵引农具时不准使用液压悬挂系统，要把液压悬挂机构可靠在锁定在提升最高位置。

（二）摆杆式牵引装置

摆杆式牵引装置见图 6-93，牵引杆前端用轴销与拖拉机机身铰连。此铰接点（牵引点）是牵引装置的摆动中心。摆动中心在驱动轮轴线之前。牵引杆后端通过牵引销与农具连接。工作中可左右摆动。但在机组倒车时，必须用定位销将其限定在牵引板上，使其不能摆动。特点是摆动中心在驱动轮轴线之前，拖拉机直线行驶性较好，转向时农具不产生转向阻力矩，因此转向轻便；但牵引杆需从后桥壳体下通过，结构复杂，仅为大功率拖拉机采用。

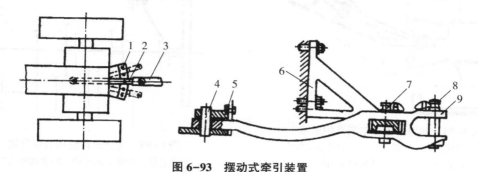

图 6-93　摆动式牵引装置

1-牵引板　2-牵引杆　3-辕杆　4-轴销　5-前支架　6-后支架　7-定位销　8-牵引销

二、动力输出装置

动力输出装置的作用是将拖拉机发动机功率的一部分或全部以旋转机械能的方式传递给农机具上的一种工作装置，也可与动力输出皮带轮连接用来驱动固定式农业机械作业。它包括动力输出轴和动力输出带轮。

（一）动力输出轴

动力输出轴一般布置在拖拉机后面和前面。为便于与各种农机具合理配套，国标规定了动力输出轴的转速、旋转方向及轴的结构尺寸等，并与国际标准一致。国标规定后置式动力输出轴离地高度为 500~700mm，并在拖拉机纵向对称平面内，左右偏差不得超过 50mm。动力输出轴的旋转方向规定从轴端看应为顺时针，轴端的花键为（8~38）×32×6；标准转速为（540±10）r/min，有些拖拉机为（760±25）r/min。动力输出轴与农具的连接采用伸缩轴和双万向节，其布置见图 6-94。拖拉机牵引杆的挂接点与动力输出轴轴端的距离为 A，标准规定为 355±10mm。挂接点与农具输入轴轴端距离为 B，应尽可能等于 A。传动轴万向节叉应安装在同一平面内。

根据转速数，动力输出轴可分为同步式转速和标准式转速动力输出轴两种。

1. 同步式转速动力输出轴

该动力输出轴转速与拖拉机行驶速度"同步"（成正比），其动力由变速器第二轴传出，其转速与使用的挡位有关。当主离合器接合变速器以任何挡位工作时，输出轴随之同步工作。即输出轴的操纵仅由主离合器控制，见图 6-95。

2. 标准式转速动力输出轴

标准式转速动力输出轴与拖拉机使用挡位无关，其动力由发动机或经离合器直接传递。无论变速器换入哪一挡，其输出轴的转速与拖拉机行驶速度、方向无关。标准转速式动力输出轴按其操纵方式不同又可分为非独立式、半独立式和独立式 3 种。

（1）非独立式动力输出轴　该动力输出轴没有单独的操纵机构。它的传动和操纵都通过主离合器，主离合器分离时，动力输出轴随之停止工作；主离合器接合时，动力输出轴同时旋转，见图6-96。东方红-75拖拉机上采用。

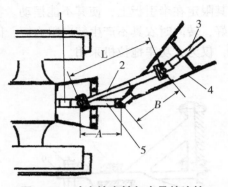

图6-94　动力输出轴与农具的连接

1-动力输出轴　2-传动轴　3-农具输入轴

4-农具牵引架　5-拖拉机牵引杆

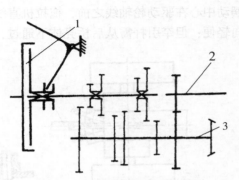

图6-95　同步式转速动力输出轴

1-主离合器　2-动力输出轴　3-变速器第二轴

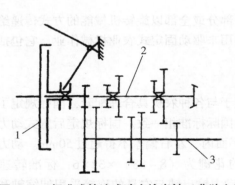

图6-96　标准式转速式动力输出轴（非独立）

1-主离合器　2-变速器第二轴　3-动力输出轴

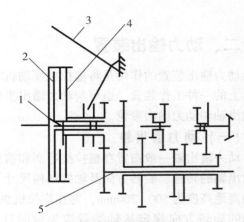

图6-97　半独立式动力输出轴

1-变速器第一轴　2-第一轴摩擦片　3-离合器踏板

4-输出轴摩擦片　5-输出轴

（2）半独立式动力输出轴　该动力输出轴的传动和操纵机构由双作用离合器中的动力输出轴离合器控制，但操纵机构仍与主离合器共用，见图6-97。只是在操纵离合器踏板时动力输出轴离合器比主离合器后分离先接合。这样在分离主离合器时动力输出轴不停止转动，又改善了拖拉机起步时发动机负荷过大的现象。东风-50、上海-50采用此型。

（3）独立式动力输出轴　该动力输出轴的传动和操纵都由单设的离合器完成，与主离合器的工作不发生关系。在采用独立式动力输出轴的拖拉机上装有一个主离合器和副离合器布置在一起的双联离合器，用两套操纵机构分别操纵主、副离合器，见图6-98。动力输出轴由副离合器控制，既可改善发动机因起步负荷过大，又能满足不同农具作业要求。

3. 综合式动力输出轴

该动力输出轴，既可输出标准转速的动力，又可输出同步转速的动力，见图6-99。只需要转换传动齿轮啮合情况即可。当滑动齿轮 3 与固定齿轮 2 啮合时，可得到同步式动力输出；当滑动齿轮 3 与固定齿轮 2 脱开时，并接上接合套 4 时，便可获得标准转速式动力输出。

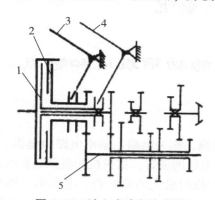

图 6-98　独立式动力输出轴
1-主离合器摩擦片　2-副离合器摩擦片　3-副离合器踏板
4-主离合器踏板　5-动力输出轴

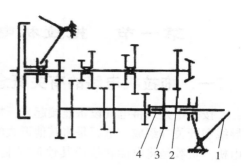

图 6-99　综合式动力输出轴
1-接合手柄　2-固定齿轮
3-滑动齿轮　4-接合套

4. 动力输出轴的使用

（1）使用动力输出轴时，应检查动力输出轴的转速、直径、花键等必须与农具驱动装置相配套；根据作业种类正确选用动力输出轴型。例如，标准转速非独立式适用于旋耕作业，标准转速半独立式适用于旋耕或收获作业，独立式适用于果园或喷药作业，同步式适用于播种或施肥作业。

（2）应先完全分离主离合器或动力输出轴离合器后，才能操纵手柄接合或分离动力输出轴齿轮。

（3）拖拉机后退时，必须先使动力输出轴停止转动。

（4）选配农具时，应考虑动力输出轴的功率是否与农具匹配。

（二）动力输出皮带轮

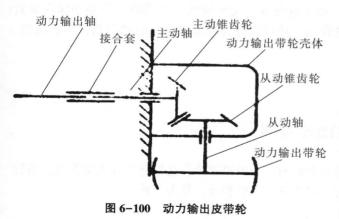

动力输出轴
接合套
主动轴
主动锥齿轮
动力输出带轮壳体
从动锥齿轮
从动轴
动力输出带轮

图 6-100　动力输出皮带轮

拖拉机动力输出皮带轮一般装在拖拉机后面，少数装侧面，进行各种固定作业。由动力输出轴输出动力并由同一套操纵机构控制。动力输出带轮轮轴必须与拖拉机驱动轮轮轴平行，以借助拖拉机的前、后移动来调整带的张紧度。所以，动力输出带轮通常要由一对圆锥齿轮来传动，动力输出带轮的旋转方向，应使带的紧边在下边，松边在上，以增大带包角，减少胶带打滑。动力输出带轮通常设计成一套独立的总成，见图 6-100。作为拖拉机的附件，在需要利用拖拉机发动机的动力以带传动方式进行固定作业时才安装在拖拉机上，当拖拉机进行田间作业时，一般都拆下来，以免妨碍工作。

第七章　电气系统

第一节　拖拉机电气系统的功用组成和特点

一、拖拉机电路的有关概念

按一定方式将电气设备连接起来所构成的电流通路，称为电路。基本电路由电源、负载、导线和开关等组成。电源是将其他形式的能量转换成电能的装置，拖拉机的电源是蓄电池和发电机。负载是将电能转换成其他形式能量的装置，如拖拉机上的启动机、电喇叭、各种电灯等。导线、开关和接线柱是中间环节，用来连接电源和负载，起传输、控制和分配电能的作用。为便于识别，拖拉机低压导线采用单色线和双色线，并用不同的颜色和英文字母标记来区别。一般将同一走向的导线包扎在一起，叫作线束。

通路、断路和短路是电路的三种状态。通路是当开关闭合时，电路中有电流过，负载可以正常工作。断路又称开路，电路中任何一个地方断开，如开关未闭合，电线折断，用电设备断线，接头接触不良等，都使电流不能通过，用电设备不能工作。短路是当电源两端的导线由于某种事故而直接相连，这时电源输出电流不经过负载，只经过导线直接流回电源。短路时由于导线电阻很小，通过的电流很大，会使电源和导线等产生高热而烧坏绝缘，甚至引起火灾。短路一般是绝缘损坏或操作上的错误造成的，应当避免。

二、拖拉机电气系统的功用和组成

拖拉机电气系统的功用是启动发动机、提供拖拉机的夜间照明、工作监视、故障报警和行驶时提供信号及自动控制等。

拖拉机电气系统由电源设备（蓄电池、发电机及调节器）、用电设备（点火开关、启动机、照明、信号、仪表及辅助工作装置）和配电设备（配电导线、接线板、开关和保险装置等）三部分组成。其基本电路按各部分的作用，还可以分为电源电路、启动电路、照明电路、信号和仪表电路，见图7-1。

三、拖拉机的电路特点

1. 低压直流

拖拉机电源电压一般为12V和24V的直流电较多。

2. 采用单线制

即各用电设备均由一端引出一根导线与电源的一个电极相接，这根导线称为电源线，俗称火线。另一根则均通过拖拉机的机体，与电源的另一个极相连，称为搭铁。

3. 两个电源

现拖拉机上多数有蓄电池和硅整流发电机两个电源，它们之间通过调节器连接。硅整流发电机输出的是直流电，用来给蓄电池充电和给其他用电设备供电。

4. 各用电设备与电源均为并联

即每一个用电设备与电源都构成一个独立的回路，都可以独立工作。凡瞬间用电量超过或

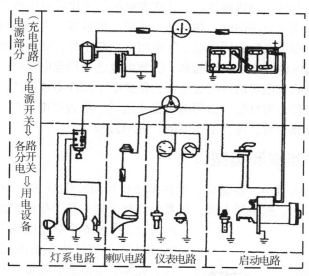

图 7-1 拖拉机基本电路示意图

接近电流表指示范围的，且用电次数较为频繁的电气设备，都并联在电流表之前，使通过这些设备的电流不经过电流表。凡灯系、仪表、电磁启动开关及预热器等用电设备，均接在电流表之后，并通过总电源开关与充电线路并联。

5. 开关、熔丝、接线板和各种仪表（电压表并联）采用串联连接

即一端或一个接线柱与火线相接，另一个接线柱与用电设备相接。当打开开关或某处熔丝熔断或接头松动接触不良时，该电路断开，不能通过电流。

6. 电池供电与充电

当发电机不工作时，所有用电设备均由蓄电池供电，除启动电流外，其他放电电流基本上都经过电流表。当发电机正常工作时，发电机除向各用电设备供电外，同时还向蓄电池充电，这时除了充电电流通过电流表外，其他用电电流不经过电流表。

7. 搭铁接线

国家标准规定：采用硅整流发电机时，一般为负极搭铁；蓄电池若接成正极搭铁，则会烧坏硅整流发电机上的二极管，同时其他用电设备也不能正常工作。对于负极搭铁的电路，电流表的"－"极接线柱接蓄电池的正极引出线，电流表的"＋"极接线柱接电路总开关的"电源"接线柱引出线。而使用直流发电机的，常以正极搭铁。正极搭铁的电路接线则与此相反。

8. 小型拖拉机以交流供电为主

小型拖拉机以照明用电为主，一般采用交流供电。永磁式交流发电机的结构简单（内部无整流和换向装置）、使用可靠、维护方便。

第二节　蓄电池

一、蓄电池的功用

蓄电池是一种能将化学能转变为电能，又能将电能转变为化学能储存的装置。其功用是

①启动时蓄电池向启动电机、预热器供电。②在发电机不工作或发电机工作电压低于蓄电池电压时，由蓄电池向各个用电设备供电，如启动、照明、信号等。③在用电负荷过大超过发电机供电能力时，由蓄电池和发电机共同供电。④在用电负荷小时，发电机端电压高于蓄电池电压时，向蓄电池充电，蓄电池将电能储存起来。⑤蓄电池还起稳定电源电压的作用，它相当于一个较大的电容器，可吸收发电机的瞬时过电压，保护电子元件不被损坏，延长使用寿命。

当蓄电池将化学能转变为电能供给用电设备使用时，称为蓄电池的"放电过程"；当蓄电池将电能转变为化学能储存时，称为蓄电池的"充电过程"。

二、蓄电池的组成和类型

拖拉机蓄电池均为内阻小、容量大、能在发动机启动时供给 200~600A 甚至大于 1 000A 电流的启动型铅酸蓄电池。按启用方式，该蓄电池有干封式和干荷电式之分。启动型铅酸蓄电

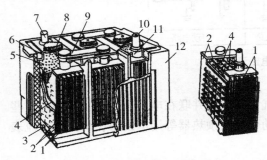

图 7-2　铅酸蓄电池的结构
1-正极板　2-负极板　3-肋条　4-隔板　5-极桩
6-封料　7-负接线柱　8-加液孔螺塞　9-连接条
10-正接线柱　11-电极衬套　12-外壳

池均由 3 个或 6 个单格电池组成，额定电压分别为 6V 和 12V。其结构主要由正负极板、隔板、防护片、壳体、电解液、连接条和极柱等部件组成，见图 7-2。

新的干封式铅酸蓄电池（普通蓄电池）在灌注电解液后须按规定初次充电后才能使用。

新的干荷式铅酸蓄电池在极板组干燥状态下，能较长时间地保存其在制造过程中所得到的电荷。所以在规定的保存时间内（2 年），如使用，只需灌注符合规定密度的电解液至规定的液面高度后，搁置 15~20min 即可使用，不需要进行充电。它是应急的理想电源。之所以具有干荷电性能，因它的极板制造工艺与干封式（普通蓄电池）不同。

1. 壳体

壳体是用来盛装极板、隔板和电解液，常用耐酸塑料或硬橡胶制成。壳体有 3 个或 6 个单格，相邻两个单格之间有隔板隔着，使电解液互不流通。各单格都用盖板封住，盖板上有两个极桩孔，中间有加液孔。封加液口的塑料小盖制有通气小孔，用于电池内的化学反应分解出的气体溢出。外壳上标有指示电解液面最高和最低的两条刻线。每个单格的底部有突棱，用以支承极板组，并容纳从极板脱落下来的活性物质，以防极板短路。蓄电池正极柱上涂有红色标志并铸有"+"号，负极柱不涂色铸有"-"号。

2. 极板

极板由栅架和活性物质组成，分为正极板和负极板。栅架是极板的骨架，用来承载活性物质和传导电流。正极板的活性物质为二氧化铅，颜色为暗红色；负极板的活性物质为海绵状纯铅，颜色为青灰色。极板的作用是与蓄电池中的电解液发生电化学反应，实现蓄电池的充、放电过程。

每个单格电池中，正负极板分别焊成极板组，负极板组的片数比正极板组的片数多一片，安装时把正极板夹在负极板中间，并插入隔板。不论正负极片数是多少，其平均电压为 2V，片数越多或面积越大容量就越大。

3. 隔板

隔板是放置在正、负极板之间的绝缘板，其功用是防止正、负极板短路。隔板有多个小孔，保证电解液的流通。

4. 防护片

防护片为硬橡胶或塑料薄片，并冲有小孔，置于单格电池盖下的正、负极板组的上方，以防落入蓄电池内的杂质附在极板组上造成短路。

5. 电解液

电解液是用纯净硫酸和蒸馏水按一定比例配制而成，其密度在 25℃ 时一般在 $1.23 \sim 1.30 g/cm^3$。电解液的密度对蓄电池的工作影响很大，适当增加密度，可以减少冬季结冰的危险，并可提高其容量；但密度过大，由于电解液黏度增加流动性差，反而会降低容量，并会降低极板和隔板的使用寿命。一般工业硫酸和非蒸馏水不能用来配制电解液，因为其含有有害杂质容易引起自行放电，并易损坏极板。

6. 加液孔盖

每个单格蓄电池盖上有 3 个孔。两边较小的孔引出正、负极桩；中间孔为加液孔，孔口有螺纹供旋入加液孔盖用，孔盖上有通气小孔，以便排出化学反应产生的气体。

三、蓄电池的工作原理

蓄电池的化学反应是依靠正、负极板活性物质在电解液的作用下进行的。为充分发挥蓄电池的作用，最好用小电流缓慢放电和充电。

导体放在电解液中，则导体相对于电解液就产生一定电位。如把二氧化铅和铅两种不同的导体放在同一电解液中，那么二氧化铅和铅之间就有电位差，产生电动势；其中二氧化铅电位高，为正极；铅电位低，为负极，这就是蓄电池的基本工作原理，见图 7-3。

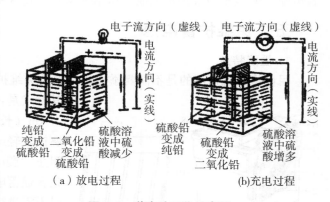

图 7-3　蓄电池工作示意图

1. 放电过程

蓄电池将化学能转变为电能而向外供电时称为放电过程。当充电后的蓄电池接入用电设备后，由于电动势 E 的作用使电路内电子由负极板移向正极板，叫电子流，电子流用虚线表示；而电流则是由正极流向负极。此时正极板上的二氧化铅和负极板上的铅分别与电解液中的硫酸发生化学反应都变成硫酸铅，并维持放电过程并连续进行。电解液中硫酸减少，相对密度下降，见图 7-3（a）。

其放电过程电化学反应方程式：$PbO_2 + 2H_2SO_4 + Pb \longrightarrow 2PbSO_4 + 2H_2O$

蓄电池放电终了特征：①单格电压放电至终止电压（以 20h 放电率放电，单格电压降至 1.75V）；②电解液密度降至最小许可值（$1.10 \sim 1.12 g/cm^3$）。

2. 充电过程

当蓄电池正负极与外界直流电源对应相接而将电能转化为化学能储存起来时称为充电过程。当电源电压高于蓄电池的电动势时，在电源力的作用下，电子由蓄电池正极流向负极，正负极板分别发生化学反应，恢复成二氧化铅和铅。电解液中的硫酸增加，密度增大。充电过程的化学反应（略去中间反应）与放电过程恰好相反，见图7-3（b）。

其充电过程电化学反应方程式：$2PbSO_4+2H_2O \rightarrow PbO_2+Pb+2H_2SO_4$

蓄电池充电终了特征：①蓄电池内部产生大量气泡，即出现"沸腾"现象。②端电压上升至最大值（单格电池电压为2.7V），且2h内不再增加。③电解液密度上升至最大值，且2~3h内不再增加。

四、蓄电池的型号

蓄电池的型号一般由5个部分组成：

| 第一部分 | - | 第二部分、三部分 | - | 第四部分、五部分 |

第一部分用数字表示串联的单格电池的数量。

第二部分表示蓄电池用途。如"Q"表示启动用蓄电池；"W"表示免维护。

第三部分用字母表示蓄电池类型。如A表示干荷电池，B表示薄极板结构，W表示免维护电池，无字者为干封铅蓄电池，即一般蓄电池。

第四部分表示额定容量。指20h放电容量，单位为A·h，用数字表示（即指在额定放电电流下能放电的时间与放电电流的乘积）。

第五部分用字母表示特殊性能代号。如G表示高启动率性能，D表示低温启动性。

例如：6-QW-70，6表示蓄电池由6个单格蓄电池串联，额定电压为12V。Q表示启动用蓄电池。W表示免维护蓄电池。70表示额定容量为70安培小时（A·h）。

五、免维护蓄电池

1. 性能特点

目前拖拉机常用的是不需要添加蒸馏水的免维护铅酸蓄电池又叫MF蓄电池，见图7-4。

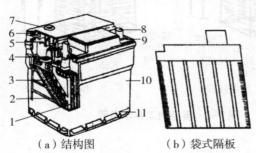

（a）结构图　　（b）袋式隔板

图7-4　免维护铅酸蓄电池
1-袋式隔板　2-铅钙栅架　3-活性物质　4-连条
5-液气分离器　6-消焰排气阀　7-密度计　8-极桩
9-压模代号　10-壳体　11-用于夹装的下滑面

其特点是：①使用方便，可行驶8万（短途）~80万km（长途）不需维护，不需添加蒸馏水。②电桩腐蚀较轻或没有腐蚀（电池盖上设有安全通气装置，阻止"爬酸"）。③使用寿命长，一般在4年左右，是普通蓄电池的2倍。④自行放电少，使用或储存时不需进行补充充电。

2. 结构特点

（1）栅架　采用铅钙合金或低锑合金，避免了普通蓄电池常见的4个故障，即自行放电、过量充电、水分蒸发和热破坏。

（2）隔板　采用袋式聚乙烯板，可将极板整个包住，避免了因活性物质脱落而造成极板间短路。

（3）采用新型安全通气装置　可避免蓄电池内的酸气与外部火花直接接触发生爆炸。通气塞内装有催化剂钯，可帮助排出的氢氧离子结合成H_2O。还可使蓄电池顶部和极桩保持清洁。

有的通气装置还使用一种消氢帽，充电时内部气体排出不带酸雾，同时还可防止析出的

H_2 和 O_2 在电池内部爆炸。

（4）设有充电状态指示器　有的免维护蓄电池的顶部装有充电状态指示器，指示器内有一绿色小球，当电解液密度高于 $1.265g/cm^3$ 时，或蓄电池充电到额定容量的 65% 以上，小球浮起，指示为绿色；当充电低于额定容量的 65%，小球下沉，指示为黑色，表示蓄电池需充电；若电解液低于极限值，指示变为透明无色，表明电解液已减少到极限值，应当报废。

（5）连接条　单格电池间的连接条采用穿壁式贯通连接，可减少内阻，改善启动性能。

（6）外壳　由聚丙烯塑料热压而成。槽底无凸棱，极板组在蓄电池底部，增大了极板底部的空间，加大了电解液的储存量。

3. 工作原理

免维护铅酸蓄电池的工作原理与普通铅酸蓄电池有所区别。免维护蓄电池负极板上 $PbSO_4$ 的含量比正极板上多。这样在充足电的情况下，正极板上的 $PbSO_4$ 全部转变为 PbO_2，而负极板上仍有 $PbSO_4$ 存在，使电极处于不平衡状态。故在过充电时，只有在正极板上产生 O_2，而通过负极板的电流，则用以使多余的 $PbSO_4$ 转变为海绵状铅。正极板上产生的 O_2 也不会变为气泡逸散到空气中去，而是迅速与负极板上海绵状铅生成 PbO_2，而 PbO_2 又与 H_2SO_4 反应生成 $PbSO_4$（沉附于负极板）和 H_2O。从理论上讲，这种蓄电池即使过充电，其电解液中的 H_2O 也不会减少。

六、蓄电池的使用维护

第一，蓄电池安装应牢固可靠，与机身接触处应放胶皮垫或毛毡垫缓冲减震。

第二，蓄电池接线必须正确、牢固，并保持接触良好。蓄电池的极性千万不能接错。拆卸或安装蓄电池的正负极电缆时，应先拆或后装上搭铁线，以防金属工具搭铁，造成蓄电池短路损坏。蓄电池正、负极判断方法如下：蓄电池的极柱上有正（+）、负（-）极标志；涂红漆为正极；面对铭牌，左上角为正极柱；若标志模糊不清时，正极柱颜色较深；在用蓄电池时，正极柱上的氧化物多于负极柱；对于圆柱形极桩，正极桩的直径较大；用万用表伏特挡测量其电压时，指针摆动方向指向负极柱。

第三，常用抹布和 10% 苏打水擦洗蓄电池外壳上的污物及极柱和接头上的氧化物，防脏污而导致自行放电。

第四，严禁大电流长时间放电。每次启动通电时间不得超过 5s，两次启动时间隔应大于 30s，连续启动不得超过 3 次。

第五，定期检查蓄电池电解液有无渗漏、液面高度和密度及蓄电池的存电量，避免长时间亏电。检查电解液是否在上、下限之间（电解液应高于极板 10~15mm），见图 7-5；液面过高易泼洒，腐蚀机体；液面过低则极板露出部分易被氧化，用蒸馏水进行调整补充，不能加自来水等硬水，也不可随意加入硫酸溶液；只有在电解液溢出造成不足时，才可加注相同密度的硫酸溶液（电解液）。保证各单格内电解液密度基本一致，其密度应为 $1.25 \sim 1.30g/cm^3$，见图 7-6；必要时可根据气温变化及时调整电解液密度；夏季防止温度过高，造成极板翘曲变形，使活性物质大量脱落；冬季应注意电池保温，并将电解液适当调浓，防止因温度低影响化学反应，造成容量减少，甚至电解液结冰冻裂外壳，损坏极板。进入春季应将电解液密度调稀。定期检查蓄电池存电程度，可采用负荷放电叉法，见图 7-7。

第六，蓄电池加液盖必须旋紧，以免电解液溅出。及时清洁疏通通气孔并保持畅通，使蓄电池内部产生的气体顺利逸出，防止蓄电池外壳破裂出现事故。

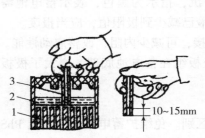
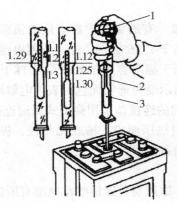
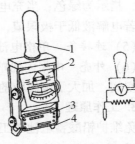

图7-5　检查电解液面高度　　　图7-6　检查电解液密度　　　图7-7　负荷放电叉
1-极板　2-电解液　3-玻璃管　　1-橡皮球　2-玻璃管　3-浮子　　1-手柄　2-电压表　3-电阻　4-触针

第七，发电机工作时，不准切断与蓄电池的接线。

第八，定期检查免维护蓄电池充电状态指示器内小球颜色是否为绿色。绿色表示正常；小球变黑色并下沉，表示蓄电池需充电；若变为透明无色，应当报废。

第九，蓄电池的充电，蓄电池的充电分为初次充电（新蓄电池或用干存法贮存的蓄电池启用前的第1次充电）和补充充电（用过的蓄电池的充电）2种。

1）初次充电。①首先检查电解液液面是否高于极板以上10~15mm，不足应补足。②第一阶段充电：以额定容量6%~7%的充电电流，充至电解液出现气泡，单格电压上升到2.3~2.4V（需25~35h）。③第二阶段充电：充电电流减至第一阶段的一半，充至电解液"沸腾"，电解液密度和单格电压持续2H不变。充电过程中，电解液温度达40℃时奕将充电电流减半，超过45℃时，应停止充电，待温度低于40℃度时再恢复充电。④充放电处理：初次充电充足后的蓄电池，以20h放电率放电到单格电压下降至1.75V后，用补充充电规范充足，再按上述放电规范放电，如此"充—放—充"循环，直到容量达到额定容量的90%以上时方可投入使用。

2）补充充电。铅蓄电池使用中如电解液密度下降到1.20g/cm³以下；夏季蓄电池容量低于额定电量的50%，冬季低于25%，灯光暗淡，启动无力等时，应及时进行补充充电。

补充充电方法：①拧下蓄电池加液口和接地侧接线。②将蓄电池正极和充电器正极相连，蓄电池负极和充电器负极相连。③第一阶段充电：充电电流为额定容量的10%，充至单格电压上升到2.3~2.4V，电解液出现气泡。④第二阶段充电：充电电流减至第一阶段的一半，充至单格电压上升到2.5~2.7V，电解液剧烈"沸腾"，端电压和电解液密度持续2h不变，表明电已充足，停止充电，防止过充电。⑤充电完成后，无论初次充电或补充充电，充足电后均需检查调整电解液高度和密度；密度偏低时，用密度为1.4g/cm³的稀硫酸调整，密度偏高时，用蒸馏水调整。⑥拧紧加液盖（加液盖通气孔必须畅通），装上电瓶电极。注意安装电极时要先装电瓶的正极，再装电瓶的负极（与拆卸时相反）。在用蓄电池应1~2个月补充充电一次，带电解液储存的蓄电池每个月补充充电一次，防止亏电和极板产生硫化。

充电注意事项：电瓶充电时，严禁明火靠近电瓶，保持室内空气畅通，不允许做打火试验。因电瓶充电时冒出的气体为氢和氧的混合气体，遇明火会燃烧。充电结束时应首先断开电源，方可使电源与极柱断开，防擦火引起火灾。蓄电池液是稀硫酸，如溅到衣服或身体上，立即用水冲洗。

第十，防止蓄电池过充电。蓄电池过充电不但导致电解液的过量消耗，还会造成活性物质脱落。为此应严格调整发电机配用的电压调节器。如采用电子调节器，电压不可调整，确认发电机电压失控时，应更换。

第十一，换用蓄电池时，其容量必须符合原厂规定，不允许装用容量过大或过小的蓄电池。容量过大，将会导致蓄电池处于长期充电不足的状态，会使蓄电池发生硫化，容量下降；容量过小，又将使蓄电池产生过度放电，影响用电设备正常工作，同时缩短其使用寿命。

第十二，焊修拖拉机任何零件之前，电焊机的接地线应尽量靠近焊接处，并拆下蓄电池的正极和发电机的正极。否则可能会损坏机器电器与电子元件。

七、蓄电池常见故障诊断与排除

蓄电池常见故障诊断与排除见表7-1。

表7-1　蓄电池常见故障诊断与排除

故障名称	故障现象	故障原因	排除方法
蓄电池容量降低	用启动机启动发电机时，转速很快变慢而无力；发电机不工作时，灯光暗淡、按喇叭声音不响亮	1. 蓄电池充电不足 2. 电解液密度过高或过低、液面经常过低，引起极板硫化 3. 调节器电压调整值偏低，充电不足 4. 长时间使用启动机，造成大电流放电并使极板损坏 5. 极板硫化 6. 极板活性物质脱落 7. 线路接头接触不良，极柱上氧化物过多 8. 充电电流过大，引起活性物质脱落	1. 用高频放电叉检查每个单格电池容量，测量时如单格端电压在5s之内稳定在1.75V以上，为良好；电压不低于1.5V且5s之内保持稳定者，属于容量不足；若5s之内电压迅速下降低于1.5V者，说明蓄电池内部有故障，应及时更换蓄电池 2. 检查调整电解液比重及液面高度，使液面高出极板10～15mm 3. 检查调整调节器电压调整值 4. 避免长时间启动和过量放电，更换损坏的极板或蓄电池 5. 对硫化的极板进行脱硫处理 6. 更换活性物质脱落的极板 7. 连接坚固线路接着，消除极柱上氧化物，在极柱上涂一层凡士林 8. 充电电流不要过大
自行放电	充足的蓄电池或第一天使用良好的蓄电池，第二天即感无电，即每昼夜容量下降大于2%，致使启动机无力、喇叭声音减弱	1. 蓄电池外部不清洁，溢出的电解液堆积在盖上，使正、负极桩形成短路 2. 蓄电池底槽沉积脱落活性物质过多而使极板之间短路 3. 电解液不纯，含有金属杂质 4. 隔板击穿或损坏 5. 蓄电池长期放置不用，硫酸下沉，下部密度比上部大，极板上下部发生电位差引起自行放电	1. 首先清除蓄电池外部堆积物，然后关掉各用电设备开关，拆下蓄电池一个接线柱的导线，将线端与接线柱划火，如有火花，应逐步检查有关导线，并找出搭铁短路之处。 2. 如无火花，说明故障在蓄电池内部，可用电解液相对密度计抽出部分电解液，检查密度并观察电解液是否混浊，混浊说明活性物质脱落严重。必要时可用高频放电叉检查电压降情况，等几小时后再检查一次，如果电压值有所下降，说明蓄电池内部有短路，应拆检、过放电、清洗，重新加入新电解液进行充电 3. 更换符合规定浓度和数量的电解液 4. 更换 5. 定期充电

（续表）

故障名称	故障现象	故障原因	排除方法
电解液消耗过快	电解液消耗快，电解液添加周期明显缩短，需经常加注蒸馏水弥补亏损	1. 蓄电池有渗漏处 2. 充、放电电流过大，电解液蒸发和溢出 3. 隔板损坏或击穿	1. 首先检查蓄电池壳有无破裂，塞子是否旋紧，盖子四周封口胶有无裂缝，如属上述原因，应修理或更换外壳，修复后应添加电解液 2. 如有常烧灯泡现象出现，则检查电压调节器，并进行调整，必要时更换调节器 3. 检查隔板有无损坏，如损坏则及时修理或更换蓄电池
极板硫化	极板表面上生成一层白色粗晶粒硫酸铅，将极板内的孔隙堵塞，电解液渗透困难，蓄电池容量下降，启动困难。充电时，充电电压迅速升高，电解液密度上升不明显，且过早出现"沸腾"现象	1. 电解液液面经常过低，引起硫化 2. 长期亏电状态搁置（即充电不足或放电后未及时充电） 3. 电解液密度过高、不纯和自放电 4. 长期过量放电或小电流深度放电	1. 加入电解液，并保持在规定的液面 2. 放电后及时充足蓄电池 3. 加足符合质量要求的电解液 4. 不要过量放电

第三节　硅整流发电机和电压调节器

拖拉机发电机的功用是发电，提供给各用电设备。发电机有交流发电机、直流发电机和硅整流发电机三种。除永磁交流发电机外，拖拉机工作时，当发电机电压高于蓄电池电动势时，除向启动机以外的所有的用电设备供电外，同时还能将多余的电向蓄电池充电，以补充蓄电池使用中电能的消耗。以照明为主要功能的小型和小四轮拖拉机上广泛采用结构简单，使用和维修方便的永磁交流发电机；以实现发动机快速启动为主要功能的部分小四轮拖拉机上配用直流发电机（因结构复杂，应用渐少）；大中型拖拉机上广泛采用的是硅整流发电机。

一、永磁交流发电机

永磁交流发电机常用的有飞轮式和皮带式两种。其结构原理基本相同。

（一）飞轮式永磁交流发电机

与东风-12型手扶拖拉机配套的是 SFF-45 型飞轮式永磁交流发电机，该机主要由转子、定子、壳体和端盖组成，见图7-8。该机装在发动机飞轮内侧，具有3组独立的绕组，单相三路。标定功率45W，额定转速 2 000r/min，额定电压6~8V，可同时向3只设计电压为6.8V、15W灯泡供电，而不互相干扰。转子部分由六块瓦片、径向充磁的钡铁氧体永久磁钢组成，用铜螺钉和环氧树脂固定在磁路线圈上，并和发电机罩一起用3个 M9 螺钉固定在飞轮内侧。定子部分由3组矽钢片叠成的定子铁芯和铁芯上3个互相独立的定子线包组成，用专用的装配夹具将3个线包总成固定在定子底板（发电机壳体）上。每个定子线包的输出端分别与发电

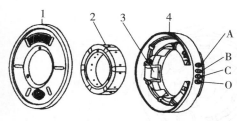

图 7-8　SFF-45 型飞轮式发电机

1-发电机端盖　2-转子　3-定子　4-发电机壳体

机壳体上的三个输出接线柱连接，各线包的另一端并到一起，接到发电机壳体上的搭铁接线柱上。整个定子总成用 3 只螺钉固定到柴油机主轴承端盖上。

飞轮装上曲轴后，3 个定子线包便包围在转子周围，并保持有 0.75mm 的单边气隙，柴油机工作时，发电机转子随飞轮一起转动，在定子铁芯形成交变磁场，定子线包内便产生了感应电动势。当外电路接通电灯泡时，感应电流流入，使灯泡发光。

飞轮发电机上有 A、B、C、O 四个接线柱，前 3 个出线绝缘垫圈是白色的是灯线接线柱；A、B 通过双挡开关与前灯相连，C 通过开关与后灯相连；O 出线绝缘垫圈是黑色的为搭铁接线柱，见图 7-8。

（二）皮带轮式永磁交流发电机

如 YF6201 皮带轮式永磁交流发电机为单相三路、6V、45W，由发动机飞轮通过皮带驱动。发电机为封闭型，由定子、转子、前后端盖、机壳和皮带轮组成。有 3 根引出线，电机内 A、B 两路并联用红色线引出，通过双挡开关与前灯相连；C 路用黄色线引出，通过单挡开关控制后灯；零线为黑色线，引出搭铁。

二、硅整流发电机

（一）硅整流发电机功用和特点

硅整流发电机的功用是发电，当发电机电压低于蓄电池电动势时，向所有用电设备供电；当发电机电压高于蓄电池电动势时，除向启动机以外的所有用电设备供电，同时还能将多余电向蓄电池充电。

硅整流发电机具有结构简单，维修方便，使用寿命长；体积小、重量轻，比功率大；低速充电性能好；而且只配用电压调节器等优点。

（二）硅整流发电机的结构组成

硅整流发电机主要由三相交流发电机、整流器和电刷等组成，见图 7-9。该发电机是自励式三相交流同步发电机，发出的是三相交流电，使用三相桥式整流器变成直流电。

由于硅整流发电机的输出电压既随发电机转速变化（转速升高，电压升高），又随负荷变化（负荷增加，电压下降），必须与调节器配合才能正常工作。

1. 三相交流发电机

该机为爪极型三相交流发电机，由定子总成、转子总成、机壳和端盖等组成。

（1）定子总成　其功用是产生和输出交流电的部件，又叫电枢。由定子铁芯和三相定子绕组构成，见图 7-10，铁芯由相互绝缘的硅钢片叠成，内侧有 24 个槽，槽内嵌上绕组，每 8 个绕组串为一相，分为三相，其相位差为 120°，三相绕组的尾端接在一起，称为中性点；多数三相绕组的首端分别与元件板和后端上的硅二极管相接。

（2）转子总成　其功用是形成发电机的磁场，主要由激磁绕组、磁极、滑环和转子轴组成，见图 7-11。在转子轴上压装一对磁爪极，每个爪极有 4 或 6 个爪指，两爪极的爪指互相嵌合，在两爪极间装有励磁线圈，励磁绕组的两条引线分别接在与转子轴绝缘的集电环或两碳刷上，通电后在转子外圈形成互相间隔的 8 或 12 个极。滑环是两个彼此绝缘的铜环，与装在碳刷端盖上的两碳刷始终保持接触（在碳刷弹簧力作用下），并用导线引到发电机外部。

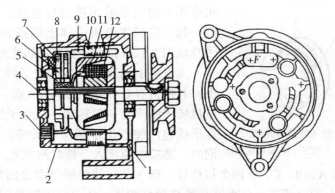

图 7-9　硅整流发电机构造

1-前盖　2-后盖　3-硅整流器　4-转子轴　5-集电环　6-电刷　7-电刷架
8-电刷弹簧　9-定子绕组　10-定子铁芯　11-磁极　12-激磁绕组

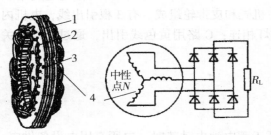

图 7-10　硅整流发电机定子总成

1-定子铁芯　2-定子槽　3-铆钉　4-定子绕组

1) 励磁。电机工作时，两电刷与直流电连通，可向磁场绕组提供定向电流并产生旋转磁场。交流发电机磁极的保磁能力很差，基本上没有剩磁，因此发电机在中、低速时，剩磁所建电压很小，以致难以通过硅二极管（对二极管施加正向电压时）输出供自激使用。为此须用蓄电池供给转子激磁电流以加强磁场，即励磁。

交流发电机在建立电压前是他激或他励，即蓄电池供给激磁绕组电流电，以增强磁场，使发电机电压很快上升。当发电机转速达到一定值

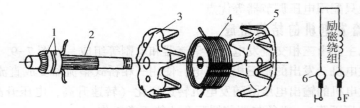

图 7-11　转子总成

1、6-滑环　2-转子轴　3、5-爪极　4-励磁绕组

后，发电机端电压超过蓄电池端电压时，发电机转为自激，即发电机自身产生的电流供给激磁绕组。

当交流发电机运行时，由定子线圈产生交流电，整流器把交流电转换成直流电从发电机的 B+接线端子输出。励磁二极管接线端 D+输出与发电机正极相等电压的直流电通过电压调节器送到转子励磁线圈，进行励磁。

2) 硅整流发电机的搭铁形式。根据硅整流发电机励磁电流的控制形式，分为内搭铁和外搭铁两种。若连接发电机电刷组件的两个磁场接线柱中，有一个直接搭铁，另一个接调节器，由调节器控制励磁电流的火线，就称为内搭铁式硅整流发电机，见图 7-12（a）。若连接发电

机电刷组件的两个磁场接线柱均与发电机外壳绝缘，并且有一个通过开关接电源，另一个接调节器，由调节器控制励磁电流的搭铁，就称为外搭铁式硅整流发电机，见图7-12（b）。

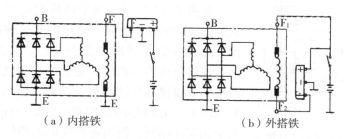

（a）内搭铁　　　　　　　　　　（b）外搭铁

图7-12　硅整流发电机的搭铁形式

（3）**端盖**　前后端盖分别装有轴承，用来支撑转子。伸出前端盖的转子轴上装有风扇和皮带轮。

2. 整流器

整流器由正整流板和负整流板组成，见图7-13。其功用是将三相定子绕组产生的三相交流电变为直流电，并阻止蓄电池电流向发电机倒流，防烧坏发电机。整流器大多由六只硅二极管构成。三只外壳为负极的管子（引线为负极）压装在后端盖上搭铁；另外三只外壳为正极的管子（引线为正极）压装在与后盖绝缘的元件板上，元件板的一根引线接到发电机电枢接线柱上，为发电机正极。后端盖外有3个接线柱，其中"+"或"B"为电枢柱，"F"为磁场柱，"−"为搭铁柱。"F"和"−"柱分接两碳刷。

我国规定硅整流发电机为负极搭铁。为了避免正、负二极管装错而烧坏，通常在正极管上印有红色记号，负二极管上印有黑色记号，安装时应特别注意。

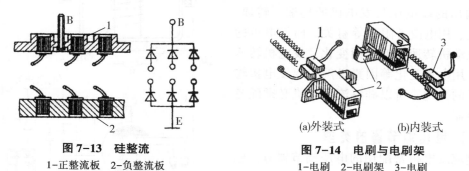

图7-13　硅整流

1-正整流板　2-负整流板

（a）外装式　　　　（b）内装式

图7-14　电刷与电刷架

1-电刷　2-电刷架　3-电刷

3. 电刷与电刷架

电刷的功用是通过滑环给励磁线圈提供电流的元件。电刷安装在电刷架内，靠电刷弹簧的压力与集电环保持接触，见图7-14。其中一个电刷与"−"接线柱连接，另一个与"F"接线柱相连。电刷架根据发电机类型的不同，其安装位置也有不同，有的安装在发电机的后端盖上，称为外装式，特点是便于电刷的维护和更换；有的与整流器安装在一起，称为内装式，维护时，需将发电机后端盖上的防护罩拆下。

4. 带轮与风扇

带轮的功用是利用传动带将发动机的转矩传递给发电机转子轴。风扇的功用是在发电机工作时，强制通风冷却发电机内部，防止发电机温度过高。

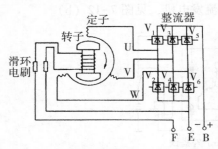

图 7-15　硅整流交流发电机工作原理

（三）硅整流发电机的工作原理

如图 7-15 所示，当柴油机启动后，发电机转子在水泵风扇皮带驱动下旋转。转子的永久磁铁 N 极和 S 极产生的磁力线在定子线圈中交替通过，其大小和方向不断变化，根据电磁感应原理，定子的三相绕组中产生大小和方向按一定规律变化的感应电动势，形成三相交流电。因为 A、B、C 三相绕组的结构和匝数是一样的，产生电动势的大小和规律相同，但因各相绕组的相位角相差 120°，所以各相电动势出现最大值相差 120°。

通过硅整流二极管时，当正极电位高于负极电位，硅整流二极管导通，而当正极电位低于负极电位时，二极管截止，即不导通，这样发电机输出的电流只有一个方向，使交流电变为直流电。发动机在启动和低速运转时，硅整流发电机激磁线圈的电流是靠蓄电池供应的，随着转速的升高，发电机输出的电压升高，当发电机电压高于或等于蓄电池电压时，发电机便开始向激磁线圈供电，实现自激。为保持发电机输出电压的稳定，硅整流发电机的磁场绕组接调节器的磁场接线柱，再由调节器的"+"接线柱与电源开关相连。

三、电压调节器

（一）电压调节器的功用

其功用是保证硅整流发电机输出端电压不受转速和用电量变化的影响，保持其输出电压稳定，满足用电设备的需要。硅整流发电机在工作时输出的端电压与发电机的构造、转速、励磁强度、用电设备阻值等有关。而发电机的转速随发动机转速的变化而变化，发电机转速的变化、用电量变化等因素必然引起发电机输出端电压的变化，所以硅整流发电机必须配备电压调节器。

（二）电压调节器的类型

硅整流发电机常配用的电压调节器有：触点式电压调节器和电子式电压调节器两大类。

1. 触点式电压调节器

触点式电压调节器又分为单级触点式和双级触点式两种。

（1）双级触点式调节器　它主要由触点 K_1 和触点 K_2、衔铁、磁化线圈、调节弹簧、触点支架、电阻和接线柱等组成，见图 7-16 为 FT-70 型双级触点式调节器。

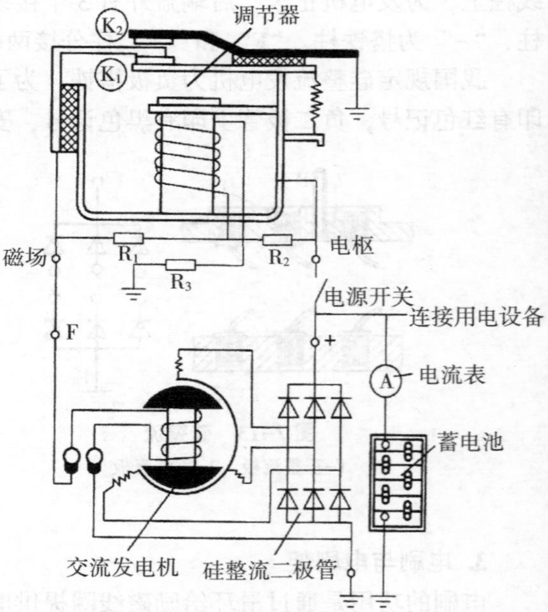

图 7-16　双级触点式电压调节器

电压调节器不工作时，在弹簧力作用下，触点 K_1 闭合而 K_2 打开。上下动触点臂制成一体，中间用绝缘片隔开。定触点支架用螺钉固定于框架上并与之绝缘，其固定孔为长孔，可用来调整气隙。K_2 的触点间隙可通过扳动两触点臂调整。其电压控制过程与特性见图 7-16A。

触点式电压调节器以调节器磁化线圈为敏感元件。当发电机转速很低（$n<n_1$）时，其输出电压低于蓄电池电压，蓄电池向全部用电设备供电并经电流表、点火开关和触点 K_1 为发电机激磁，磁化线圈 L 中有电流通过。

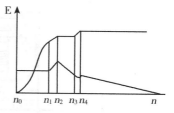

图 7-16A　双级触点式电压
调节器控制特性图

当发电机转速升高到一定值（$n_2>n>n_1$）时，发电机电压高于蓄电池电压，开始向激磁电路、磁化电路和用电设备供电，并向蓄电池充电。

当发电机转速进一步升高到 n_2 时，发电机电压高于调压值（14V），调压器磁化线圈使铁芯产生的磁力足以克服弹簧的拉力，K_1 触点被吸开，励磁电路中串入附加电阻 R_1、R_2，使激磁电流变小，磁场削弱，使发电机的电压随之下降。发电机电压下降到低于调压值时，铁芯产生的磁力减小，K_1 触点恢复闭合，激磁电流又流经原路。于是激磁电流又增加，发电机电压又回升。使发电机电压在调压值左右保持基本不变。这时激磁电流平均值下降。

当发电机转速进一步提高到 $n_4>n>n_3$ 时，触点 K_1 打开而 K_2 未闭合，励磁电路只经过附加电阻 R_1、R_2，这时随着转速的增高、发电机电压略有升高，励磁电流也略有增加。

当发电机高速工作即 $n>n_4$ 时，电压大于 14V，调压线圈使铁芯产生的吸力更大，使触点 K_1 吸开而 K_2 闭合，磁场绕组被短路，励磁电流为零，发电机输出电压随之降低。

当电压下降到下限时，电磁线圈的磁力减弱，在弹簧力的作用下，触点 K_1 又闭合 K_2 打开。电压又升高时，触点 K_1 又吸开而 K_2 闭合。如此重复循环，将发电机电压控制在规定范围内。这里激磁电流平均值进一步下降。

由于发电机在低速时常闭触点 K_1 工作，高速时常开触点 K_2 工作，大大提高发电机使用范围。

触点式电压调节器工作原理是当发电机输出电压变化时，磁化线圈所产生的电磁力发生变化，利用电磁力和调节弹簧的弹力的平衡控制触点开、闭的时间，改变励磁电路的电阻来改变励磁电流的平均值，达到调节电压的目的。

此型调节器中的附加电阻 $R_1=9\Omega$，加速电阻 $R_2=0.4\Omega$，温度补偿电阻 $R_3=2\Omega$。加速电阻 R_2 的作用是提高触点振动频率，克服振动频率过低使灯光闪烁等缺点为镍铬合金丝制成。温度补偿电阻 R_3 亦为镍铬合金丝制成，它与钢丝相比具有阻值受温度干扰很小的特点，故可降低磁化线圈 L 在温度变化时电阻变化率，提高调节顺达工作稳定性。

双级触点式电压调节器在 L 线圈铁芯与框架间设有磁分路片。此片由铁镍合金制成，具有温度高磁阻大、温度低磁阻小的特性。这样调压器因温度升高而调压值要升高时，铁芯磁通经磁分路的磁通量小，经气隙作用于触点臂的磁通量大，使调压值不至升高；反之，也使调压值不至下降。R_3 和磁分路片的协同作用，可基本保证该调压器的调压值不受温度干扰。

（2）单级触点式调节器　对于高速硅整流发电机，上述双级触点式电压调节器可基本满足要求，但其触点间隙小（0.2~0.4mm），工作中易产生接触；二级触点变换中间易有失误区；调节器电压受负载影响较大。因此演变出单级触点调节器，其构造和工作原理与双级式大致相同，见图 7-17。其不同的是触点为单级，并增加与触点并联的灭弧电路。

2. 电子式电压调节器

触点式电压调节器在工作中，触点间的火花难以消除；且存在无线电干扰；由于机械和电

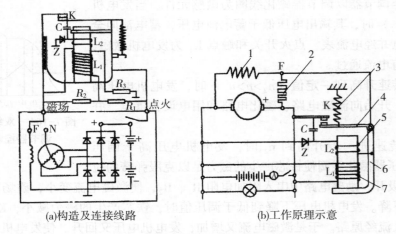

(a)构造及连接线路　　　　　(b)工作原理示意

图7-17　单级触点调节器
1-激磁绕阻　2-附加电阻　3-弹簧　4-触点支架
6-扼流圈　7-磁化线圈

磁惯性，振动频率低，反应迟缓；机器振动引起螺钉松动而使调压值发生变化，工作可靠性差。逐步被电子式电压调节器取代。

电子式电压调节器一般都由2~4个三极管、1~2个稳压管和一些二极管、电阻、电容等元件同时制在一块硅基铁芯片上，然后用铝合金外壳将其封闭，见图7-18。与机械式电压调节器相比，它具有体积小，重量轻，电压调节精度高，反应灵敏，无触点烧蚀，使用寿命长等优点。拖拉机目前广泛使用其与交流发电机配套使用。

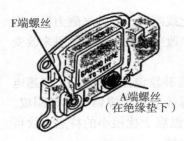

图7-18　集成电子式电压调节器

电子式电压调节器常见其外壳有三个接线柱：B（＋）为点火开关接线柱；F为磁场接线柱，E（－）为搭铁接线柱。

电子式电压调节器以调节器内稳压二极管为敏感元件，当发电机输出电压变化时，通过稳压二极管控制大功率开关型晶体管的导通与截止，实现接通与切断励磁电路，改变励磁电流平均值，从而实现调节发电机输出电压平均值恒定的功能。

电子式电压调节器有内、外搭铁之分，需与相应的内、外搭铁式的发电机配套使用，而且与发电机的接线不同，使用前一定要判断其搭铁形式，并与发电机相应的接线柱正确连接，内搭铁式见图7-19。

（三）电压调节器的工作原理

工作时，发电机输出电压与发电机的磁通和转速成正比。因拖拉机发电机转速是经常变化的，要使发电机电压一定，必须相应的改变磁通，而磁通的大小取决于激磁电流，显然在转速变化时，只要能通过电压调节器自动调节激磁电流，就能使发电机输出电压保持一定。

电压调节器就是根据发电机转速变化时，利用自动调节磁场电流使磁极磁通改变这一原理来自动调节发电机输出电压，使之保持稳定，以防止发电机输出电压过高烧坏用电设备或使蓄

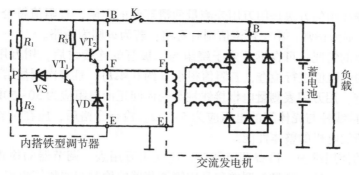

图 7-19　内搭铁集成电子式电压调节器

电池过充电。

电压调节器安装在交流发电机后端盖上，用来控制发电机的输出电压，使发电机输出电压稳定。一般交流发电机的输出电压被调整在 13.4～13.8V。

硅整流发电机的调节器只有一个调压器，没有截流器和限流器，这是因为硅二极管的单向导电特性，能阻止蓄电池电流向发电机倒流，以及交流发电机本身可以限制输出最大电流。

四、硅整流发电机和电压调节器的使用维护

1）发电机必须与专用调节器和蓄电池配合使用，更换蓄电池时，其搭铁极性必须与发电机搭铁极性相同，严格保持负极搭铁，否则会烧坏二极管。

2）发电机和调节器应保持清洁，经常清除草屑和吸附积灰，通风道要畅通；定期检查炭刷和集电环接触情况，各接线头处应牢固可靠，绝缘良好。

3）不允许用螺钉旋具或导线，使发电机电枢接线柱与外壳搭铁试火，否则，因瞬时大电流或感应产生的高压电动势会烧毁或击穿二极管。

4）不许用发电机磁场接线柱做搭铁试火，否则蓄电池的大电流通过 K_1，会烧坏 K_1 触点。

5）发电机工作（运转）时，不要将钥匙开关拧到"关闭"位置，也不要突然断开蓄电池电缆线，以免产生较高感应电压，将发电机或调节器击穿损坏。

6）柴油机熄火后，应立即断开电源开关（电门钥匙放到"O"位）或取下电门钥匙，否则由于蓄电池和激磁绕组构成通路，易造成蓄电池放电和烧坏激磁绕组。

7）定期检查和调整发电机皮带的张紧度。

8）发电机轴承应及时用复合钠基润滑脂润滑，填充适宜。一般每工作 750h 换油一次。

9）定期保养发电机。从发动机上拆下发电机总成后，应首先检查轴承转动是否灵活，如不灵活，应更换。发电机分解方法如下：撬开防尘盖；拧下发电机轴承固定螺母；拉出发电机转子；用毛刷清扫发电机各部位积灰；检查轴承转动是否灵活；对轴承重新添加润滑脂后，按相反的顺序安装。

10）检修时必须将二极管与各部连接线断开，只许用万用表，不许用兆欧表或将 220V 交流电源加到二极管上，否则会将其烧坏；严禁用划火法检查发电机发电情况，否则也会烧坏二极管。更换整流元件进行焊接时使用烙铁的功率不应大于 75W，并要迅速焊接，以免烧坏二极管。

11）检查二极管的方法是用万用表测量其反向电阻。正向电阻 8～10Ω、反向电阻 10kΩ以上为正常。若正反向电阻均为 0，为短路；若为 ∞，则为断路。

12）检查磁场绕组的方法是用万用表测量两滑环间的电阻，若阻值符合规定（如 JF01 型在 20℃时为 5Ω）则为正常；小于规定值则有短路；若为 ∞ 则为断路。

13）电枢绕组的情况，可在拆下定子绕组与二极管的连接线后，用万用表依次分别测量二个绕组首端间的电阻值进行检查，若阻值很小（约 0.4Ω），且多次测量结果一致为良好。

14）整机检查：用万用表测量电枢接线柱与壳体间正向电阻应为 30~50Ω，反向电阻应在 10kΩ 以上；磁场接线柱与壳体间的电阻应为 5~7Ω。检查合格后，应在试验台上进行空载和满载试验，以判断发电机的整体性能。

15）调节器的使用维护　检查调节器时，应使用万用表。调节器的检查调整包括触点式调节器静态检查调整、动态测量与调整和晶体管调节器的检测与调整等内容，保持触点等接触良好。在切断发电机与调节器的连接之前，不要用短接"电枢"和"磁场"接线柱的方法判断调节器有无故障，否则发电机电压会立即升高，双级式电压调节器的磁化线圈磁力增强，致使 K_2 闭合，通过 K_2 电流很大会烧坏 K_2 触点和二极管。电子调节器应保持通风良好，并且必须与蓄电池并联工作，若无蓄电池时，必须并联一只 150μF 的电容。

16）永磁交流发电机使用维护　维护时不得用锤子敲击转子，以防转子退磁；发电机长时间无载荷时，应将传动带卸下，不得长时间空载运转；传动带张紧度应合适；工作中应保持各相负荷均匀，不得让某相单独工作；经常保持外部清洁；按时润滑，清洗轴承。

五、硅整流发电机和电压调节器常见故障诊断和排除

硅整流发电机和电压调节器常见故障诊断和排除见表 7-2。

表 7-2　硅整流发电机与电压调节器常见故障诊断和排除

故障名称	故障现象	故障原因	排除方法
不充电	柴油机在高于急速以上运转时，电流表指示不充电或充电指示灯不熄灭	1. 风扇皮带过松或断裂 2. 发电机电枢和磁场接线柱绝缘损坏或接触不良 3. 发电机故障： ①定子或转子线圈断路、短路或搭铁 ②电刷在其架内卡滞或磨损过度，与滑环接触不良 ③滑环绝缘损坏或滑环严重烧蚀、有污物、裂纹或脱焊 ④硅二极管击穿、短路或断路 ⑤转子爪极松动 4. 电压调节器故障： ①调节电压过低 ②或第一对触点烧蚀，第二对触点烧结 ③电子式调节器损坏	1. 检查发电机传动带张紧度等，是否打滑 2. 检修蓄电池和发电机之间连线有无断路，连接是否良好，以及发电机接线是否正确等 3. 检修发电机： ①检查励磁线圈是否断路和短路，方法是停转发电机，接通电源开关，若电流表有 2~3A 的放电电流，说明励磁电路无故障。若放电电流过大，则励磁线圈有短路之处。若无放电电流或放电电流很小，说明励磁电路断路或接触不良；此时可短接"B 和 F"接柱，若电流有 2~3A，故障在调节器，如触点烧蚀，检修或更换；若无电流，故障在发电机，多数因励磁线圈与滑环脱焊，电刷与滑环接触不良。发电机不发电，可用万用表电阻挡测量，红笔"+"接电枢接线柱，黑笔"-"接搭铁接线柱，一般应为 40~50Ω，如小于规定值过多，说明二极管击穿或定子线圈搭铁；如大于规定值很多，说明二极管及定子线圈某处断路或二极管引线折断 ②检修电刷 ③检修滑环

（续表）

故障名称	故障现象	故障原因	排除方法
			④检查或更换硅二极管 ⑤检修转子爪极 4. 检修或更换电压调节器： ①用旋具短接"电枢""磁场"接线柱，若放电电流变为2~3A，说明故障在调节器；若调节器调节电压过低，用手捏住触点K₁，使其常闭（时间要短），若出现了充电电流，说明调压值过低 ②启动发动机，在怠速状态，用导线短接调节器电源和磁场接线柱，看电流表有无反应。慢加油门，提高转速若有充电电流，说明调节器损坏，应更换同型号的调节器；若仍无充电电流，说明线路不良或发电机损坏，应检查调节器至发电机之间线路接触是否良好或修理发电机
充电电流过小	柴油机正常运转时，电流表指示充电电流偏低	1. 各连接线接头松动 2. 发电机发电量小，可能是发动机转速低或电机风扇皮带打滑 3. 电刷磨损、滑环有油污，接触不良 4. 电压值调整过低或电压调节器触点烧蚀、脏污 5. 定子绕组有一只或二只二极管引线脱焊或烧毁，造成一相连接不良或断开等	1. 检查、紧固各连接导线接头 2. 将发动机调至额定转速，检查风扇皮带张紧度，看有无松弛打滑现象。若正常，则拆除发电机"F"与调节器"F"接线柱之间的连接，使发动机中速运转，用旋具将发电机"+"与发电机"F"接线柱短接。若充电量增大，说明可能是调节器低速触点烧蚀、滑环脏污、电刷磨损或调整电压过低，应分别检查排除。若充电量仍过小，则说明发电机有故障应拆修 3. 清除滑环油污，研磨电刷接触面，磨损严重要更换电刷 4. 适当调高电压值，清洁电压调节器触点 5. 检修焊好或更换二极管
充电电流过大	在蓄电池不亏电的情况下，充电电流在10A以上，此时电解液消耗过快，发电机易过热，触点常烧蚀，易烧灯泡	1. 调节器不工作，可能是电压调节器K₁（低速）触点粘结或K₂（高速）触点脏污，导致接触不良 2. 励磁线圈断路或短路 3. 加速电阻或温度补偿电阻烧断等 4. 电压调节器电压调整过高，可能是调整不当或接触不良 5. 两相正、负二极管各击穿1只	1. 检查调节器低速触点是否烧结而不能张开，高速触点是否烧蚀而接触不良，进行研磨修理 2. 检查电磁铁芯的吸力，发动机做中速转动，用旋具尖接触活动触点臂，试探电磁吸力，若无吸力，可能是电磁线圈烧断，调节器内的电阻烧断或接地不良；若有吸力，则可能是调节器活动触点臂拉簧过紧，导致调节电压过高，应重新校正。 3. 检修或更换加速电阻或温度补偿电阻等 4. 检修电压调节器： ①电流表的正常工作状态应该是：刚启动时充电电流较大，但几分钟后表针指示趋于正常。若长时间指示的充电电流过大，说明调节器损坏，应更换同型号调节器 ②用万用表直流电压挡测试，即红笔触及发电机电枢接线柱，黑笔接搭铁接线柱，逐渐提高发电机转速，检查电压是否过高；若电压过高，拆下电压调节器盖，用手开K₁，使K₂闭合，此时电压下降，则说明调整不当或磁化线圈温度补偿电阻断路；若K₂闭合后电压仍不下降，应检查K₂触点是否氧化、脏污而存在接触不良，以致不能使励磁电路短路 5. 更换二极管

（续表）

故障名称	故障现象	故障原因	排除方法
充电电流不稳定	柴油机在怠速以上运转时，时而充电，时而不充电，电流表指针不断摆动，充电指示灯忽明忽暗	1. 发电机传动带过松或打滑 2. 蓄电池与发电机电枢接线柱导线接触不良 3. 滑环有脏污、烧损、失圆或电刷磨损、弹簧弹力不足，电刷与滑环接触不良 4. 转子和定子线圈局部短路 5. 电压调节器触点烧蚀或脏污，触点臂弹簧过松	1. 检查调整发电机传动带张紧度 2. 检修紧固导线连接处和接线柱接头，保持接触良好 3. 清除滑环油污等，研磨接触面，磨损严重要更换滑环、电刷或电刷总成 4. 检修或更换转子和定子线圈 5. 充电指针在各种转速范围内均摆动，这说明电压控制不稳。可在柴油机稍高于怠速运转时，用手捏住 K_1 触点，电流表指针稳定，说明 K_1 触点接触不良或气隙、弹簧张力调整不当；电流表指针仅在高速范围内摆动，则说明电压调节器 K_2 触点在工作，但接触不良，可检查该触点是否烧蚀、脏污；若某一转速范围充电不稳，则常因电压调节器气隙调整不当所致
发电机异响	发电机有杂音	1. 传动皮带过紧、过松或损坏 2. 发电机、皮带轮松动 3. 轴承磨损或缺润滑油 4. 电枢轴弯曲，擦碰磁极 5. 电刷与集电环接触不良或电刷架变形 6. 二极管、磁场线圈断路或短路	1. 检查调整传动皮带张紧度或更换皮带 2. 检视皮带轮、发电机是否松动 3. 检修轴承并添加润滑油 4. 触摸发电机外壳，如烫手则说明电枢轴弯曲，定子、转子摩擦，校正或更换电枢轴 5. 打开防尘盖检视，如有火花说明电刷与集电环接触不良，检修或更换电刷、电刷架、集电环 6. 若为细小均匀的电磁声，则检查硅二极管是否断路或短路、磁场线圈是否断路，必要时更换

第四节　启动电动机

一、启动电动机的功用

启动电动机（又称启动马达）装在发动机飞轮壳体的前端面上，其功用是用来启动发动机。即将蓄电池储存的电能转变为机械能，启动机通入直流电后，其前端的齿轮与发动机飞轮上的齿圈啮合，带动发动机飞轮旋转，使发动机启动。目前广泛使用串激直流电动机。

二、启动电动机的组成

启动电动机一般由串激直流电动机、传动机构、控制机构三部分组成，见图7-20。

1. 串激直流电动机

该机的功用是将蓄电池储存的电能转变为机械能，产生电磁转矩。它是根据磁场对电流的作用原理制成的，主要由电枢、磁极、端盖、机壳和电刷及刷架组成。

（1）电枢　电枢是直流电动机的旋转部分，由电枢轴、电枢铁芯、电枢绕组和换向器等组成。其功用是产生电磁转矩。电枢一般采用较粗、匝数较少的矩形裸铜线绕制，以便装于密集布置的转子槽中，导电面积大，保证足够的电流，增大转矩；采用波形绕法。换向器由铜质

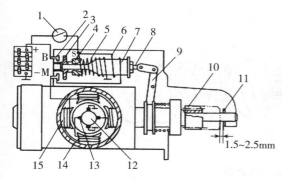

图7-20　启动机组成示意图

1-启动开关　2-静触点　3-动角盘　4-衔铁　5-保持线圈
6-吸拉线圈　7-铁芯　8-拉杆　9-拨叉杆　10-驱动齿轮
11-限位圈　12-电枢　13-电刷　14-外壳　15-磁极

换向片和云母片叠压而成，且云母片的高度略低于铜质换向片高度。换向电枢绕组各线圈的端头均焊接在换向器片上，通过换向器和电刷将蓄电池的电流传递给电枢绕组，并适时地改变电枢绕组中电流的流向。

（2）磁极　由铁芯和线圈组成，固定在机壳上，功用是产生电动机运转所必需的磁场。四个磁场绕组可互相串联后再与电枢绕组串联，也可两两串联后并联，再与电枢绕组串联。

（3）端盖　前后端盖用于支承电枢轴，并与机壳一起密封机体。

（4）电刷及电刷架　电刷4只，2只搭铁，2只绝缘，为增大导电能力，减少电刷压降故含铜量高。电刷固定于刷架后再安装在前端盖上，作用是引导电流。电刷架一般为框式结构，其中正极刷架与端盖绝缘，负极刷架通过机壳直接搭铁。电刷架中2个正电刷与励磁绕组的末端相连，2个负电刷与负极刷架搭铁。

2. 传动机构

传动机构的功用是：启动时，使驱动齿轮沿启动机轴移出，与飞轮啮合，将直流电动机的电磁转矩传递给发动机的曲轴。启动后，当发动机的飞轮带着驱动机构高速旋转时，使驱动齿轮与启动机轴自动脱开，防止启动机超速。传动机构安装在启动机轴的花键部分，由驱动齿轮、单向离合器、拨叉、啮合弹簧等组成。

单向离合器的功用是将电机转矩传递给飞轮齿圈，使发动机快速启动，同时在启动后能自动打滑，防启动机损坏。单向离合器有滚柱式、摩擦片式和弹簧式三种，常用的是滚柱式。

图7-21为滚柱式单向离合器的结构，驱动齿轮1与外壳2制作成一体，外壳内装有十字块3，十字块与花键套筒8固定连接，在外壳与十字块间有4个宽窄不等的楔形槽，槽内分别装有一套滚柱及压帽弹簧4、5。整个离合器总成通过花键套筒套在电枢轴的花键上，可随轴一起转动。在传动拨叉作用下，又可顺轴向移动。启动机通电转动时，花键套筒随电枢轴转动，带动其上的十字块一起旋转。在摩擦力作用下，滚柱从楔形槽的宽端滚向窄端被卡死，其转矩通过十字块、滚柱、外壳传到驱动齿轮，带动飞轮齿圈使发动机旋转。发动机发动后，飞轮齿圈带动驱动齿轮高速旋转，其转速大于十字块转速，在摩擦力作用下，滚柱被挤出楔形槽宽端而打滑，此时驱动齿轮与十字块分离，从而使转矩不致传递到电枢轴，避免了启动机超速飞转的危险。

3. 控制（啮合）机构

控制机构又称啮合机构，是使启动电机驱动齿轮与飞轮齿圈啮合并接通主电路的机构，常用的有机械式和电磁式二种，使用较多的是电磁式。其功用是通过控制启动电磁开关及杠杆机构，实现启动机传动机构与飞轮齿圈的啮合与分离，并接通和断开启动电机与蓄电池之间的电路。该机构安装在启动机的上部，主要包括吸拉线圈、保持线圈、静触点、动触盘和衔铁、铁芯、拨叉、操纵元件和回位弹簧等组成。

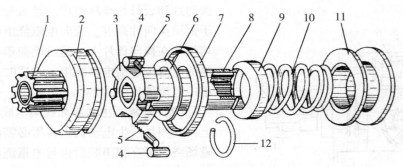

图 7-21　滚柱式单向离合器
1-启动机驱动齿轮　2-外壳　3-十字块　4-滚柱　5-压帽与弹簧　6-垫圈　7-护盖
8-花键套筒　9-弹簧座　10-缓冲弹簧　11-移动衬套　12-卡簧

三、启动机的工作原理

启动机的工作原理见图 7-20。启动时，按下启动开关（闭合），接通启动电路，其电路是：蓄电池的正极→启动开关→电磁开关接线柱 S 端，此时电流分为两路。一路是：S 端→吸拉线圈→M 端→激磁线圈→绝缘碳刷→换向器→搭铁碳刷→蓄电池负极；另一路是：S 端→保持线圈→搭铁→蓄电池负极。此时保持线圈和吸引线圈均有电流通过，所产生的磁场力方向也一致。并使铁芯克服回位弹簧的弹力，带动触片向左移动，同时通过拉杆把小齿轮推向发动机飞轮齿圈。由于电动机是与吸引线圈连成回路的，所以电枢线圈通入了小电流而使电枢轴慢慢转动；使小齿轮边旋转边移动。确保和飞轮齿圈较柔和地啮合。当小齿轮和飞轮齿圈完全啮合时，动触片和定触片接触，大电流经激磁线圈和电枢线圈，使电动机全力带动柴油机旋转。这时吸引线圈被短路失去作用，只有保持线圈使电磁开关保持闭合。

柴油机启动后，松开启动开关，线路断开，在最初瞬间，电流从蓄电池正极→定、动触片→吸拉线圈→保持线圈→搭铁→蓄电池负极。此时吸拉线圈流入了反向电流，使吸拉线圈与保持线圈所产生的磁场力相互抵消，铁芯在回位弹簧的作用下复位，同时带动小齿轮复位，动触点和静触点分开，电动机停止工作。

四、启动预热装置

启动预热装置的功用是加热燃烧室或进气管道内的空气，使低温下柴油机冷启动迅速。启动预热装置有电预热塞式、加热式和火焰进气预热式 3 种。

1. 电预热塞式

电预热塞按其构造有外露电阻式和内装电阻式之分，常用内装电阻式，见图 7-22。内装电阻式电阻丝装入不锈钢或镍铬铁耐热合金制成的金属套内，与高温、高压燃气隔绝，并且在电阻丝的四周填充了绝缘性及传热性好的氧化镁绝缘物。填充后将金属套锻细，缩小其外径以加速传热。电阻丝常由 1.6~2.0m 的镍铬丝制成螺旋形，大多设计承受 2~3V 的电压，串联使用。电阻丝温度最高达 900℃。

发动机启动前，接通电热塞开关，电流经蓄电池"+"、电阻丝、中心螺杆、蓄电池"-"构成回路。电热丝和发热体则发热变红，用来加热燃烧室内的空气，从而达到顺利启动的目的。预热室内装有控制线圈，与电热丝串联，其电阻值随预热塞温度升高而增加，自动控制流经电热线的电流，防止电预热塞的温度上升过高。

2. 电火焰进气预热式

以 201 型电火焰预热塞应用较多，见图 7-23。球阀杆一端顶住球阀，另一端通过螺纹与空心杆相连，球阀杆的带螺纹一端对称加工一对削平面。当接通预热电路后，电热丝加热空心杆使其伸长并带动球阀杆移动，球阀打开，燃油通过空心杆与球阀杆平面形成的通道流出，滴落到电热丝上被点燃，使进气管内的空气受到加热后进入气缸。切断电路后，空心杆收缩使球阀杆将球阀顶回阀座，切断油路。

五、启动电动机的使用维护

1）经常检查各部分连接状态及导线的紧固情况。

2）清除导线、接线柱上的氧化物以及启动电动机外部灰尘和油污，经常保持干净。

3）每次启动通电时间不超过 5s，两次启动间隔时间不小于 30s，连续启动次数不超过 3 次。

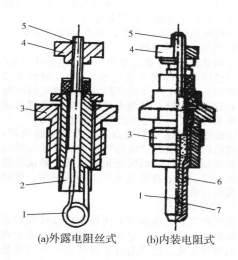

(a)外露电阻丝式　(b)内装电阻式

图 7-22　电预热塞

1-电阻丝　2-中心电极　3-外壳　4-压线螺母

5-接线螺栓　6-金属套　7-氧化镁绝缘物

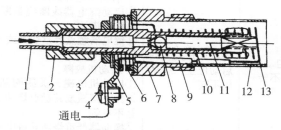

通电

图 7-23　电火焰预热塞

1-进油管　2-管接螺母　3-压紧螺母　4-接线螺钉　5-接线架

6-绝缘垫片　7-接头螺套　8-钢球　9-瓷绝缘套管

10-伸缩套（阀管）　11-阀杆　12-防护罩　13-电阻丝

4）冬季启动前应先摇曲轴数圈，柴油机要预热 15~20s 后方可启动。

5）启动着火后，应立即松开启动开关，以免启动机空转和单向离合器磨损。

6）定期向启动轴承加注润滑油。

7）定期检查换向器、电刷的接触情况及电刷弹簧的弹力。

8）检查接触盘与静触点的接触情况，接触不良或氧化时应修磨触点。

9）启动电动机向车上安装时，小齿轮端面与飞轮齿圈平面的距离应为（4±1）mm，不符合时，可通过增减凸缘与发动机座孔间的垫片进行调整。

10）检查小齿轮端面与止推垫圈的间隙，将拉杆推到底时此间隙一般为 1.5~2.5mm，见图 7-20。不符合时可松开锁紧螺母，转动拉杆进行调整。

六、启动电动机常见故障诊断与维护（表 7-3）

表 7-3　启动电机常见故障诊断和排除

故障名称	故障现象	故障原因	排除方法
启动机 不转	将点火开关旋到启动位置，启动机不转	以有启动继电器启动系统为例： 1. 电源及线路部分故障： ①蓄电池存电不足或极板硫化、短路等 ②导线接头及接线柱接头松动或接触不良 ③点火开关等控制线路有断路或熔断丝烧断等 2. 启动继电器故障： ①启动继电器线圈绕组断路、短路、搭铁 ②继电器触点严重烧蚀或不能闭合 3. 启动机故障： ①启动机电磁开关线圈断路、短路、搭铁或其触点烧蚀而接触不良等 ②换向器严重烧蚀导致电刷与换向器接触不良 ③电刷过度磨损、弹簧压力太小或电刷卡死在电刷架中 ④电刷与励磁线圈断路或正电刷搭铁 ⑤电枢线圈或磁场线圈有断路、短路或搭铁故障 ⑥电枢轴的铜衬套磨损过多，使电枢轴偏心或弯曲，导致电枢铁芯"扫膛"	1. 检查电源及线路部分： ①接通电源，打开灯开关或按喇叭，若灯光亮或喇叭声音洪亮，说明蓄电池存电充足，故障不在蓄电池。若灯光很暗或喇叭声音很小，说明蓄电池存电严重不足，应先检查蓄电池极桩与线夹及启动电路导线接头处是否有松动，清除脏物，触摸导线连接处是否发热。若某连接处松动或发热则说明该处接触不良。如果线路连接无问题，则应对蓄电池进行充电或检查更换蓄电池 ②若灯不亮或喇叭不响，说明蓄电池故障或电源断路，应检查蓄电池火线及搭铁线的连接有无松动及蓄电池存电是否充足 ③检修点火开关等控制线路或更换熔断丝 2. 检修启动继电器： ①用导线或起子将蓄电池正极与电磁开关 50# 接柱接通（时间不超过 5s），如此时启动机转动，说明点火开关回路或启动继电器回路有故障，如触点接触不良等；如接通时启动机不转，进一步检查启动机与电磁开关 ②检修启动继电器触点或更换启动继电器：将启动继电器的"电池"与点火开关用导线直接相连，若启动机能正常运转，则说明故障在启动继电器至点火开关的线路中，可对其进行检修 3. 检修启动机： 用螺丝刀短接电磁开关的控制接线柱和启动机导电片的接线与电池正极接线柱，若启动机空转正常，说明电磁开关或点火开关有故障；若启动机不转，则启动机有故障，应拆检启动机。可根据产生火花的强弱来判别：若短接时无火花，说明磁场绕组、电枢绕组或电刷引线等有断路故障；若有微弱火花表明换向器与电刷间接触不良；若短接时有强烈火花而启动机不转，说明启动机内部有短路或搭铁故障 ①检修或更换电磁开关：用起子将电磁开关的控制线上连接启动继电器的接线柱与连接蓄电池的接线柱短接，若启动机不转，则说明启动机电磁开关有故障，应拆检电磁开关；如果启动机运转正常，则说明故障在启动继电器或有关的线路上 ②检修或更换换向器 ③检修或更换电刷 ④检修励磁线圈，做绝缘处理 ⑤检修电枢线圈或磁场线圈，做绝缘处理，调整间隙 ⑥校正电枢轴或更换轴、轴套

（续表）

故障名称	故障现象	故障原因	排除方法
启动机转动无力	将点火开关旋至启动挡时，启动机能运转，但功率明显不足，时转时停，转动缓慢无力，不能带动发动机正常运转	1. 蓄电池存电不足或极板硫化短路故障 2. 导线接头松动或电磁开关触点烧蚀接触不良 3. 电刷过度磨损或弹簧过软等引起接触不良 4. 换向器表面有油污或烧蚀 5. 电枢线圈、磁场线圈短路或断路 6. 电枢轴套过紧、过晃或电枢轴弯曲有时碰擦磁极 7. 单向离合器打滑 8. 驱动齿轮或飞轮齿圈损坏	故障检查检查程序基本与启动机不转相同，因为这两种故障产生原因基本一样，只是程度上有所不同。启动机转动无力，还可能是扣爪块与圆盘接触凸肩磨损，不能顶起扣爪块释放限止板，动触点的下触点不能闭合，主回路不通，启动机只能无力的缓慢转动 1. 充电或更换蓄电池，清除脏物 2. 检修紧固导线接头、研磨触点或更换电磁开关 3. 研磨电刷接触面或更换电刷、电刷总成 4. 清洁换向器表面或更换换向器 5. 检修电枢线圈或磁场线圈，做绝缘处理、调整间隙 6. 校正电枢轴，或更换电枢轴和轴套 7. 检修或更换 8. 检修或更换
启动机仍自动运转	松开启动开关后启动机仍运转	1. 启动机电磁开关触点烧结 2. 启动继电器触点黏结 3. 点火开关第二挡触点黏结使其不能复位 4. 复位弹簧失效或折断 5. 电磁开关铁芯连接螺钉拧出过长	1. 断电检查修理 2. 检修继电器触点或更换 3. 更换点火开关 4. 更换 5. 调整
启动机启动后有异常响声，不能啮入	启动时，听到驱动齿轮与飞轮齿圈发出撞击声，驱动齿轮不能啮入	1. 驱动齿轮、飞轮齿圈过度磨损、间隙过大或齿圈松动或某一部分严重缺损 2. 紧固螺母松动或偏心螺钉调整不当 3. 拨叉脱钩 4. 拨叉柱锁未装入套圈 5. 单向离合器打滑 6. 电枢轴与飞轮中轴线不平行 7. 电磁开关接盘和接点过早接触	1. 检修飞轮齿圈是否松动或齿轮损坏，更换坏的齿轮、齿圈；增加启动电机垫片，调整啮合齿轮端面与飞轮齿圈间隙 2. 紧固螺母或调整偏心螺钉的偏心位置，可松开偏心螺钉的锁紧螺母，转动偏心螺钉，使偏心朝上，然后前后15°范围内转动，直到位置适当，使其符合技术要求 3. 检修挂钩和拨叉 4. 重装 5. 检修或更换单向离合器 6. 检查启动机安装情况，应不偏斜不松动 7. 在电磁开关与启动接触面处加垫片
电磁开关吸合不牢	启动时发动机不转，只听到驱动齿轮轴向来回窜动的"啦啦"声	1. 蓄电池亏电或启动机电源线路有接触不良之处 2. 启动继电器的断开电压过高 3. 电磁开关保持线圈断路、短路或搭铁	1. 先检查启动电源线路连接是否良好，若无问题，对蓄电池进行补充充电 2. 可将启动继电器的"电池"接柱和"启动机"接线柱短接，如果启动机能正常转动，则为启动继电器断开电压过高，应予以调整 3. 如果蓄电池充足电后故障仍不能消除，则应拆检启动机的电磁开关

第五节　其他电气设备

一、照明设备

照明设备的功用是照明道路、标示车辆宽度、转向或制动时发出灯光信号等，以保证行车安全。照明设备包括大灯（前照灯）、后灯、小灯、仪表灯等。

1. 大灯

大灯又叫前照灯，其功用是用于拖拉机夜间行驶照明。灯光为白色，包括远光灯和近光灯两种。远光灯是保证拖拉机前道路100m内明亮均匀的照明，功率一般为60W左右，近光灯在会车和市内使用避免对面来车驾驶员眩目，又保证车前30m内道路照明，功率为30~55W。拖拉机大灯采用两灯制配制方案。大灯主要由灯泡、反光镜和配光镜三部分组成，见图7-24。灯丝有单灯丝和双灯丝两种。

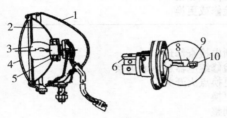

图7-24　前照灯和灯泡
1-灯壳　2-反射镜　3-灯泡　4-配光镜
5-插座　6-引脚　7-对焦盘　8-远光
灯丝　9-近光灯丝　10-配光屏

（1）灯泡　拖拉机大灯有白炽灯泡和卤素灯泡两种类型。因卤素灯泡的尺寸小，亮度是白炽灯泡的1.5倍，寿命是其的2~3倍，现广泛使用。卤素灯泡有H1、H2、H3、H4四种，其中H4是双灯丝，其余为单灯丝。

（2）反光镜　其功用是将灯泡的光线聚合后并导向前方。大灯远光灯丝安装在抛物面的焦点上，灯光经反射镜聚合，光度增强几百倍。近光灯丝安装在抛物面的焦点上方或前方，灯光经反射镜后照亮车前30m路面。

（3）配光镜　又称散光玻璃。其功用是将光线折射向较宽的路面。由透镜和棱镜组成，外形为圆形或方形。

拖拉机现采用半可拆式大灯光学组件，即其散光玻璃与反光镜用牙齿紧固结合为一整体，构成泡体，灯泡从泡体后端拆装，维修方便。

2. 后灯

其构造与大灯相同，采用单灯丝灯泡，用于夜间照明或倒车使用。

二、信号装置

拖拉机上常见的信号装置有转向信号灯、刹车制动灯、倒车灯、示宽灯和电喇叭等。

1. 转向信号装置

转向信号装置有转向信号灯、闪光继电器和转向开关等组成，其功用是显示拖拉机行驶方向。转向信号电路见图7-25。转向灯为橙色，闪光频率为60~120次/min。常用闪光继电器有电热式、电容式和晶体管式三种。晶体管式闪光继电器具有性能稳定、可靠等优点，故被广泛应用。

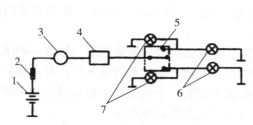
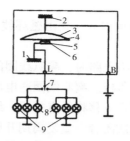

图 7-25 转向信号电路

1-蓄电池 2-熔丝 3-电流表 4-闪光灯 5-转向
指示灯开关 6-转向信号灯 7-转向指示灯

图 7-26 电热式闪光器

1、2-支撑 3-翼片 4-热胀条 5-活动触点
6-固定触点 7-转向灯开关 8-指示灯 9-转向灯

（1）电热式闪光继电器 该闪光器由翼片、热胀条、动、静触点和开关等组成。通过对其热胀条通、断电时的热胀冷缩，使翼片产生变形动作来控制触点开、闭，使转向信号灯闪烁，见图 7-26。该闪光器有"B""L"两接线柱，分别接电源正极、转向灯开关。

（2）电容式闪光继电器 它主要由继电器和电容组成。在继电器的铁芯上绕有串联线圈和并联线圈，利用电容器充放电时电流方向相反和延时的特性，控制继电器串联线圈和并联线圈所产生的电磁力的大小和方向，进而控制常闭触点的开闭状态，使转向信号灯因通过电流大小交替变化而闪烁，见图 7-26A。

电容式闪光器具有监视功能，当一侧转向灯有一只以上灯泡烧断或接触不良时，该侧闪光灯只亮不闪，提示转向灯电路异常。闪光器上"B""L"两接线柱分别接电源正极和转向灯开关。

（3）有触点式晶体管闪光继电器 该闪光器主要由晶体管开关电路和继电器组成，见图 7-27。它是利用电容的充电和放电，使晶体管不断导通与截止，控制继电器触点反复的打开、闭合，使转向灯闪烁。该闪光器有"B""L/S""E"三接线柱，分别接电源正极、转向灯开关和蓄电池"-"极。

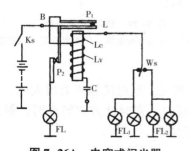

图 7-26A 电容式闪光器

1-出点 2-串联线路 3-并联线路 4-转向灯开关

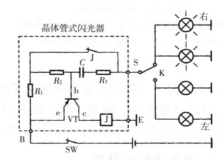

图 7-27 有触点式晶体管闪光器

2. 制动灯装置

制动灯装置主要由制动信号灯和制动灯开关等组成。制动灯开关安装在制动踏板附近，当踩下制动踏板时，制动灯开关闭合，制动灯亮。

3. 电喇叭装置

中大型拖拉机上采用的盆形普通电喇叭，因它具有结构简单、使用维修方便、体积小声音悦耳等优点。

（1）盆形电喇叭　它由磁环线圈、活动铁芯、膜片、共鸣板、振动块和外壳等组成，见图7-28。

当按下喇叭电路时，喇叭线圈的供电电路为：蓄电池正极→喇叭线圈→触点→喇叭按钮→搭铁→蓄电池负极。喇叭线圈通电后产生电磁吸力，吸动上铁芯及衔铁下移，带动膜片向下变形。同时，衔铁下移将触点打开，线圈断电，电磁力消失，上铁芯及衔铁在膜片弹力的带动下复位，触点再次闭合。重复周期开始，使膜片与共鸣板产生共鸣发声。

（2）喇叭继电器　拖拉机上常装有两个不同音频的喇叭，其耗电流较大（15～20A），若用按钮直接控制，按钮容易烧坏。故采用喇叭继电器控制，其结构与接线方式见图7-29。喇叭继电器由一个磁化线圈和一对常开触点构成。当按下喇叭按钮时，喇叭继电器线圈通电产生电磁力，触点闭合，大电流通过触点臂、触点流入线圈，喇叭发音。由于喇叭继电器线圈的电阻较大，因此通过按钮的电流很小，故起到保护按钮的作用。

（3）电喇叭的调整　电喇叭的调整主要是音调和音量的调整。

1）音调的调整。是靠调整衔铁与铁芯间的气隙来实现的。铁芯气隙小时，膜片的振动频率高（即音调高）；气隙大时，膜片振动频率低。该气隙值一般为0.7～1.5mm。调整方法：松开紧固螺母，转动下铁芯，使上下铁芯间的气隙调至合适，拧紧紧固螺母，见图7-28。

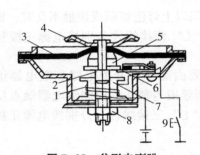

图7-28　盆形电喇叭
1-线圈　2-上铁芯　3-膜片　4-共鸣板　5-衔铁
6-触电　7-铁芯　8-紧固螺母　9-按钮

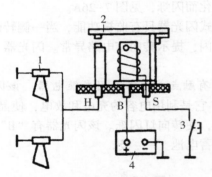

图7-29　喇叭控制电路
1-电喇叭　2-喇叭继电器　3-按钮开关　4-蓄电池

2）音量的调整。是靠调整喇叭内触点接触压力来实现。触点接触压力增大时，喇叭的音量则变大；反之音量变小。调整方法：旋转音量调节螺钉，逆时针方向转动时，触点压力增大，音量增大；顺时针方向转动，触点压力减小，音量减小。

三、仪表及辅助设备

拖拉机上常用仪表有机油压力表、水温表、燃油表和电流表等及与各自对应的传感器配合工作。

1. 电流表

其功用是指示蓄电池的充、放电电流值、同时监视电源系统工作情况。电流表是串接在发电机和蓄电池间的电路中，表后盖有"＋""－"两个接线柱。对负极搭铁的拖拉机，电流表的"－"极接蓄电池"＋"极，电流表的"＋"极接电机"＋"极。

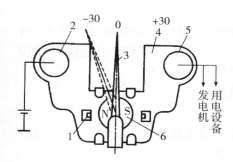

图 7-30　电流表的结构和工作原理
1-磁铁　2-"-"接线柱　3-指针　4-黄铜
条板　5-"+"接线柱　6-软钢转子

电流表的结构和工作原理见图 7-30。当电流表无电流通过时，软钢转子被永久磁铁磁化，由于磁场方向相反，相互吸引，使指针停在中间"0"位置上。蓄电池放电时，其电流通过黄铜片产生的磁场与永久磁铁形成逆时针偏转的合成磁场，使软钢转子逆时针偏转，电流表指针向"-"方向偏转；放电电流越大，合成磁场越强，偏转角度越大，指针指示读数越大。发电机向蓄电池充电时，其电流通过黄铜片产生的磁场与永久磁铁形成顺时针偏转的合成磁场，使软钢转子顺时针偏转，指针向"+"方向偏转。指针偏转的大小即为放电或充电电流的大小。

2. 机油压力指示表与传感器

其功用是检测发动机主油道机油压力的大小，监视润滑系工作情况。它由装在仪表板上油压指示表、报警指示灯和装在发动机主油道上的油压传感器及报警开关等组成。发动机工作时，随着油压传感器感受到的机油压力的大小，指示表上的指针偏转角度多少，显示机油压力值大小。拖拉机上广泛采用的是电热式机油压力指示表，见图 7-31。

传感器内有膜片，膜片的上面顶着弓形弹簧片，弹簧片的一端与外壳固定搭铁，另一端焊接的触点与双金属片触点接触，双金属片上绕有加热线圈，加热线圈通过接触片与外接线柱连接，电阻与加热线圈并联。膜片下方油腔与发动机主油道相通，机油压力可直接作用在膜片上。

机油压力表内的双金属片绕有加热线圈，两线端分别与两两接线柱连接，它一端固定在调节齿扇上，另一端与指针相连。

工作原理如下：

接通点火开关时，电流由蓄电池正极→点火开关→接线柱→表内双金属片上的加热线圈→接线柱→传感器内接触片→分两路（一路经传感器内双金属片上的加热线圈，另一路流经电阻→双金属片）→传感器内双金属片触点→弹簧片→搭铁→蓄电池负极构成回路。由于电流流过表内和传感器内双金属片上的加热线圈，使双金属片受热变形。

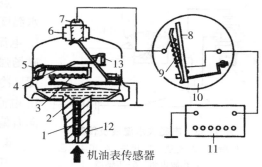

机油表传感器

图 7-31　电热式机油压力表
1-发动机润滑油　2-膜片　3-加热线圈　4-双金属片
5-调节齿轮　6-绝缘层　7-接线柱　8-指针
9-双金属片　10-机油压力表　11-蓄电池
12-固定螺口　13-校正电阻

当机油压力很低时，膜片几乎没有变形，作用在传感器内触点上的压力很小。当电流流过而温度略有上升时，传感器内双金属片受热弯曲，使触点分开，切断通电回路；一段时间后，双金属片冷却伸直，触点闭合，电路又被接通。由于传感器内触点闭合时间短，打开时间长，流过表内加热线圈的平均电流值很小，表内双金属片弯曲变形程度小，指针偏转角度小，显示机油压力低。

当机油压力升高时，膜片向上拱曲使触点压力增大，传感器内双金属片需要在较高温度下才能使触点分开，即其上的加热线圈需要通过较大电流。触点分开后稍加冷却就很快闭合，故触点打开时间短，闭合时间长，通过表内加热线圈的平均电流值大，指针偏转角度增大，显示出较高机油压力。

当润滑油压力高于 0.2~0.4MPa 时，管形弹簧产生的弹性变形量大，使报警触点分开，将报警灯电路切断，报警灯不亮，则表示润滑系统工作正常。当机油压力降低到允许值时，使报警开关触点闭合，将报警灯电路接通，报警灯即亮，提醒驾驶员引起注意。

电热式机油压力传感器安装时应注意其箭头标记应垂直向上。

3. 水温表及传感器

其功用是检测发动机水套中冷却液的工作温度。它由装在仪表板上的水温指示表和装在发动机水套上的水温传感器组成。常用的有电热式和电磁式水温表。

（1）电热式水温表及传感器　电热式水温表结构和工作原理与电热式机油压力表基本相似，指示刻度方式与油压表相反，当表内双金属片变形量大时，指示较低水温。

电热式水温传感器安装在发动机冷却水套内，与水温表串联，当水温高时，传感器内触点变形，触点断开时间长闭合时间短，电路中平均电流小，水温表内的双金属片变形量小，指示的水温高；反之，指示的水温低。

（2）电磁式水温表及热敏电阻式传感器　见图 7-32，热敏电阻式传感器由外壳、接线端子、负温度系数热敏电阻组成。水温表由塑料支架、两个电磁线圈 L_1、L_2 和带指针的衔铁等组成。

点火开关接通后，电流通过水温表和传感器。当冷却水温度较低时，传感器内热敏电阻的阻值较大，流经线圈 L_1 电流小，产生的磁场弱；流经线圈 L_2 电流小，产生的磁场强度使衔铁带动指针向左偏转，水表指针指向低温刻度。冷却水温度升高时，热敏电阻的阻值减小，流经线圈 L_1 电流明显增大，产生的电磁力也增大，使衔铁带动指针向右偏转，指针指向高温刻度。

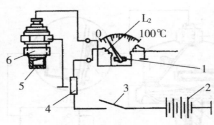

图 7-32　电磁式水温表及传感器
1-衔铁　2-电池　3-开关　4-串联电阻
5-热敏电阻　6-传感器

4. 燃油指示表及浮筒式燃油传感器

其功用是检测油箱储存燃油的多少。由装在仪表板上的燃油指示表和装在油箱中的传感器两部分组成。常用的有电热式、电磁

式和电子式三种。电热式燃油表结构原理与电热式机油压力表相似。下面以电磁式燃油表为例，该表由两个绕在铁芯的线圈、转子、指针组成；并与油箱中的浮筒式燃油传感器连接，该传感器由可变电阻器、滑片、浮子组成，见图 7-33。

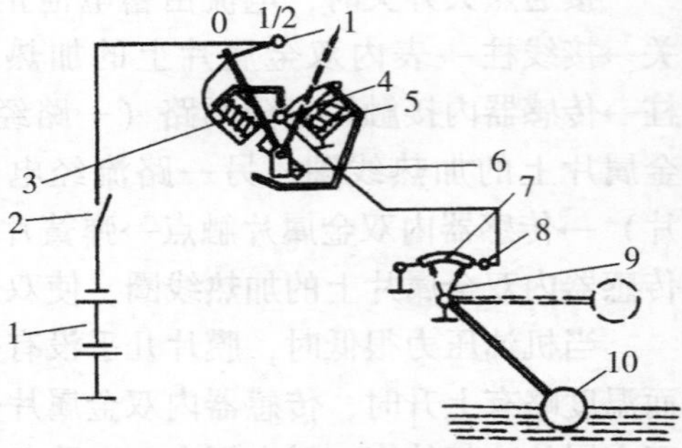

点火开关接通后，电流通过燃油指示表和传感器。当油箱无油时，浮子下降到最低位置，可变电阻被短路，此时燃油指示表中的右线圈也随之被短路，无电流通过，而左线圈承受电源的全部电压，通过的电流达最大值，产生的电磁吸力最强，吸引转子，使指针在"0"位置上。随着油箱中油量的增加，浮子上升，可变电阻部分被接入，并与右线圈并联，同时又与左线圈串联，左线圈电磁吸力减弱，而右线圈中有电流通过，产生磁场，使燃油表转子在

图 7-33　燃油表及传感器
1-蓄电池　2-开关　3-左线圈　4、8-接柱　5-右线圈
6-转子　7-电阻　9-滑动触片　10-浮子

两磁场的作用下，向右偏转。当油箱盛满油时，浮子带动滑片移动到可变电阻的最左端。使电阻全部接入。此时左线圈电流最小，右线圈电流最大，转子带着指针向右偏转到最大角度，指针指在"1"的刻度，表示油箱盛满油。传感器的可变电阻末端搭铁，避免滑片与可变电阻之间因接触不良而产生火花，引起火灾。

燃油低液位报警装置的功用是当燃油箱内油量减少到规定值以下时，报警灯即亮，提醒驾驶员注意。

当燃油液面高时，负温度系数的热敏电阻浸在燃油中散热快，其温度低；这时热敏电阻具有一定的电阻，通过的电流较小，触点处于张开状态，报警灯不亮。如果燃油液位低于规定值时，则热敏电阻露出液面，散热慢，温度升高，引起电阻值下降；通过的电流较大时，使触点闭合，接通了报警电路，使报警灯发亮。

5. 保险装置

其功用是防止电路电流过大时烧坏用电设备。常用的有熔断丝和双金属电路断电器两种。应根据用电设备最大允许电流值选择。拖拉机总熔丝为 30~60A，充电、预热电路为 20A，照明和喇叭电路为 5~10A。选用时，应按各机型说明书的规定，不得随意代用。

6. 继电器

其功用是自动接通或切断电路中一对或多对触点，实现小电流控制大电流，以减小控制开关的电流负载，保护控制开关。如拖拉机上启动继电器、喇叭继电器和转向继电器等。

7. 开关

开关的功用是接通或断开电路中电流的回路。常用的有电源总开关、启动开关、推拉式车灯开关和按钮式开关等。

（1）电源总开关 简称电源开关，功用是控制全车电路的通电或断电。常采用扳柄式，下接较粗红导线。

（2）启动开关 又叫点火开关，是各条电路分支的控制枢纽，是电源、启动等多挡多接线柱开关。功用是接通点火仪表指示灯（ON 或 IG）、启动（ST 或 Start）、预热（HEAT）挡、附件挡（Acc 主要是收放机专用）。其中启动和预热挡因工作电流很大，开关不易接通时间过长，所以操作这两挡时，必须用手克服弹簧力，扳住钥匙，一松手就转回点火挡，不能自行定位，其他挡位可自行定位。

拖拉机使用较多的 JK424 型电源开关的构造和工作见图 7-34。开关背面有 4 个接线柱，其中"Ⅰ"柱为电源柱，"Ⅱ""Ⅲ"柱连接不同的用电设备，"Ⅳ"柱控制启动电路。

图 7-34 JK424 型电源开关

电源开关有 3 个工作位置，插入钥匙但不拧动为"0"位置，各柱上均无电流。顺时针拧动钥匙至可定位位置"1"，此时Ⅰ、Ⅱ、Ⅲ柱接通。自"1"位置始继续顺时针拧动到底为

"2"位置，此时Ⅰ、Ⅱ、Ⅳ柱接通，Ⅳ柱控制的启动电路即可开始工作。

（3）电路保护继电器　拖拉机使用中，如某一电器设备或电路发生短路导致熔丝烧断而未被及时发现，发电机与调节器呈断路状态，电压将失控。为此，可在电路中装设电路保护继电器，见图7-35。这样，在熔丝烧断后，由继电器保持发电机与调节器连接。

（4）推拉式开关　常用于控制灯光和刮水器，主要由手柄、拉杆、绝缘滑块、接触片、外壳和锁止装置组成。操作时，拉动手柄、移动滑块，通过改变接触片的位置使接线柱之间断开或接通，达到控制外电路的目的。常见的有一挡、二挡和三挡式推拉开关。它们配置的原则是：同时使用的灯光接同一开关的同一挡，交替使用的灯光接在同一开关的不同挡位上。

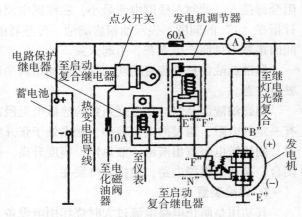

图7-35　带电路保护继电器的电源电路

1）两挡开关。见图7-36，它有3个工作位置；"0"位置各灯均不亮；"Ⅰ"位置前小灯、尾灯等夜间要求常亮的灯全亮；"Ⅱ"位置，前小灯灭，大灯亮，其他灯不变。

2）三挡开关。见图7-37，它有4个工作位置；"0"位置，1、2相通；"Ⅰ"位置，1、2、3、6相通；"Ⅱ"位置，1、2、4、6相通；"Ⅲ"位置，1、2、5、6相通。

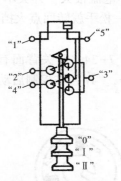

图7-36　两挡开关

1-电源柱　2-前小灯柱　3-仪表灯、尾灯柱
4-前大灯变光开关柱　5-制动灯、转向灯开关柱

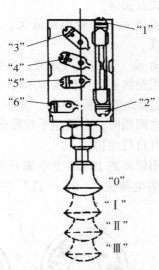

图7-37　三挡开关

1-电源柱　2-常电接柱　3-前小灯接柱　4-前大灯近光接柱
5-前大灯远光接柱　6-仪表灯、牌照灯、指示箭
接柱位置，"1、2、5、6"相通

（5）转向开关　常见的是扳柄式，下端盖有3个接线柱，中间接线柱接电源，两侧是接线柱接左、右转向灯。

8. 车速里程表

用于指示拖拉机行驶速度和累计行驶里程。

9. 转速表

用于指示发动机转速和使用时间。

四、灯仪表喇叭等常见故障诊断与排除

灯仪表喇叭等常见故障诊断与排除详见表7-4至表7-6。

表7-4　灯系常见故障诊断与排除

故障名称	故障现象	故障原因	排除方法
所有灯都不亮	接通开关，所有灯都不亮	1. 蓄电池无电 2. 总熔丝烧毁 3. 灯开关前电源线路断路	1. 检查蓄电池，并充电 2. 更换熔丝 3. 检修灯开关前电源线路
前照灯远、近光不全	灯开关在大前灯挡位，只有远光亮而近光不亮，或相反	变光开关损坏，远、近光中的一个导线断路，双丝灯泡中某灯丝烧断	螺钉旋具搭接变光开关的电源接线柱与不亮的远光或近光接线柱试验；如灯亮，故障在变光开关；如仍不亮，则说明故障出自变光开关后的线路。电源短接法：直接在接线板处接通不亮的远光或近光接线柱试验，如灯亮，说明变光器开关至接线板的导线断路；如灯仍不亮，则应检查双丝灯泡中的灯丝是否有烧断的
前照灯两个亮度不同	前照灯开关接通后，不论是远光还是近光，均一只明亮，另一只暗淡	两前照灯使用双丝灯泡时，若其中一个灯搭铁不良开路后，就会出现一个灯亮，一个灯暗淡的现象	用一根导线，一端接暗架，另一端和亮度暗淡的灯泡搭铁线接线柱相接，如恢复正常，即表明该灯搭铁不良
全车无电	打开电源开关，全车无电	1. 点火开关内部触点已烧蚀 2. 仪表盘至启动机线路之间插接件有松动 3. 电瓶接线柱及连线有松动 4. 60A 总熔丝熔断	1. 更换同一型号点火开关并检明线路有无短路 2. 仔细检查直至排除 3. 清除油污紧固电瓶连线所有接线柱 4. 更换熔丝，严禁用其他金属代替

表7-5　仪表常见故障诊断与排除

故障名称	故障现象	故障原因	排除方法
水温表指针不动	接通电源后，水温表指针不向40℃处移动，仍指在100℃处不动；水温变化时，指针仍不移动	1. 水温表电源线断路 2. 水温表加热线圈烧坏 3. 水温感应塞电热线圈烧坏 4. 有关触点接触不良 5. 水温表至感应塞导线接线不良或断路	1. 检修水温表电源线路 2. 检修或更换水温表加热线圈 3. 检修或更换水温感应塞电热线圈 4. 检修有关触点，使其保持接触良好 5. 检修紧固水温表至感应塞导线接头 　检查方法：接通电源开关，拆下水温表感应塞一端导线直接与缸体搭铁。如果水温表指针立即由100℃处向40℃移动，说明水温表良好，是感应塞加热线圈烧坏或触点接触不良。如水温表指针仍不动，说明故障不在感应塞，应在水温表。将水温表电源接线柱一端试火，若无火表明电源线断路；有火说明水温表本身或表至感应塞线路有故障。此时可在水温表引出接线柱一端搭铁试验，如表针移动正常，说明表至感应塞间导线断路，反之则为水温表内部电热线圈烧坏断路

（续表）

故障名称	故障现象	故障原因	排除方法
发动机运转，机油压力表指示"0"不动	发动机各种转速时，机油压力表均无压力指示	1. 机油压力表电源线断路 2. 机油压力表内加热线圈烧毁或断路 3. 机油压力传感器加热线圈烧坏或触点接触不良 4. 发动机润滑系有故障	1. 检修机油压力表电源线路 2. 检修机油压力表内加热线圈 3. 检修机油压力传感器加热线圈或触点 4. 检修发动机润滑系 检查方法：接通电源开关，拆下机油压力传感器一端导线，搭铁试验。如机油压力表从 0 向 0.5MPa 压力方向移动，说明机油压力表良好。此时，可拆下传感器并装回拆下的导线，用一根适当的棍棒，塞进传感器油孔内，顶压膜片试验；如果机油压力表走动，则说明传感器良好，发动机润滑系有故障；反之，为传感器有故障。如传感器一端导线搭铁试验，表针仍不移动，可在机油压力表电源接线柱和引出线接线柱分别搭铁试验；用来断定故障在表内还是在导线，其方法同水温表的故障检查
仪表无指示	仪表无指示	1. 熔丝熔断，导线接触不良 2. 感应塞损坏 3. 仪表损坏	1. 检查更换熔丝，检修电线路，紧固接线头 2. 更换或修理 3. 更换新仪表
仪表指示过高	仪表指示值过高	1. 仪表至感应塞连接线发生短路现象 2. 仪表失灵 3. 感应塞损坏	1. 仔细查找并排除 2. 更换或修理 3. 更换

表 7-6　喇叭常见故障诊断与排除

故障名称	故障现象	故障原因	排除方法
喇叭不响	按下喇叭按钮，喇叭不响	1. 蓄电池无电或短路 2. 熔丝熔断或电路接头松动或接触不良 3. 喇叭线路断路、搭铁不良或接头接触不良 4. 喇叭开关损坏、继电器触点烧蚀或气隙过大、弹簧过紧等 5. 喇叭线圈断路、烧毁	1. 先开大灯，如灯不亮或灯光暗淡，则应检查蓄电池是否亏电，清洁蓄电池表面，电量不足应充电 2. 检查或更换熔丝，紧固电路接头和蓄电池接接柱线 3. 检查喇叭线路和接头 4. 如电源良好，可用电源短接法检查，即导线一端接电源，另一端直接与喇叭接线柱试火。如火花正常、喇叭响，说明故障可能是喇叭按钮接触不良，或喇叭接线柱至喇叭按钮、电源之间线路有断路处。可用导线短接电源分段试火查明故障部位。如火花微弱，说明有接触不良处，进一步检修检查喇叭开关、继电器触点、线圈、气隙、弹簧等零部件 5. 如导线与喇叭接线柱试火时无火，说明故障在喇叭，是属于断路所致，需卸下喇叭拆检。如试火时，火花强烈而不响时，说明喇叭内部有搭铁处。用万用表检查喇叭线圈或更换喇叭

（续表）

故障名称	故障现象	故障原因	排除方法
喇叭响声不正常	按下喇叭按钮时，喇叭音响发哑、发闷或声音发尖。	1. 蓄电池存电不足或蓄电池继电器触点接触不良 2. 喇叭固定螺钉松动 3. 喇叭触点烧蚀接触不良 4. 振动膜片破裂弯曲 5. 喇叭调整螺母过紧或松动 6. 弹簧钢片折断 7. 衔铁气隙或触点间隙调整不当	1. 先开灯，根据灯光情况判断蓄电池电量和蓄电池继电器是否有故障。如发动机以高转速运转时，按下喇叭按钮，喇叭声响正常，而低速运转时，喇叭声音低闷，就说明蓄电池或蓄电池继电器有故障 2. 检查紧固喇叭固定螺钉和扬声筒固定螺钉，因松螺钉动会引起喇叭声音不正常 3. 拆下喇叭盖罩后，检查研磨烧蚀的触点 4. 检修或更换振动膜片 5. 检查调节松动的调整螺钉 6. 检查或更换弹簧钢片 7. 检查调整衔铁气隙或触点间隙

第六节　拖拉机总电路

拖拉机总电路是将蓄电池、发电机及调节器、启动电机、照明信号装置和仪表及辅助电气设备等，按各自的功能、特性和相互间的内在联系，通过开关、熔丝、导线和继电器等将它们连接起来，构成一个完整的多功能整体。虽然各型号拖拉机的总电路繁简程度不同，但都是由电源电路、启动电路、照明及信号电路、仪表及故障报警等电路组成。

一、总电路接线原则

（一）接线原则

拖拉机总电路的布置，因其结构形式、电器设备数量、安装位置、接线方法而异，看起来比较复杂，但布线的原则是相同的，并有共同的规律。拖拉机总电路组成示意见图7-38。

1. 以电流表为接线中心

在总电路中以电流表为界，电流表至蓄电池间的线路称为"表前"电路，电流表至发电机间的线路称为"表后"电路。

2. 搭铁极性必须一致

各用电设备的"搭铁"应相同，并以硅整流发电机搭铁极性（负极）为标准，蓄电池和发电机及各用电设备必须都是负极搭铁。电流表接线要正确，充电时指向"+"值，放电时指向"−"值。

3. 电源开关是线路的总枢纽

其一端接电源（发电机和调节器、蓄电池），另一端分别接预热开关和其他用电设备。

4. 用电量大的电器设备必须用粗线接电流表前

用电量大的电器设备（如启动电机和某些耗电量大的电喇叭），必须用粗线接电流表前。其余用电设备分别通过各自相应的开关并联于电流表后，并经总电源开关引出与电源并联。电源总开关应串联在"表后"的线路上。

5. 熔丝串联在电路中

总熔丝串联在电流表前的线路中，各用电设备的熔丝则都串联在电器开关与电器之间的线

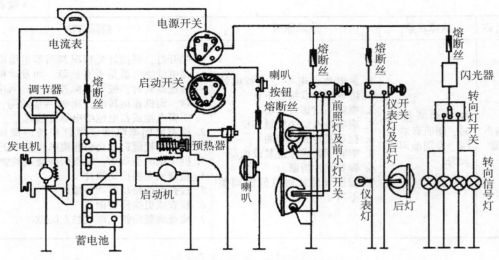

图 7-38 拖拉机总电路组成示意图

路上。一般总熔丝为 30～60A，预热电路为 20A，照明和喇叭 5～10A，不能随意代用。

（二） 接线注意事项

1) 导线的选用应以电流大小为依据。如电流大，导线要粗；电流小，导线可选细。

2) 导线长度要合适，不要过长，也不要受拉力。

3) 同束导线应包扎整齐，固定可靠，穿过棱角和过眼时要加保护套管。

4) 各连接头应清洁无锈蚀，接线牢靠。

5) 各部线路连接好后并经检查确认无误后，方可接通蓄电池。

二、总电路分解

（一） 电源电路

电源电路的功用是向各用电器供电。它由发电机、调节器、蓄电池、电流表及电源开关等组成，见图 7-39。发电机和蓄电池都是负极搭铁，电流表串接在电源开关和蓄电池正极之间。

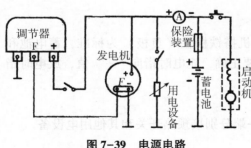

图 7-39 电源电路

电源电路分为主电路和控制电路两部分。主电路由硅整流发电机对蓄电池进行充电的电路，电路线：发电机输出端（+）→电流表→保险装置→蓄电池正极（+）。

控制电路是指硅整流发电机励磁绕组提供励磁电流的电路，这一部分电路由点火开关控制，通常电源经点火开关后接到调节器"+"等端子。

（二） 启动电路

启动电路有由启动开关直接控制或启动继电器直接控制启动电路两种方法。

1. 启动开关直接控制启动电路

该电路是由钥匙开关或启动按钮直接控制启动机，广泛应用于中小型拖拉机上。启动电路见图7-40，由蓄电池、启动机、启动开关和导线等组成。特点是线路简单、检查方便。采用启动开关控制电磁开关，再由电磁开关控制直流电动机的两级控制模式。根据启动要求，线路压降不能超过0.2~0.3V，因此蓄电池连接启动机的导线和蓄电池搭铁线都用粗线，并应连接牢固和接触良好。其工作过程如下。

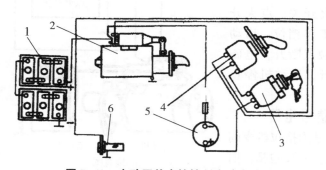

图7-40　启动开关直接控制启动电路
1-蓄电池　2-启动电机　3-启动开关　4-电磁开关　5-电流表　6-预热塞

1）启动时，将点火开关打到启动挡，在打到启动挡的一瞬间，接通了两条回路，实现了两个动作。

回路一：蓄电池正极→点火开→50#接柱→吸拉线圈→C接柱→启动机励磁绕组→电枢→搭铁→蓄电池负极。回路一产生动作一：流经励磁与电枢绕组中的小电流，启动机缓慢转动，保证驱动齿轮被强制啮入时与飞轮齿圈的顺利啮入。

回路二：蓄电池正极→点火开→50#接柱→保位线圈→搭铁→蓄电池负极。回路二产生动作二：磁场铁芯在吸拉与保位线圈所产生的磁场共同作用下，向左移动，并同时通过拨叉推动启动机驱动齿轮向右移动，与飞轮齿圈啮合。

2）磁场铁芯向左移动，使导电盘接通电磁开关上的30#接柱与C接柱，此时短路回路一，吸拉线圈的两端均被加上蓄电池的端电压而被短路不工作，磁场铁芯依靠回路二保位线圈所产生的磁场，继续保持导电盘将30#接柱与C接柱接通。

此时接通了新的回路三：蓄电池正极→点火开→30#接柱→导电盘→C接柱→启动机励磁绕组→电枢→搭铁→蓄电池负极。流经励磁与电枢绕组中的大电流，使启动机产生大转矩，经启动机的传动机构驱动飞轮齿圈使曲轴转动，启动发动机。

3）发动机启动后，松开点火开关，50#接柱断电，由于机械惯性，在松开点火开关的瞬间，导电盘仍将30#接柱与C接柱接通，瞬间构成一个新的回路：蓄电池正极→30#接柱→导电盘→吸拉线圈→保位线圈→搭铁→蓄电池负极。吸拉线圈与保位线圈产生相反方向的磁场而使有效磁场大削弱，磁场铁芯因失去磁场力而在回位弹簧的作用下迅速回位，导电盘与C接柱与30#接柱分开，回路三被断开，同时驱动齿轮通过拨叉被拉回位，启动完毕。

2. 启动继电器直接控制启动电路

该启动电路如图7-41所示，由蓄电池、启动机、启动继电器及电源开关等组成。为降低启动控制电路中流过的电流，大型拖拉机启动电路中均设有启动继电器，其优点：①是实现小电流控制大电流，对点火开关起保护作用，避免了点火开关的烧蚀，延长点火开关的使用寿命。②是实现点火（启动）开关控制启动继电器线圈的通断电，再由启动继电器线圈控制启动电机电磁开关触点的开闭，电磁开关最终控制启动直流电机主电路通断的三级控制。

发动机启动时，将点火开关旋至启动挡位，启动继电器通电后，吸下衔铁使触点闭合，接通了电磁开关回路，启动机投入工作。发动机启动后，松开点火开关，点火开关自动转回到点火工作挡位，启动继电器线圈断电而触点断开，电磁开关回路也随即断开，启动机停止工作。

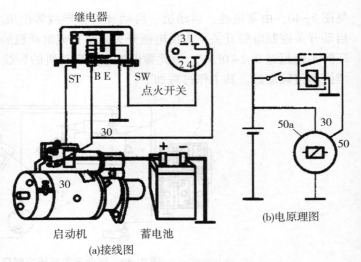

图 7-41　启动机继电器控制启动系统电路

（三）照明及信号电路

照明及信号电路是为拖拉机夜间作业及行驶而设置的。主要包括：前照灯、后照灯、工作灯、电流表、电源开关、灯开关和熔丝等，见图7-42。

1. 照明电路

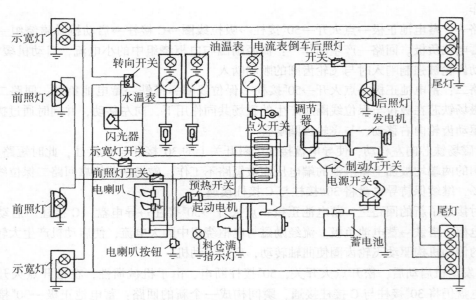

图 7-42　拖拉机照明及信号电气线路图

主要有前照灯、后照灯、前小灯、后小灯、雾灯和转向灯闪光器等。其特点是：①照明电路一般情况下均受电源总开关控制；②大灯开关置于一挡位，前小灯亮，尾灯亮；置于二挡位，小灯、尾灯、大灯亮；③三挡推拉式大灯开关可以实现大灯的远近光变换；④后灯电路一般由单独的后灯开关控制；⑤由于大灯工作电流大，为保护灯开关，装有灯光继电器。灯开关控制灯光继电器，继电器控制大灯的工作。

2. 信号电路

拖拉机上常用的信号电路有刹车制动灯、倒车灯、转向信号灯和电喇叭等。如：①转向信号装置由转向灯和闪光继电器组成，其功用是在拖拉机转弯时，显示明暗交替转弯信号，警示过往行人和车辆；②倒车警报装置是为拖拉机倒车时，保证车后行人的安全而设置的。其主要部件有倒车灯开关，倒车指示灯、继电器和电喇叭等。当变速杆位于倒车挡时，将电路接通，继电器触点不停地闭合断开，使倒车灯发出闪光并使喇叭发出音响信号，以示倒车。

（四）　仪表及报警电路

仪表及报警电路的功用是通过驾驶台上的仪表或报警装置，使驾驶员能随时观察拖拉机的工作情况。拖拉机上常用的仪表较多，一般一个多功能彩色显示器，可以显示有水温、机油压力、机油温度、发动机转速、油位指示等，各仪表与相应的传感器采用串联连接，其火线经电源开关接电源。报警装置通常由传感器和红色报警灯组成，新型的电子式报警装置则将显示与报警功能结合在一起，如电子燃油量显示器，即可以显示燃油量的多少，又可以在燃油量过少时发出报警信号。

（五）　停车电路

装有电控发动机的拖拉机其停车电路，见图7-43。一般由启动开关、发动机停车电机、发动机停车继电器组成，其动作有发动机运转与发动机停车两种。

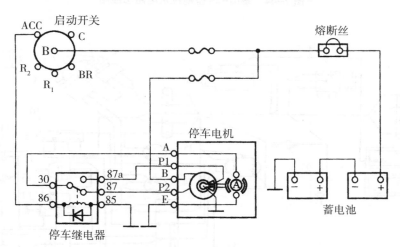

图7-43　发动机停车电路

三、总电路示例

（一）泰山-25型拖拉机电路总线图（图7-44）

（二）江苏-50型拖拉机电路总线图（图7-45）

（三）上海-50型拖拉机电路总线图（图7-46）

（四）DF1104~1604-1型拖拉机电路总线图（图7-47）

（五）JDT800/804型拖拉机电路总线图（图7-48）

四、拖拉机总电路的识读方法

1. 看懂电路图

（1）**熟悉电路**　如图中的图形和符号等，掌握接线规律。

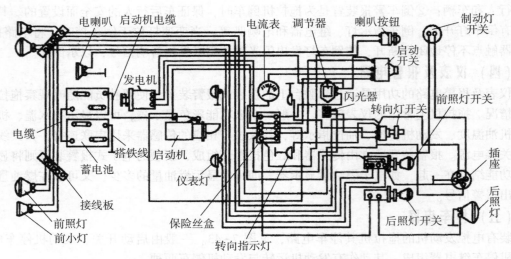

图 7-44 泰山-25 型拖拉机电路总线图

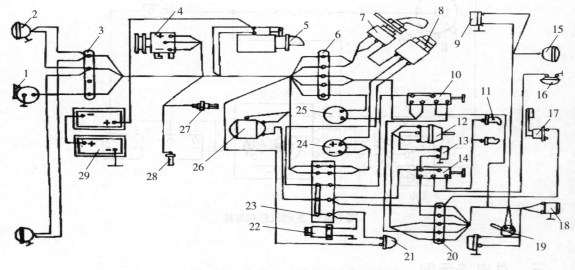

图 7-45 江苏-50 型拖拉机电路总线图

1-喇叭 2-前大灯 3、6、20-接线板 4-发电机 5-启动机 7-预热启动开关 8-电锁 9-转向灯 10-三挡开关
11-仪表灯 12-转向灯开关 13-闪烁器 14-二挡开关 15-后大灯 16-顶蓬灯 17-刮雨器
18-刹车灯 19-刹车灯开关 20-五线接线板 21-喇叭按钮 22-工作灯插座 23-熔断器合 24-电流表
25-水温表 26-调节器 27-水温感应塞 28-预热塞 29-蓄电池

（2）先熟悉电路图中的"图注"，再进一步理清电气设备之间相互连线及控制关系　通过熟悉图注，可以了解整机装配了哪些电气设备，各电气设备的名称及基本性能。看图时，可以在图注中找到要查的电气设备名称，然后根据所标的数字在电路图中找到该电气设备。也可先在电路图中找到要查的电气设备，然后根据所标的数字在图注中找到该电气设备的名称。

（3）了解电路图的特点　将电路图与拖拉机上的实际电路联系起来。拖拉机的电路图一

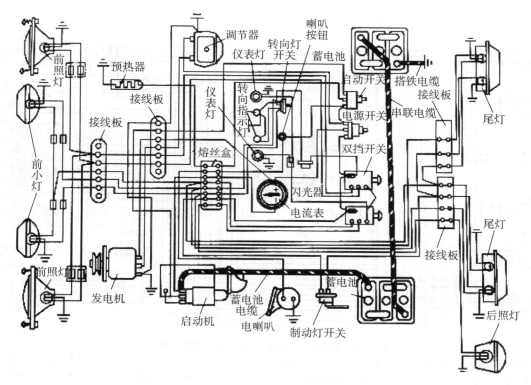

图 7-46　上海-50 型拖拉机电路总线图

一般是根据各电气元件在拖拉机上的安装位置展开到平面上绘制的，图中所示各电气元件与实际安装位置基本相符。

（4）记住回路原则　任何一条完整的电路都是由电源、开关、熔丝、用电设备以及导线等组成。电流的流向必须从电源的正极出发，经过熔丝、开关、导线到达用电设备，再经过搭铁回到电源的负极，构成回路。

（5）熟悉开关的功用　读识总图时，要明确多挡位开关共有几个挡位，各挡位分别控制哪些设备；明确蓄电池或发电机电流流经哪个保险装置、接到开关哪个接线柱上；掌握开关在某一挡位时，哪些用电设备是常通状态或短暂接通状态，哪些用电设备是单独工作，哪些是同时工作。

（6）化整为零，按系统分析　拖拉机总电路是由电源、启动、照明、仪表等系统电路组成的，抓住各系统电路特点，分析结构原理，理解整个电路就容易了。

（7）查看电路时要从基本电路入手　一般应按电源→导线→开关→保险装置→用电设备的顺序查看电路图。查看时应先看电源开关与电源的连接，再看电源开关与各用电线路开关的连接。

2. 熟悉电路的方法

一是查看电源部分的充电电路，该电路是其他各电路的公用电源。

二是查看开关部分与电源部分的连接方法。电源开关是电源通往其他各基本电路的总开关，电源开关均用一根导线接到电源的正接线柱上。电源开关与其他基本电路用电设备的连接方式有两种：①通过分电路的"分开关"相连；②通过保险装置与"分开关"相连。

三是在拖拉机上检查具体电气线路时，首先要熟悉各个电器在拖拉机上的安装位置。其次

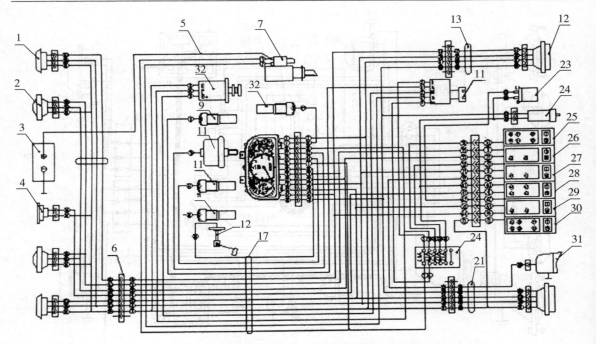

图 7-47 DF1104~1604-1 型拖拉机电路总线图

1-前信号灯 2-前照灯 3-蓄电池 4-喇叭 5-蓄电池电缆线 6-前线束 7-启动电机 8-发电机 9-电热塞
10-油压传感器 11-水温传感器 12-油量传感器 13-电流表 14-油压表 15-水温表 16-油量表 17-主线束
18-右接线板线束 19-电线 20-熔丝盒 21-左接线板线束 22-组合后灯 23-闪光器 24-制动灯开关
25-后照灯开关 26-左转向灯开关 27-右转向灯开关 28-安全警示开关 29-喇叭开关 30-前照灯开关 31-后照灯

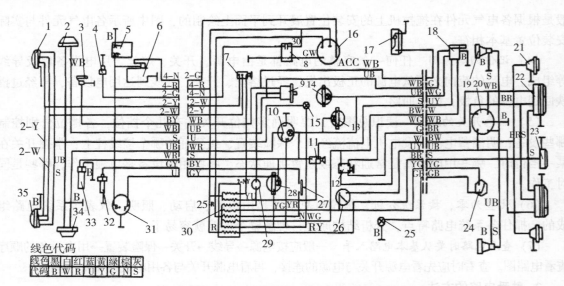

线色代码

线色	黑	白	红	蓝	黄	绿	棕	灰
代码	B	W	R	U	Y	G	N	S

图 7-48 JDT800/804 型拖拉机电路总线图

1-右前大灯 2-右转向灯 3-喇叭 4-火焰预热器 5-蓄电池 6-启动机 7-前大灯开关 8-启动继电器 9-转向灯开关
10-转速表 11-后小灯开关 12-刮水器开关 13-气压表 14-油压表 15-充电指示器 16-电源开关 17-室内灯
18-刮水器 19-示廓灯 20-挂车插座 21-后大灯 22-后小灯 23-牌照灯 24-手制动开关 25-手制动指示灯
26-制动灯开关 27-喇叭按钮 28-水温表 29-闪光器 30-熔丝盒 31-发电机 32-水温传感器 33-电磁传感器
34-左转向灯 35-左前大灯

要将各基本电路中各电器间的连接导线梳理清楚。由于导线都汇合成线束，只要根据导线的颜色或线的编号，分清线束的各抽头与什么电器相连即可。还要熟悉仪表盘的接线。因各基本电路中的开关或仪表大多集中装在驾驶台附近的仪表盘上，组成了电气电路的控制枢纽。仪表盘上的接线和抽头很多，但与某一基本电路有关的只有 1~2 个。从各基本电路入手，分清仪表盘上各开关、各抽头的接线关系，就可以弄清电路了。

第八章 液压传动系统

第一节 液压传动基础知识

一、液压传动的概念及原理

液压传动是以液压油作为工作介质，利用液体压力来传递动力和进行控制的一种传动方式。

以液压千斤顶为例，简述液压传动的工作原理（图8-1）。它由手动柱塞液压泵和液压缸两大部分构成。液压千斤顶的工作过程如下：

当抬起手柄6，使小活塞7向上移动，活塞下腔密封容积增大形成局部真空时，单向阀9打开，油箱中的油在大气压力的作用下吸入活塞下腔，完成一次吸油动作。当用力压下手柄时，活塞7下移，其下腔密封容积减小，油压升高，单向阀9关闭，单向阀5打开，油液进入举升缸下腔，驱动活塞4使重物G上升一段距离，完成一次压油动作。反复地抬、压手柄，就能使油液不断地被压入举升缸，使重物不断升高，达到起重的目的。如将放油阀2旋转90°，活塞4可以在自重和外力作用下实现回程。

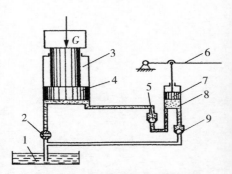

图8-1　液压千斤顶的工作原理
1-油箱　2-放油阀　3-大缸　4-大活塞
5-单向阀　6-杠杆手柄　7-小活塞
8-小缸体　9-单向阀

从上看出，液压传动的工作原理是以密封容积的变化建立油路内部的压力来传递运动和动力的传动。它先将机械能转换为液体的压力能，再将液体的压力能转换为机械能。

二、液压传动的优、缺点

机器的传动形式归纳起来大致有：机械传动、电气传动、气压传动、液压传动等几种。液压传动与其他几种传动形式相比有以下特点：

（1）优点　①结构紧凑、重量轻，反应速度快；②液压装置易于实现过载保护；③可进行无级变速；④振动小，动作灵敏；⑤可实现低速大扭矩马达直接驱动工作装置，减少中间环节。

（2）缺点　①液压传动故障诊断和维修困难；②液压油容易泄漏，造成污染；③传动过程中能量损失较大、效率低，并易受液压油温的影响。

三、液压传动系统常用的符号

液压系统无论是设计、制造，还是学习、交流都离不开原理图，实物图形绘制原理图太复杂、繁琐，为方便学习、交流，国内外都广泛采用液压元件的图形符号（可查阅有关的手册）

绘制液压系统原理图。液压传动系统的图形符号脱离元件的具体结构，只表示元件的职能，使系统图简化，原理图简单明了，便于阅读、分析、设计和绘制，按照规定，液压元件图形符号应以元件的静止位置或零位（中位）来表示。见图 8-2（a）即是用液压元件符号绘制的液压系统工作原理图。（b）控制阀和油缸推动工作台左移，（c）控制阀芯和油缸推动工作台右移。

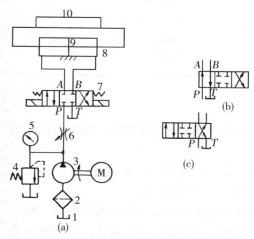

图 8-2　液压传动系统原理图
（用图形符号绘制）
1-油箱　2-滤油器　3-液压泵　4-压力表
5-溢流阀　6-节流阀　7-换向阀　8-液压油缸
9-活塞　10-工作台

四、液压传动系统的组成

液压传动系统一般由动力元件、执行元件、控制调节元件、辅助元件和工作介质 5 个部分组成。

1. 动力元件

动力元件即液压泵，它是将原动机输入的机械能转换为液压能的装置。其作用是为液压系统提供压力油，它是液压系统的动力源。图 8-2 中 3 即是液压泵。

2. 执行元件

执行元件它是将液压能转化为机械能的装置，分为液压油缸和液压马达。其功用是在压力油的推动下输出速度和力（液压马达输出力矩和转速），以驱动工作部件。图 8-2 中 8 即是液压油缸。

3. 控制调节元件

控制调节元件是指各种控制阀，如溢流阀、节流阀、换向阀等。其功用是控制液压系统中油液的压力、流量和方向，以保证执行元件完成预定的工作运动。图 8-2 中 6、7 等是液压控制阀。

4. 辅助元件

辅助元件指油箱、油管、管接头、滤油器、压力表、流量计等。其功用分别是贮油、输油、连接、过滤、测量、指示等，以保证液压系统正常工作。图 8-2 中的 1、2 即属此类。

5. 工作介质

工作介质即传动液体，通常为液压油。其功用是实现运动和动力的传递。

第二节　液压传动系统主要部件结构原理

一、液压泵

（一）液压泵的功用和种类

它是将发动机输入的机械能转换为液压能的能量转换装置。其功用是提高并保证液压系统的工作压力。液压泵的种类很多，根据结构不同，可分为齿轮泵、柱塞泵、叶片泵、螺杆泵等；按压力油的出口方向能否改变，可分为单向泵和双向泵；按输出的流量能否调节可分为定量泵和变量泵；按输出压力的高低可分为低压泵、中压泵和高压泵三类，液压泵的图形符号如表 8-1 所示。

表 8-1　液压泵的图形符号

名称 ＼ 特性	单向定量	双向定量	单向变量	双向变量
液压泵	⌀	⌀	⌀	⌀

（二）　齿轮泵的结构原理和特点

齿轮泵是液压系统中最常用液压泵，有内啮合齿轮泵和外啮合齿轮泵两种。结构原理见第五章第五节。

优点：①结构简单，体积小，制造方便，价格低廉；②工作可靠，自吸能力强；③对油液污染不敏感；④转速范围大一般可达 1 500r/min，高速时可达 5 000r/min。

缺点：①噪声大，且输油量不均，脉动大。②由于压油腔的压力大于吸油腔的压力，使齿轮和轴承受到径向不平衡的液压力作用，易造成磨损和泄漏。③流量不能调节，只能做定量泵。齿轮泵多用于低压液压系统（2.5MPa 以下）。

（三）　柱塞泵

柱塞泵是利用柱塞在有柱塞孔的缸体内做往复运动，使密封容积发生变化而实现吸油和压油的。按柱塞排列方向不同，分为轴向和径向柱塞泵两类。拖拉机上常用轴向柱塞泵。

1. 轴向单柱塞泵

单柱塞泵由偏心轮、柱塞、弹簧、缸体、两个单向阀等组成，见图 8-3。柱塞与缸体孔之间形成密闭容积，并且一个柱塞泵上有两个单向阀，并且方向相反。当偏心轮旋转，带动柱塞向一个方向运动时缸内出现负压，这时一个单向阀打开液体被吸入缸内；柱塞向另一个方向运动时，将液体压缩后另一个单向阀被打开，被吸入缸内的液体被压出。这种偏心轮旋转一转，柱塞上下往复运动一次，若向下运动吸油，向上运动排油。偏心轮连续旋转后就形成了连续供油。泵每转一转排出的油液体积称为排量，排量只与泵的结构参数有关。

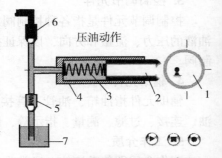

图 8-3　单柱塞泵结构原理示意图
1-偏心轮　2-柱塞　3-柱塞弹簧
4-缸体　5、6-单向阀　7-油箱

2. 轴向多柱塞泵

该泵由柱塞、缸体、斜盘和配油盘等组成，见图 8-3A。在缸体的圆柱体内均匀钻有 7、9、11 个等轴向柱塞套孔，并与缸体中心轴平行，柱塞装在柱塞孔中，柱塞底部的油腔为密封容积。在根部弹簧力或液压力的作用下，柱塞的球形头部与斜盘紧密接触。斜盘轴线与缸体轴线间有交角 r，当缸体回转时，由于斜盘和弹簧的作用，迫使柱塞在缸体柱塞孔内做往复运动所产生的容积变化来进行吸油和压油。由于柱塞和柱塞孔都是圆形零件，加工时可以达到很高的精度配合，因此容积效率高。

（1）吸油　缸体按图示方向回转，在转角 0~π 范围内，柱塞外伸，密封容积逐渐增大，通过配油盘上的吸油口吸油。

（2）压油　在转角 π~2π 范围内，柱塞向缸内压入，密封容积逐渐减小，通过配油盘上的压油口压油。

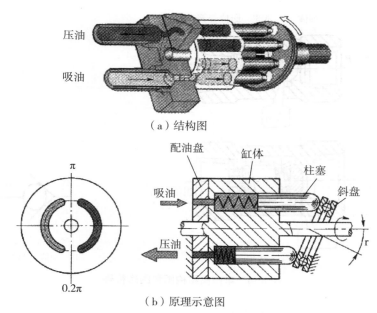

（a）结构图

（b）原理示意图

图 8-3A　轴向多柱塞泵的结构原理图

　　轴向多柱塞泵具有以下特点：①缸体每转一周，各柱塞吸、压油各一次。②如果改变斜盘倾角 r 的大小，就能改变柱塞行程的长度和密封容积的大小，也就调节泵的输油量大小；若改变斜盘的倾斜方向，则泵的吸、压油口互换，所以轴向柱塞泵是双向变量泵。③结构紧凑，径向尺寸小，压力及效率高；但轴向尺寸大，轴向作用力较大，结构复杂。

二、液压控制阀

　　液压控制阀是液压系统的控制元件，其功用是控制和调节液压油的方向、压力和流量，从而控制执行元件的运动方向、输出力或力矩、运动速度、动作顺序，以及限制和调节液压系统的工作压力，防止过载，对整个系统的液压元件起保护的功用。根据用途和工作特点的不同，控制阀又分为方向控制阀、压力控制阀和流量控制阀三类。

（一）方向控制阀

　　方向控制阀是用来控制液压介质流动方向以改变执行机构的运动方向。它分为单向阀和换向阀两大类。

1. 单向阀

　　单向阀功用是允许油液按一个方向流动，不能反向流动。其工作状态只有通、断两种。单向阀主要由阀芯、阀体及回位弹簧等组成，按阀芯结构的不同，可分为球阀式和锥阀式两种，见图 8-4。工作时，如果压力油从进油口 P_1 流入，作用在阀芯上的液压作用力将克服弹簧的弹力和摩擦力将阀芯顶开，此时油液从出油口 P_2 流出；当压力油反方向流入时，液压力和弹簧力将阀芯压紧在阀体座上，阀口关闭，油路不通。

2. 换向阀

　　换向阀功用是利用阀芯和阀体相互位置的改变，控制油液流动的方向，接通或关闭油路，从而改变液压系统的工作状态。常用的换向阀有换向滑阀和换向转阀两种。

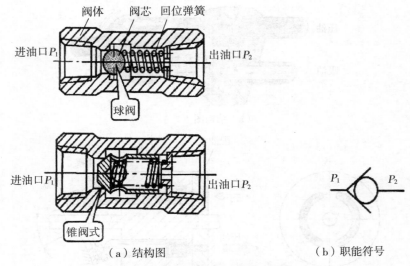

（a）结构图　　　　　　　　　　（b）职能符号

图8-4　单向阀结构图和图形符号

换向阀按阀芯的工作位置和通油口，可分为有两位两通、二位三通、二位四通、三位四通、三位五通等；图形符号见图8-5，其中方框表示工作位置、箭头表示液压油通路及流向，"⊥"和"⊤"与方框的交点表示油路在此工作位置被阀芯堵死；根据改变阀芯位置的操纵方式不同，换向滑阀可分为手动、机动、电磁、液动、电液动等，图形符号见图8-6。

（a）二位二通阀　（b）二位三通阀　（c）二位四通阀　（d）三位四通阀　（e）三位五通阀

图8-5　换向阀的位数和通路符号

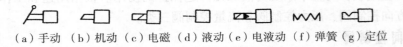

（a）手动　（b）机动　（c）电磁　（d）液动　（e）电液动　（f）弹簧（g）定位

图8-6　换向阀操纵方式符号

下面以三位四通滑阀为例，说明换向滑阀是如何实现换向的，见图8-7。三位四通换向滑阀有3个工作位置和4个通路口。3个工作位置是指滑阀阀芯处于阀体的中间、左端及右端3个位置，左、右二端是使执行元件产生两个不同的运动方向；中间位置是中立状态，可利用不同形状及尺寸的阀芯结构，得到多种不同的油口连接方式。4个通路口是指P口（压力油口）、O口（回油口）及通向执行元件的A、B两个工作油口。由于阀芯相对于阀体做轴向移动，使得有的油口由封闭变成打开，有的油口由打开变成了关闭状态，从而改变了压力油的流向，实现了执行元件的不同动作。三位四通换向阀处于中间位置时油口的连接关系称为滑阀机能（或称中位机能）。

三位四通电磁换向阀的工作过程：当右侧的电磁线圈通电时，右位接入系统，进油口P

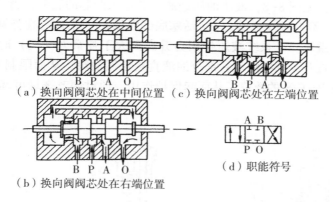

（a）换向阀阀芯处在中间位置　（c）换向阀阀芯处在左端位置

（b）换向阀阀芯处在右端位置

（d）职能符号

图8-7　换向滑阀的工作原理图

与油口 B 相通，油口 A 与回油 O 口（或口 T）相通；当左侧的电磁线圈通电时，左位接入系统，进油口 P 与油口 A 相通，油口 B 与回油 O 口（或口 T）相通；当两侧电磁铁都不通电时，中位接入系统，4 个油口均被堵死。

3. 液压多路换向阀

液压多路换向阀是将各执行机构的液压控制阀做成一个整体，用于集中控制各执行机构动作，简称液压多路阀。目前多路换向阀结构、型号繁多，归纳起来，分为整体式和组合式两类。

（1）整体式多路换向阀　整体式多路阀的滑阀和各种阀类元件都装在同一个阀体内。它的结构紧凑，重量轻，压力损失比较小，但是阀体铸造工艺复杂，通用性比较差，所以适合于在大批量生产和联数比较少的时候采用整体式。

（2）组合式多路换向阀　组合式多路阀由进油前盖，回油后盖和多个单路阀体拼装组成的，可以按照不同的使用要求组装不同的通路数量。特点是通用性强，但是各联之间容易漏油而且体积大。这种组合式多路换向阀是为了减少拼装的阀体数，将会在第一路阀体和进油前盖，末路阀体和回油后盖分别制成整体结构，相对减小了组合式多路换向阀的外形尺寸，又保持了拼装组合的灵活性。按照各联换向阀之间的油路连接方式可以并联、串联、串联和复合等种类。现中大型拖拉机大多选用 2 路以上多路阀，联合收割机上选用 5 路以上多路阀。

（二）压力控制阀

该阀功用是控制系统的工作压力，以确保液压传动系统的安全运行。常用的压力控制阀有溢流阀、减压阀、顺序阀和压力继电器等。它们都是利用油液在阀芯上的液压作用力和弹簧力相平衡的原理来工作。

1. 溢流阀

溢流阀在液压传动系统中起溢流和稳压的作用，当系统压力超出设定的安全压力时才打开的溢流阀称为安全阀。系统设定的安全压力是系统所能承受的最高工作压力。所以在系统中，溢流阀的开启压力不能随意调整，必须在液压试验台按系统要求调定好。溢流阀按结构类型及工作原理分直动式和先导式两种。直动式溢流阀由阀体、阀芯、调压弹簧和调压螺母等组成，见图8-8。

溢流阀工作原理：见图8-8，液压油从进油口P进入阀芯的底部，当其受到向上的液压作用力（F=PS）小于弹簧力时（弹簧力F、活塞底部面积S），滑阀芯在弹簧力作用下下移，阀油道口关闭，系统不溢流。当系统液压作用力升高到大于弹簧力（F_s）时，弹簧被压缩，滑阀芯上移，阀油道口打开，系统溢流；部分油液直接流回油箱，从而限制系统压力继续升高，并使系统压力保持在P=F/S的数值，从而起保护作用。通过调节螺母可调节弹簧力F_s，即可调节液压泵供油压力。

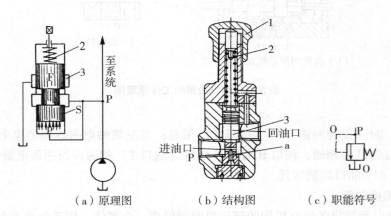

（a）原理图　　　（b）结构图　　　（c）职能符号

图8-8　直动式溢流阀
1-调节螺图　2-弹簧　3-阀芯

2. 压力继电器

压力继电器是将液压信号转换为电信号的辅助元器件。作用是根据液压系统的压力变化自动接通或断开有关电路，以实现程序控制和安全保护。

压力继电器的原理图见图8-9。控制油口K与液压系统相连通，当油液压力达到调定值时，薄膜在液压作用力下向上鼓起，使柱塞上升，钢球在柱塞锥面的推动下水平移动，通过杠杆压下微动开关的触销，接通电路，从而发出电信号。发出电信号时的油液压力可通过调节螺钉1，改变弹簧1对柱塞的压力进行调定。当控制油口K的压力下降到一定数值时，弹簧1和2（通过钢球1）将柱塞压下，这时钢球2落入柱塞的锥面槽内，微动开关的触销复位，将杠杆推回，电路断开。

（三）　流量控制阀

在液压系统中，执行元件常因工作需要而有不同的运动速度，一般可以通过控制流量来控制速度。流量控制阀是靠改变油液流通面积（节流口）的大小来控制通过阀的流量，从而调节执行机构（液压缸或液压马达）运动速度的阀。工作时，油液流经小孔、狭缝或毛细管时，会遇到阻力，阀口流通面积越小，油液通过时阻力就越大，因而通过的流量就越少。流量控制阀就是利用这个原理制造的。常用的流量控制阀有普通节流阀、调速阀、温度补偿调速阀以及这些阀和单向阀、行程阀的各种组合阀。

节流阀的阀口称为节流口，其形式有轴向圆锥面、针阀式、轴向三角槽式和轴向缝隙式，但都是通过改变节流缝隙的大小来调节流量的。普通节流阀的节流口采用轴向三角槽式，见图8-10。压力油从进油口P_1流入，经通道b、阀芯左端的节流沟槽c和通道a从出油口P_2流出。旋转调节手柄，可使推杆沿轴向移动，推杆左移时，推动阀芯左移，节流口开大，流量增

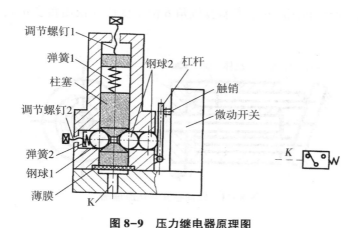

图 8-9　压力继电器原理图

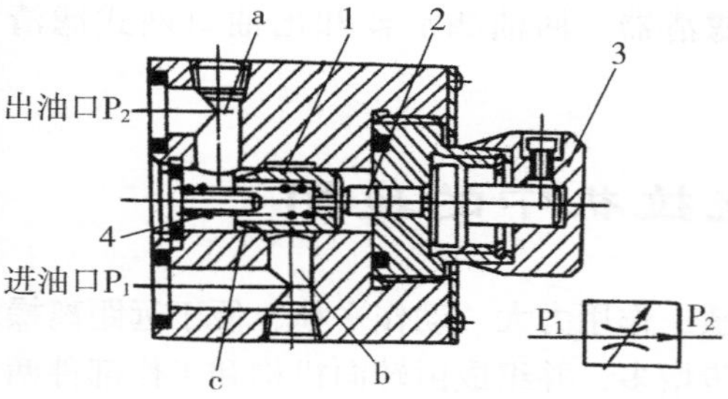

调节螺钉1
弹簧1
柱塞
调节螺钉2
弹簧2
钢球1
薄膜
K
钢球2　杠杆
触销
微动开关

加；推杆右移时，阀芯也右移，节流口关小，流量减小。

图 8-10　普通节流阀工作原理示意图
1-阀芯　2-推杆　3-调节手柄　4-弹簧

出油口P₂
进油口P₁
a　1　2　3
4
c　b

三、液压缸和液压马达

液压油缸和液压马达都是执行元件，是把液压能转换成机械能的工作装置。液压油缸输出的往复直线运动，液压马达输出的是旋转运动。

（一）液压缸

液压油缸按结构分为活塞式、柱塞式和摆动式3 种，其中以活塞式应用较多；按作用力分为单作用式和双作用式液压缸两种。活塞式液压缸主要由缸筒和缸盖、活塞和活塞杆、密封装置、缓冲装置、排气装置等组成。

单作用式液压缸是在压力油作用下只能做单方向运动，其回程须借助运动件的自重或其他外力（如弹簧力等）的作用实现。应用在悬挂系统和割台升降等处。

双作用式液压缸是往复两个方向的运动都由压力油作用而完成。应用最广泛的是活塞式液压缸。应用在液压助力转向等处。

（二）液压马达

液压马达是液压传动中的一种能正、反转的旋转执行元件。液压马达在结构、分类和工作原理上与液压泵大致相同。拖拉机上常用的是轴向柱塞式液压马达。

轴向柱塞式液压马达的结构原理，见图 8-11。工作时，配油盘固定不动，柱塞一边随缸体转动，一边在缸体的孔内移动。斜盘中心线和缸体中心线相交一个倾角 δ。高压油经配油盘的窗口进入缸体的柱塞孔时，高压腔的柱塞被顶出，压在斜盘上。斜盘对柱塞的反作用力 F 分解为轴向分力 F_x 和垂直分力 F_y。F_x 与作用在柱塞上的液压力平衡，F_y 则产生使缸体发生旋转的转矩，带动输出轴转动。液压马达产生的转矩应为所有处于高压腔的柱塞产生的转矩之和，随着柱塞与斜盘之间夹角的变化，每个柱塞产生的转矩是变化的，液压马达对外输出的总的转矩也是脉动的。若改变斜盘倾角 δ 的大小，即改变排量的多少；斜盘倾角越大，排量越大，马达转速越快，产生转矩越小。若斜盘倾角 δ 由正变负（或由负变正），则可改变输出轴旋转方向。

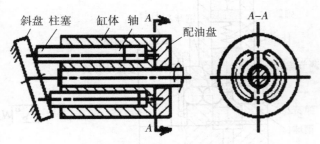

斜盘 柱塞 缸体 轴 A 配油盘 A-A

图 8-11 轴向柱塞马达原理图

四、液压油箱

该油箱作用是贮油、过滤和散热。装有注油口滤清器、回油滤清器和出油口网式滤清器等。

第三节 液压传动在拖拉机中的应用

由于液压传动具有结构紧凑、操纵省力、反应灵敏、作用力大、动作平稳、便于远距离操纵和实现自动控制等优点，因而在拖拉机中的应用逐步增多，并组成由转向机构和工作部件两个各自独立的液压系统。转向液压系统用来控制转向轮的转向；工作部件液压系统可用于车厢的自卸、悬挂装置的升降、液压驱动无级变速、离合器和制动器等的液压传动。

一、车厢液压自卸

（一）液压自卸的功用与组成

现许多小型拖拉机车厢上增设了直推式液压自卸机构。其功用是自动卸载，以提高运输效率、减轻劳动强度。液压自卸机构一般由齿轮油泵、分配阀、操纵杆、液压油箱、油管、液压油缸及辅助支承机构等组成。液压油缸有单油缸和双油缸之分；分配阀手柄有提升、中立、下降 3 个工作位置（自上而下）。图 8-12 为液压自卸机构回路示意图。

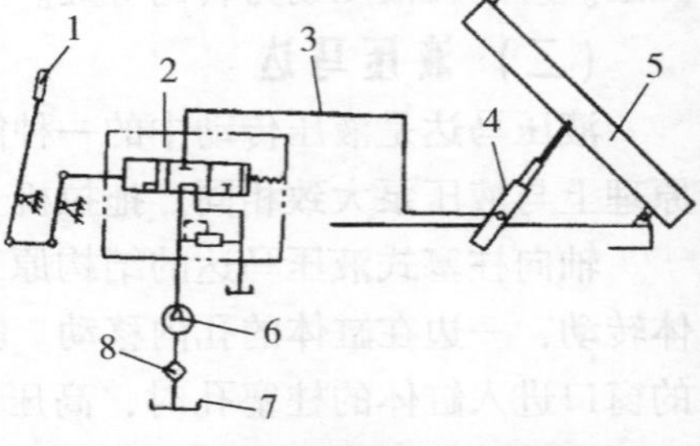

（二）液压自卸工作原理

1. 车厢举升

将三位三通分配阀操纵手柄向后拉，置于"提升"位置，阀芯移到左位，高压油路被分配阀接通。齿轮泵输出的高压油，经高压油管、分配阀、高压油管，进入液压油缸工作腔，推动油缸柱塞上升，顶起车厢的前端围绕支点向后倾翻，实现自动倾卸。当末级柱塞达到最大行程，油缸内油压达到最大值时（16MPa），分配阀中的安全阀打开，使压力不再继续上升，从而避免系统零

图 8-12 液压自卸机构示意图
1-操纵杆 2-分配阀 3-油管 4-油缸
5-车厢 6-油泵 7-油箱 8-滤清器

件受损失。此时车厢达到最大举升角。

2. 车厢中立

当车厢升于任一位置或回落至原始位置时，将操纵手柄置于"中立"位置，分配阀芯移到中位，高压油路被分配阀关闭，液压缸内油被封死，柱塞停留在原工作位置，车厢也停留在相应的位置，不升也不降。油泵来油经高压油管、分配阀内油道、回油管流回油箱。

3. 车厢下降

将分配阀操纵手柄向前推到"下降"位置，分配阀移至右位，将高压油管与分配阀内油道和回油管相通。这时，在车厢重力作用下，液压缸中的油经油管、分配器内油道、回油管被压回油箱。油泵来的高压油经油管、分配器内油道、回油管被压回油箱。

二、液压悬挂系统

（一）液压悬挂系统的功用和特点

用液压系统提升和控制农具的整套装置叫作液压悬挂系统。

1. 功用

①连接和牵引农机具；②操纵农机具的升降；③控制农机具的耕作深度或提升高度；④给拖拉机驱动轮增重，改善其附着性能；⑤把液压能输出到作业机械上进行其他操作。

2. 特点

由于液压悬挂机组比牵引机组操纵方便、机动性高，便于自动调节耕深，能提高牵引性能和劳动生产率，且结构简单，质量轻，所以被拖拉机广泛采用。

（二）液压悬挂系统的组成

液压悬挂系统由悬挂机构、液压系统和操纵机构三大部分组成，见图8-13。

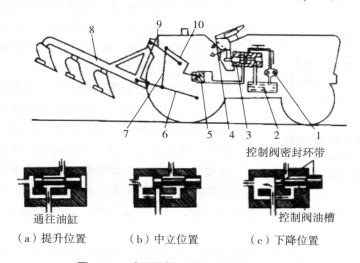

（a）提升位置　（b）中立位置　（c）下降位置

图8-13　液压悬挂系统组成和工作原理

1-油泵　2-油箱　3-分配器　4-操纵手柄　5-油缸　6-下拉杆　7-提升杆　8-农具　9-上拉杆　10-提升臂

1. 悬挂机构

悬挂机构的功用是连接悬挂和牵引农具，并受液压系统控制农具的提升、下降及作业深度的控制。它主要由提升臂、提升杆、上拉杆、下拉杆和连接杆等组成。农具通过上、下拉杆悬挂在拖拉机后部接受牵引，下拉杆通过提升杆、提升臂与油缸活塞杆相连，使农具接受升降驱动。根据悬挂机构在拖拉机上的布置位置，可分为后悬挂、前悬挂、中间悬挂和侧悬挂4种。后悬挂应用较多，能满足大多数农田作业；前悬挂用于收获和推土作业；中间悬挂用于秸秆还田等；侧悬挂用于割草收获等。按悬挂机构与农具的连接点数分为两点悬挂和三点悬挂两种，见图8-14。

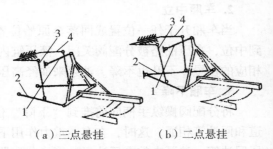

（a）三点悬挂 　　 （b）二点悬挂

图8-14　悬挂方式示意图
1-上拉杆　2-下拉杆　3-提升杆　4-提升臂

（1）三点悬挂机构　它主要由提升杆、提升臂和上、下拉杆等组成，见图8-14（a），农具通过上拉杆和左、右下拉杆的三个球铰链挂在拖拉机后部，牵引力主要通过下拉杆传递，上拉杆主要用来作农具的纵向水平调节，并帮助提升农具。左、右提升杆用以提升农具，并作农具横向水平调节。下拉杆的摆动幅度可用限位链调节。其特点是稳定性较好，作业时农具相对于拖拉机不会有太大的偏摆，所以机组行驶直线较好，农具稍有偏移容易回正。但当悬挂农机具已入土工作的拖拉机一旦走偏方向，要矫正拖拉机机组的行驶方向也比较困难。所以，仅广泛应用在中小功率的拖拉机上。

（2）两点悬挂机构　只有两个铰接点与拖拉机机体连接。见图8-14（b），左、右下拉杆前端共同铰链在下轴中部。并与农具的机架组成一刚性三脚架。农具相对于拖拉机可以做较大的摆动。在大功率拖拉机上悬挂重型或宽幅农具作业时，能较轻便地矫正行驶方向。所以大功率拖拉机常采用两点式悬挂方式。

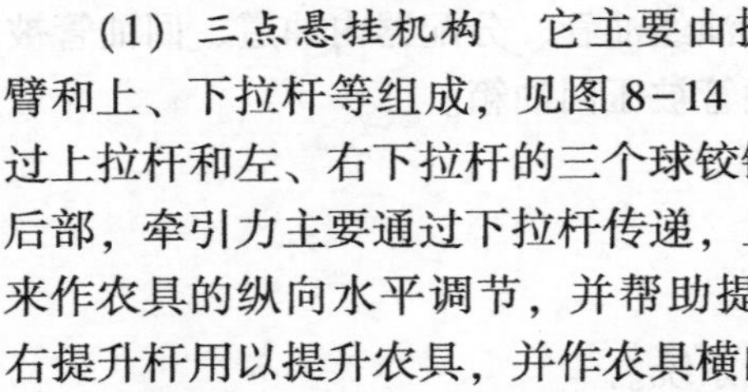

图8-15　液压系统的组成
1-油缸　2-分配器　3-油管
4-油泵　5-滤清器　6-油箱

2. 液压系统

（1）功用和组成　液压系统的功用是为液压悬挂系统提供动力的装置。它主要由液压油泵、分配器（滑阀式控制阀）、油缸、液压油和辅助装置（油箱和滤清器等）组成，见图8-15。

分配器即控制阀，功用是用来控制油液的流向，决定油缸油腔内的压力。常用的是滑阀式分配器，分配器是由壳体、控制阀（主控制阀、回油阀、单向阀和安全阀等）和弹簧等组成。小四轮拖拉机是用三位四通换向阀代替分配器，手动操纵三位四通换向阀的三个工作位置来带动农具的上升、中立和下降。为防止农具在提升过程中出现过载而损坏液压元件，换向阀内增设了系统安全阀。该分配器通过提升器等调节悬挂农具的高度和位置。

（2）液系系统类型　液压系统根据油泵、分配器和油缸在拖拉机上安装位置的不同可分为分置式、半分置式和整体式3种，见图8-16。

1）分置式液压系统。分置式液压系统的油泵、分配器和油缸安装在拖拉机的不同位置上，相互用油管连接，见图8-16（a）。分置式液压系统常采用的齿轮式油泵，分配器的滑阀有"提升""中立""下降""浮动"四个工作位置。其优点是：液压元件易实现系列化、标准化、通用化，便于组织专业化生产；检修方便；在拖拉机上宜于布置，便于实现农具的前悬挂、侧悬挂和综合悬挂。缺点是活塞杆外露，需加强防尘、防泥水措施；因力、位调节的自动

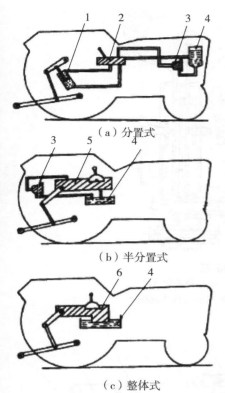

图 8-16 液压系统的类型

1-双作用油缸 2-分配器 3-油泵 4-油箱
5-半分置式提升器 6-整体式提升器

操纵控制机构布置困难，故无力、位调节装置；管路较长。东方红-75、802 型等拖拉机上采用。

2）半分置式液压系统。油泵为单独部件，布置在拖拉机上适宜部位，其他如油缸、分配器和操纵机构装配成一个总成，称为"提升器"，多安装在拖拉机后桥壳体上，见图 8-16（b）。优点是结构紧凑、油路短、密封性好；力、位调节传感机构易布置；驱动和检修方便；便于专业化生产。缺点提升器总成布置受到结构限制。东风-50 型及中小型拖拉机上广泛采用。

3）整体式液压系统。油泵、油缸、分配器和操纵机构组成一个整体，也称为"提升器"（比半分置式提升器多了一个油泵），安装在拖拉机后桥壳体内或壳体上部，见图 8-16（c）。优点是结构紧凑、油路短、密封性好；力、位调节传感机构易布置；驱动和检修方便。缺点提升器总成布置受到结构限制。上海-50、丰收-35 型等拖拉机上采用。

半分置式和整体式液压系统都采用位调节和阻力调节两种方法调节耕深。他们的油路原理是采用节流式，利用分配器的控制阀改变节流缝隙，使油缸内产生不同压力，来保持农具在一定的位置耕深。

3. 操纵机构

该机构的功用是通过操纵分配器的主控制阀，以控制液压油的流动方向，使油泵输送的压力油经过相关的孔道和油路送往油缸或流回油箱；当主控制阀分别处于"提升""中立""下降"位置，实现农具的升、降运动或保持农具在某一位置工作。液压悬挂系统的操纵机构一般有位调节操纵机构和力调节操纵机构两部分组成，见图 8-17 和图 8-18。它们每个机构都有手柄操纵和自动控制机能。

（1）位调节操纵机构 位调节操纵机构由位调节操纵手柄、位调节偏心凸轮和套管、位调节杠杆和位调节拉力弹簧及位调节凸轮等组成。

位调节偏心凸轮和套管焊成一个总成，通过半圆键与位调节操纵手柄连接，手柄可沿扇形板前后移动，从而使套在偏心轮上的位调节杠杆摆动，其下部控制端就推动分配器主控制阀的后端进行轴向移动。

除用移动手柄操纵主控制阀外，位调节凸轮也能使位调节杠杆运动，从而操纵主控制阀。其工作原理是：位调节凸轮紧固在提升轴上，凸轮工作面的高低是随提升轴的转动而变化的。由于位调节杠杆拉力弹簧总是将位调节杠杆上端滚轮和位调节凸轮工作面接触。因此内提升臂带动提升轴和位调节凸轮转动时，就推动位调节杠杆的上端，使其绕偏心轮转动。此时，杠杆下端部的控制端就能使主控制阀改变位置。

从上可知，位调节杠杆除由驾驶员扳动位调节操纵手柄，直接操纵控制其主控制阀外，还可由位调节凸轮的工作面操纵杠杆的上端，并和位调节杠杆拉力弹簧相互配合，作为控制主控制阀的自动控制信号。

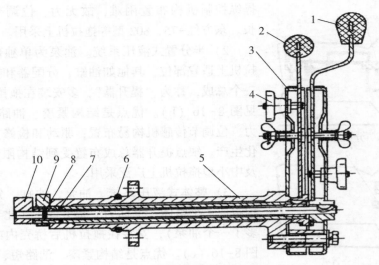

图 8-17 液压悬挂系统操纵机构总成
1-力调节手柄 2-位调节手柄 3-力位调节扇板 4-定位手轮总成
5-扇形板支座 6、7、8-"O"形圈 9-位调节凸轮 10-力调节偏心轮

（2）力调节操纵机构 力调节操纵机构由力调节操纵手柄、力调节偏心轮和心轴、力调节杠杆和力调节拉杆弹簧及力调节弹簧总成等组成。

力调节偏心轮和心轴焊成一起，心轴用半圆键和力调节手柄相连。力调节偏心轮和心轴是装在位调节偏心轮和套管中间，两者具有同一轴线。力调节杠杆套在偏心轮上，当手柄沿扇形板前后移动，力调节偏心轮转动，从而使力调节杠杆摆动，其下部控制端就推动分配器主控制阀后端进行轴向移动。

力调节杠杆除由驾驶员扳动力调节操纵

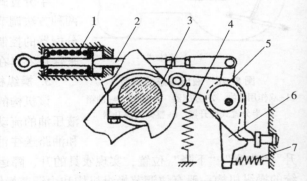

图 8-18 液压悬挂系统调节机构
1-力调节弹簧 2-力调节推杆 3-位调节拉力弹簧
5-位调节杠杆 6-力调节杠杆 7-力调节拉力弹簧

手柄直接控制其中部外，杠杆上端可由力调节弹簧总成进行控制。力调节弹簧变形也是对主控制阀进行自动控制的信号。

力调节弹簧总成由力调节传感接头、顶杆、力调节弹簧及力调节推杆等组成，见图 8-19。力调节推杆和力调节杠杆上端铰接，力调节杠杆拉力弹簧总是试图将力调节推杆后端和顶杆接触。

在耕作中，力调节传感接头和顶杆压缩力调节弹簧，由于力调节弹簧变形量的大小和力调节杠杆拉力弹簧的作用，使力调节杠杆绕偏心轮转动。其下部控制端就能使主控制阀改变位置。

由上所述，力、位调节操纵机构，不论驾驶员直接操纵，还是由信号自动控制，都是作用于主控制阀。因此，选用力调节时，必须把位调节操纵手柄 B 放在提升位置，使位调节杠杆

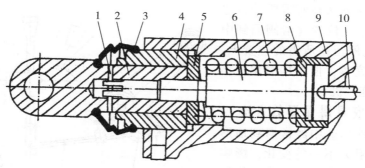

图8-19 力调节弹簧总成

1-止动销 2-力调节传感接头 3-防尘罩 4-调整螺母 5-弹簧挡板
6-顶杆 7-力调节弹簧 8-弹簧座 9-提升器壳体 10-力调节推杆

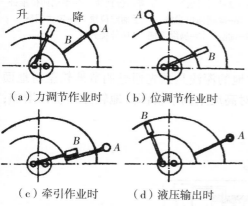

（a）力调节作业时 （b）位调节作业时

（c）牵引作业时 （d）液压输出时

图8-20 操纵手柄的正确使用示意图

下部的控制端远离主控制阀的后端，见图8-20（a）；同样，如使用位调节时，应将力调节操纵手柄A放在"提升"位置，见图8-20（b），以免互相干扰。

若使用标准牵引杆进行牵引作业时，位调节手柄和力调节手柄均应放在扇形板的最下位置，见图8-20（c），使提升臂等杆件降到最低位置工作，为安全起见，应用锁紧螺母将力、位调节手柄分别锁定。否则，任一手柄误扳动，都会导致牵引杆顶弯损坏。

若使用液压输出，应将力调节手柄放在最上部位置，位调节手柄放在反应区任一位置，见图8-20（d）。力调节机构可使主控制阀持续处于进油状态而不会自动回到中立位置。当满足液压输出后，应及时将力调节手柄移到扇形板最下方。否则，油泵不断泵油，迫使安全阀长时间开闭，容易损坏。

（三）液压悬挂系统的工作原理（图8-21）

1. 农具提升

当向上扳动操纵手柄至"提升"位置［图8-13（a）］时，分配器控制阀向左移动，将回油箱的回路关闭。油泵压送来的高压油经分配器通往油缸，推动活塞后移，使提升臂顺转，并通过悬挂机构的杆件提升农具。

2. 农具中立（不升不降）

当操纵手柄处于"中立"位置［图8-13（b）］时，分配器控制阀的密封环带封闭了油缸油路（既不进油，也不出油），使农具处于不升不降的中立位置。此时油泵来油经分配器流回油箱，油泵卸荷。

3. 农具下降

当向下扳动操纵手柄至"下降"位置［图8-13（c）］，分配器控制阀右移使油缸与分配器上的回油路接通，农具便在自身重量作用下降落，并将油缸中的油液挤回分配器，与油泵来的油一起流回油箱，农具下降。

当农具提升或下降到所需要的位置后，将手柄扳回中立位置（滑阀回到中立位置），农具就停留在所需的位置上。此结构性能虽不完善，但结构简单，仍被采用在小四轮拖拉机上。

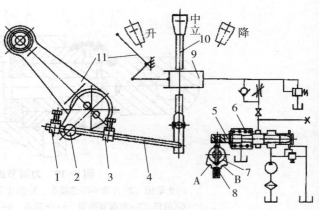

图 8-21　提升器工作示意图

1-提升回位挡块　2-回位挡销　3-下降回位挡块　4-手柄回位推杆
5-主控制阀　6-滑阀回位弹簧　7-手柄定位块　8-定位钢球
9-油缸　10-操纵手柄　11-外提升臂

（四）悬挂农具耕深调节方法

拖拉机在耕地作业中经常遇到地形高低起伏、土壤阻力不一等变化，影响农具的耕深和拖拉机负荷的改变。耕深调节机构的作用是保持农具耕深和拖拉机负荷均匀性。其悬挂农具工作部件耕深调节方法有高度调节、位置调节和阻力调节 3 种方法。

1. 高度调节法

高度调节是在农具上加装限深轮来控制其工件部件的入土深度，见图 8-22。原理是：耕地的深浅是预先通过调节地轮至耕地面的高度来控制，摇转调节螺杆，改变地轮与犁架的相对高度来调节耕深。地轮上移耕深增加；反之地轮下移，耕深减小。

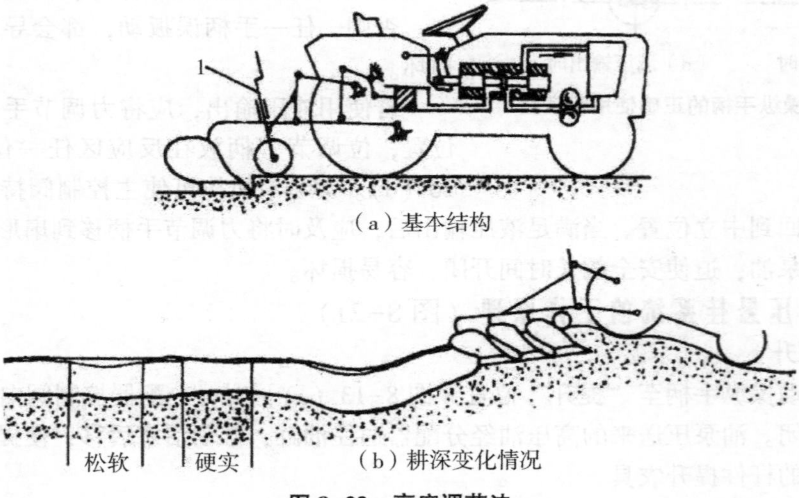

（a）基本结构

松软　　硬实　　　　（b）耕深变化情况

图 8-22　高度调节法

1-调节螺杆

使用高度调节法耕作时，液压悬挂系统只起升降农具的作用，而不控制耕深。作业时液压泵卸荷，油缸和回油道相通，活塞处于"浮动"状态，悬挂机构可以自由上下摆动。由于地轮对地面的仿形作用，使农具在地面起伏与土壤阻力变化的情况下，仍能保持耕深一致，且作业质量较好。液压系统不能自动调节耕深，仅起升降农具的作用。但因增加了结构重量和地轮的滚动阻力，增大了机组牵引力。此法适用于土壤坚实而地形起伏的旱地耕作和中耕、播种等工作阻力较小而工作深度均匀性要求较高的作业。

2. 位置调节法

此法简称位调节。该法是以调节农具与拖拉机相对位置固定来控制一定耕作深度，拖拉机和农具刚性连接。农机具的升降位置是通过扳动分配器操纵手柄，调整限位块在回位推杆上的位置来实现调节耕深的方法。当达到使用要求时，用螺栓将挡块固紧在推杆上。农具与拖拉机的相对位置可用液压系统人为调节，调定后相对位置就不能改变。

使用位调节作业时，农具不需要装地轮，耕深调节可在耕作过程中进行。其工作原理见图8-23。"中立"位置把农具和拖拉机锁在一起像个整体，对驱动轮有加载作用，可改善拖拉机的牵引性能。此法在不平地面耕深很不均匀，发动机负荷变化大。它仅适用于平坦地面的浅耕（旋耕、中耕和水耕等）作业，以及与工作深度无关的喷雾施肥等作业。

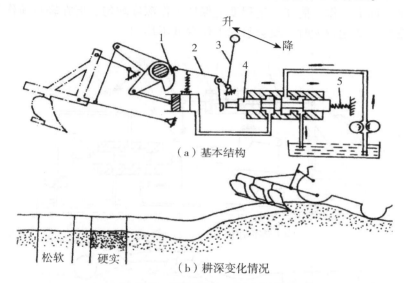

（a）基本结构

（b）耕深变化情况

松软　硬实

图8-23　位调节法（中立位置）
1-位调节凸轮　2-位调节杠杆　3-位调节手柄　4-控制阀　5-回位弹簧

（1）下降农具　位调节手柄下移至某一位置，位调节杠杆暂以上端为支点反时针摆动，将控制阀向右推至下降位置，农具在自重作用下降落，油缸中的油液被挤回油箱；同时，位调节凸轮逆时针转动，凸轮升程增大，推动位调节杠杆以中部为支点顺时针摆动，控制阀在回位弹簧作用下被向左推回到中立位置。农具停止下降，并保持与拖拉机的相对位置不变。

（2）不同耕深的选择　当手柄向下将控制阀向右推到极限位置后，再向下移动手柄时，则位调节杠杆将以下端为支点顺摆，其上端滚轮与位调节凸轮之间就会出现间隙。手柄下移越多，此间隙越大。需要位调节凸轮反转更大的角度，才能将位调节杠杆推到必要的位置，以便控制阀被弹簧推回"中立"位置；因此，手柄下降越多，耕深也就越大。也就是说，选择不同的手柄下降位置，就有不同的耕深。手柄位置一旦固定，农具的位置也就一定了。

（3）提升农具　手柄向上移到某一位置，位调节杠杆以上端为支点顺时针摆动，控制阀弹簧向左推到（提升）位置，油泵向油缸输送高压油，推动活塞使农具提升到某一位置。由于位调节凸轮倾转使升程减小，在位调节杠杆拉簧的作用下，又将控制阀向右自动推回"中立"位置。

（4）农具不同提升高度的选择　因为手柄上移越多，控制阀向左移动的距离越长，需要位调节凸轮顺转更大的角度（凸轮转到升程更小的位置），才能将控制阀推回"中立"位置。所以农具也就升得越高。即手柄不同的提升位置，农具就有不同的提升高度。

总之当农具升降到某一位置后，利用位调节凸轮的反馈作用和一些杠杆、弹簧的配合，反向操纵控制阀自动回"中立"位置，保持农具与拖拉机的相对位置不变。

3. 阻力调节法

利用农具入土后耕作阻力的变化来自动调节耕深，以保持耕作阻力基本不变的调节方法，叫做牵引阻力调节法，简称力调节。力调节原理见图8-24。当农具入土后，牵引阻力 P 使农具产生一个向上转动的力距 M。因此，沿上拉杆产生一个压力 F，并作用在力调节弹簧上，将弹簧的变形转变为位移信号，再通过一系列杠杆来控制控制阀的工作位置。它适用于土壤比阻变化不大的不平地面上工作，能在一定程度上保持工作深度均匀。但在轻负荷作业时，反应不太灵敏；当土壤软硬变化较大时，反会引起工作深度不均匀。

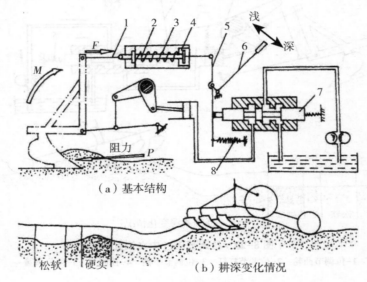

图8-24　力调节法
1-上拉杆　2-顶杆　3-力调节弹簧　4-弹簧座　5-力调节杠杆　6-力调节手柄　7-控制阀　8-回位弹簧

（1）**手柄下移耕深增加**　农具入土后，若耕深偏浅，可将力调节手柄下移，控制阀被向右推到下降位置，使农具下降而耕深增加。同时，耕作阻力 P 与上拉杆压力 F 也随之增大，力调节弹簧进一步受压变形使顶杆右移，通过推杆使力调节杠杆绕中点顺时针摆动，控制阀在回位弹簧作用下自动回到"中立"位置。

（2）**手柄位置固定自动调节耕深**　操纵手柄在不同的位置就有不同的耕作阻力（耕深），一旦手柄位置固定，所维持的耕作阻力也就基本不变了。

当阻力 P 增加，上拉杆压力 F 也增加，力调节弹簧进一步被压缩，顶杆右移，力调节杠杆离开控制阀，使它被回位弹簧推至提升位置。农具稍升。同时阻力也随之减小，力调节弹簧伸长，使顶杆左移，力调节杠杆拉簧使控制阀回中立位置，又恢复到原来的耕作阻力。

当阻力 P 减小，则力调节杠杆拉簧使控制阀移到下降位置，耕深增加，阻力也增加使控制阀自动回到中立位置。这样，阻力增大，自动调浅；阻力减小，自动调深。维持耕作阻力基本不变，发动机负荷较稳定。

力调节也没有地轮，同样对驱动轮有增重作用；它适用于耕地作业，不适用于地面作业（只有入土后才有力调节作用）；不能用力调节手柄控制农具提升（不能自动回"中立"）。

综上所述，位调节是利用位调节凸轮升程的变化，作为农具位置的控制信号。力调节是利用力调节弹簧的变形，作为农具阻力控制的信号。国产拖拉机大多同时具有位、力调节机构，分别用位、力调节两个操纵手柄控制同一个控制阀。

（五）分置式液压悬挂系统

分置式是指液压系统的油缸、油泵、分配器和油箱分别装在拖拉机不同部位，相互间用油管连接成封闭系统。下面以东方红-75型拖拉机为例，图8-25为分置式液压悬挂系统的总体布置和液压系统油路。齿轮泵安装在柴油机左前方，轴与风扇传动带驱动轮轴通过爪式联轴节离合器连接。分配器固定在驾驶室前壁外，操纵手柄伸入室内，供驾驶员操纵。油箱固定在驾驶室左方踏板下纵梁上。油缸和后方悬挂机构下轴铰接，活塞杆与提升臂铰接。

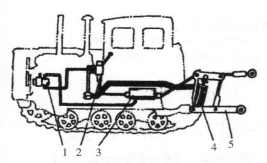

（a）液压悬挂系总体分布

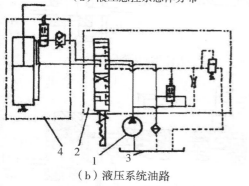

（b）液压系统油路

**图8-25　东方红-75型拖拉机液压悬挂系统
总体布置和液压油路（分置式）**

1-油泵　2-分配器　3-油箱　4-油缸　5-悬挂机构

1. 分配器

东方红-75型拖拉机液压系统采用FP1-75A型单阀四位式分配器，最大通流量为75L/min。

（1）FP1-75A型单阀四位式分配器构造　见图8-26。外壳由铝合金上、下盖和灰铸铁的阀体用螺栓连接而成，其接合面间垫有耐油胶质石棉垫防止漏油。操纵手柄装在上盖处。阀体上有三种油管接头螺纹孔。油孔P（进油口）接油泵出油口，油孔A和B分别与油缸上、下腔相接，都用高压油管。下盖下面有油孔T（回油口）用低压管与油箱连接。

分配器阀体内装有换向滑阀、回油阀和安全阀。回油阀和安全阀组合成一个先导式溢流阀；回油阀是主阀，安全阀是导阀，它控制系统最高压力为（12.3~12.8）MPa，可用螺钉调节先导阀开启压力。

回油阀又和滑阀上段组成远控卸压阀。

1）换向滑阀上段2个环带和环槽与阀体上部油道构成四位二通阀，是远控卸压阀的远控阀，回油阀是主阀。见图8-27（a），当滑阀处于"提升"或"压降"位置时，滑阀上段第1或第2道环带将油道W堵死，即远控阀关闭，主阀也关闭，油泵来油进入油缸。见图8-27（b）所示，当滑阀处于"中立"或"浮动"位置时，滑阀上段第1或第2环槽接通油道W，远控阀开启，主阀开启，油泵来油流回油箱。这时，油泵输出压力降到300kPa左右，起到远控卸压的作用。

注意：当此段封闭油道W时，换向滑阀单侧受液压作用力，易造成偏磨。为实现液压平

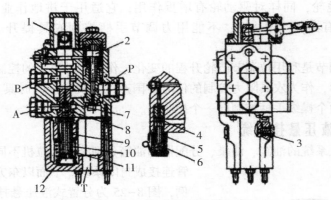

图 8-26 FP1-75A 型单阀四位式分配器
1-换向滑阀 2-回油阀 3-定位钢球 4-安全阀 5-锁紧螺母 6-调节螺钉 7-球阀
8-增力法 9-分离套筒 10-滑阀回位弹簧 11-增力阀弹簧 12-调整螺钉

衡，该段环带上制有间隔 120° 的 3 个径向孔，安装时打有记号的孔应对准油道 W。

2）换向滑阀中段的 4 个环带和三道环槽与壳体上油孔 P、T、A、B 构成四位四通方向控制阀，属手动阀，见图 8-28。四位是"提升""中立""下降""浮动"四工况。

3）换向滑阀下段装有定位和回位机构，见图 8-29。图 8-29（b）是回位弹簧预紧力使弹簧上、下座都抵在壳体上，使滑阀保持"中立"位置。当滑阀从"中立"位置下移到"提升"，见图 8-29（a），弹簧上座使弹簧压缩；反之，上移即"压降"，见图 8-29（c），再上移即"浮动"，见图 8-29（d）。如此，弹簧被下座一次又一次再压缩。当定位钢球卡入定位环槽内时，滑阀定位；若外力将定位钢球挤出环槽，回位弹簧伸张将滑阀弹回"中立"位置。只是"压降"定位槽较浅，有到位手感，但不能定位，松开手柄时，就自动回到"中立"位置。它保证使用中只能在短时间内由人控制压降，防止误操作压坏农具。

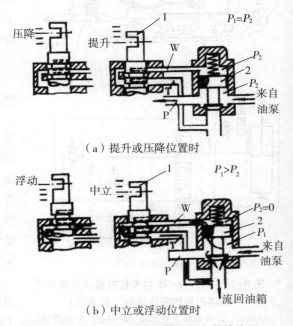

图 8-27 FP1-75A 型分配器滑阀上段的作用
1-滑阀 2-回油阀

滑阀下端装有自动回位机构，由阀内孔中的球阀、增力阀、增力阀弹簧和套在滑阀外的分离套筒等组成，见图 8-30。当提升超重或提升已到限定位置，油缸中压力因油泵继续供油而增高，当油压到达 9.8～10.8MPa 时，球阀被打开，随后增力阀以几倍于球阀的推力推压增力阀弹簧并带动分离套筒下移，遂将定位钢球从定位槽中挤出，使滑阀自动回位。球阀开启压力可用增力阀弹簧座上的调整螺钉来调节。

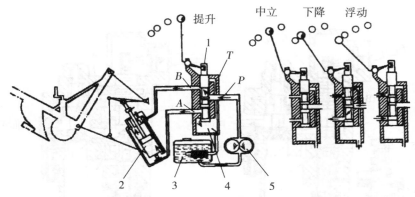

图 8-28　FP1-75A 型分配器滑阀中段的作用
1-滑阀　2-双作用油缸　3-油箱　4-分配器　5-油泵

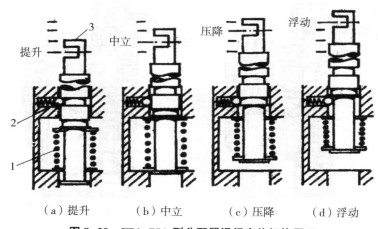

（a）提升　　　（b）中立　　　（c）压降　　　（d）浮动

图 8-29　FP1-75A 型分配器滑阀定位机构原理
1-滑阀回位弹簧　2-定位钢球　3-滑阀

（2）FP1-75A 型分配器的工作过程　当液压系统工作时，油箱中的油经油泵增压后流到分配器，由手柄操纵分配器中的滑阀处于"提升""中立""压降"和"浮动"中的某个位置，油通过分配器送往油缸，压力油推动油缸中活塞的移动，带动升降机构完成农具的"提升""中立""下降"和"浮动"等动作，回油经过滤清器后流回油箱，见图 8-30。

1）提升。当操纵手柄在"提升"位置，见图 8-30（a）。此时，将分配器控制阀压向下移动，回油阀关闭。油泵来的高压油经分配器内油道及 B 孔通往油缸下腔，推动活塞上升，使提升臂顺转，通过悬挂机构提升农具。油缸上腔的油液经油管及油孔 A 被排挤入分配器内腔流回油箱。

2）中立（不升不降）。当操纵手柄处于"中立"位置，图 8-30（b）。此时，分配器控制阀的密封环带封闭了油缸的被活塞隔开的上、下腔油路（油缸上、下腔中既不进油，也不出油），使农具固定在不升不降的"中立"位置，与拖拉机形成刚性连接。此时油泵来的高压油经分配器回油阀流回油箱，油泵卸荷。

3）下降。向下扳动操纵手柄至"压降"位置，见图 8-30（c），分配器控制阀上移使油

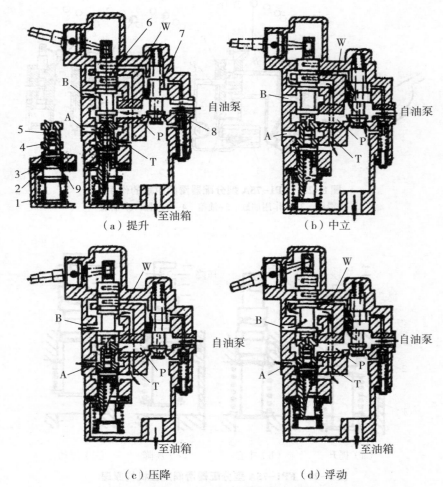

（a）提升　　　　　　　　　（b）中立

（c）压降　　　　　　　　　（d）浮动

图 8-30　FP1-75A 型分配器滑阀工作过程
1-滑阀回位弹簧　2-分离套筒　3-定位钢球　4-增力阀　5-球阀
6-滑阀　7-回油阀　8-安全阀　9-增力阀弹簧　A-通油缸上腔
B-通油缸下腔　P-压力油进口　T-回油口　W-控制油道

泵来的高压油经分配器 A 孔进入油缸上腔，油缸下腔的油经 B 孔及分配器内油道流回油箱。此时农具在油缸上腔的油压及农具自重的共同作用下接触地面，然后靠活塞的油压作用被强行入土，整个过程就叫"下降"。

4）浮动。农具入土后，应立即将手柄扳到"浮动"位置，见图 8-30（d）。此时，油缸上、下腔都与回油道相通，活塞不受约束，农具的位置不受液压系统控制。此时油泵的来油经分配器流回油箱。"浮动"位置也叫悬挂农具的"工作位置"。此时，悬挂农具靠自身的限深轮调节耕深。

（3）FP2-75A 型双阀四位式分配器　此型分配器在东方红-802 型拖拉机上采用，其构造与单阀四位式基本相似。不同的是滑阀为 2 个，定位机构差别较大，见图 8-31。其定位钢球为 5 个并沿圆均布，使滑阀受力均匀。定位钢球、定位弹簧、定位弹簧座为轴向压紧，使拆装方便、定位可靠。弹簧下座有内锥面，移动滑阀时，内锥面可将地钢球挤入滑阀相应的定位槽中，实现定位。 "提升"和"压降"的定位环槽较浅。因此只有定位感，但不能定位［图8-31（a）、（c）］。手柄放松时，在回位弹簧作用下，滑阀自动跳回"中立"位置，此时定位钢球贴靠在滑阀柱面上。滑阀因回位弹簧上、下座被回位弹簧分别撑抵在定位弹簧上座和下盖上，而处于稳定状态［图8-31（b）］。"浮动"位置时，定位钢球被挤入滑阀两柱面交界的直角台阶处，因而可以定位［图8-31（d）］。

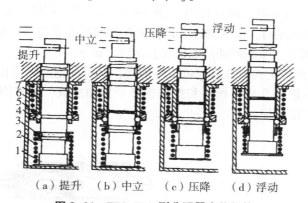

（a）提升 （b）中立 （c）压降 （d）浮动

图8-31 FP2-75A型分配器定位机构

1-回位下座 2-回位弹簧 3-回位弹簧上座 4-定位弹簧下座
5-定位钢球 6-定位弹簧 7-定位弹簧上座

2. 液压油缸

东方红-75拖拉机液压悬挂系统采用双作用单杆活塞式油缸，型号为YG-110，缸径为110mm，额定工作压力为9.8MPa，最大提升力约90kN，活塞最大行程为250mm，可调节行程为0~230mm，其结构见图8-32。

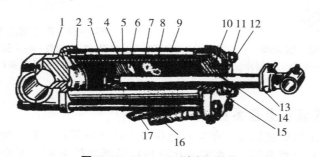

图8-32 YG-110型油缸结构

1-下盖 2-密封圈 3-螺母 4-牛皮密封圈 5-橡胶密封圈 6-活塞 7-活塞杆 8-缸筒
9-油管 10-定位阀 11-螺栓 12-除尘片 13-定位挡块 14-密封圈
15-上盖 16-上腔高压软管 17-下腔高压软管

（1）**缸体** 是由上盖、下盖和缸筒三部分组成，用四根螺栓连接。活塞下腔经外部油管与上盖处的油口相通，上腔油道直接开在上盖中。油缸各部接合处都装有"O"形橡胶密封圈。上盖活塞杆孔处装有除尘片。上盖通往下腔油道中设有定位阀，下腔高压软管和油管接头内设有缓降阀。活塞杆上设有可改变位置的定位挡块。

（2）**缓降阀** 它的作用是减慢农具的下降速度，见图8-33，它由接头阀体、阀片和3根挡销组成。阀片中心有小孔，四周有 4 个缺口。提升时，油流推动阀片靠向挡销，阀片中心孔和四周缺口皆通油，流通面积较大，活塞带动农具可较快上升；下降时，阀片被油流冲向阀体，四周缺口被阀座堵塞，只有中心小孔通油，节流作用使农具缓降。此阀实际是一种单向节流阀。

（3）定位阀　它的作用是它与定位挡块组成活塞行程调节装置，用以调节农具下降位置，见图 8-34。下降时，定位挡块随着活塞杆下行，油缸下腔的油经开着的定位阀座孔排出［图 8-34（a）］，当降到挡块与定位阀杆接触［图 8-34（b）］，再进一步推动定位阀向阀座移动，当定位阀即将封闭阀座时，由于缝隙节流，定位阀前后形成压差，使阀脱离挡块的推动而迅速自动地"跃入"阀座，截断回油路而使农具定位［图 8-34（c）］。这时，阀杆与挡块间有 10~12mm 间隙。此间隙为提升农具提供了可能性，即下腔进油时定位阀可升起 10~12mm，让油能进去，否则将不能提升或使阀杆和挡块损坏。移动挡块，将它固定在活塞杆的不同位置，活塞便有不同的下降行程。

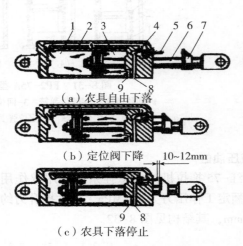

（a）农具自由下落

（b）定位阀下降

（c）农具下落停止

图 8-34　定位阀原理

1-油缸下腔　2-油管　3-上油腔　4-定位阀座油孔　5-定位阀
6-活塞杆　7-定位挡块　8-下腔油口　9-上腔油口

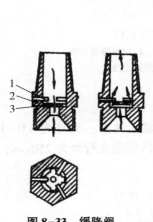

图 8-33　缓降阀

1-挡销　2-阀体　3-阀片

（六）半分置式液压悬挂系统

半分置式是油泵作为单独部件，布置在拖拉机上适宜部位；油缸、分配器及操纵机构等装配成为一个总成，称为"提升器"，多安装在拖拉机后桥壳体上面。下面以东风-50 型拖拉机为例，其半分置式液压系统组成示意图见图 8-35。它由油泵和提升器两部分组成，属于压油路调节卸荷式，具有力、位调节机构。油泵安装在传动箱前壁上，通过滤清器自传动箱吸油；提升器兼作后桥壳体上盖。

1. 分配器

（1）分配器构造　东风-50 型拖拉机液压系统的分配器见图 8-36。它由主控制阀、回油、单向阀、安全阀、下降速度调节阀和壳体等组成。安装在油缸体侧面。

主控制阀为三位五通阀，阀面上有三道密封环，操纵机构控制主控制阀的移动可得到"提升"、"中立"和"下降"三种工作位置。回油阀为随动阀，工作位置随主控制阀位置而变，但只有"开启"和"关闭"两个工作位置。单向阀安装在通往油缸的内油道上，防止油

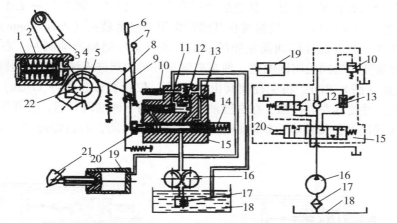

图 8-35 东风-50 型拖拉机液压悬挂系统组成 (半分置式)

1-力调节弹簧杆 2-力调节弹簧 3-提升臂 4-力调节推杆 5-位调节凸轮 6-力调节操纵手柄
7-位调节操纵手柄 8-位调节杠杆 9-力调节杠杆 10-安全阀 11-回油阀 12-单向阀
13-下降速度调节阀 14-主控制阀回位弹簧 15-分配器总成 16-液压油泵
17-滤清器 18-油箱 19-油缸 20-内提升臂 22-提升轴

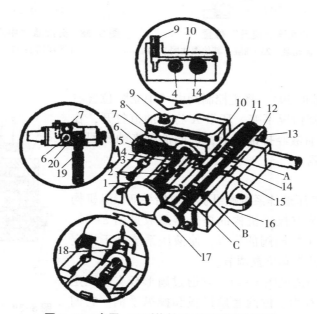

图 8-36 东风-50 型拖拉机液压系统分配器

1-回味阀弹簧 2-回油阀 3-安全阀进油道 4-回油阀套 5-单向阀弹簧 6-单向阀盖 7-分配器进油道
8-单向阀 9-下降速度调节阀 10-排油道 11-止推滚球总成 12-前盖 13-主控制阀回位弹簧
14-主控制阀套 15-进油道 16-壳体 17-主控制阀 18-回油道
19-安全阀 20-油缸油道 A、B、C-密封环带

缸中高压油回流。安全阀安装在分配器侧面通向油缸的并联油路上，控制压力为 13.7MPa，超过时安全阀开启，油液流回油箱以防系统过载。下降速度调节阀装于油缸排油路上，通过调节手轮改变排油流通面积，实现农具下降速度的调节。

（2）分配器的工作位置　前述，其包括"提升""中立""下降"三种工作位置。

1）提升位置（图 8-37）。主控制阀在其弹簧作用下移至最左（外伸 22mm），密封环带 A 关闭排油道，环带 B 打开通往回油阀左腔的油道。油泵来油通到回油阀左、右腔，两腔油压相等，回油阀弹簧使回油阀关闭回油道。油泵来油顶开单向阀进入油缸使农具提升。

2）中立位置（图 8-38）。将主控制阀由"提升"位置右移（外伸 17mm），环带 B 隔断回油阀左、右腔，并使其左腔排油，在右腔油泵油压作用下回油阀开启，打开回油道，油泵卸载。同时环带 A 关闭油缸排油道，单向阀也关闭，油缸被封闭，农具保持"中立"。

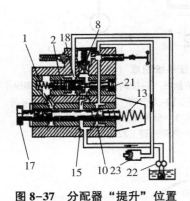

图 8-37　分配器"提升"位置

21-回油阀前堵塞　22-齿轮泵　23-油缸；其他图注同 8-36

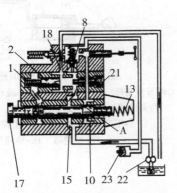

图 8-38　分配器"中立"位置

（图注同 8-37）

3）下降位置（图 8-39）。将主控制阀由"中立"位置右移到极限位置。回油阀情况不变。环带 A 将排油道打开，在农具重力作用下油缸油液经排油道后，汇同油泵来油经回油道排回油箱，油泵卸载。

2. 操纵机构

东风-50 拖拉机液压悬挂系统操纵机构包括手柄操纵机构和力、位调节机构。装有操纵机构的提升器总成见图 8-40。其功用是操纵分配器主控制阀的位置，使液压系统处于指定工况，以实现农具的升降和位置调节。

手柄操纵机构的构造见图 8-41。它通过扇形板支座固定在提升器壳体右侧，有力、位两套扇形板和操纵手柄。它们分别通过各自的偏心轮总成带动各自的调节杠杆，并各有定位手轮用来限制各自操纵手柄的移动位置。

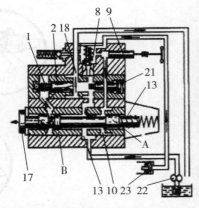

图 8-39　分配器"下降"位置

（图注同 8-37）

由于主控制阀可由位、力调节两套操纵机构分别控制，为避免相互干扰，在使用某一套操纵机构时，另一套手柄必须固定在扇形板上的最高提升位置。

（1）位调节机构　见图 8-42，它由位调节手柄、扇形板、位调节杠杆、位调节偏心轮、位调节杠杆拉簧和位调节凸轮等组成。手柄通过其轴端的偏心轮带动位调节杠杆运动。位调节杠杆上端有滚轮，由拉簧将其靠紧在固定于提升轴上的位调节凸轮轮缘并受其控制，杠杆下

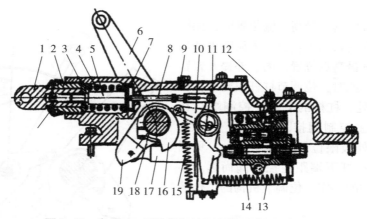

图 8-40 东风-50 型拖拉机液压悬挂系统提升器总成

1-力调节传感接头 2-调整螺母 3-弹簧压板 4-力调节弹簧 5-力调节弹簧杆 6-提升臂
7-力调节弹簧座 8-力调节推杆 9-通气螺塞 10-位调节杠杆 11-力调节杠杆
12-液压输出螺塞 13-力调节弹簧 14-分配器 15-位调节弹簧 16-位调节凸轮
17-活塞杆 18-提升轴 19-内提升臂 20-止动销

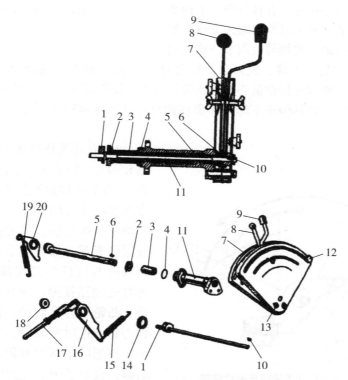

图 8-41 东风-50 拖拉机液压悬挂系统手柄操纵机构的构造

1-力调节偏心轮总成 2-位调节杠杆挡圈 3-间隔套 4-密封圈 5-位调节偏心轮总成 6、10-半圆键
7-扇形板 8-位调节操纵手柄 9-力调节操纵手柄 11-扇形板支座 12-定位手轮 13-螺钉
14-隔圈 15-力调节杠杆拉力弹簧 16-力调节杠杆 17-力调节推杆
18-力调节挡片 19-位调节杠杆拉力弹簧 20-位调节杠杆

端控制主控制阀。

使用位调节且农具在最高运输位置时，操纵机构各元件的相互关系如下：位、力调节手柄均置于扇形板上提升最高点位置，内、外提升臂皆在最高运输位置。此时，位调节杠杆滚轮靠在位调节凸轮的最低处，杠杆的下端（控制端）在弹簧拉力下，将主控制阀推至"中立"位置，即将主控制阀从外极限位置内推 5.2mm，见图 8-58。而力调节杠杆下端距主控制阀尚远。不会干扰位调节机构的工作。位调节机构的工作情况如下。

1）农具下降和下降深度的位调节。见图 8-43，位调节手柄由上向下移动，即由"提升"向"下降"扳动，偏心轮绕轴心顺时针方向摆转，开始因拉簧作用，位调节杠杆以滚轮为支点，在偏心轮上逆时针摆动，控制端将主控制阀推入壳体使油缸排油路接通，农具下降。手柄继续向下移动，位调节杠杆又以控制端为支点在偏心轮上顺时针方向摆动，滚轮与位调节凸轮之间出现间隙 S_1。此时农具在下降，位调节凸轮逆时针转动，间隙 S_1 逐渐变小。当间隙消除后，凸轮顶动滚轮，使位调节杠杆在偏心轮上顺时针摆动，控制端左移，主控制阀在其弹簧推动下左移，直至中立位置。农具停止下降并停留在此位置（图 8-43 中虚线）。手柄下移越多，间隙 S_1 越大，耕深越深。

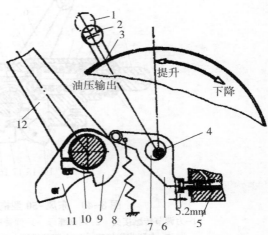

图 8-42　农具在最高运输位置时位调节机构状态
1-力调节手柄　2-位调节手柄　3-扇形板　4-手柄空心轴
5-主控制阀　6-位调节杠杆　7-位调节　偏心轮
8-位调节杠杆弹簧 9-位调节凸轮　10-提升轴
11-内提升臂　12-提升臂

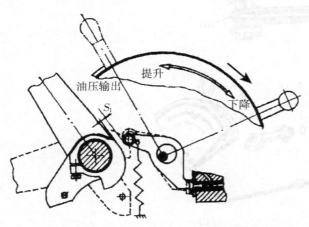

图 8-43　农具下降和下降深度的位调节
实线-"下降"开始位置　虚线-"下降"终了位置

2）农具提升和提升高度的位调节。见图 8-44，手柄由"下降"向上扳向"提升"，开始也因拉簧作用，杠杆以滚轮端为支点顺时针方向摆动，主控制阀随杠杆控制端左摆而外移。当主控制阀外伸到左端极限位置后，如再向上扳动手柄，主控制阀端部与杠杆控制端间出现间隙。这时，油缸进油路接通，农具提升。随着农具提升，凸轮顺时针转动，杠杆因拉簧作用在偏心轮上逆时针转动，先消除杠杆控制端与主控制阀端部的间隙，继而推动控制阀右移，直至"中立"。农具提升并停留在某一高度。手柄上移越多，主控制阀端部与杠杆控制端间隙越大，提升高度也越大。

（2）力调节机构　见图 8-45，它由力调节手柄、扇形板、力调节偏心轮、力调节杠杆、推杆、力调节弹簧总成和力调节杠杆弹簧等组成。力调节手柄通过其轴端的力调节偏心轮，带动力调节杠杆运动。在力调节杠杆拉簧作用

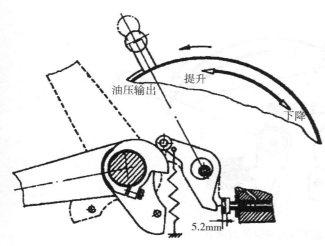

图 8-44 农具提升和提升高度的位调节
实线-"提升"开始位置 虚线-"提升"终了位置

下，力调节杠杆上端通过力调节推杆抵靠在力调节弹簧杆上，并受其控制。杠杆下端控制主控制阀。

使用力调节且农具在最高运输位置时，操纵机构各元件的相互关系如下：力、位调节手柄均置于扇形板上提升最高位置，内、外提升臂皆处在最高运输位置。此时，力调节杠杆控制端与主控制阀端面有一定间隙（未装农具时，间隙为 8.7mm）。主控制阀的"中立"位置是依靠位调节凸轮和位调节杠杆实现的。悬挂农具后，上述间隙会因力调节弹簧的压缩而缩小。该弹簧的最大压缩量由弹簧杆肩部触及压板而被限制。因此，保证了力调节杠杆在该工况下始终不会触及主控制阀（图 8-45 中虚线位置）。

1）农具下降与耕深的力调节。见图 8-46，力调节手柄由上向下移动，即由"提升"向"下降"扳动，偏心轮绕轴心顺时针转动，因拉簧的作用，力调节杠杆以推杆端为支点在偏心轮上逆时针摆动，在消除其控制端与主控制阀间的间隙后，将主控制阀由"中立"推到"下降"位置，农具下降。当将主控制阀推到右极限位置后，手柄继续下移，力调节杠杆便以控制端为支点，克服拉簧拉力顺时针摆动，力调节弹簧杆与推杆间出现间隙 S_2。随着农具下降，入土深度增加，工作阻力增大，土壤阻力使悬挂机构上拉杆由受拉变为受压，并传给力调节弹簧。开始，力调节弹簧杆前移，待间隙 S_2 消除后，又推动推杆使杠杆绕偏心轮顺时针转动，使控制端离开主控制阀端面。主控制阀随之

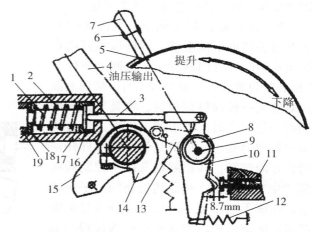

图 8-45 农具在运输位置时力调节机构状态
1-力调节弹簧杠杆 2-力调节弹簧 3-力调节推杆 4-提升臂
5-扇形板 6-位调节手柄 7-力调节手柄 8-力调节偏心轮
9-手柄轴 10-力调节杠杆 11-主控制阀 12-力调节杠杆拉簧
13-位调节杠杆 14-位调节凸轮 15-内提升臂 16-力调节弹簧座
17-提升器壳体 18-弹簧压板 19-调整螺母

左移，直到"中立"。这时农具在某一阻力下工作，系统处于受力平衡状态。手柄越下移，间隙 S_2 越大，农具下降深度越大。

在上述平衡状态下，如阻力增大，则系统平衡破坏。力调节弹簧进一步压缩，主控制阀则由"中立"变为"提升"，使农具工作深度变浅，阻力减小，力调节弹簧压缩量随之减小。此调整过程直到阻力恢复到原定数值，主控制阀又回到"中立"时为止。此时，农具工作阻力未变但耕深变浅。

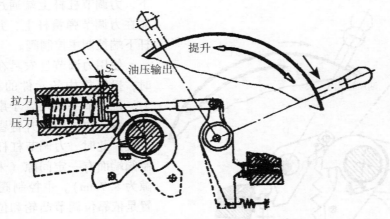

图 8-46 农具下降与耕深的力调节
实线-"下降"开始位置 虚线-"下降"终了位置

当阻力减小时，调整过程与上述相反。

在耕作范围内，手柄下移，所选阻力依次变大。对应于每一手柄位置，系统本身都能通过调整耕深，以保持所选阻力基本不变。

2）农具提升和力调节。见图 8-47，力调节手柄由下向上移，杠杆以推杆端点为支点顺时针方向转动，主控制阀外伸至"提升"位置，农具被提升。当手柄向上扳到对应某一较浅耕深位置，农具被提升到仍有一定深度时，较小的工作阻力使力调节弹簧弹力变小，拉簧又使力调节杠杆逆时针方向转动，其控制端又使主控制阀回到"中立"位置，从而达到新的力平衡状态。在该手柄位置下，系统本身通过调整耕深以保持所选阻力基本不变的过程与前相同。

当手柄向上提升到农具出土后，力调节机构不再有使主控制阀由"提升"转变到"中立"位置的功能。所以农具只有在

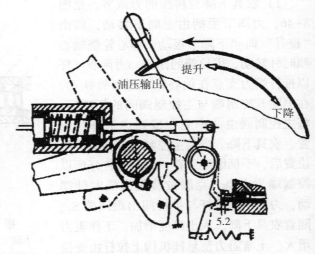

图 8-47 农具提升和力调节作用

升到最高位置时，才借助位调节机构的作用，把主控制阀推入到"中立"位置，使农具停止上升。力调节农具停升高度，可由位调节手柄加以限制。

3. 液压输出

液压输出油管接在提升器壳体的液压输出螺塞处。使用液压输出时，应将位调节操纵手柄移过"提升"最高点，并进一步向后移动，使位调节杠杆的控制端后移，主控制阀处于"提升"位置，油泵向油缸供油。由于提升臂已升到最高位置，内提升臂顶住提升器壳体，活塞不能再移动，油液便可向外输出，此即为液压输出的"提升"位置。如将手柄扳回到"提升"最高位置，这就是液压输出的"中立"位置。如将手柄再向下移，输出的油液返回油箱，这

就是液压输出的"下降"位置。

（七）整体式液压悬挂系统

整体式是把油泵总成和油缸、分配器及操纵机构组成一个整体，也称为"提升器"，都安装在后桥壳内及后桥壳上部。下面以上海-50型拖拉机为例，采用的整体式液压悬挂系统见图8-48。其优缺点与半分置式相似。该液压系统属吸油路调节式，具有力、位调节的综合调节机构，也可作高度调节。悬挂机构同东风-50拖拉机，采用三点悬挂。

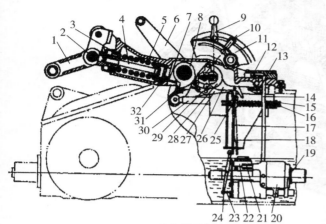

图8-48　整体式液压传动系统

1-摆臂　2-顶杆叉头　3-调节螺母　4-顶杆　5-力调节弹簧
6-提升臂　7-推杆　8-位调节凸轮　9-位调节手柄
10-力调节手柄　11-扇形板　12-液压输出接头　13-油缸
14-高压油管　15-里拨叉杆调节杆　16-外拨叉杆调节杆
17-里拨叉杆　18-外拨叉杆　19-偏心轴　20-油泵体
21-安全阀　22-滤清器　23-控制阀推杆　24-摆动杆
25-偏心轴　26-外拨叉片　27-里拨叉片　28-位调节滚轮架
29-力调节滚轮架　30-活塞杆　31-内提升臂　32-提升器盖

1. 油泵总成

上海-50拖拉机的液压油泵总成见图8-49。它包括油泵、控制阀和滤清器。安装在后桥箱内前底部，浸没在齿轮油面下，并由后桥壳体两侧的两定位销定位。

（1）**液压油泵**　液压油泵是有4个对称卧式分泵的柱塞泵，由偏心轴、装有对置柱塞的柱塞架、油泵体、进出油阀及安全阀组成。偏心轴由动力输出轴驱动，受副离合器和液压泵偏心轴离合手柄控制。进、出油阀共四组，为钢球式或锥阀式（上海-50型）。安全阀装在油泵后盖板上，为直动力式，开启压力为（17.1±5）MPa。

油泵工作情况和液压系统油路见图8-50。偏心轴上有两个互成90°的偏心轮，前后偏心轮均套有偏心套（轴衬套）并装在柱塞框架内。柱塞与阀体泵缸相配，间隙为 $8\sim45\mu m$。当偏心轮转动时，衬套在柱塞框架内往复滑动，由于柱塞在孔内的导向作用，迫使柱塞框架左、右往复运动。偏心轴转一圈，4个柱塞各泵油一次。由于泵油脉动频率较高，使农具提升时连续平稳。

（2）**控制阀**　安装在主控制阀壳体内，用以控制液压泵进、回油流量。其构造见图8-51。

1）构造。控制阀芯是一个后部呈锥形的圆柱形滑阀，其前端有两个宽而短和两个狭长的开口［图8-52（b）］。前者为快降缺口，后者为慢降缺口。其后端有两个超过锥形部分的缺口，来自滤清器的油液由此通过。控制阀芯外圆环槽内装有限位环，它依靠三片与之精密配合（配合间隙 $10\sim15\mu m$）的封油垫圈支承在壳体的阀孔中。封油垫圈的凹面均应朝向控制阀中间的限位环，不可装反。在封油垫圈A和B之间，装有间隔套，形成进油室；在封油垫圈B和C间装有"O"形密封圈及压套，形成回油室。拨动摆动杆可以移动控制阀的位置，分别将进油室或回油室打开或关闭，以控制农具的升起和降落。阀芯的中间装有限位环［图8-52（a）］。

2）工作位置。控制阀有"中立""提升""慢降"和"快降"4个位置［图8-52（c）］：

（A）"中立"位置。控制阀在中间位置，阀两端缺口均置于两端封油垫圈外，进、回油

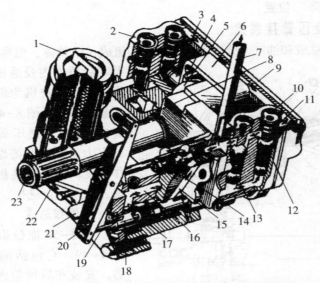

图 8-49　上海-50 拖拉机（整体式）液压油泵总成

1-滤清器　2-左油泵体　3-柱塞　4-偏心套　5-摇摆环　6-柱塞架　7-高压油管　8-后盖板　9-前盖板
10-卡簧　11-顶塞　12-出油阀与弹簧　13-进油阀与弹簧　14-安全阀总成　15-排油道　16-进油管
17-封油圈　18-控制阀芯　19-控制阀推杆　20-摆杆　21-导板　22-偏心轴　23-钢衬套

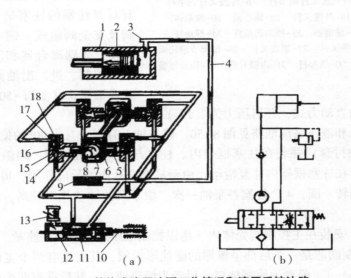

图 8-50　整体式液压油泵工作情况和液压系统油路

1-油缸　2-活塞　3-液压输出螺塞　4-高压油管　5-柱塞　6-柱塞架　7-偏心套　8-偏心轴　9-安全阀
10-回位弹簧　11-控制阀芯　12-控制阀推杆簧　13-滤清器　14-阀体
15-进油阀　16-进油阀弹簧　17-出油阀　18-出油阀弹簧

室均关闭，油泵空转，油缸活塞处于"中立"状态，农具保持定位。

（B）"提升"位置。控制阀前移到后端进油缺口使进油腔开通的位置，排油腔仍关闭，油泵可以向油缸供油，使农具提升。

（C）"慢降"位置。控制阀由"中立"位置后移到进油道关闭，前端窄长缺口即慢降缺

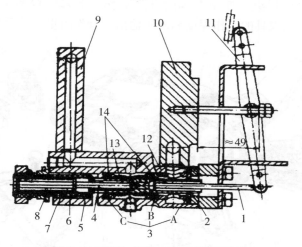

图 8-51 整体式液压系统控制阀构造

1-球头杆 2-控制阀芯 3-（A、B、C）封油垫圈 4-方头杆 5-控制阀壳体 6-弹簧

7-弹簧套筒 8-摇臂 9-液压泵前盖 10-液压泵后盖 11-摆动杆

12-隔套 13-压套 14-O 型密封圈

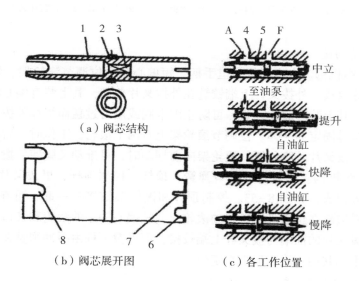

（a）阀芯结构

（b）阀芯展开图　　　　　（c）各工作位置

图 8-52 控制阀工作位置

1-控制阀芯 2-限位环 3-方孔 4-阀体 5-封油圈 6-快降缺口

7-慢降缺口 8-进油缺口 A-进油道 F-排油道

口使排油道打开的位置，农具因自重使油缸活塞排油，但因缺口较窄，农具只能慢降。

（D）"快降"位置。控制阀后移到限位环被中间封油圈挡住的位置，4 个排油缺口均开启，农具快降，此时进油道仍然关闭。

2. 提升器总成

上海-50 型拖拉机的提升器总成包括油缸、操纵机构、提升轴和提升臂等。固定在传动箱盖上油缸是单作用活塞式。操纵机构有两套，即升降控制机构和深浅控制机构，见图 8-53。

升降控制由里（位）手柄操纵，控制农具的升降动作、下降位置和下降速度。深浅控制由外（力）手柄操纵，控制农具的工作深度和液压输出。操作时里、外手柄间有一定的联系。

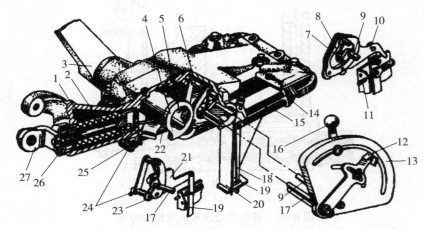

图 8-53　整体式液压系统的操纵机构

1-力调节弹簧　2-弹簧杆　3-提升臂　4-位调节凸轮　5-提升轴　6-滚轮架轴　7-偏心轴滚轮　8-位调节滚轮架
9-短偏心轴　10-外拨叉片　11-支承导杆　12-外手柄　13-扇形板　14-调节螺母　15-缓冲弹簧
16-里手柄　17-长偏心轴　18-外拨叉杆　19-里拨叉杆　20-支架　21-里拨叉片　22-活塞杆
23-力调节滚轮架　24-推杆　25-内提升臂　26-防尘罩　27-弹簧杆叉头

（1）操纵机构构造

1）位调节操纵机构。由扇形板、里手柄、短偏心轴、位调节滚轮架、外拨叉片、外拨叉杆和位调节凸轮等组成。外拨叉杆上端铰链在外拨叉片前部，其上装有偏心轮，并以其中部铰链在支承导杆上，其上装有缓冲弹簧，可防止因卡阀或用力过猛而损坏外拨叉杆。里手柄与短偏心轴用平键和螺母固定为一体。位调节滚轮架上有两个滚轮，工作时，后滚轮紧靠位调节凸轮，前滚轮靠在外拨叉片叉脚外缘，滚轮架向前摆动时，可推动叉脚使外拨叉片前移。

2）力调节操纵机构。主要由力调节弹簧、顶杆、控制顶杆、里拨叉片、里拨叉滚轮架、拨叉杆和偏心轮等组成，见图 8-53。控制顶杆和滚轮架铰接在一起，可在摆动杆轴上摆动。里拨叉片的叉口斜边靠在里拨叉滚轮架的滚轮上，长偏心轴上的滚轮和叉口上边靠在一起，以支承里拨叉片。拨叉片的前端与拨叉杆上端铰接，而里拨叉杆由缓冲弹簧在支架上形成弹性支承，外手柄和里手柄共用一块扇形板来定位。

（2）操纵机构的工作过程

1）位调节工作过程。位调节由里手柄操纵。使用位调节时必须先将外手柄扳至"深—浅"区段内"深"的位置，使力调节偏心轮放松对里（力）拨叉片的顶推作用，使里拨叉杆处于支架槽口的前边缘，以免阻挡摆动杆的摆动。

对于位调节，扇形板上有"升—降"和"快—慢"两个区段。里手柄在"升—降"区段内扳动，可控制农具的提升和下降；在"快—慢"区段内扳动，可控制农具的下降速度。

当里手柄在"升—降"区段内某一固定位置时，预加压缩的控制回位弹簧，通过控制阀、摆动杆、外拨叉杆等将外拨叉片向后推靠在滚轮上，使滚轮架上另一滚轮紧靠在位调节凸轮上。此时，控制阀处于"中立"位置，扳动里手柄即可升降农具。

（A）农具提升：见图 8-54，里手柄向"升"的方向扳到所需位置，短偏心轴滚轮随手柄的扳动逆时针转动。滚轮推动外拨叉片叉脚斜面使其前移，带动外拨叉杆绕它与支承导杆的铰链点做顺时针转动，迫使摆动杆绕其中间支点逆时针摆动。于是摆动杆下端将控制阀向前推至"提升"位置见图8-54（a），打开进油腔，农具开始提升。

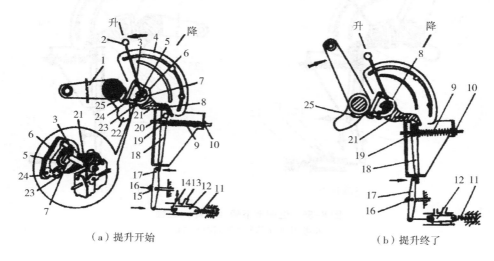

（a）提升开始　　　　　　　　　　　（b）提升终了

图8-54　位调节提升过程

1-提升臂　2-里手柄　3-滚轮架轴　4-扇形板　5-偏心轴滚轮　6-位调节滚轮架　7-偏心轴　8-铰销
9-缓冲弹簧　10、15-调节螺母　11-回位弹簧　12-控制阀　13-排油腔　14-进油腔
16、19-支点　17-摆动杆　18-外拨叉杆　20偏心轮　21-外拨叉片
22-提升臂　23、24-滚轮　25-位调节凸轮

随着农具的提升，位调节凸轮凸面逐渐下降，控制阀回位弹簧使阀和其他杆件有回位趋向，直至控制阀被推至"中立"位置，进、排油腔都被关闭，农具提升终了并停留在此位置[图8-54（b）]。

里手柄向"升"的方向扳得越多，外拨叉片前移和控制阀右移也越多，提升臂要向提升方向转动较大的角度才能使控制阀回到"中立"位置，所以农具也就升得越高。

（B）农具下降：见图8-55，里手柄推向"降"的所需位置，偏心轴滚轮随手柄的扳动绕轴顺时针转动，将外拨叉片叉脚抬起，叉脚外缘与滚轮架前滚轮间出现瞬时间隙。控制阀回位弹簧将阀向左推出，使排油腔打开，油缸排油，农具开始下降。

随着农具的降落，提升轴逆时针转动，位调节凸轮行程逐渐升高，滚轮架滚轮推动外拨叉片、外拨叉杆和摆动杆等，使控制阀右移，逐渐回到"中立"位置，农具下降终了。

里手柄向"降"的位置移动越多，则外拨叉片被抬得越高，其叉脚下缘与滚轮之间的瞬时间隙越大，位调节凸轮要转动更大的角度才能将控制阀推回到"中立"位置，农具下降位置就越低，耕深越大。

里手柄在"升—降"区段内扳动时，外拨叉片前端与外拨叉杆上的偏心轮之间，始终存在着间隙。随着农具向下降落，此间隙逐渐减小。当里手柄扳到"升—降"区段的最下位置时，直到最低位置才停止，该间隙为0。如再把里手柄向"快—慢"区段扳动，位调节不再起作用，转入下降速度的控制。

2）农具下降速度控制过程。

（A）快速下降。当里手柄扳至"快—慢"区段内"快"的位置时（图8-55），偏心轴滚

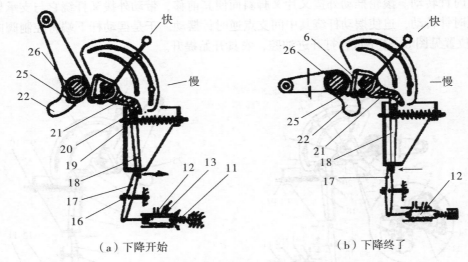

（a）下降开始　　　　　　（b）下降终了

图8-55　位调节下降（快降）过程
26-提升轴（其他图注同图8-54）

轮已将外拨叉片叉脚抬到比较高的位置，叉脚外缘与滚轮、位调节凸轮与滚轮间都产生了间隙，外拨叉片前端与外拨叉杆上的偏心轮已接触呈单向刚性连接，而外拨叉杆下端与支架前部相碰，回位弹簧将控制阀推到极限位置，回油缺口全部打开，农具快降、入土。

（B）慢速下降。见图8-56，将里手柄由"快"扳至"慢"，偏心滚轮向上，向前推动外拨叉片，由于拨叉片前端与偏心轮已接触，故外拨叉片与外拨叉杆已成单向刚性连接，因而绕支点做顺时针摆动，迫使摆动杆做逆时针摆动，将控制阀推至慢速回油位置，农具慢速下降、入土。入土深度由外（力）手柄所处位置确定。

从"快降"到"慢降"是一个渐变过程，里手柄处于不同位置，对应于不同的下降速度。

外拨叉杆上的偏心轮可以调整，以保证外拨叉片前端与偏心轮刚性接触时，控制阀正好处于快速回油的极限位置。

3）力调节工作过程。使用力调节法耕作时，先将外手柄置于"浅—深"区域某一位置，将其定位（但可做微量调节），然后将里手柄推到"快—慢"区域内某一选定的入土速度位置，农具便以里手柄所选速度入

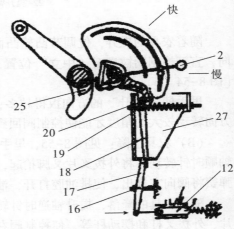

图8-56　位调节慢降过程
27-支架（其他图注同图8-54）

土，以外手柄所选的耕深进行工作。耕作过程中，力调节操纵机构根据耕作阻力自行调节耕深。需要提升农具时，则须将里手柄扳到"升—降"区域内"升"的位置上。

（A）力调节控制原理。见图8-57。农具入土前，上拉杆受拉力。入土后，工作阻力使上拉杆受到一定的推力，耕深越大推力越大。当外手柄扳到某一位置，农具入土到某一深度，上拉杆承受的推力使力调节弹簧压缩，力调节推杆前移，通过滚轮架、里拨叉片、里拨叉杆和摆动杆，将控制阀推到"中立"位置，农具达到既定深度，不再下降。

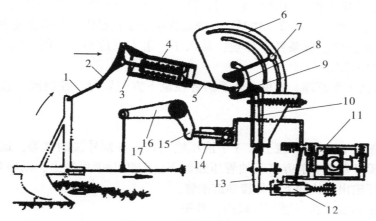

图 8-57　力调节控制原理

1-上拉杆　2-摇臂　3-顶杆　4-力调节弹簧　5-推杆　6-扇形板　7-外手柄　8-力调节滚轮架　9-里拨叉片
10-里拨叉杆　11-油泵　12-控制阀　13-摆动杆　14-油缸　15-内提升臂　16-提升臂　17-下拉杆

（B）耕深选择。当外手柄在"浅—深"区段某一位置时，控制阀处于"中立"状态。如需进行耕深调节，应改变外手柄位置。图 8-58 为手柄向下移动以增加耕深的工作过程。此时长偏心轴的偏心轮顺时针转动，里拨叉杆绕其前端铰销逆时针转动。重力使滚轮架和推杆向前移动，以保持架上的滚轮与里拨叉片的接触，于是推杆与顶杆间出现间隙 S。回位弹簧使控制阀后移到里手柄通过外拨叉杆给定的位置，打开排油道，农具以给定的速度下降，并通过摆杆、里拨叉杆、里拨叉片，使间隙 S 有所减小。当农具入土后阻力增大时，力调节弹簧受压，顶杆前移将间隙 S 消除。随后，通过上述杆件将控制阀推回"中立"位置，农具便在所选定的较大耕深下工作。

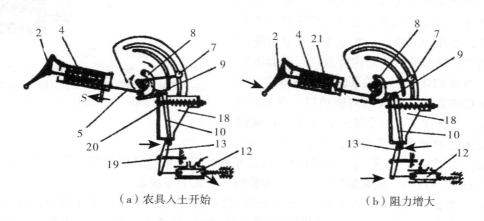

（a）农具入土开始　　　　　　　　（b）阻力增大

图 8-58　力调节工作过程

18-支架　19、20-支点　21-力调节弹簧杆（其他图注同图 8-57）

欲使耕深变浅时的情况，过程与之相反。

（C）阻力控制。力调节工作时，因土质变化引起阻力变化时，为保持负荷稳定，耕深能自动调节。增大的阻力通过上拉杆推动顶杆，并经诸杆件使控制阀进入"提升"位置，待农具提升，阻力减小后，力调节弹簧使顶杆后退，回位弹簧使控制阀又回到"中立"位置，农具便在较浅耕深下稳定工作。当阻力减小时，耕深自动变深的情况与之相反。

（D）下降速度选择。力调节工作时，升降动作由里手柄操作，下降速度也由里手柄选定。一般使用重农具在松软土壤条件下作业，易入土，阻力反应慢，不能及时停降，应用"慢降"。反之，用"快降"。

4）高度调节法工作原理。当里、外手柄皆在最下方位置时，控制阀一直处于排油位置，农具可以浮动。

3. 液压输出

液压输出见图 8-59，提升盖上有 3 个液压输出口，分别外接油缸等，这就是液压输出。使用时，应先将提升器盖右前方高压油管压盖卸下，旋转 180° 后装上，以堵死提升器油缸进油口，然后将液压输出螺栓卸下，外接油缸油管。

使用时，里手柄放"快—慢"区段内，外手柄向后推到"液压输出"位置，这里控制阀移到最大供油位置。由于力调节、位调节都不起作用，液压油泵可做持续液压油输出。当满足需要后，应及时将外手柄稍向前推，使控制阀回到"中立"位置、油泵停止供油、停止液压输出。如要使液压农具下降，可将外手柄移至"浅—深"区段，此时控制阀由中立位置移到回油位置，农具下降。

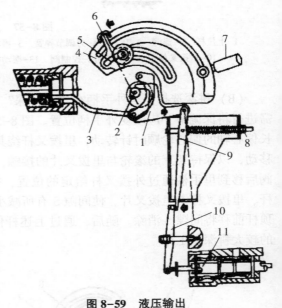

图 8-59　液压输出
1-里拨叉片　2-偏心轮　3-控制顶杆　4-扇形板
5-外手柄　6-液压输出　7-里手柄　8-螺母
9-里拨叉杆　10-摆动杆　11-控制阀

（八）液压悬挂系统安装调整

1. 分置式液压悬挂系统提升器的调整（以东方红-75 拖拉机提升器为例）

（1）液压齿轮泵安装　首先根据标定的主动齿轮旋转方向和壳体上进、出油口的位置（大孔为进油口，小孔为出油口）判定主、从动齿轮的位置。其次可根据轴套的结构特点判定轴套的安装位置。例如 CB3 系列齿轮泵轴套为整体式，其腰部有橡胶堵塞的一面应朝向进油口；而 CB 系列齿轮泵为分开式，在轴套装入壳体中，导向钢丝应能使从动轴套顺着从动轴旋转的方向扭转，不得装反。小密封圈（3 系列）或卸压片（CB 系列）应安装在近吸油腔一侧；大、小密封圈应有 0.5mm 的压缩量。油泵装配后，转动齿轮时，应无卡滞现象。

（2）分配器安装调整　FP175A 型分配器滑阀的回位弹簧座有上、下座之分，高座装于下方。控制阀总成装入壳体时，应将控制阀上端记号"O"对准控制滑道 W。装配后可在专用设备上调整手柄自动回位压力 9.8～10.8MPa 和安全阀开启压力 12.3～12.8MPa。调整自动回位压力后，应用软金属从调整螺钉的尾部锁紧。

（3）液压油缸安装　例如 YG 系列油缸的活塞环槽中，橡胶密封圈应装在两皮革挡油圈之间。新的皮革挡油圈应在规定的油液中浸泡 2h 后再装入活塞，装入时光面应朝外。活塞紧固螺母应用锁片折边锁牢。不要漏装油缸盖上通油缸下腔的油管接头中的缓降阀。

2. 半分置式液压悬挂系统提升器的调整（以东风-50 拖拉机提升器为例）

（1）明确调整条件 力调节操纵机构的调整条件：一是力调节弹簧总成必须调整正确（即总成安装到壳体内后，既无间隙又无压力），以便将力调节弹簧杆（图 8-40）的大端面作为力调节杠杆的第一基准。二是力（位）调节手柄与扇形板的相对位置必须调整正确，以便将力调节偏心轮作为力调节杠杆系统调整的第二基准。为此，先将两手柄置于与壳体底平面垂直位置不动，通过转动扇形板，使两手柄位于扇形板上两"▲"记号之间，然后将扇形板固定，见图 8-59A。此后将力调节手柄扳至扇形板上止口位置。三是必须排除位调节杠杆系统的干扰。为此，将外提升臂置于下降位置（差不多与壳体底平面平行），而位调节手柄须扳至"提升"位置，以使位调节杠杆控制端远离主控制阀大端面。

（2）明确调整数据的大小及含义 东风-50 拖拉机力调节杠杆控制端与处于外伸极限位置的主控制阀大端面的距离为 3.5mm。

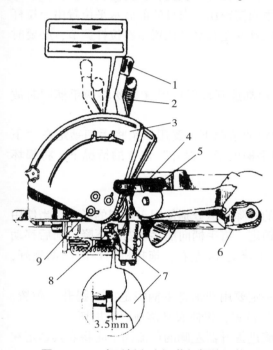

图 8-59A 扇形板和力调节杠杆的调整
1-力调节手柄 2-位调节手柄 3-扇形板 4-锁紧螺母
5-力调节推杆 6-提升臂 7-力调节杠杆
8-主控制阀 9-固定螺钉

（3）明确调整部位 将锁紧螺母松开，转动力调节推杆（图 8-59A）即可改变其长度，从而以力调节手柄偏心轮为支点，改变上述距离。调整后应将锁紧螺母拧紧。

在内提升臂与壳体之间保持 4~5mm 距离、提升臂与壳体平面夹角 60°（提升臂与壳体上记号相对）以及力、位调节手柄皆放到最高"提升"位置的情况下，主控制阀端面应离开分配器壳体 11.8mm。如不符，松开固定螺钉转动位调节凸轮进行调整。调好后固定。

3. 整体式液压悬挂系统操纵机构调整（以上海-50 拖拉机为例）

上海-50 拖拉机在安装液压油泵、分配器和油缸时，宽偏心轴套装在前方的偏心轮上，其端面凸肩向后；柱塞距其框架前后边缘较近的一边应靠向内侧；控制阀上 3 片封油垫圈凹面均应向中，油环装在靠近活塞裙部的环槽中，不得装错。

其液压悬挂系操纵机构调整条件参见说明书规定。调整的关键环节是通过改变里（力）拨叉杆和外（位）拨叉杆上支承杆的长度来调整拨叉杆下端的位置。调整数据的计量基点是支架底槽前端面。实践表明，在力调节弹簧正确调整的基础上，将力、位调节手柄都置于升的位置、提升臂置于最高提升位置，将外拨叉杆上的偏心轮放松，即可作为力、位操纵机构的调整条件。在此条件下，分别调里、外拨叉杆支承杆上的螺母，使里、外拨叉杆支承杆下端与支架底槽前端面间距分别为 20mm 和 18mm，此即为力、位调节拨叉下部的正确位置。再将位调节操纵手柄置于"快"的位置，使外拨叉杆下端与支架底槽前端面接触，转动外拨叉杆上的偏心轮，使之与外拨叉片（位调节拨叉片）尾部接触并予以紧固，即可得到偏心轮的正确位置。

为可靠起见，应将位（里）操纵手柄从"快"位扳到"慢"位以进行校验。正确位置应当是手柄在"慢"位，外拨叉杆的下端前边距支架底槽前端面为 6mm。然后把扇形板上的下止点螺钉移到与位调节手柄相接触，并拧紧定位。

在液压油泵装入壳体之前，还应检查摆动杆支点距液压泵后盖间的距离应为 49mm，必要时调整之。液压油泵装入后，将里手柄置"快"位，外手柄置"深"位，这时正确的调整关系应当是里、外拨叉杆的下端与支架底槽前边缘接触，里、外拨叉杆最下端与摆动杆上端的滚轮保持轻微接触。

（九）液压悬挂系统的使用

液压悬挂系能否长期正常工作与手柄的正确操作关系很大，操作时应注意以下几点：

1. 正确挂接农具

挂接农具时，将升降操纵手柄置于下降位置。开动拖拉机缓慢倒退以接近农具，先将农具与左下拉杆连接好，再连接右下拉杆。如农具轴与下拉杆孔对不准时，可转动右斜拉杆调节管以改变其长短，最后连接上拉杆。各拉杆连接后均用锁销锁住。农具的前后水平位置由上拉杆调节。调节时转动中间螺管，调好后用螺母锁住。农具的左右水平位置由斜拉杆调节，必要时也可调节左斜拉杆的长度。

2. 正确使用手柄

不使用液压悬挂系时，应将力、位两个调节手柄都放到最低位置（切勿将两手柄同时放在提升位置）。

液压悬挂系在装有附加牵引装置并用斜撑杆锁定的情况下，要用挡销将手柄锁定在"下降"位置；否则，由于偶然原因，在液压泵运转和手柄处于"提升"位置的情况下，将损坏斜撑杆。

3. 正确升降、转移农具和田间作业

第一，力调节手柄和位调节手柄都能控制农具的升降，但分别使用于不同的场合。当使用其中一个手柄时，另一个手柄必须放在提升位置并锁定。将手柄向前移动农具下降，向后移动农具提升。农具升降所需的时间，一般提升为 3s，下降为 1s 左右，拖拉机出厂时已调整好，使用时无需改动。

第二，拖拉机悬挂农具在路上短距离行驶时，一定要用挡销将手柄锁定在"提升"位置。否则，由于误动手柄或运行振动使手柄滑到"下降"位置，将使农具落地而受损坏。

第三，拖拉机悬挂农具进行长距离转移时，应旋进提升器左侧的截流阀手轮将农具锁定在提升位置，并将力、位调节手柄放在下降位置，再把动力输出主动手柄放在"分"位置，使动力输出轴停止工作，待转移结束后再放回"合"位置。拖拉机牵引拖车进行运输作业时，应将提升臂放在下降位置并旋进截流阀，以免不必要的磨损。旋进锁紧截流阀时应注意，阀杆的螺母是旋进截流阀后锁紧的，在旋出或旋进截流阀时应首先把螺母旋松并退到最外端，以免截流阀不能完全旋进。

第四，拖拉机田间作业时，手柄的适当停留位置要用挡销定位。如力调节或位调节作业时，耕深调节适宜后，将挡销固定在手柄下沿，以保证每次提升农具后，重新下降时手柄都将移回到同一耕深控制位置。这样，不致因失准而误入"下降"位置。

第五，转弯时，应先升起农具，后转弯，待进入直线行驶时方可降下农具。在坚硬的路面上禁止使用力调节手柄降落农具，以免因下降速度过快而碰坏农具。

4. 正确使用力调节手柄

力调节能保证较均匀的耕深和牵引力，主要用于在地面上起伏不平的田间耕作。犁耕作业

时一般采用力调节方法：先将力、位调节手柄向后推到提升位置，再将力调节手柄向前移动，农具开始下降并入土，当农具达到所需的耕深后，停止手柄移动，用定位手轮将力调节手柄挡住，使得以后每次下降农具时都将手柄推到此固定位置。

5. 正确使用位调节手柄

位调节的方法是先将力、位调节两个手柄放于提升位置，再将位调节手柄向前移，农具下降；向前移动越多，农具下降越多，即对应于位调节手柄的每一位置，农具相对于拖拉机也保持一定的位置。位调节方法一般用于旋耕耙地以及收割、起重、推土、自卸拖车等非耕地作业。在地面平坦、土壤阻力变化较小的条件下，也可采用位调节进行犁耕。犁耕时，当农具达到需要的耕深后，用定位手轮将位调节手柄挡住，以使农具每次都下降到同样的深度。

6. 正确选择上拉杆的连接点

使用力调节控制耕深时，上拉杆前端应连接到中间的连接销上。使用位调节控制耕深时，上拉杆前端应连接到下面的连接销上。禁止用上拉杆连接销作牵引用，以免损坏提升器。

三、液压动力转向传动

液压动力转向按其配用的是机械式转向器还是液压式转向器，又分为液压助力式和全液压动力式转向装置两种。

（一）液压助力式转向装置

液压助力式转向装置是由机械式转向机构加上液压转向加力器两部分组成。其中液压转向加力器由转向油泵、转向控制阀和转向油缸等一套液压传动装置组成，见图8-60。当液压油驱动转向油缸伸长或缩短时，就推动一侧转向轮偏转，另一侧转向轮通过转向拉杆同步推拉偏转，从而实现转向。

1. 构造

由图可知，控制滑阀体内圆柱面上有3道环槽，中间1道是通油泵的总进油环槽，靠两端的2道是通油箱的回油环槽。在进油环槽和2道回油环槽之间，有2道分别与动力油缸活塞左、右两侧的油腔L、R相通的油道。滑阀装在转向轴上，两端设有止推轴承，转向轴与转向螺杆制成一体。滑阀的外圆柱面上有2道环槽C和B供转向油缸左、右腔与进油环槽或回油环槽连通用。系统内充满液压油。

2. 工作过程

（1）车辆直线行驶时　滑阀在弹簧力作用下处于中立位置，见图8-60（a），转向油缸两侧油腔的进、回油通道均处于开通状态，此时油泵来油经滑阀2道环槽及回油道流回油箱。转向油缸两腔内压力都等于零，活塞保持不动，车辆维持原来的行驶状态。

（2）车辆向左转向时　逆时针转动转向盘带动转向器螺杆转动的初始时刻，由于路面阻力作用、转向垂臂和转向螺母暂时保持不动，具有左旋螺纹的转向螺杆则在螺母中转动而产生轴向运动，从而推动滑阀克服作用在反作用柱塞上的回位弹簧力和油压力而做相应的轴向移动，达到图8-60（c）的位置。此时，滑阀右侧的进油环隙开大，回油环隙关闭；而左侧的进油环隙关闭，回油环隙开大；从而使转向油缸中活塞右腔因和进油道相通而油压升高，左腔因和回油道相通而油压降低。于是活塞在压力差作用下左移，转向垂臂在螺母的右向推力和活塞左向推力的作用下做顺时针转动，并通过纵拉杆等推动转向轮向左偏转。由于转动转向盘只需克服作用在反作用柱塞上的较小的回位弹簧力和油压力，而推动转向轮则靠油压作用在活塞上产生的较大推动力，因此操作轻便。

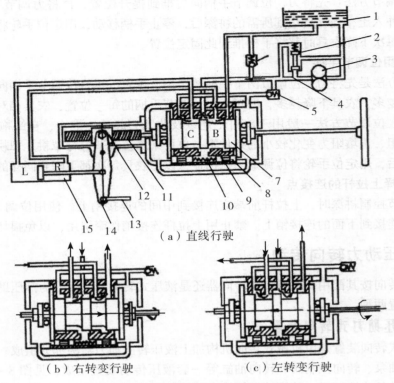

（a）直线行驶

（b）右转变行驶　　　　　　　　（c）左转变行驶

图 8-60　液压助力式转向工作原理
1-油箱　2-稳流阀　3-齿轮油泵　4-量孔　5-单向阀　6-安全阀　7-滑阀　8-反作用柱塞　9-阀体
10-回位弹簧　11-转向螺杆　12-转向螺母　13-纵拉杆　14-转向垂臂　15-动力油缸

当转向盘停止转动时，转向螺母也立即停止相对于转向螺杆的轴向移动。但在油压作用下，活塞继续左移，使转向垂臂下端继续顺时针转动，而转向螺母、转向拉杆连同滑阀一起绕支销右移。滑阀的微小右移可部分打开阀体中间环槽与滑阀左环槽 C 的通道以及滑阀右环槽 B 与阀体上右环槽的通道，使油压下降。当油压下降到与转向阻力矩相平衡时，活塞不再左移，滑阀处于接近中立的位置，转向轮停止继续偏转，车辆便以一定的转向半径转向。若需继续增大转向轮偏转角，就须继续转动转向盘，使上述过程重复进行。因此液压加力转向完全具有转向所需的随动作用。

（3）车辆右转向时　动力转向系统的工作情况与前述类似，见图 8-60（b）。

（4）该转向加力器在转向过程中　对置的反作用柱塞间充满了高压油，而其油压又与转向阻力成正比，能使驾驶员感到转向阻力变化情况，即具有路感作用。

（5）当齿轮油泵失效或不运转时　可通过机械转向器用较大的力进行人工转向。例如，欲向右转时，即顺时针转动转向盘，先使滑阀右移，使进油环槽与油缸左腔油道相通，并关闭左回油环槽；使右腔油道与右回油环槽相通，与进油环槽不通。继续用较大的力转动转向盘时，在转向螺母带动下，转向垂臂做逆时针转动，并带动活塞右移。具有一定压力的右腔油液经右回油环槽流到单向阀的左端，原进油道作为低压区作用到单向阀的右端。在压力差作用下打开单向阀，进、回油道互相沟通，油液从油缸右腔流向左腔。减少人力转向阻力。

（6）系统中的稳流阀　借助量孔的节流作用，在发动机转速突然变高时，在油液压力差作用下而开启，从而稳定油泵供油量。安全阀则用来限制油泵的最大压力，防止系统过载。

（二） 全液压动力转向装置

该装置里的全液压式转向器又称方向机代替了液压助力式转向系中机械式转向器，并用软管和转向油缸等连接。由于其液压转向的操纵是全液压式，也就是说在转向柱和转向轮之间没有机械连接。它具有转向操纵灵活轻便、性能安全可靠、结构轻便可靠、成本低等优点，因而拖拉机上广泛使用。全液压动力转向装置主要由转向盘、转阀式全液压转向器、液压油泵总成、转向油缸、安全阀、溢流阀、油箱和软管等组成，见图8-61。其液压原理图见8-61A。

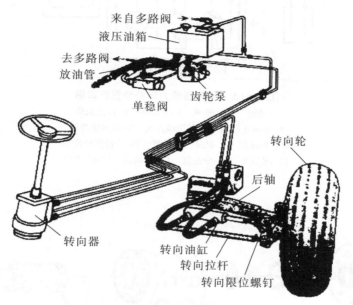

图8-61 全液压转向系统组成示意图

1. 全液压转向器的构造

全液压转向器是全液压式转向装置中的关键部件，采用转阀式。它与双联齿轮泵之一出油口经高压油管与阀块相连接，阀块与液压转向器安装在驾驶台的下面，与转向盘的转向轴相连接。全液压转向器由溢流阀、配油阀（转阀）和转子油泵等组成，结构见图8-62。剖视图见图8-63。

（1）溢流阀 由装在溢流阀体1内的单向止回阀、双向缓冲阀和安全阀所组成。单向止回阀的作用是防止在特殊情况下，转向油缸内的油压大于油泵油压时造成油液反流。双向缓冲阀的作用是当转向油缸某一腔的油压大于弹簧张力时，阀门打开，使高压油经阀门流到回油孔，避免油液激烈冲击而保护油路。安全阀限制溢流阀进油孔与回油孔之间的压力差，起溢流保护作用，使多余的油液流回油箱。

阀块是由单向阀等两种以上的阀组成的阀块，其功能在转向系统中是起防止过载的作用，避免压力冲击，用于保证转向性能稳定，安全可靠。

（2）配油阀 常用的是一个圆筒形转阀式控制阀，见图8-63。由装在阀体9内的空心阀杆（又叫阀芯）6和阀套7等组成，也称为旋转随动阀。其作用是控制油流的方向、流通、关闭和随动。阀杆（芯）表面铣有12道排油槽和钻有12个排孔眼，阀套上钻有许多孔，滑套在阀芯外，用拨销5连接；用背靠背装配的弹簧片穿过阀芯长孔和阀套的2个槽口装配定位，

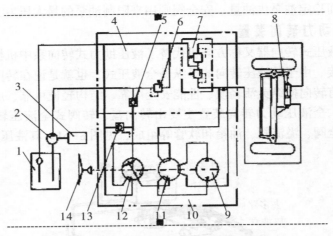

图 8-61A 全液压动力转向装置原理图
1-油箱 2-齿轮泵 3-发动机 4-溢流阀体
5-单向止回阀 6-限压溢流阀 7-双向缓冲阀
8-转向油缸 9-双向内转子泵 10-全液压转向器
11-配油阀 12-分配器 13-单向阀 14-转向盘

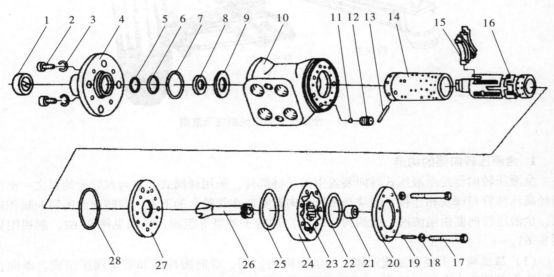

图 8-62 全液压转向器的结构图
1-接块（头） 2-螺钉 3-垫圈 4-前盖 5、6、7、22、25、28-密封圈 8-挡环 9-滑环 10-阀体
11-钢珠 12-螺套 13-拨销 14-阀套 15-弹簧片 16-阀芯 17-限位螺栓 18-铜垫圈
19-限位销 20-后盖 21-限位柱 23-转子 24-定子 26-联动轴 27-隔套 28-密封圈

使阀芯的各道排油槽和阀套的各个进出油孔保持相对的位置。

联动轴一端的叉槽叉在阀套的拨销上，拨销还要穿过阀芯；联动轴另一端花键齿插入转子的内花键齿中。连接转子和阀套的联动轴及拨销：在动力转向时保证阀套与转子同步；在人力转向时起传递扭矩的作用。由于阀芯上的销孔直径比拨销的直径大些，因而容许阀套和阀芯相对转动8°左右。阀杆（芯）上端通过接头3与转向盘传动轴连接。

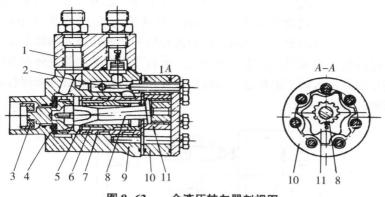

图8-63   全液压转向器剖视图
1-溢流阀体   2-钢球   3-接头   4-弹簧片   5-拨销   6-阀杆   7-阀套
8-联动轴   9-阀体   10-定子   11-内转子

阀芯是直接与转向盘转向轴连接的，可通过转向盘操纵；亦可通过回位弹簧片、拨销和联动轴分别带动阀套和转子泵内转子。转动转向盘时，阀套 7 在阀体内转动，同时阀杆（芯）相对阀套产生较小转动后也随阀套一起转动。当停止转动转向盘时，阀套也停止在阀体内转动，同时阀杆靠弹簧片的作用恢复与阀套原来的相对位置，使下端的 18 对小孔重合。

（3）内转子油泵   由内转子 11 和定子 10 组成的一对内啮合齿轮泵，是摆线针轮啮合副。其作用有二：一是动力转向时起随动计量马达的作用，保证流进转向油缸的油量与转向盘的转角成正比，所以也称为随动计量泵；二是在人力转向时起手油泵作用。内转子有六齿，定子有七齿，它们相互啮合后形成 7 个封闭的油腔与阀体上的 7 个油孔相通。内转子的齿在定子的齿上做圆周滚动。内转子沿定子滚动一周，内转子所有的齿与定子相应的齿都啮合一次，油腔进行 6 次吸油和排油，油泵起泵油作用。计量马达可根据转向盘转动方向不同，而向液压油缸左、右两腔分别供油，转向油缸柱塞的移动量取决于转向盘转角或转动的圈数，并成正比。内转子油泵安装在阀体下端，转子通过联动轴、拨销可带动阀套在阀体内转动。由于转子自转的轴线是不固定的，因此联动轴做成一端是圆弧形渐开线花键，插在转子的花键孔中，另一端是槽口，阀套的拨销即嵌于槽口中。

2. 全液压转向器的工作过程

当转向盘转动时，阀杆（芯）随着转动，阀套开始时并不转动，因此使阀杆与阀套下端的第三环槽内 18 对小孔全部封闭，而将阀套下端第三环槽上能够通过阀体侧壁上的孔与转子泵相通的 12 个孔全部打开。这 12 个孔相互间隔，有 6 个能够将高压油送入转子泵，有 6 个能够把转子泵的油送入转向油缸，但不是一起送，是在阀套与阀杆一起转动时，才能有 3 个孔把高压油送入转子泵，同时有三孔把转子泵里的油送入转向油缸。依次循环使转向油缸柱塞移动。同时转向油缸柱塞另一端的油则从阀套的第一或第二环槽内的孔进入阀体上端的回油槽流回油箱。转向盘转动越多，转向油缸柱塞移动距离越大，机器转向角度越大；转向盘停止转动，油缸也停止移动；转向盘反转，转向油缸柱塞向相反方向移动。

全液压转向器的工作过程可分为中立位置、左转弯、右转弯和人力转向 4 种。

（1）中立位置   当按原方向进行直线行驶，转向盘不转动时，阀杆和阀套没有相对转角，在回位弹簧的作用下，阀套下端的第三环槽内的 18 对小孔与阀杆上的十八对小孔重合，即转阀处于中立位置。此时，从齿轮泵进来的压力油推开溢流阀体内的单向止回阀，并在油的压力作用下推动钢球，流入方向机的进、回油孔中，在油液压力的作用下，单向阀的钢球关闭进、回油孔的通路，压力油进入阀套下端的第三环槽，从环槽内的 18 对重合小孔进入阀杆内腔，由阀杆上端的拨销孔、长回油槽，再经阀套的回油环槽和回油孔进入阀体上端的回油室，从回油孔流出，油液经溢流阀总成返回油箱。而配流阀向转子泵配油油路及转向油缸输油油路都被阀杆所封闭，高压油不进入转子油泵也不与转向油缸相通，转向油缸柱塞保持不变，所以机器仍按一定方向行驶，见图 8-64。

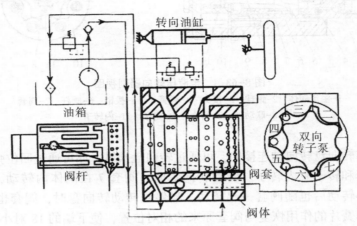

图 8-64　全液压转向系统的工作过程—中立位置

（2）左转向位置　向左转向时，转向盘反时针转动，此时转向盘通过接头带动阀杆转动克服回位弹簧的弹力，阀杆相对阀套逆时针转动一个角度（阀套因受计量泵控制暂不转动）。当转角为 2.4°时，配油孔道开始开启；转角为 3.6°时，18 对小孔中的直径为 1mm 的小孔相互错开而关闭；转角为 7.2°时，各配油孔道全部开始开启，12 个小孔中的直径为 2mm 的 6 个小孔则全部错开关闭。此时转阀的作用一是将阀杆上的进油道与阀套回油孔错开；二是阀杆上三条回油槽与液压转向油缸左腔油口相通；三是阀杆上 3 条进油槽与计量马达 3 个油腔相通；四是将计量马达另外 3 个油腔与液压转向油缸左腔油口相通。即转阀转到左转向油路位置。隔断阀杆（芯）和阀套的进、回油连通的油道，并使转向油缸的左侧腔通过计量泵排油口。油缸右侧腔通控制阀口油道。

从油泵泵出的压力油，经溢流阀总成进入方向机阀体进油孔，通过阀套进油环槽和环槽内的 6 个进油孔，流入阀杆的进油环槽和短进油槽，再经过与短进油槽相通的阀套上单号进油孔和阀体一、二、三配油孔及配油盘，进入双向转子泵的一、二、三油腔。接着压力油推动转子沿定子内齿滚动，五、六、七油腔的油被挤压，经阀体五、六、七配油孔和阀套双号配油孔，通过阀杆的中输油槽和阀套环槽的六对油孔，从阀体通往油缸的油孔输出，经溢流阀总成压入转向油缸一腔，推动柱塞移动，完成左转向。由于柱塞的移动，将油缸另一腔的油压出，经溢流阀总成和阀体与油缸相通的另一油孔，通过阀套环槽的六对油孔及阀杆的长回油槽，再经过阀套回油环槽和回油孔流入阀体上端的回油室，从阀体回油孔流出，经溢流阀总成返回油箱，完成一次工作循环。

转向盘停止转动，由于随动作用及回位弹簧片对阀杆的作用，使阀杆相对阀套反转 2.4°（随动作用剩余转角），阀杆的长槽孔与阀套的槽口对齐，回到中立位置。

（3）右转向位置　向右转向时，顺时针转动转向盘，转向盘通过十字接头带动阀杆相对阀套顺时针转过一个角度，关闭 18 对小孔。阀杆短进油槽对准阀套双号配油孔，给转子油泵五、六、七油腔配油，一、二、三腔油液被压出，经中输油槽和阀套环槽的油孔给转向油缸的另一油腔输油。油缸活塞杆带动转向轮偏转一个角度，将拖拉机向右转向。油缸另一端的油经阀套环槽、阀杆长回油槽及阀体回油室等油路返回油箱，见图 8-65。

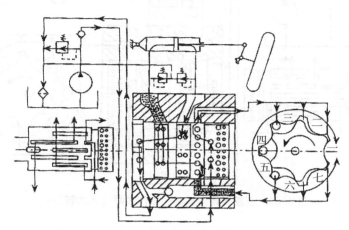

图 8-65　全液压转向系统的工作过程—右转向

因此，只有转向盘不断转动，才能使阀芯、阀套一直处于转向位置，使齿轮油泵不断向计量油泵供油，从而使计量泵排出油液去推动油缸柱塞，再带动转向轮连续偏转。转向盘转角越大，转向轮的偏转角也越大；转向盘一停止转动，转向轮也即停止增大偏转角。

（4）人力转向　只有在发动机熄火时或齿轮泵发生故障时，才进行人力转向，但转动转向盘时的用力会加大。设置在进出油道之间的单向阀是供熄火转向时构成内部回流而设置的。当人力转动转向盘时，通过转向器内的接头带动阀杆转动，压迫回位弹簧片变形，直到阀杆锥形阀拨销孔与拨销接触后，才带动阀套、联动轴和转子同步转动。此时，阀杆相对于阀套转动 9.7°的转角，关闭 18 对小孔，开启各配油孔道，给双向转子泵和转向油缸配油。由于没有压力油进入方向机，单向阀钢球靠自重落下，把阀体进、回油孔连通。双向转子泵的转子沿定子内齿滚动，转子一侧油腔经配油孔道（与动力转向相同）和单向阀、阀体回油室等从油缸的一腔吸油，而转子泵的另一侧油腔向转向油缸的另一腔压油，形成闭式循环油路，使活塞杆外伸（内缩），带动车轮右（左）转向，见图 8-66。此时双向转子泵依靠人力转动实现吸油和排油，计量泵变成为手动泵。当转向盘停止转动时，在回位弹簧片弹力的作用下，使阀杆反向转动，阀杆与阀套转角消除，回到中立位置。

为了保证人力转向的实现，转向器不应安装在高于油箱液面 0.5m 以上的地方，以提高吸油效果。

四、秸秆还田机升降装置

还田机两只液压升降油缸分别装在机架的内侧或两侧，驾驶员用手柄操纵控制阀芯的移动，打开或关闭通往液压油缸的油路，通过液压油缸伸、缩运动带动还田机的升、降。在液压油路中装有一个单向液压锁，是用来防止还田机沉降。在发动机熄火时，即使扳动手柄，还田机也不会自行下降，用户使用起来比较安全。

还田机液压升降系由液压油泵、手动控制阀、液压油缸、滤清器、油箱等组成。其液压系

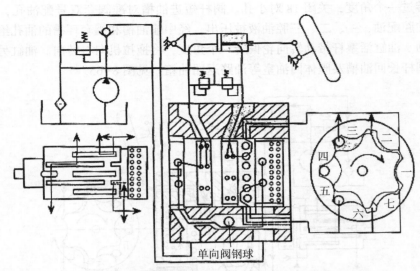

图 8-66 全液压转向系统的工作过程（人力转向）

统操纵一般有中立、提升和下降 3 个工作位置。

1. 还田机中立

当还田机操纵手柄处于中立位置时，手动阀芯处于中位。油泵来油经手动阀的中位直接回油箱。还田机升降油缸的油液既不进油也不排油，油缸不动，还田机高度保持原位不变。

2. 还田机提升

当还田机操纵手柄向后扳动时，手动阀芯处于左位，油泵压力油顶开单向阀经 P 到 B 后，进入油缸后腔，推动柱塞上移，还田机提升。

3. 还田机下降

当还田机操纵手柄向前扳动时，手动阀芯位于右位，油泵来油经 P 到 A 后回油箱。同时，还田机自重使油缸柱塞下移，油缸后腔油液经回油道 O 也流回油箱，还田机下降。

五、离合、制动液压控制系统

部分机型设有离合、制动液压控制系统见图 8-67。该系统采用机械与静液压联合作用，通过制动总泵和分泵的增力，作用于夹盘式制动器，完成制动目的，左、右制动泵结构相同。有些机型带有后制动系统，使制动更可靠。

液压制动系统构造和工作过程见前第六章第五节。

液压制动系统的使用注意事项：

（1）设有手制动装置，刹车带和制动鼓在非工作状态时应保持 1~2mm 自由间隙。

（2）检查储油杯中油面是否达到 80% 的容积，否则应补充 JG3 机动车制动液。

（3）当管路中有气体时，制动无力，此时应打开放气螺栓，用脚反复踏制动脚踏板排出气体，直到脚踏感到费力为

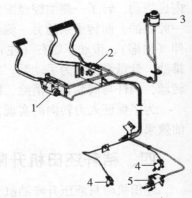

图 8-67 离合制动液压系统
1-离合泵 2-制动泵 3-制动油壶
4-制动油缸 5-离合油缸

止（无气泡），装好放气螺栓。

（4）调整制动分泵调节螺栓及制动器总成螺栓，使制动夹盘的自由间隙保持在 0.5~1mm 左右。

（5）调整制动拉杆，使制动踏板有 10~15mm 自由行程。

六、液压驱动无级变速

随着现代拖拉机技术的发展，液压驱动无级变速应用逐渐增多。液压驱动无级变速分为液压助力皮带无级变速装置、HST 液压驱动无级变速装置和 HMT 液压齿轮混合变速装置等型式。现以 HST 液压驱动无级变速装置为例。

1. HST 液压驱动无级变速装置配置方式

HST 液压驱动无级变速装置采用的液压油泵和油马达均为柱塞式，因它们产生的油压高、流量大，输出的功率大，能满足行走装置工作的要求。按油泵与油马达的配置方式，有整体式和分置式两种。整体式是油泵与马达装配成一箱体，见图 8-68；分置式是将油泵与马达制成二个箱体，安装在机体的不同位置，二者之间用液压油管连接，见图 8-69。

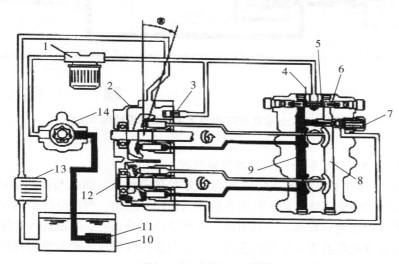

图 8-68　整体式 HST 液压无级变速装置结构示意图

1-滤芯　2-变量柱塞泵　3-低压溢流阀　4-节流孔 A　5-节流孔　6-单向中立阀或单向溢流阀　7-高压溢流阀
8-通路 B　9-通路 A　10-油箱　11-吸油滤网　12-液压马达　13-油冷器　14-输油泵

2. HST 液压驱动无级变速装置的组成和功用

（1）结构组成和功用　　HST 液压驱动无级变速装置主要由变速器、输油泵、变量柱塞油泵、柱塞式液压马达、油冷器、HST 滤芯、高低压溢流阀、单向溢流阀、液压油箱和控制系统等组成。变量柱塞泵和液压马达是 HST 主变速器中的主要部件。变量柱塞泵由发动机飞轮端皮带轮驱动，其流量随配流盘角度的变化而改变。而配流盘角度受主变速手柄控制。变量泵采用的是一种限压式轴向柱塞泵。柱塞泵吸入低压油，排出高压油，将机械能转化为液压能；而液压马达则吸入高压油，排出低压油，将液压能还原为机械能，并通过输出轴将扭矩传递给系统。输油泵（补油泵）在行走中立、减速慢行和空挡位置时起冷却油泵的作用，而在加速换挡时向油泵、油马达内部循环补充液压油。下面以柱塞泵工作过程为例。

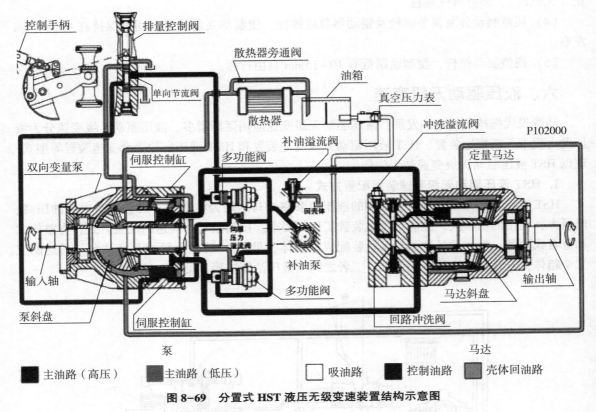

图 8-69　分置式 HST 液压无级变速装置结构示意图

（2）柱塞泵工作过程　可分为泵油和变量两种工作情况。

1）泵油过程。多个柱塞安装在缸体内均匀分布在斜盘上，斜盘与输入轴成一定的倾角，当输入轴在发动机的驱动下旋转时，柱塞在缸体内做往复运动，当部分柱塞向外运动时，柱塞于缸体等形成的密封空间容积增大，其内压力降低形成部分真空，油液进入缸体孔内，即是吸油过程；当部分柱塞被斜盘推入缸体内孔时，柱塞与缸体等形成的密封空间容积缩小，其内压力增加，油液被柱塞推出进入液压系统内，即是压油过程。

缸体每转一圈，各柱塞往复运动一次，完成一次吸、排油，随着输入轴的连续旋转，油泵就连续完成吸、排油过程，向液压系统连续供油，高压油会沿高压油管输入给定量马达，推动马达的斜盘带动输出轴转动，马达输出轴直接与变速器相连，从而达到驱动行走系统的目的。

2）变量（变速）过程。油泵的排量随着斜盘倾角的改变而改变。斜盘倾角变大时，油泵排量将随之增加，反之减少。斜盘最大倾角一般为 17°。安装在驾驶室内的行走控制手柄控制斜盘的倾角实现控制行走的目的。

3. HST 液压驱动无级变速装置的工作原理（如图 8-70 所示，以前进为例）

（1）行走中立（主变速手柄的位置不变）　当主变速手柄的位置不变时，变量柱塞泵的吸油管与液压马达 4 的出油管相连，而柱塞泵的出油管与柱塞马达的进油管相连，这样液压油在油泵和油马达内部循环。此时液压油在油泵和油马达内部达到平衡，柱塞马达向行走系统输出扭矩和转速不变动力，驱动拖拉机在稳定的速度行走。

输油泵 8 和变量柱塞泵一样由发动机飞轮皮带轮驱动，从油管经吸油滤网 9 吸油，产生的

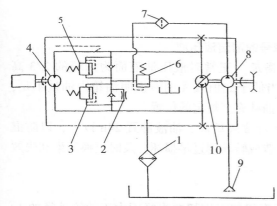

图 8-70　HST 液压无级变速装置工作原理图
1-油冷器　2-节流孔　3、5-单向溢流阀　4-液压马达
6-低压溢流阀　7-滤芯　8-输油泵　9-吸油滤网
10-变量柱塞泵

压力油经 HST 滤芯 7 的滤清后，到达低压溢流阀 6 和单向溢流阀 5。

当 HST 液压无级变速装置处于行走中立位置时，输油泵输出的低压油打开低压溢流阀 6，而进入 HST 主变速器箱体，在箱体油管内部循环后将热量带走，经油冷器 1 冷却后回到油箱，从而保证 HST 液压无级变速装置能在合适的温度条件下工作，此时输油泵起冷却油泵的作用。

（2）换挡（改变主变速手柄的位置）

1）加速。当机器需加速时，主变速手柄前移，变量柱塞油泵配流盘背离中立方向倾斜，角度增大，此时变量柱塞油泵输出流量加大，破坏了油泵和马达之间已建立的平衡，单向溢流阀一侧的油压降低，单向溢流阀两侧产生的压力差使单向阀开启补充液压油，油泵、马达内部建立新的平衡。马达以更大的扭矩、转速输出动力，驱动机器以更快的速度前进。

2）减速。当机器需减速慢行时，主变速手柄后移，变量柱塞油泵配流盘倾斜角度变小，变量柱塞油泵输出流量减小，油泵、油马达内部又建立新的平衡，液压马达以较小的扭矩、转速输出动力，驱动拖拉机低速慢行。

（3）HST 液压驱动无级变速装置空挡　当拖拉机主变速手柄位于空挡位置时，变量柱塞泵配流盘处于中立位置，在油泵高低压腔间无压力差，液压马达停止工作，拖拉机停止行走。

拖拉机倒车时，HST 主变速器的工作过程与前进时相同。

4. HST 液压驱动无级变速装置使用注意事项

1）进行变速换挡时应柔和，严禁猛烈地加速、刹车。

2）经常清扫油冷器上积尘，防止油温过高。

3）按规定时间更换 HST 滤芯。

4）严禁将不同型号的液压油混合使用。

5）柴油发动机转速在 2 000r/min 以上才能操作主变速手柄。

6）变速时必须将主变速手柄置于空挡（中立）位置后，才能移动副变速手柄到所需挡位。

七、识读液压回路图

从液压回路图中可以看出，液压系统回路的识读方法如下。

1）查看液压泵，落实油路来源方向。

2）查看控制阀，确定有多少条回路。

3）查看油缸所在工作回路，确定该油缸的工作用途。

4）查看其他液压元件，注意各元件在系统中的用途。

八、液压传动系统的使用维护

1. 经常检查液压油箱油面的高度和添加规定牌号的清洁液压油

（1）经常检查液压油箱、转向油箱等的液面高度　正常时液压油液面为油箱的 2/3 高度（约 80%的容积）或观察油尺上是否有油痕，当低于此值或无油痕说明油箱内油量不足，应找出漏油原因并排除，然后按说明书规定的液压油补充至规定的位置。

（2）液压油不足时应及时添加规定规格牌号的清洁液压油　油液静置 24h 以上，以防混用油料化学反应引起胶化堵塞油路或损坏密封件，造成转动副过早损坏。及时更换污染和失效的液压油。

2. 经常检查液压油管路的工作情况

（1）检查液压软管　应无压扁、折死弯、大幅度扭转（即扭曲半径不大于软管外径的 1/8～1/6）和破裂现象，防止供油不足而造成液压系统工作失灵。

（2）经常检查各液压油缸、油管接头、阀接头等　紧固情况和密封是否良好，不得有渗漏；若吸油管路密封不好，空气被吸入液压系统会引起局部过热、噪声和爬行等故障。

3. 检查油温和液压元件工作情况

工作中，要随时注意液压油量、油温、压力、噪声、液压缸、马达、换向阀、溢流阀的工作情况，注意整个系统的漏油和振动；并保证液压油自然散热。

液压系统的工作油温以 30～60℃为好，最高不得超过 80℃。

4. 定期清洗液压滤清器、油路滤网和油箱

液压油箱滤清器，每工作 250h 左右必须清洗一次。清洗步骤如下：①卸下油管及滤清器盖；②取出滤清器壳体及过滤片；③从壳体内取出滤清管，但不要沿管子的螺纹方向转动球形阀的壳体，以免损坏阀门的调节机构；④用清洁柴油清洗滤片、磁铁、滤清器及其他零件，然后用压缩空气吹净；⑤装配滤清器时，应按与拆卸相反的顺序进行。

定期检查清洁液压油箱盖上面的通气阀起落是否灵活或通气孔是否畅通，有油污清洗干净。

5. 定期更换液压油滤清器和液压油

（1）液压油滤清器和液压油要按说明书规定时间同时更换　如新机器工作 30h 后，应更换油箱里的液压油和滤清器，或放出液压油沉淀 20h 后过滤，确保液压油清洁后再加入，以后每年更换一次。

（2）液压油　清洁度必须符合规定的质量要求。不同季节工作时按规定型号更换。

（3）换油步骤　①机车停在水平地面上，发动机熄火后趁热从液压油箱放油塞放出液压油；分配器和液压缸的油从管接头处直接放出。②清洗液压油箱和液压油路。重新连接软管，将清洁的柴油注满油箱，启动发动机后，将悬挂装置升降 7～8 次。停车后将清洗柴油放净。③拧开并拆下液压油滤清器。④在新液压油滤清器的橡胶环上薄薄涂一层机油，然后将液压油滤清器装到安装位置。⑤拆下液压油箱盖，加清洁的液压油至规定量。⑥液压系统进入气体后，会造成油缸工作的不稳定，应及时排气。一般油管里残存的气体在机器运转中经反复扳动各手柄和转动转向盘后，气体就能排出。如果油缸中的气体尚不能排净，可将油缸活塞杆全部拉出，再将油缸的油管接头拧松，让活塞杆缩回，这样含有气体的泡沫油就会被挤出，直至排净为止。⑦更换后，空转发动机数分钟，然后停下发动机，再用油尺检查一次油量。

注意：液压油与传动箱共用的机车，在新车负荷试运转时，要脱开液压传动装置。否则，会使磨合时产生的铁屑进入液压系统。

6. 定期检查维护液压提升器

维护时，将拖拉机停放在水平地面上，将提升臂下降至最低位置，发动机熄火，拧下提升器上盖上的油尺，检查油面高度，如果低于下刻线应补充加油至上下刻线之间偏上处。更换液压油时应将螺塞卸掉，放尽脏油，清洗放油螺塞和滤清器滤芯干净后，然后将螺塞拧紧，按要求加注新机油。

每工作 100h 要拆下用汽油清洗提升器液压吸油滤清器网式滤芯和回油滤清器滤芯，如难以清洗干净或损坏时，应更换新滤芯或滤网。

7. 密封圈的维护

密封圈是液压元件中的一个重要零件，所有的动密封和静密封都是依靠它来完成，维修和装配时所有密封圈都应更换新件。油缸内漏严重时，应更换活塞密封圈。安装及使用密封圈的注意事项：

（1）不能装错方向和破坏唇边　唇边若有 $50\mu m$ 以上的伤痕，就可能导致明显的漏油。

（2）防止强制安装　不能用锤子敲入，而要用专用工具先将密封圈压入座孔内，再用简单圆筒保护唇边通过花键部位。安装前，要在唇部涂抹些润滑油，以便于安装并防止剪切、撕裂损坏和初期运转时烧伤，要注意清洁。

（3）防止超期使用　动密封的橡胶密封件使用期一般为 3 000~5 000h，应该及时更换新的密封圈。

（4）更换密封圈的尺寸要一致　按照要求，选用相同尺寸的密封圈，否则不能保证压紧度等要求。

（5）避免使用旧密封圈　使用新密封圈时，也要仔细检查其表面质量，确定无小孔、凸起物、裂痕和凹槽等缺陷并有足够弹性后再使用。

（6）更换密封圈时　要严格检查密封圈沟槽，清除污物，打磨沟槽底。

（7）橡胶密封圈不要用汽油泡洗，以免老化变质　牛皮密封圈应在 45~55℃ 的锭子油或 6 号汽油机机油或煤油各半的混合油中浸泡 2h，橡胶圈夹在牛皮圈之间，皮革光面朝向橡皮圈。装活塞杆时还要安装好活塞内孔密封圈。

（8）应防止损坏导致漏油　不能长时间超负荷或将机器置于比较恶劣的环境中运转。

（9）压缩量　油泵卸荷片密封圈应有 0.2~0.6mm 的压缩量，当泵内零件磨损使安装压缩量不足时会造成内漏严重。卸荷片密封圈可更换。必要时可在后轴套台肩端面处加铜垫片，为此安装前可测量前轴套外端面至油泵壳体端面距离，当用 3mm 密封圈时，此距离不得大于 2.7~2.8mm，若用 2.8mm 密封圈，不大于 2.5~2.6mm，若压缩量不到 0.2mm 时，则应加铜垫片。

8. 液压多路换向阀的拆装注意事项

1）拆装时一定要根据拆装图或拆装流程来操作。

2）拆装时要用专用的工具，确保安全。如拆阀芯，需要用到 T 型工具，才能取出。

3）拆下的零部件，一定要小心放下，用软质的东西做地垫，以免刮伤。然后用煤油清洗、晒干，保存起来。

4）装配前应清洗干净，这样装配起来比较容易，更好的增加各部件配合运作。

5）装配时一定注意安装顺序，不要装反。装反会导致配合不当，安装不了，强行安装，会破坏整个系统，这点必须要注意。

6）安装完成，要检查整个系统的运作工作。

9. 液压齿轮泵安装注意事项

（1）齿轮泵安装　应按标定的旋转方向运转，注意进、出油口的位置（大孔为进油口，小孔为出油口）。泵的进油管及法兰不应漏气。

（2）基座或支架应有足够的刚度　使液压齿轮泵除轴转动所产生的扭矩力外，原则上不应再承受其他力的作用。

（3）轴度　连接轴间的不同轴度不大于 0.05mm；泵支座的安装平面与止口的垂直度不得大于 0.05mm。联轴套两端连接部分也应保证 0.05mm 以内的同轴度；

（4）液压齿轮泵启动后勿立即加负荷液　应在启动后实施一段时间无负荷空转（10～30min），尤其气温很低时，必须经温车过程，使液压回路循环正常再加予负载，并确认运转状况。

（5）注意液压齿轮泵的噪声　新的液压齿轮泵初期磨耗少，容易受到气泡和尘埃的影响，高温时润滑不良或使用条件过荷等，都会引起不良后果，使液压齿轮泵发出不正常的影响。

（6）电磁阀连接时，要注意阀上各油口编号的作用　P：总进油口；A：进油口 1；B：进油口 2；R（EA）：与 A 对应的排油口；S（EB）：与 B 对应的排油口；T：回油口。

（7）使用节流阀时，应注意节流阀的类型　一般而言，以阀体上标识的大箭头加以区分，大箭头指向螺纹端的为油缸使用；大箭头指向管端的为电磁阀使用。

（8）压缩量　维修拖拉机上 CB 系列齿轮泵时，卸荷片密封圈应有 0.2～0.6mm 的压缩量。

10. 液压油缸的拆装要领

1）拆卸液压油缸前，应使农具降至地面，液压回路卸压，发动机停机，否则，当把与油缸相连接的油管拧松时，回路中的高压油会迅速喷出。

2）拆卸时应防止损伤活塞杆顶端螺纹，油口螺纹和活塞杆表面、缸套内壁等。为了防止活塞杆等细长件弯曲或变形，放置时应用垫木支承均衡。

3）拆卸是要按顺序进行，由于各种液压缸结构和大小不尽相同，拆卸顺序也稍有不同。一般放掉油缸两腔的油液，然后拆卸缸盖，最后拆卸活塞与活塞杆。在拆卸液压缸的缸盖时，对于内卡键式连接的卡键或卡环要使用专用工具，禁止使用扁铲；对于法兰式端盖必须用螺钉顶出，不允许锤击或硬撬。在活塞和活塞杆难以抽出时，不可强行打出，应先查明原因再进行拆卸。

4）拆卸前后要创造条件防止液压缸的零件被周围的灰尘和杂质污染。如拆卸时应尽量在干净的环境下进行；拆卸后所有零件要用塑料布盖好，不要用棉布或其他工作用布覆盖。

5）油缸拆卸后要认真检查鉴定，以确定哪些零件可以继续使用，哪些零件可以修理后再用，哪些零件必须更换。

6）装配前必须对各零件仔细清洗。

7）要正确安装各处的密封装置。

8）螺纹连接件拧紧时应使用专用扳手，扭力矩应符合标准要求。

9）活塞与活塞杆装配后，须设法测量其同轴度和在全长上的直线度是否超差。

10）装配完毕后，活塞组件移动时应无阻滞感和阻力大小不均等现象。

11）液压缸向主机上安装时，进、油口接头必须加上密封圈并紧固好，以防漏油。

12）按要求装配好后，应在低压情况下进行几次往复运动，以排除缸内气体。

11. 使用维护注意事项：

1）禁止用户自行盲目调节液压阀的压力。各种液压阀的压力出厂时都已调定，禁止用户自行盲目调高压力，以防止管、阀受高压后破裂；或造成密封件过早损坏；如压力调低，工作性能破坏，不能工作。必要时可在专用设备上由专门人员对液压系统的控制阀进行调整。

2）清洗或装配时，不得用棉丝等纤维织物擦洗（拭），以防油道堵塞或密封处造成泄漏。

3）不要随意拆卸油泵、分配器、油缸等精密件。液压系统中油泵、分配器、油缸等都是精密件，不要随意拆卸。液压系统出现故障需要维修时，应由熟悉液压系统结构的人员进行。必须拆开时，要注意清洁，不能用力敲击；要注意密封元件的技术状态，必要时更换。

4）液压泵吸油管应与系统回油管在油箱中隔离，防止回油的飞溅泡沫被吸进液压泵。

5）全部回油管均应按要求的深度插入油箱，避免飞溅起泡沫。

6）系统长期不用或停车过久，油液自动流回油箱，空气入侵，当再次启动时，应先使用放气阀放气。

九、液压传动系统常见故障诊断与排除

1. 液压传动系统常见故障诊断与排除（表 8-2）

表 8-2　液压传动系统常见故障诊断与排除

故障名称	故障现象	故障原因	排除方法
液压泵不出油	齿轮泵不来油或产生吸油胶管被吸扁的现象	1. 齿轮泵的旋转方向不正确 2. 液压油脏，齿轮泵进油口端的滤清器堵塞，会造成吸油困难或吸不到油，并产生吸油胶管被吸扁的现象	1. 首先检查齿轮泵的旋转方向是否正确，齿轮泵有左、右旋之分，如果转动方向不对，其内部齿轮啮合产生的容积差形成的压力油将使油封被冲坏而漏油 2. 其次，清洗液压油路和滤清器，畅通堵塞，更换说明书规定牌号的液压油
液压油油温过高	油温超过 80℃，齿轮泵声音异常，易漏油，液动速度不稳定，甚至出现卡死等	1. 液压油滤清器堵塞 2. 液压油污染或散热不好 3. 换向阀中溢流阀动作不灵敏或系统超载，如压力、转速太高 4. 液压油不足：如油箱容积太小，油箱储存油量太少 5. 齿轮泵磨损引起内漏 6. 出油管过细，油流速过高 7. 系统中没有卸载回路，在停止工作时油泵仍在高压溢流	1. 清洗液压油滤清器 2. 清洗液压油路，更换说明书规定牌号的液压油，提高散热条件 3 拆下修理，清除故障；降低系统载荷 4. 加足液压油或更换大容积油箱，以使油液有足够的循环冷却 5. 修理或更换新的齿轮泵 6. 更换直径粗的出油管，一般出油流速为 3~8m/s 7. 系统中设有卸载回路，在系统不工作时，油泵必须卸载

（续表）

故障名称	故障现象	故障原因	排除方法
液压油封被冲出	液压油封被冲出，漏油	1. 齿轮泵旋向不对。此时，高压油直通到油封处，由于一般低压骨架油封最多承受 0.5MPa 的压力，因此将油封冲出 2. 齿轮泵轴承承受到轴向力过高。产生轴向力大小与齿轮泵轴伸端与连轴套的配合过紧有关（主机上连轴套的尺寸不规范所致），即安装时将泵用锤子砸或通过安装螺钉硬拉而将泵轴受到一个向后的轴向力，当泵轴旋转时，此向后的轴向力将迫使泵内磨损加剧。由于齿轮泵内部是靠齿轮端面和轴套端面贴合密封的，当其轴向密封端面磨损严重时，泵内部轴向密封会产生一定的间隙，结果导致高低压油腔沟通而使油封冲出 3. 齿轮泵承受过大的径向力。如果齿轮泵安装时的同轴度不好，会使泵受到的径向力超出油封的承受极限，将造成油封漏油。同时，也会造成泵内部浮动轴承损坏 4. 泵内齿轮端面和轴套磨损。齿轮泵长时间吸空或半吸空，使泵内齿轮端面和轴套磨损加剧，由于齿轮泵内部是靠齿轮端面和轴套端面贴合密封的，当其轴向密封端面磨损严重时，泵内部轴向密封会产生一定的间隙，结果导致高低压油腔沟通而使油封冲出	1. 检修调整齿轮泵旋向 2. 检测调整主机上连轴套的尺寸和齿轮泵轴伸端尺寸及配合关系，减少磨损 3. 安装时，齿轮泵的同轴度应符合技术要求 4. 更换磨损严重的齿轮面和轴套。加足清洁的液压油，保证齿轮泵吸满油，油路中无空气
油缸工作失灵	所有的液压油缸均不能工作或某一油缸不能工作	1. 液压油路漏油或液压油不足 2. 换向阀出口的阻尼孔堵塞、液压油选用不正确或清洁度差造成吸油不足 3. 吸油口接头漏气或管道中残存气体造成油泵吸油不足 4. 齿轮泵严重磨损，观察摩擦副表面产生明显的沟痕 5. 齿轮泵的吸油管过细造成吸油阻力大。一般最大的吸油流速为 0.5~1.5m/s 6. 泵的安装高度高于泵的自吸高度 7. 回油阀的调整和密封不好，液压油流回油箱 8. 操纵杆动作不到位 9. 操纵杆连接处松动	1. 找出漏油原因，并加以排除；加足液压油 2. 清除该油路的杂质并清洁油路，畅通阻尼孔；选用规定牌号的液压油 3. 通过观察油箱里是否有气泡即可判断系统是否漏气。更换密封圈，拧紧吸油口接头，松开油管接头放气，直到没有气泡 4. 修理或更换新齿轮泵 5. 适当增大齿轮泵吸油管直径，使其吸油流速为 0.5~1.5m/s 6. 降低泵的安装高度，使其小于泵的自吸高度 7. 检查调整回油阀压力或更换密封圈 8. 调整操纵杆使其动作到位 9. 紧固操纵杆连接处
油箱中有大量泡沫	液压油箱中有大量泡沫，或油沫外溢	1. 液压油中混有水 2. 吸油管密封不严，吸入空气 3. 油箱中液压油太多	1. 清洗液压油路，更换液压油 2. 检查排除漏气部位和油中空气 3. 把多余的油放出

（续表）

故障名称	故障现象	故障原因	排除方法
农具自动下降或下降不稳	还田机自行沉降或下降不稳	1. 该路接头处密封不严渗油 2. 液压锁失灵 3. 阀芯磨损 4. 安全阀或单向阀锥面有异物造成密封不严 5. 油路中有空气 6. 安全阀弹簧工作不稳定或调定压力过低	1. 检查、排除渗漏处或更换密封圈 2. 液压锁内单向阀密封不好，更换或修理 3. 更换阀芯 4. 清除异物 5. 拧开管接头排气 6. 更换安全阀弹簧后，调整压力至规定值
不能下降	农具不能下降	1. 回油阀在关闭卡死 2. 主控制阀提升或中立位卡死、油孔堵塞 3. 下降速度调节阀未开 4. 控制阀弹簧损坏 5. 外拨叉杆缓冲弹簧弹力不足 6. 摆动杆位置调整不正确（支点偏前）	1. 轻震壳体、人工复位 2. 要工复位、清洗 3. 打开 4. 更换 5. 更换 6. 调整
下降过快	农具沉降过快	1. 单向阀，主控制阀、油缸及油路漏油 2. 油温过高，油液黏度小	1. 检修 2. 排查原因（加大油箱容积或设法冷却），换油
农具不能提升	手柄扳到"提升"位置，发动机无负荷变化（油泵不供油或内漏大）或有负荷变化（阀处油路堵塞、农具过重等），农具不能提升	1. 油箱缺油 2. 管路堵塞或不畅 3. 回油阀关闭不严 4. 安全阀开启压力太低 5. 增力阀漏油 6. 油泵内漏 7. 重修后拨叉杆下端位置安装不正确 8. 位、力操纵杆变形、卡住 9. 接头松或密封圈损坏等引起油路漏油 10. 控制阀卡死在"下降"或"中立"位置，油缸卡死	1. 添加液压油 2. 清洗滤网等 3. 轻震其壳体、清洗、研磨 4. 调整 5. 更换、调整 6. 更换零件 7. 检修，重装 8. 校正 9. 检修、更换密封圈 10. 检修
升降缓慢	农具提升缓慢	1. 同"农具不能提升" 2. 阀芯磨损 3. 油缸密封圈损坏 4. 油路中有空气 5. 进油阀安全阀调定压力过低 6. 缓降阀位置装错 7. 油液过稀	1. 同前 2. 更换阀芯 3. 更换密封圈 4. 拧开管接头排气 5. 调整安全阀压力至规定值 6. 装回下腔接头 7. 换油
手柄不能定位	操纵手柄不能定位	1. 定位弹簧失效 2. 定位钢球或卡槽磨损 3. 定位阀卡在闭死位置 4. 自动回位压力太低	1. 更换 2. 更换 3. 拉出、校正 4. 调整
手柄不能自动回中立	操纵手柄不能自动回中立位置	1. 滑阀卡阻 2. 升压阀卡阻 3. 回位弹簧失效 4. 安全阀开启压力低	1. 多次往复 2. 换修 3. 更换 4. 调整

（续表）

故障名称	故障现象	故障原因	排除方法
农具提升抖动	农具提升有抖动现象	1. 油温过高 2. 油量不足 3. 油路中有空气 4. 单向阀或安全阀关闭不严 5. 主控制阀套严重磨损 6. 高压油路漏油	1. 排查原因、换油 2. 添加油液 3. 检修、排除空气 4. 研磨、清洗 5. 更换 6. 检修、堵漏
慢降时反而提升	慢降时农具反而提升	1. 外拨叉杆偏心轮调整不当 2. 扇形板上止点螺钉调整不当	1. 重调 2. 重调
提升位置安全阀排油	农具在提升位置安全阀排油	1. 里手柄上止点螺钉位置太高 2. 用外手柄提升农具	1. 调整 2. 改正
开锁油缸失灵	开锁油缸无力	节流导套阻尼孔变大	更换节流导套
主离合器、无级变速油缸自缩、自伸	主离合器、无级变速油缸自缩、自伸	油缸进出油口与多路阀锁定口位置连接不正确	倒换油缸油管位置，使油缸工作位置有自锁功能
换向阀失灵	换向阀不自动复位或中位时不能定位	1. 复位弹簧失效 2. 定位弹簧失效 3. 定位套磨损 4. 阀芯卡死	1. 更换复位弹簧 2. 更换定位弹簧 3. 更换定位套 4. 修复或更换阀芯
齿轮泵壳炸裂	齿轮泵壳有裂纹，漏油	铝合金材料齿轮泵的耐压能力为38~45MPa，在其无制造缺陷的前提下，齿轮泵炸裂肯定是受到了瞬间高压所致。 1. 出油管道有异物堵住，造成压力无限上升 2. 安全阀压力调整过高，或者安全阀的启闭特性较差，反应滞后，使齿轮泵得不到保护 3. 使用的多路换向阀可能为负开口，这样将遇到因"死点"升压而憋坏齿轮泵	1. 清除出油管道异物，清洁液压油路，选用规定牌号的清洁液压油 2. 检测校正安全阀压力至规定值 3. 选用多路阀

2. 全液压转向机常见故障诊断与排除（表8-3）

表8-3　全液压转向机常见故障诊断与排除

故障名称	故障现象	故障原因	排除方法
转向沉重	转向费力（慢转转向盘轻，快转转向盘沉）或不能转动	1. 分流阀内小活塞中间的节流孔（孔径 Φ2.5~2.7mm，通过此孔过油供给液压转向器）被异物堵塞，使液压转向器基本断绝或完全断绝来油 2. 分流阀上的安全阀弹簧弹力不足或开启压力调整过低，不能满足转向压力要求 3. 液压转向器内的单向阀关闭不严或被异物卡住 4. 转向器回位弹簧片折断 5. 拨销磨损严重 6. 转子泵磨损严重 7. 转向油路中混入空气或水 8. 转向油缸密封圈或油管路漏油 9. 转向轮前束过小 10. 液压油脏、牌号不对或油箱油面太低 11. 油泵磨损内漏供油不足	1. 发动机在息速状态下，松开液压转向器标有"P"字处的进油管，正常情况下应有液压油喷出，若油量太小或基本无油，则完全可以判定故障在分流阀，拆开清理节流孔的堵塞物 2. 拆开分流阀上的安全阀查看弹簧是否折断、单向阀是否磨损而关闭不严以及弹簧弹力是否不足；当安全阀无损坏时，可在安全阀弹簧座处加1~3个平垫，来适当提高安全阀开启压力 3. 清除单向阀内异物，或找专业液压修理人员修复或更换单向阀 4. 更换转向器回位弹簧片 5. 更换拨销 6. 更换转子泵或转向器 7. 排除液压油路中的空气或水 8. 更换油缸密封圈，检修油路，拧紧油管接头 9. 检查调整转向轮前束 10. 选用说明书规定牌号的清洁液压油，加足液压油 11. 找专业技术人员检修或更换油泵、转向器
转向盘不能自动回到中立位置	转向盘不能自动回到中立位置	1. 回位弹簧片折断 2. 转子轴与阀芯不同位 3. 转向轴与轴向立柱套管不同心，转向阻力大 4. 转向轴轴向顶死阀芯 5. 中立位置压力降过大或转向盘停止转动时转向器不卸荷（易跑偏）	1. 更换回位弹簧片 2. 检修 3. 检修 4. 检修 5. 检修
转向失灵	转向不动或不灵敏	1. 转向器拨销变形、损坏或联动轴与拨销间间隙过大 2. 转向器转向弹簧片失效或折断 3. 转向器转子与联动轴相互位置装错 4. 联动轴开口折断、变形或联动轴与转子间间隙过大 5. 转向油缸活塞损坏 6. 阀芯与阀套径向或轴向间隙过大 7. 液压油中有气体 8. 液压油脏或黏度太大	在发动机熄火状态，向任一方向转动转向盘时（直至较沉重为止），感觉转向盘有反弹力，松开后，转向盘迅速弹回中立位置；若转动转向盘时无弹力，或弹力很小，松开后又不能弹回中立位置（或回去的很慢），则可断定液压转向器内的6个弹簧片至少已断了3片，应更换 1. 更换转向器拨销 2. 找液压专业修理人员　更换液压转向器弹簧片 3. 重新安装转向器转子与联动轴，对准装配记号 4. 更换联动轴 5. 更换转向油缸活塞 6. 更换换向器 7. 排除油路中的空气 8. 清洗液压油路，更换说明书规定牌号的清洁液压油

（续表）

故障名称	故障现象	故障原因	排除方法
无人力转向	无人力转向	1. 转子与定子间隙过大 2. 油缸与活塞密封性太差 3. 油面不足，管路中进空气 4. 单向阀损坏 5. 油缸、安全阀损坏或卡滞	1. 更换换向器 2. 更换油缸活塞副 3. 加油、排除油管路中的空气 4. 检修或更换单向阀 5. 检修或更换油缸、安全阀
转向盘居中位时车辆跑偏	行走时转向盘居中位时，车辆跑偏	1. 转向器拨销变形或损坏 2. 转向弹簧片失效 3. 联动轴开口变形	1. 更换或送厂家修理 2. 更换或送厂家修理 3. 更换或修理

第九章　拖拉机的试运转与技术保养

第一节　拖拉机的试运转

一、拖拉机试运转的目的和原则

新购置的、大修后（更换重要动配合件）的拖拉机在使用前必须按规定的负荷、速度和时间进行运转，增大其接触面积，同时进行检查、调整和保养，这一系列工作称为试运转，也叫磨合。目的是：

1）磨合使相对运动零件表面的凸凹逐渐磨平，增加配合表面的接触面积，改善工作性能，为正常使用和延长使用寿命打下良好的基础。

2）及早发现并排除制造、装配质量存在的缺陷，及时排除故障隐患，提高可靠性。

3）及时检查、紧固、调整在磨合中产生的零部件松动、塑性变形、间隙变大等缺陷，以保证良好的技术状态。

试运转的原则是：油门由小到大，速度从低到高（从低挡到高挡逐挡渐行），负荷从无到小到额定负荷。

二、拖拉机试运转的基本步骤

影响试运转质量的主要因素是负荷、速度、时间和油的质量。由上述因素的合理组合制定的试运转要求，称为试运转规程。实践证明，合理的试运转规程，能以较短的磨合时间和较小的能量消耗，使运动副获得较高的磨合质量，提高了拖拉机的动力性、经济性和使用寿命。各种型号不同的拖拉机试运转规程不尽相同，但一般都包括试运转前的准备、柴油机空转磨合、行走空载磨合、带机组磨合、带负荷磨合、试运转后的检查。用户应按产品使用说明书要求进行磨合。

（一）试运转前的准备

1）认真阅读拖拉机使用说明书，掌握其磨合规范。

2）清除机器外表尘土、油污等，检查机器外部零件的完整性，有无短缺和损坏。

3）检查外部紧固件的紧固情况，必要时进行紧固或锁定。

4）检查轮胎气压、传动皮带和链条的张紧度，必要时进行调整。

5）按润滑表向各润滑点加注润滑脂或润滑油；检查发动机油底壳、变速器、液压油箱等的油位，保持在规定的范围内。

6）加足燃料和冷却水。

7）检查操纵机构、配套农具工作部件等的安装情况和灵活性及可靠性。各手柄处于空挡位置。

8）检查电路是否连接正常、可靠，蓄电池是否需要补充电。

9）按操作规范启动发动机。

（二）试运转

1. 柴油机空转磨合

柴油机空转磨合约进行 15min。转速由低到高平缓增加；开始小油门运转 5min，然后中油门运转 5min，最后再把油门置于最大位置运转 5min。

空转磨合的各转速过程中，要随时注意倾听和观察柴油机情况，注意观察水温、油温、油压和烟色等，查看有无漏油、漏水、漏气现象，特别注意有无异响。发现故障必须找出原因加以排除，必须在柴油机工作完全正常时才能进行下一步磨合。

在中速运转时，可进行液压悬挂系统无负荷磨合，操作液压手柄升降 20 次以上。

2. 动力输出轴空载磨合

在发动机中油门转动时，动力输出轴操纵手柄分别置于高速、低速位置各磨合 5min，检查有无异常现象，然后将动力输出轴操纵手柄置于空挡位置。

3. 液压悬挂系统的磨合

液压悬挂系统的磨合约 20min，按以下顺序进行磨合。

1）在下悬挂点上加 340kg 重块或悬挂与该质量相当的农具。

2）使发动机在低速和高速下各运转 10min。同时扳动液压操纵手柄，缓慢提升、下降液压悬挂装置和配套农具油缸不少于 20 次。将分配器操纵手柄放在"提升"位置，油缸活塞升到行程终点时，操纵手柄能自动跳回到"中立"位置。

在磨合过程中，观察其是否升降平稳，准确可靠，仔细检查液压系统有无卡滞、漏油和渗油现象，系统内有无异常响声等异常现象。发现故障，应及时排除。

4. 拖拉机空载行驶磨合

空载行驶磨合是对柴油机的进一步磨合，也是对拖拉机其他传动装置和行走系统磨合；同时，对拖拉机整车的灵活性、可靠性进行检查和调整。试运转总时间不少于 4h，当发动机水温升高至 60℃ 以上时，只能用Ⅰ挡或Ⅱ挡起步，不允许Ⅲ挡起步，不允许突加油门。挂挡时应将离合器踏板踩到底，使其彻底分离以免打齿。挂上挡后应缓慢松开离合器踏板，不允许突然抬起离合器和将脚长时间放在离合踏板上。注意留心观察机器各部分在每挡的运转情况和仪表的指示情况，并检查以下项目。

1）应按从低速挡到高速挡，从前进挡到后退挡的顺序逐挡磨合 0.5h，采用 3/4 油门开度。

2）在各挡行驶过程中要多次进行摘挡、停车、挂挡、起步等操作，检查离合器分离是否彻底，变速换挡是否轻便。

3）在各挡行驶结束时，用低速进行左右急转弯试验，或用单边制动转向，检查最小转弯半径。

4）前进行驶时，在平坦的路面上进行高速紧急制动，检查制动系统的作用是否正常，检查制动器的调整是否正确。注意一开始不要做紧急制动。

5）检查变速器、后桥等有无过热、异响和漏油现象，并检查润滑油油面。

6）检查前后轮轴承部位是否过热，轴向间隙 0.1~0.2mm。

7）检查传动皮带或传动链条等是否符合张紧规定。

8）检查轮胎气压，并紧固各部位螺栓，特别是前、后轮轮毂螺栓、发动机机座和带轮紧固螺栓等各重要部件的紧固螺栓。

9）检查电器系统仪表、各信号装置是否可靠工作。

5. 拖拉机带负荷磨合

拖拉机带负荷磨合应在发动机标定转速下进行，负荷由小到大依次逐级增加，拖拉机的速度由低挡到高挡逐挡进行。四轮驱动拖拉机应在接合前驱动桥情况下进行磨合，而且挂钩上的负荷应增加 20%。现以东风 1000 系列拖拉机空驶及带负荷磨合规范为例，见表 9-1。

表 9-1　东风—1000 系列拖拉机空驶和带负荷磨合规范

挡位	Ⅰ	Ⅱ	Ⅲ	Ⅳ	Ⅴ	Ⅵ	Ⅶ	Ⅷ~Ⅻ	倒Ⅰ	倒Ⅱ	倒Ⅲ	倒Ⅳ	油门开度
空驶	0.5	0.5	0.5	0.5	0.5	0.5	0.5	0.5	0.5	0.5	0.5	0.5	3/4
轻负荷（3 500N）		3	3	4	4	4	4	1					3/4
中负荷（6 500N）		4	4	4	4	4	4	1	0.5	0.5	0.5	0.5	全开
重负荷（12 000N）		4	4	4	4	4	4	2					全开

（三）试运转结束后的维护保养

试运转是拖拉机所有运动配合件的磨合过程。试运转结束后，润滑油中积聚了相当多的金属磨屑，必须更换润滑油并清洗润滑系统。拖拉机经过试运转，某些紧固部位可能会松动，间隙等调整部位可能发生变化，需要重新调整和紧固。因此，试运转后应做好以下技术保养。

1. 清洗

1）停车熄火后趁热放出油底壳和变速器及后桥中的润滑油、齿轮油，注入清洁的柴油，用Ⅱ挡和倒挡各运行 3min 左右，清洗润滑油路、机油集滤器、滤清器和传动系统，然后放尽清洗柴油。分别按规定的品种和数量加入新的润滑油、齿轮油。

2）趁热放出液压油箱内的液压油，加入符合规定的新液压油。

3）清洗柴油箱滤网、柴油滤清器和柴油积尘杯。

4）清洗或清洁空气滤清器和滤网。

5）放出冷却液，用清洁的软水清洗冷却系统，并加满符合规定的冷却液。

2. 更换

更换机油滤清器、液压油滤清器的滤芯及空气滤清器滤芯。

3. 检查调整和紧固

1）检查和紧固拖拉机外部的螺栓及螺母。检查调整各操纵机构的自由行程、喷油器喷射压力。

2）按顺序紧固气缸盖螺母至规定扭紧力矩，检查并调整气门间隙和减压机构的间隙。

3）检查、调整离合器、制动系统的自由行程及其工作间隙。

4）检查、调整前轮前束符合技术要求。

5）检查、调整轴承间隙和传动皮带、链条张紧度及传动 V 带和链条中心线是否在同一平面上。

6）检查动力输出轴的接合、分离和运转情况。

4. 润滑

按说明书规定将加注润滑油至油箱规定的油面，按润滑表要求加注润滑脂润滑各部位。

5. 存档

将试运转的详细情况计入技术档案。

第二节 拖拉机技术保养

一、技术保养的概念和目的

技术保养就是对机器各部分进行除尘、清洗、检查、调整、紧固、堵漏、添加、润滑和更换易损零部件等一整套技术维护保养的措施及操作。它包含维护保养和部分维修两部分内容，是计划预防维护制度的重要组成部分。

坚持执行"防重于治、养重于修"的原则和技术保养规程，坚持正确的使用、规范的维护和良好的保管，是防止机器过度磨损、避免故障与事故，保证机器经常处于良好技术状态、延长使用寿命，确保人机安全和增收节支的重要手段。经验证明，如技术保养好的拖拉机，能实现"优质、高效、低耗和安全"作业，其三率（完好率、出勤率、时间利用率）高，维修费用低，使用寿命长，经济效益高；保养差的则出现漏油、漏水、漏气、漏电，故障多，油耗大，维修费用高，生产率低，误农时，经济效益差。

二、拖拉机技术保养的要求

虽然各种型号拖拉机的技术保养要求各异，但对总体技术保养维护的要求是一样的，要求做到：两个有（有检查、有记录）、三个按（按时、按号、按条）、三个良好（润滑良好、调整良好和紧固良好）、四不漏（不漏水、不漏油、不漏气和不漏电）和五净（油净、水净、气净、机器净和工具净）。

其技术要求是：

1. 性能指标良好

指拖拉机各机构、系统、装置的综合性能指标，如功率、转速、油耗、温度、声音、烟色和严密性等符合使用的技术要求。

2. 配合间隙正常

指拖拉机各调整部位及配合间隙、压力及弹力等应调整到符合使用的技术要求。

3. 润滑周到适当

指所用润滑油料应符合规定，黏度适宜，各种机油、齿轮油的润滑油室中的油面不应过高或过低。油不变质，不稀释，不脏污。用黄油润滑的部位，加黄油时须擦净油嘴，将旧的润滑脂全部挤出，到挤出新的润滑脂为止。如低速运转部位采用钙基润滑脂即可，高速运转部位应采用高速耐高温润滑脂。

4. 连接紧固牢靠

指机器各连接部位的固定螺栓、螺母、插销等应紧固牢靠，扭紧力矩应适当，不松动，不脱落。重要零部件的固定必须按8.8级螺栓的扭矩要求紧固。紧固扭矩低易引起零部件松动、脱落；反之，过高易引起零部件塑性变形甚至断裂等事故。

5. 应保证四不漏、五净、一完好

拖拉机应保证"四不漏、五净和一完好"。即指气缸垫片、油封、水封、导线及相对运动的精密偶件等都应该保持严密，做到不漏气、不漏油、不漏水、不漏电；拖拉机各系统、各部位内部和外部均应清洁干净，无尘土、草屑、油泥、杂物、堵塞等现象，做到机器净、油净、水净、气净和工具净；拖拉机各工作部件齐全有效，做到整机技术状态完好，即功率充足、润滑良好、调整正确、紧固可靠、启动平稳、运转正常无异响，离合器不打滑、分离彻底，电器系统工作可靠、仪表齐全、灵敏有效，整机不缺件，无损坏，拖拉机转向、制动等操纵机构轻便灵活、工作可靠。

配套农具保证"五不（不缺件、不变形、不锈蚀、不旷动、不钝）、三灵活（操纵灵活、起落灵活、转动灵活）和一完好（整机技术状态完好）"。

6. 随车工具齐全

指拖拉机上必需的随车工具、用具和拭布棉纱等应配备齐全。

7. 确保安全

见第一章第二节四、安全生产要求。

三、技术保养的分级、保养周期

拖拉机的技术保养分日常技术保养（简称日常保养，又叫班保养）和定期技术保养两种。

1. 班保养

班保养是指在每班工作开始或结束时进行的保养，主要内容是以日常清洁、外部零件检查紧固，消除"三漏"，各部位的润滑及添加柴油、冷却液和润滑油为主。

2. 定期保养

定期保养是在拖拉机完成一定的工作小时或消耗一定的燃油量后进行的维护保养，也称为号保养。其内容除了要完成班次保养的全部内容外，还要根据零件磨损规律，按说明书的要求增加部分保养项目。定期保养一般以"三滤"（空气滤清器、柴油滤清器、机油滤清器）的清洁、重要部位的检查调整，易损零部件的拆装更换为主。我国对拖拉机多采用四级三号（即班保养、一号保养、二号保养、三号保养）或五级四号（即班保养、一号、二号、三号和四号保养）维护保养制度。

3. 保养周期

保养周期是指两次同号保养的时间间隔。保养周期的计算方法常用的有：工作时间法（h）和主燃油消耗量法（kg）两种。定期保养是在班保养基础上进行的。高一号保养周期是它的低号保养周期的整数倍。

四、拖拉机日常技术保养

日常技术保养内容可概括为：各零部件的清洁、检查、调整与紧固、加添、润滑和更换。

1. 清洁

机器不清洁会积尘形成灰垢、水垢、油垢等，加快机器的锈蚀，会隐盖故障隐患，影响水、油、气的流通等。保持拖拉机各部分的清洁十分重要，它是最基础的保养项目。日常和定期的清洁工作主要有以下几点。

1）清扫机器外部黏附的泥垢、积尘、油污、草屑等，特别注意清理空气滤清器滤网、风扇滤网（部分机型）、发电机附近等处的沉淀物和附着物。

2）清理各传动皮带和传动链条等处的泥块、秸秆等。泥块会影响带轮平衡，秸秆会引燃起火。

3）清洁冷却水箱散热器管或片间的风道、液压油散热器、防尘罩等处的草屑、秸秆叶等污物。

4）清洁空气滤清器，如作业环境灰尘多时，每班要清洁滤芯，干式滤芯只能清扫不能清洗。

5）及时清理增压器周围、发动机排气管周围的杂物，防火灾。

6）拖拉机运转时，要注意倾听声音，观察排气烟色，排除发现的故障和不正常现象。

2. 检查、调整和紧固

拖拉机在工作过程中，由于震动及各种力的作用，原先已紧固、调整好的部位会发生松动和失调；还有不少零件由于磨损、变形等原因，导致配合间隙变大或传动带（链）变形，传动失效。因此，检查、紧固和调整是拖拉机日常维护的重要内容。

1）检查各部件的连接螺栓、固定螺钉的紧固情况，若有松动应及时紧固；特别应注意检查各传动轴的轴承座、皮带轮、前桥与大梁连接处等重要部位的紧固情况。

2）检查离合器、制动系统、转向系统功能是否灵活可靠，自由行程是否符合规定。

3）检查变速器、传动箱、边减速装置等有无异响，润滑油是否泄漏和不足。

4）检查传动带、传动链条的张紧度。必要时进行调整，损坏时应更换。

5）检查液压系统油泵、多路阀、油缸、管路接头等是否有泄漏。

6）检查驾驶室中各仪表、操纵机构是否灵敏可靠。

7）检查配套农具工作部件的磨损情况，有无松动和损坏，各工作间隙是否变大，若变化应调整符合技术要求。

8）检查电气线路的连接和绝缘情况，有无损坏和接触。

9）检查轮胎气压是否符合技术要求。

3. 加添

1）检查加添柴油。一是加添柴油的品种和牌号应符合技术和气温的要求；二是要沉淀48h以上，不含机械杂质和水分。

2）检查加添润滑油。不足时及时补充符合技术和气温要求的润滑油。

3）检查加添冷却水或防冻液。加添冷却水应是干净的软水（或纯净水），不要加脏污的硬水（钙盐、镁盐含量较多的水）等；防冻液应符合本区域防冻要求。

4. 润滑

为了延长机器的使用寿命和使用经济性，一切摩擦副和传动副都需要及时润滑。加添润滑剂最重要的是要做到"四定"，即"定质""定量""定时""定点"。"定质"就是要保证润滑剂的质量，应选用清洁的符合规定的油品和牌号。"定量"就是按规定的量给各油箱、润滑点加油，不能多，也不能少。"定时"就是按规定的加油间隔期，给各润滑部位加油。"定点"就是要明确拖拉机的润滑部位。

1）按说明书规定给拖拉机的各运动部位和润滑点进行加油润滑，如各铰链连接点、轴承、各黄油嘴等加添润滑剂。

2）经常检查轴承的密封情况和工作温度，如因密封性能差，工作温升高，应及时润滑和缩短相应的润滑周期；

3）润滑油应放在干净的容器内；注油前必须擦净油杯、加油口盖及其周围地方；外部的传动链条每班必须停车进行润滑一次，润滑时必须到位。

5. 更换

检查拖拉机中易损件的磨损严重或损坏情况，如发现"三滤"的滤芯、传动链条、皮带等磨损严重或损坏，必须立即修复或更换。

五、拖拉机定期技术保养

定期保养是在完成班保养的项目外，还需增加以下项目，由于各拖拉机生产厂的规定有所差异，具体机型应按其使用说明书规定进行。现以东风 900 系列轮式拖拉机的定期保养为例。

1. 50h 技术保养

1）完成每班技术保养的全部内容。

2）转向油缸、前轴主销套管、四轮驱动前桥摆轴、前轴中央摆销套管和提升臂与油缸顶杆的连接套、拉杆回转铰链及轴上的黄油嘴都应加注润滑脂。

3）检查油浴式空气滤清器油面并除尘。

4）用清洁柴油清洗机油滤芯。

5）按"柴油发动机使用保养说明书"中"一级技术保养"的要求对发动机进行保养。

2. 200h 技术保养

1）完成 50h 技术保养的全部内容。

2）更换柴油发动机油底壳润滑油，更换机油滤清器滤芯（或机油滤清器），清洗机油集滤器及曲轴离心净化室等润滑油路。

3）清洗保养油浴式空气滤清器油盆和滤网等。

4）清洗柴油滤清器（如是纸质滤芯，不允许清洗，需更换）、滤网和燃油管路，清除柴油箱、柴油滤清器内的水和机械杂质等沉淀物。有沉淀器代替原粗滤器的机型，发现沉淀器内积水或污物达杯子 1/3~1/2 时需清除。

5）清洗提升器液压油滤清器，必要时更换滤芯。

6）清洁蓄电池、检查蓄电池电解液液面高度和密度，不足时及时补充。同时紧固导线接头，并在接头处涂上凡士林。

7）按"柴油发动机使用保养说明书"中"二级技术保养"的要求对发动机进行保养。

3. 400h 技术保养

1）完成 200h 技术保养的全部内容。

2）前轮、前驱动桥主销油杯等加注润滑脂。

3）检查前驱动桥中央传动、末端传动油面高度，必要时添加。

4）检查传动系统及提升器的油面高度，必要时添加。

5）检查转向盘、停车自动手柄的自由行程，必要时调整。

6）清洗保养液压转向油箱滤清器。

7）检查启动电机开关的状态。清除发电机及启动电机上的积尘。

8）检查调整离合器分离杠杆与分离轴承的端面间隙。

9）按"柴油发动机使用保养说明书"中"二级技术保养"的要求对发动机进行保养。

4. 800h 技术保养

800h 以上技术保养属高号保养，要求对拖拉机进行全面、系统的清洁、检查、调整、鉴定和更换达到磨损极限的零件，重点是对拖拉机内部进行技术保养。

1）完成 400h 技术保养的全部内容。

2）更换液压转向系统用传动液压油。

3）更换传动系统和提升器用传动液压油。

4）检查柴油机气门间隙。

5）检查调整喷油泵喷油压力。

6）清洗保养燃油箱。

7）按"柴油发动机使用保养说明书"中"三级技术保养"的要求对发动机进行保养。

5. 1 600h 技术保养

1）完成 800h 技术保养的全部内容。

2）清洗保养柴油机冷却系统。

3）清除气缸盖积碳，检查气门密封性，必要时研磨气门。

4）更换前驱动桥中央传动和最终传动润滑油。

5）检查调整维护保养启动电动机。

6）检查前轮前束和前轮轴承间隙，必要时调整。

7）按"柴油发动机使用保养说明书"中"三级技术保养"的要求对发动机进行保养。

六、技术保养技能指导

（一）三角皮带（"V"形带）的技术保养

1. 传动带的失效形式和更换

带传动的失效形式主要包括：①带在带轮上打滑，不能传递动力。②带由于疲劳产生脱层、撕裂和拉断。③带的工作面磨损。带传动是靠摩擦来传递运动和动力的，保证带在工作中不打滑，并具有一定的疲劳强度和使用寿命是带传动的设计准则。当带传动出现上述现象时，应及时更换。需注意的是，成组 V 带更换应成组进行，不能只换单根。

2. 拆装

拆装"V"形带时，应将张紧轮固定螺栓松开，不得硬将"V"形带撬上或扒下。拆装时，可用起子将带拨出或拨入大胶带轮槽中，然后转动大皮带轮将"V"形带逐步盘下或盘上，见图 9-1。装好的胶带不应陷没到槽底或凸出在轮槽外。

3. 安装技术要求

安装皮带轮时，在同一传动回路中带轮轮槽对称中心应在同一平面内，允许的安装位置度偏差应不大于中心距的 0.3%。就拖拉机而言，一般短中心距时允许偏差 2~3mm，中心距长的允许偏差 3~4mm。但对于使用宽"V"形带的地方，如脱粒滚

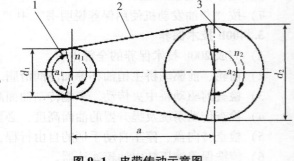

图 9-1　皮带传动示意图
1-主动轮　2-传动带　3-被动轮

筒变速轮，则应仔细调整。多根"V"形带安装时，新旧"V"形带不能混用，必要时，尺寸符合要求的旧"V"形带可以互相配用。

4. "V"形带的张紧度的检查

皮带传动工作一段时间后，因永久伸长而出现松弛时，应检查和调整其张紧度。"V"形带的正常张紧度是以 5kg 左右的力量加到两皮带轮中间松边的胶带上，用胶带产生的挠度检查"V"形带张紧度。一般原则是：挠度为两带轮中心距的 1.6%；中心距较短且传递动力较大的"V"形带挠度以 8~12mm 为宜；较长且传递动力比较平稳的"V"形带挠度以 12~20mm 为宜；较长但传递动力比较轻的"V"形带挠度以 20~30mm 为宜。

5. "V" 形带张紧度的调整方法

皮带传动的张紧装置分定期张紧和自动张紧两类，常用的张紧方法有调整两带轮中心距位置和移动张紧轮位置两种。调整合适后，被移动的部件必须紧固定位后进行复查张紧度。

（二）链条传动的技术保养

1. 传动链的失效形式

链的失效形式主要有：①链的疲劳失效：主要表现在链板、滚子与套筒的疲劳破坏。因此，链条元件的疲劳强度是决定链传动承载能力的主要因素。②链条铰链磨损：主要表现在链节距变长，链的松边垂度变化，增大动载荷，容易发生跳齿或脱齿。③链条铰链的胶合：表现在润滑不良或转速过高时，铰链工作表面发生胶合破坏。因此，链条铰链的胶合在一定程度上限制了传动的极限转速。④链条静力拉断裂：表现为低速的链条过载时，发生静强度不足而断裂。因此，链条静力拉断常发生在低速重载或严重过载的传动中。当出现上述失效现象导致链传动无法工作时，应予以更换链条。

2. 检查张紧度

检查张紧度时，可用手以 10~30kg 的力从链条中部提起，其上提高度以 10~35mm 为合适；中心距短，上提高度取下限；反之取上限。如两根链条，张紧度应一致。

3. 拆卸

下面以典型的齿轮箱传动链轮为例，见图 9-2。①拆下护罩，放置于一侧。②松开链条张紧轮螺母 C，让张紧轮 C 处于自由状态。找到链条活节上的锁片 G，用钳子取下锁片并摘掉链节，从链轮上取下链条 F。对于张紧行程足够的可以不必拆卸活节，直接取下传动链条。③将链条从小齿链轮端摘下。④从主动链轮上（安全离合器轴链轮）取下链条。

 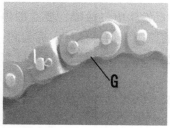

图 9-2　传动链条的拆装
A-主动链轮　B-张紧轮　C-锁紧螺母　D-固定张紧滑块
E-被动链轮　F-传动链条　G-活节锁片

4. 清洗和更换

应定期卸下链条用煤油或柴油清洗干净后，检查链条的技术状况。凡有裂纹、折断、破碎的零件或整根链条已严重磨损，如链板的孔眼扩大、拉长等，应予更换。

更换链条时，应同时更换新链轮。若链轮左右对称，可反过来使用。

5. 润滑

除平时将润滑油加到销轴与套筒的配合面上外，还应定期卸下链条，用柴油清洗干净，待干后放到机油中或加有润滑脂的机油中加热浸煮 20~30min，冷却后取出链条。如不热煮，可在机油中浸泡一夜。

6. 安装

①先将链端绕到链轮上，再从链条内侧向外穿入活节和销，以便从外侧装连接板和锁片。活节锁片安装的开口方向一定要与链条运动方向相反。一般在松边上，开口向后，紧边向前；②摆正安全离合器轴；③调整链轮共面后，压下张紧轮 B；④张紧链条后拧紧螺母 C；⑤最后安装安全护罩；⑥安装链条时，联结链在同一传动回路中的链轮应安装在同一平面内，两轮齿对称中心面位置度偏差不大于中心距的 0.2%（一般短中心距允许偏差 1.2~2mm，中心距较长的允许偏差 1.8~2.5mm）。

7. 张紧

链条的张紧度要适度，太紧易增加磨损，太松易产生冲击和跳动。链条的张紧度一般应按两链轮中心距 1%~2% 调整；链条一边拉紧时，另一边应在垂直方向上有 10~30mm 的活动余量。若张紧轮已调到极限位置，仍不能达到张紧要求，可去掉或增加链节。但一定注意新旧链节不可混用。

（三）电气系统日常保养

1）检查裸露在外的导线和仪器仪表，因其经常在泥水、灰尘、高温和振动等状态下工作，应保持清洁，防止污染腐蚀和损伤。

2）检查导线连接的焊接点、接线柱、固定螺钉等是否连接可靠；将导线扎成束整齐固定起来，用保护套保护，避免与运动部件摩擦造成短路和断路。

3）拖拉机作业中途停歇及下班后，应按照"看、摸、听、嗅"四字法对电气系统进行检查：看电器设备和连接导线固定是否牢固，外表有无与其他机件挤压、摩擦及损坏现象，工作时有无冒烟等；摸一摸各电气设备工作时温度是否过高，固定连接的地方是否牢固，有无摩擦松动等；听一听工作时的声音是否正常，有无异常的杂音等等；嗅一嗅电气设备有无烧焦味等。

4）作业中一旦发生电气故障，要立即停机检查，应遵循"由简到繁、先易后难、由表及里、分段查找"的原则，切忌盲目大拆大卸。

5）更换导线、熔丝及电器设备时，应与原来的型号、规格相同，不能使用不同型号规格的产品代替。

拖拉机其他技术保养见各章节使用维护。

第三节　拖拉机入库保管

拖拉机是季节性很强的大型农业机械。在一年之中，有相当长时间不工作。若保管不善，会使拖拉机技术状态恶化。为了使拖拉机安全度过长时间的保管期，减少不必要的损失，保证来年正常使用，每个季节作业完毕，必须对拖拉机进行科学管理和认真维护。拖拉机的正确存放保管是延长机器使用寿命、确保机器保持稳定的工作效率和作业质量的重要环节。因此必须做完以下几项准备工作，然后将拖拉机存放在干燥的库房内。

一、保管期间损坏的主要原因

1. 锈蚀

在停歇期间，空气中的灰尘和水汽容易从一些缝隙、开口、孔洞等处侵入机器内部，使一些零部件受到污染和锈蚀；相对运动的零件表面、各种流通管道和控制阀门，由于长期在某一位置静止不动，在长时间闲置期间失去了流动的且具有一定压力的油膜的保护，也会产生蚀损、锈斑、胶结阻塞或卡滞，以致报废。

2. 老化

橡胶、塑料、织物等在阳光照射下，由于紫外线等的作用，会老化变质、变脆，失去弹性或腐烂。

3. 变形

杆类零件、细长零件、薄壁零件、传动胶带等由于长时间受力，易使零件产生塑性变形。

4. 其他

拆下的零件保管不善、乱拆卸或移作他用等，导致零件丢失，电气设备受潮，蓄电池自行放电等。

二、入库保管的原则

1. 清洁原则

清洁机具表面的灰尘、草屑、泥土等黏附杂物、油污等沉积物、茎秆等缠绕物和锈蚀。

2. 松弛原则

机器传动带、链条、轮胎、液压油缸等受力部件要全部放松。轮胎气压放至大气压下，然后用坚固的木块支离地面，呈放松状态。所有液压缸均收缩至最短行程，缸内不受液压力。

3. 润滑原则

按照拖拉机的润滑要求将各转动、运动、移动的部位都应加足润滑油或润滑脂。检查离合器、导向轮毂、驱动轮毂等润滑点油杯的完好情况，清洁或更换缺损的油杯，保证润滑系统完整可靠。

4. 安全原则

做好防冻、防火、防水、防盗、防丢失、防锈蚀、防风吹雨打日晒等措施。

三、入库保管的技术措施

（一）入库保管前应做的工作

1. 对整机进行一次全面的维护保养

根据检查情况，排除所存在的故障和隐患。更换损坏部件、紧固松动螺栓、补齐缺失部件并全面进行保养。对个别重要部位应该拆卸后详细检查维修，将拖拉机调整成基本工作状态，以利于下次快速投入使用。

2. 彻底清洁机器的内部和外部

1）打开机器上的全部窗口、盖子、护罩。仔细清除拖拉机内外的尘土、草屑和污物。必要时可做部分拆卸，将里外杂质清除干净，做到车身里外干净无积尘及杂物。必要时用压力水清洗机器外部，但不要将水沾到机体内部、轴承和电器件上，否则将会造成短路故障；最后再开机 3~5min 将残存水吹干。对外露的金属表面和工作受摩擦的地方涂防锈油或刷漆。

2）清理液压油路、燃油路、润滑油路、发动机表面等的油污，并检查排除渗滴现象。

3）清理配套机具内外部的积尘污物，保证干净、转动灵活、防锈蚀。

3. 进行空车运转检查

检查发动机、底盘等运转部件有无异常响动；传动链条、皮带、风机叶片等相关件有无刮擦现象；检查换挡、刹车、离合、液压升降等操纵机构有无阻滞或反常现象；检查仪表反映是否灵敏；电器线路是否有破裂、断路、短路；检查液压管路、阀件是否有渗漏现象；检查发动机底座、离合器壳体、大小轮胎、散热器上下水胶管、散热器、转向油缸等部件是否牢固可靠；各润滑部位是否润滑良好、温升正常等。根据检查情况，按安全规范及技术要求认真将机具调整成最佳工作状态。

4. 加油润滑

1）按照使用说明书上润滑图表，对机器各运动、转动、移动的部位的润滑点进行定时、定量加油润滑。

2）定期更换轴承内、油箱（油底壳）等的润滑脂或油。然后将拖拉机用中油门无负荷运转一下。对各调节螺栓、离合器、传动链轮、铰链接头等表面涂抹润滑脂或齿轮油。对无油嘴的滑动或转动表面涂油。

3）经常检查离合器、驱动轮毂、导向轮毂等润滑点油杯的完好情况，清洁或更换缺损的油杯，保证润滑系统完整可靠。

4）维修中，为了今后拆装方便，即是装配后两件不转动的配合表面也需在装配前涂匀润滑脂。如与轴承配合的表面、轴孔的轴表面、花键副内外表面等。

5. 选择存放场所

存放场所应通风干燥、没有灰尘、地面平坦、有水泥或铺砖地面的房间内，室内应配备必要的消防器材，库房内严禁放硫酸、碱、盐、化学药品和蓄电池等物品。室内的昼夜温差尽可能的小，不要露天存放，严防风吹、日晒、雨淋。

临时露天存放时，则应选干燥、通风良好处，地面应铺砖，应用帆布、塑料布将发动机、仪表盘遮盖严密，以防风吹雨淋发生锈蚀。要把拖拉机垫起，卸掉轮胎，并将轮胎存放在干燥、通风的室内保管。

（二）保管方法

1）存放时，应将拖拉机的前后桥用千斤顶顶起后，垫实，牢固支撑起来，使轮胎架空，并保持机架水平，使轮胎不受负荷，并把轮胎气压减低至0.05MPa。否则，要定期检查轮胎气压，并及时补充气保持正常，不然会造成轮胎或其他部件损坏。

2）将各液压油缸的柱塞或活塞杆全部缩回油缸内，以防止生锈和尘土污染；将油缸柱塞裸露表面涂油。卸下液压油箱放出剩余液压油，清洗液压油箱和滤芯器等油路后，装回原处，加满液压油，封好备用。

3）将所有操纵手柄移到空挡位置（包括电气系统开关和驻车制动器），将拖拉机前轮放正，悬挂杆件放在最低位置。

4）取下发动机开关钥匙或拉出关闭按钮，断开电源总开关。

5）拆除或放松全部传动皮带，检查更换因过分打滑和老化造成烧伤、裂纹、破损严重的胶带。对于仍能使用的胶带，则应将表面污物清理干净，然后涂抹滑石粉，成束系上标签，存放在阴凉干燥处或交库妥善保管。放置时胶带不应打卷，上面不应压重物。在风扇皮带与皮带轮之间放上硬纸，以防粘连。

6）卸下传动链条，检查其磨损情况，如不需要更换时，一是应放在柴油或煤油中清洗，待干后放在无水机油中浸泡15~20min，然后将链条装回原处，但不得张紧。二是洗净后，放在加热（60℃左右）的机油（机油中可加部分润滑脂）中浸泡20~30min，冷却后取出用塑料膜包好，做好标记后放在木箱中保存。

7）清洁轴承等，在油中浸泡后用塑料膜包好存放。

8）卸下燃油箱及油管，用柴油清洗后放回原处，并拧紧各处的油口螺塞、密封盖和接头。燃油箱加满柴油，否则空油箱会凝结水滴，导致油箱内壁生锈。

9）冷却水中未加防冻液，应放尽冷却水。

10）用塑料膜包扎进排气管、加油口、加水口、高压油泵、仪表箱、电器开关、转向盘等，防止灰尘、雨、雪等脏物和水分进入。

11）关闭总电源开关，拆除并清洁蓄电池，充电后放在干燥和防冻处专门保管，严禁在蓄电池上放置导电物体，铅酸蓄电池应每月充电一次，充电后应擦净电极，涂以凡士林，延长其使用寿命。蓄电池若在拖拉机上保管，还须将蓄电池的搭铁线（负极）拆下。

拆蓄电池时，首先要切断搭铁（负极）线，然后再切断正极线；安装时要先连接正极线，再连接负极线。

12）检查拖拉机各部件情况，并记入档案。拆卸和查看机器时，如发现零件或部件需要更换时，应登记其名称、规格，以便购买新品或换上备用零部件。

13）对未用的零部件和工具进行清点造册登记，提出下个作业期所需易损零部件的明细。

14）每个月要转动一次发动机曲轴。

（三）建立入库保管制度

1）定期检查机库内机器放置的稳定性和完整性，检查燃油、润滑油、液压油有无渗漏，轮胎气压等。发现问题，立即排除。

2）定期检查拆下的总成、部件和零件，其中橡胶件每2~3个月拿出室外晾一晾后重新放置，必要时擦干并扑上一些滑石粉。

3）定期用干布擦拭蓄电池顶面灰尘，定期检查蓄电池电解液的液面和比重，蓄电池即使不用也会自然放电，每月应对蓄电池补充充电一次。

4）每月启动发动机或摇转发动机曲轴1~2次，每次转10~15转。

5）在保管期间，最好每月将电磁阀在每一工作位置动作15~20次。为防止油缸柱塞表面锈蚀，应将柱塞推到底部。

6）注意防火，防化学制剂或其他污染物的侵蚀。

四、存放后重新启动机器前应做的工作

拖拉机经过长期贮存，使用之前要进行一次系统全面的检查保养，具体内容参见前启动前的准备，清除防锈用的油脂等等，确保机器状态良好。启动发动机前，要通风良好，不要在密闭的室内启动。

第十章　拖拉机故障诊断与排除

第一节　拖拉机故障征象原因和诊断原则及方法

故障是指零件之间的配合关系破坏，相对位置改变，工作协调性破坏，造成拖拉机出现功能或性能失常等现象。任何故障都有其变化规律和特征，只要掌握其内在的因素和变化条件，就能迅速准确判断和排除故障。

一、故障表现的一般征象

拖拉机发生故障时，都有一定的规律性，并通过以下的征象表现出来：

1. 声音异常

声音异常是拖拉机的主要表现形态。其表现为在正常工作过程中发出超过规定的异常响声，如敲击、爆燃和摩擦噪声、零件碰击声、换挡打齿声、排气管放炮等。

2. 性能异常

性能异常是较常见的故障现象。表现为某系统不能完成正常作业或作业质量不符合要求，即说明该系统性能异常。如启动困难、功率不足等。

3. 温度异常

当发动机水温、润滑油温、轴承等处温度超过一定限度而引起"过热"，严重时会造成恶性事故。

4. 消耗异常

主要表现为燃油、机油、冷却水、液压油和电解液等过量消耗，油底壳油面反常升高等均称为消耗异常。

5. 外观异常

凭肉眼可观察到拖拉机外部的各种异常现象。如发动机燃烧不正常，就会出现排气冒白烟、黑烟、蓝烟现象，排气烟色不正常是诊断发动机故障的重要依据；拖拉机的燃油、机油、冷却水、液压油等的泄漏，易导致过热、烧损、转向或制动失灵等；零件的松脱、变形、丢失、错位和破损等易造成故障，甚至发生事故。

6. 气味异常

拖拉机使用过程中，出现异常气味，如摩擦片或绝缘材料的烧焦味、油气味等。

二、故障形成的主要原因

拖拉机故障产生的原因主要有以下 4 种：

1. 设计制造缺陷

由于拖拉机结构复杂，使用条件恶劣，各总成、组合件、零部件的工作情况差异很大，部分生产厂家的产品设计、生产工艺、装配调整、入库检验等环节存在疏漏，导致用户在使用中容易出现故障。

2. 配件质量问题

随着农机化事业的不断发展，拖拉机配件生产厂家也越来越多。因各个生产厂家的设备条件、技术水平、经营管理各不相同，配件质量也就参差不齐。在分析、检查故障原因时应考虑这些因素。

3. 使用不当

使用不当所导致的故障占有相当的比重。如未按规定使用清洁燃油、润滑油、高速重载作业、使用中不注意保持正常温度等，均能导致拖拉机的早期损坏和故障。

4. 维护保养不当

拖拉机经过一段时间的使用，各零部件都会出现一定程度的磨损、变形和松动。如果我们能按照机器使用说明书的要求，及时对机器进行维护保养，就能最大限度地减少故障，延长机器使用寿命。

三、故障分析的原则

故障分析的原则是：搞清现象，掌握症状；结合构造，联系原理；由表及里，由简到繁；按系分段，检查分析。

故障的征象是故障分析的依据。一种故障可能表现出多种征象，而一种征象有可能是几种故障的反映。同一种故障由于其恶化程度不同，其征象表现也不尽相同。因此，在分析故障时，必须准确掌握故障征象。全面了解故障发生前的使用、修理、技术维护情况和发生故障全过程的表现，再结合构造、工作原理，分析故障产生的原因。然后按照先易后难、先简后繁、由表及里、按系分段的方法依次排查，逐渐缩小范围，找出故障部位。在分析排查故障的过程中，要避免盲目拆卸，否则不仅不利于故障的排除，反而会破坏不应拆卸部位的原有配合关系，加速磨损，产生新的故障。

故障分析的要领如下。

1）检诊故障要勤于思考，采取扩散思维和集中思维的方法，注意一种倾向掩盖另一种倾向，经过周密分析后再动手拆卸。

2）根据各部件的作用、原理、构造、特点以及它们之间相互关系按系分段，循序渐进地进行。

3）积累经验要靠生产实践，只有在长期的生产中反复实践，逐渐体会，不断总结，掌握规律，才能在分析故障时做到心中有数，准确果断。

四、诊断故障的基本方法

故障成因是比较复杂的，且往往是由渐变到突变的过程，不同的故障会表现出不同的内在和外表的特征。但是只要认真观察总结就会发现一些征兆，不难查出故障的症结所在。我们根据这些症状来判断故障，然后予以排除或应急处理。

1. 主观诊断法

主观诊断法是通过人的感官用望、听、问、嗅、触等办法获得故障机器有关状态信息，靠经验做出判断。主观诊断法包括问诊法、听诊法、观察法、触摸法、嗅闻法和比较法。问诊法是向驾驶员询问机器工作时间、保养情况和发生故障前后的各种现象。听诊法是启动发动机或试驾机车，听变动油门、速度或各部件工作时发出的声音是否正常。观察法是直接观察机器的异常现象，看排气颜色、机油颜色、有无渗漏油及水、仪表读数是否正常。触摸法通过摸机件，用手感来判断机件的工作正常与否，如轴承温度、高压油管的脉动等。嗅闻法是用嗅觉判断气味，如烧焦味。比较法是对怀疑有问题的部件与正常的相同零部件进行调换，判断部件的工作正常与否。

2. 客观诊断法

客观诊断法是用各种诊断仪器仪表测定有关技术参数，获得机器状态参数变化的可靠信息，做出客观判断。

第二节　拖拉机故障诊断与排除指导

一、柴油机冒烟和启动困难等复杂故障诊断与排除

柴油机冒烟和启动困难等复杂故障诊断与排除见表10-1。

表 10-1　柴油机冒烟和启动困难等复杂故障诊断与排除

故障名称	故障现象	故障原因	排除方法
发动机冒黑烟	发动机冒黑烟	1. 供油量过大，燃油不能完全燃烧 2. 喷油质量差 3. 供油时间过晚 4. 空气滤清器太脏，引起进气不足 5. 气门间隙不对 6. 排气不净 7. 发动机负荷过大 8. 曲柄连杆机构严重磨损，气缸压缩不良	1. 减少供量油，使燃油完全燃烧 2. 在试验台上检查调整喷油压力和喷雾质量 3. 检查调整供油提前角 4. 清洗空气滤清器，增加进气量 5. 调整气门间隙 6. 检修排气通道 7. 减轻发动机负荷 8. 检修缸套活塞副，必要时更换
发动机冒白烟	发动机冒白烟	1. 供油时间过晚 2. 柴油或汽油中有水或气缸垫损坏 3. 气缸压缩不良 4. 喷油器故障	1. 供油时间过晚造成的冒白烟，要调整供油提前角 2. 柴油或汽油中有水或气缸垫损坏造成的冒白烟，要排除油中的水，更换气缸垫 3. 压缩不良造成冒白烟，要检修气缸套、活塞、活塞环的技术状态，必要时更换新件 4. 喷油质量差或滴油造成冒白烟，应调整或检修喷油器，必要时更换新件
发动机冒蓝烟	发动机排气管冒蓝烟	1. 检查油浴式空气滤清器是否加机油过多，超过刻线 2. 缸套活塞组磨损严重或活塞环安装不对，机油从气缸壁窜入燃烧室 3. 气门导管磨损严重，机油压入燃烧室 4. 曲轴箱通气孔堵塞 5. 曲轴箱机油加入过多	1. 油浴式空气滤清器加机油过多，倒掉多余的机油，不超过刻线 2. 气缸套活塞组磨损严重，鉴定后更换缸套活塞组零件；正确安装活塞环 3. 检查气门导管间隙，过大时更换 4. 清洁曲轴箱通气孔 5. 放掉一些曲轴箱机油至规定量
发动机自行熄火	1. 熄火前，排气管冒黑烟，转速逐渐降低而后熄火 2. 熄火前，不出现冒烟 3. 熄火前，没有转速降低的过程，呈突发性的熄火	1. 是工作时机械阻力增大，严重超负荷，或柴油机润滑系统供油不足而出现烧瓦，使柴油机被迫熄火 2. 柴油机供油系油道堵塞或油箱的油耗尽造成供油中断 3. 是供油突然中断，造成柴油机突然熄火	1. 若是严重超负荷引起自行熄火，应减轻发动机的负荷；如是抱瓦引起的，应对发动机磨轴换瓦并使润滑系统工作正常 2. 检查燃料供油系统，当柴油机滤清器过脏时，应清洗滤清器；油路有空气时，应排除空气 3. 油箱缺油应加足燃油

（续表）

故障名称	故障现象	故障原因	排除方法
启动困难故障（油路和气路）	启动困难，旋转点火钥匙，发动机不能启动，排气管不冒烟或有少量黑烟	油路故障： 1. 油箱内无油 2. 油路开关未打开或油箱通气孔堵塞 3. 油管破裂或油管接头松动 4. 燃油脏或油路堵塞 5. 油路中有气 6. 输油泵不泵油 7. 喷油泵不工作 8. 供油时间不正确 9. 喷油器咬死或雾化不良等 10. 油路中有水 11. 柱塞偶件严重磨损 12. 出油阀座密封垫圈损坏 13. 柱塞弹簧折断 14. 供油拉杆卡滞 气路故障： 15. 空气滤清器堵塞 16. 气门间隙不对 17. 气门密封不严 18. 排气通道受堵，排气管口直径变小 19. 气缸压缩不良：缸套和活塞的磨损；缸垫不密封，烧蚀；气门座圈烧蚀，不密封；气门弹簧过软；活塞环咬死或对口 20. 配气相位失常	1. 检查油箱，无油加油 2. 检查开关和油箱通气孔是否堵塞，打开开关，畅通通气孔 3. 检查油管或更换，拧紧油管接头 4. 清洗燃油路或更换符合规定的燃油 5. 松开柴油滤清器和油泵放气螺钉，用手油泵泵油，观察排气和出油情况 6. 解体拆检输油泵 7. 检查喷油泵上熄火拉杆是否处于正常供油位置，喷油泵各高压油管有无破裂，管接头是否松动，必要时检调喷油泵 8. 检查喷油器的喷油时间是否正确，不对调整 9. 检查喷油器压力、喷射质量等性能，必要时更换喷油器 10. 排除油路中的水分 11. 更换柱塞偶件 12. 更换出油阀座密封垫圈 13. 更换柱塞弹簧 14. 检修改善滑动性 15. 清洗空气滤清器和清洁滤芯，如滤芯损坏应更换新滤芯，并正确装配，保证密封效果 16. 正确调整气门间隙 17. 气门密封不严，应拆下气门进行检查、和气门座进行成对研磨或更换 18. 清除排气通道受堵处，恢复管口直径到原来形状和尺寸 19. 检查排除压缩系故障。检查气缸密封性能、气缸压力和缸套活塞环的磨损等情况，并排除 20. 检查调整配气相位，使之符合技术要求
发动机功率不足	发动机无力，冒黑烟；油门在同样的位置时车速下降，作业效率降低；发动机易开锅	1. 油路故障：燃油质量、油路或柴油滤芯脏引起油路不畅，供油时间过早或过晚，供油压力偏低等 2. 气路故障：进气不足、排气不净 3. 冷却系统故障：水泵，节温器工作不良，皮带打滑，冷却系统水垢过多 4. 气缸压缩不良：缸套和活塞的磨损；缸垫不密封，烧蚀；气门间隙过大或过小；气门座圈烧蚀，不密封；气门弹簧过软；活塞环咬死或对口 5. 配气相位失常	1. 检查排除油路故障。清洁燃油路柴油滤芯，检查燃油质量是否符合技术要求，并排除；检查供油时间、供油量、供油压力、雾化质量是否符合技术要求，并排除 2. 检查排除气路故障。检查清洁空气滤清器、滤芯和消声器及出口直径，并排除 3. 检查排除冷却系统故障。检查风扇皮带松紧度、冷却水质量和数量、散热器、散热器或散热片、水泵、节温器等是否符合技术要求，并分别清除冷却系统水垢和清洁散热器或散热片上的灰尘 4. 检查排除压缩系故障。检查气缸密封性能、气门间隙、气缸压力和缸套活塞环磨损等情况，并排除 5. 检查调整配气相位，使之符合技术要求

二、柴油机异响故障诊断与排除

柴油机异响故障诊断与排除见表10-2。

表 10-2　柴油机异响故障诊断与排除

故障名称	故障现象	故障原因	排除方法
活塞敲缸	中高速,刚刚声。急促有节奏,温度升高或断缸检查,声响增大	1. 连杆变形 2. 安装不当	1. 更换 2. 重新安装
	急速,嗒嗒声。温度越高声音越大,断缸后声音加大,伴有机体振动	缸套活塞间隙过小	修理
	低速,嗒嗒声。高速时异响消失,加机油后声音好转,排气冒蓝烟	缸套活塞间隙过大	修理
	低速,嗒嗒声。高速时异响减小,启动困难,排气冒白烟	供油过早	调整供油提前角
活塞销响	急速或变速,嗒嗒声。突出、尖脆、连续	活塞销与衬套间隙过大	修理
	急速,吭吭声。沉重,有节奏,高速声音不消失,断缸检查声音加大	活塞销窜动	更换卡簧
活塞环响	急速,啪啪声。高转速或断缸检查声音消失	活塞环折断	更换活塞环
	启动时,嘣嘣声。断缸检查声音消失,但仍有漏气	活塞环密封不良	更换活塞环
	急速,嘎嘎声。转速提高异响加重	活塞环抱死	更换活塞环
气门处响	高速,咯咯声。转速提高,异响加重,并伴有气门摇臂振动	活塞撞气门	更换气门弹簧
	急速,嗒嗒声。转速提高异响加重,中速以上模糊嘈杂,断缸无变化	气门调整螺钉松动或磨损	拧紧或更换
	急速,嚓嚓声。声音清脆,各种转速下均有异响,发动机工作不平稳	弹簧折断或弹性减弱	更换气门弹簧
	中速,嚓嚓声。声响忽大忽小,断油瞬间响声较大,然后消失	缸盖裂纹或气门座破裂	修理或更换
凸轮轴响	急速,嗒嗒声。声音钝重,中低速明显,高速消失,凸轮轴抖动	凸轮轴与衬套间隙过大	修理
	变速,嗒嗒声。类似气门工作时的连续响声	凸轮轴轴向间隙过大	调整
正时齿轮响	急速,嘎啦声。中速突出,高速杂乱,急减速异响又出现	齿轮啮合间隙过大	调整或更换
	急速,嗷嗷声。转速越高越明显,急加速异响更明显	齿轮啮合间隙过小	调整或更换
	突降速,到某一高速时突然出现强烈杂声,急减速发出"嘎"的一声	齿轮螺钉松动	拧紧
	急速,吭吭声。转速越高声音越大,正时齿轮室盖产生强烈振动	轮齿破裂	更换

三、拖拉机电气系统故障诊断与排除

（一）电气系统故障的分析方法

电气系统出现故障时，要对照线路图、电线序号或颜色，从电源到负载或从负载到电源的顺序进行认真检查分析，确定故障部位，予以排除。一般方法是：先检查蓄电池是否有电，再查熔丝盒中的熔丝是否烧断，接线处是否松动或接触不良。在熔丝、接线和蓄电池都良好的情况下，再根据拖拉机线路图，用万用表等对线路的通、断进行逐点检查，找出故障的部位和原因。检查方法如下：

1. 观察法

这种方法比较直观，沿着线路寻找故障点和分析原因，这种方法对出现发烫、冒烟、火花、焦臭、触点烧蚀、接头松动、灯泡丝断，熔丝断等异常现象，可直接判断电气设备的故障部位和原因。

凡用电设备通过电流表，观察电流表指示的电流值即可作为判断依据，当接通用电设备后，如电流表指针迅速由"0"摆到满刻度处，表明电路中某处短路；如电流表指示"0"或所指的放电电流值小于正常值，表明用电设备电路的某处断路或导线接触不良。

2. 短接法

用螺钉旋具或导线将某段电路或某一电气短接，察看电流表或电气的反应，可以检查被短接的元件是否断路。一般用于触点、开关、电流表和熔丝等。

3. 划火法

用一根导线，将与火线连接的导线在机体上划擦，观察有无火花及火花的大小。一般由负载端开始，沿线路每一接头触点擦划，擦划到有火，则说明故障在这以后的元件或线路上。须注意的是，为了避免大电流将熔丝烧断，擦划动作要快，划火导线直径应小于 1mm。另外，发动机工作时，不能用划火法划火，以免损坏发电机整流元件。

4. 试灯法

将一 12V 灯泡焊出一根搭铁极和一根 1m 左右长的导线，导线沿电源端按被查线路的接线顺序分别与各接点相触。灯亮说明通路，不亮说明断路。用试灯法检查电路有两种方法，一种是并联法，与划火法相同，只是导线换成灯。另一种方法是串联法，将试灯串联在线路中。可以根据亮度，检查线路电阻和故障。用试灯法不会造成短路现象，所以对用电设备无损坏，比较安全。

5. 万用表法

用万用表测量设备和线路的电阻，以及各接点的电压值。如用万用表测量电路中线圈绕组的电阻值为"∞"，则电路断路；若电阻值趋于"0"，则判断线圈短路。如测量电路各点的直流电压为正值或负值，说明该测试点至电源间的电路畅通；若电压为"0"，说明该测试点至搭铁间的电路为断路。测量电阻一般用"R×1"挡或"R×10"挡即可，测量前要校正万用表。

（二）检查硅整流发电机是否发电的判断

先检查发电机皮带是否过松。再采用如下方法检查（注意不能像直流发电机那样将发电机"+"柱与外壳短接划火）。

（1）灯试法　先将硅整流发电机"+"线柱的导线拆掉，使发电机与蓄电池断开，然后使发电机以较低的速度运转，将试灯（灯泡额定电压与电池相同）的一端引线接发电机"+"线柱，另一端引线搭铁，如灯亮说明发电，灯不亮说明不发电。

（2）测电压法　用万用表的直流电压挡，负试棒接发电机的外壳，正试棒接发电机的"电枢+"接线柱，使发动机中速运转，如果电压表指针上升到14V左右，说明发电正常，否则就不正常。

（3）观察电流表充电法　在电流表完好的情况，停车状态下启动发动机（使蓄电池处于亏电状态），使发动机在中速以上运转，若无充电指示，可进一步判断故障部位，在发动机慢速运转的情况下，将发电机"+"极与磁场用一临时线短接，逐渐提高发动机转速，但不可过高，看是否有充电电流，若无电流，说明发电机已损坏，若有电流说明是调节器有故障或激磁回路有断路处。

第十一章 拖拉机维修

拖拉机维修是指对发生故障或损坏的拖拉机进行维护修理并恢复其使用性能的过程。

第一节 拖拉机零部件的拆装

一、机器零部件拆装的一般原则

拆卸的目的是为了检查和修理机器的零部件，以便对需要维修、保养的总成进行保养，或对有缺陷的零件进行修复及更换，使配合关系失常的零件经过维修调整达到规定的技术标准。

机器拆装的质量直接影响机器的技术性能。拆卸不当，将造成零件不应有的缺陷，甚至损坏；装配不良，往往使零件与零件之间不能保持正确的相对位置及配合关系，影响机器的技术性能指标。拆装时应遵循下列原则。

1. 掌握机器的构造及工作原理

若不了解机器的结构和特点，拆卸时不按规定任意拆卸、敲击或撬打，均会造成零件的变形或损坏。因此必须了解机器的构造和工作原理，这是确保正确拆卸的前提。

2. 掌握合适的拆卸程度

零部件经过拆卸，会引起配合关系的变化，甚至产生变形和损坏，特别是过盈配合件更是如此。不必要的拆卸不仅会降低机器的使用寿命，还会增加修理成本，延长修理工期。因此应坚持能不拆就不拆、该拆必须拆的原则。防止盲目拆卸；不拆卸检查就可以判定零件的技术状况时，则尽量不予拆卸。

3. 选择合理的拆卸顺序

由表及里按顺序逐级拆卸。拆卸前应清除机器外部积存的尘土、油垢和其他杂物，避免沾污或零件落入机体内部。一般先拆外围及附件，然后按机器→总成→部件→组合件→零件的顺序进行拆卸。

4. 选用合适的拆卸工具

为提高拆卸工效，减少零部件损伤和变形，应使用相应的专用工具和设备，严禁任意敲击和撬打。如在拆卸过盈配合件时，尽量使用压力机和拉出器；拆卸螺栓连接件时，要选用适当的工具，依螺栓紧固的力矩大小优先选用套筒扳手、梅花扳手和固定扳手，尽量避免使用活扳手和手钳，防止损坏螺母和螺栓的六角边棱，给下次拆卸带来不必要的麻烦。另外应充分利用机器拆卸专用工具。

5. 拆卸时应考虑装配需要，为顺利正确装配创造条件

（1）拆卸时要检查做好校对装配标记 为了保证一些组合件的装配关系，在拆卸时应对原有的记号加以校对和辨认，没有记号或标记不清的应重新检查做好标记。有的组合件是分组选配的配合副，或是在装配后加工的不可互换的合件，必须做好装配标记，否则将会破坏它们的装配关系甚至动平衡。

（2）按分类、顺序摆放零件 为了便于清洗、检查和装配，零件应按不同的要求分类、顺序摆放。若零件胡乱堆放在一起，不仅容易相互撞伤，还会在装配时造成错装或找不到零件的麻烦。为此，应按零件的所属装配关系分类存放，同一总成、部件的零件应集中在一起放置，不可互换的零件应成对放置，易变形、丢失的零件应专门放置。

二、拆卸和装配作业注意事项

1）当需要起升或顶起机器时，应在适当位置及时地安放垫块、楔块。

2）在拆卸以蓄电池为电源的电气系统前，要先拆蓄电池负极接线，再拆其他电器件、线缆等。

3）每次拆卸零件时，应观察零件的装配状况，看是否有变形、损坏、磨损或划痕等现象，为零件鉴定和修理做准备。

4）对于结构复杂、有较高配合要求的组件和总成，如主轴承盖、连杆轴承盖、气门、柴油机的高压油泵柱塞等，必须做好记号。组装时，按记号装回原位，不能互换。

5）零件装配时，必须符合技术要求，包括规定的间隙、紧固力矩等。

6）组装时必须做好清洁工作，尤其是重要的配合表面、油道等，要用压缩空气吹净。

7）注意环境保护和人身财产安全，不在拆装现场吸烟，不随意倾倒污染物。

第二节　零件损坏的形式与技术鉴定的主要方法

一、零件的技术指标与主要损坏形式

1. 机器零部件的技术性能指标体系

机器零部件的技术性能指标体系分为两类：一类是可以直接影响整台机器技术性能与机器结构有关的指标，称为结构参数，如零件尺寸、间隙、配合紧度、形状和位置公差、磨损量等；另一类是说明机器技术性能指标，称为性能或功能参数，如温度、振动、压力、渗漏、燃油与机油消耗量等。

2. 机器零件的使用极限指标

机器零件的使用极限指标是指零件由于磨损或缺陷已经达到不可能或不应当再继续使用的极限程度，此时的有关技术参数值称为使用极限指标。这时零件就必须修理或更换。正确合理确定零件的使用极限指标很重要，定得过严，不能充分发挥零件应有的作用，造成浪费；如定得过松，就不能保证机器的正常工作，甚至造成不应有的事故。

3. 零件损坏的主要形式

1）零件的尺寸因磨损发生变化。如零件的直径、长度和高度的改变。

2）零件的几何形状发生变化。如零件的圆度、圆柱度、弯曲度、平面度等发生了变化。

3）零件表面相互位置发生变化。如零件表面间同轴度、垂直度、平行度发生了变化。

4）零件之间的配合状态发生变化。如零件间的配合间隙、紧度的改变，偏磨、啮合状况恶化等。

5）零件表面状态改变。如表面粗糙度变粗，产生裂纹，镀层、漆层剥落，表面腐蚀，表面刮伤和留下刮痕等。

6）零件表层材料与基体金属的结合强度发生改变。表现在零件的电镀层、喷镀层、堆焊层与基件金属的结合状态发生了改变。

7）零件材质发生变化。如零件本身的硬度、韧性、弹簧弹力的变化和橡胶老化等。

8）零件破碎、折断或烧损等损坏。

二、零件的技术鉴定

1. 鉴定的含义与作用

鉴定是指对被鉴定的对象，通过各种检查、测量和试验，鉴别其技术状态，从而确定合理的修理技术措施。鉴定的对象是待修的整台机器，以及总成、部件、组件或零件。对机器进行鉴定，根据其故障或技术状态的恶化程度，决定应该修理的部位和修理类别；对总成、部件进行鉴定，根据其技术状态，决定是否需要修理和换修哪些零件；对零件进行鉴定，根据其损坏和磨损情况，确定能否继续使用、需修复后方能使用或者报废。

2. 鉴定的基本方法

（1）感觉判断法　依靠眼、耳、手等感觉器官检查零件或配合件的技术状态。这种方法要借助人的丰富经验，但也只是定性的结论。如观看裂纹、断裂、弯曲、变形、磨损、感觉配合副晃动量等。

（2）量具检验法　这是借助通用量具或专用量具对零件进行尺寸、几何形状或表面相互位置偏差等的测量或检验。常用有各种卡尺、量具、样板等。这种检验能对零件状态得出定量的结论。

（3）专用设备仪器检测法　这是针对零件表面或浅层的微裂纹、孔洞等缺陷，这些缺陷有时较隐蔽，常规方法不易察觉。通常采用液压试验、颜色显示、磁力探伤等方法进行检查，当然这种检查方法准确可靠。

3. 零件的隐蔽缺陷鉴定方法

零件表面的微小裂纹、内部的裂纹和孔洞等，通常难以直接观察出，可用如下方法检查：

（1）水压试验法　如缸盖裂纹的水压试验。

（2）严密性试验法　如气门与气门座配合的严密性试验。

（3）颜色显示法　用着色溶液显示零件表面的微细裂纹。

（4）磁力探伤法　用于探测曲轴等零件的深层裂纹及孔洞等缺陷。

4. 鉴定后的结果处理

机器零件鉴定后的处理结果分成可继续使用、需要修理和报废三类。正确划分既可保证修理质量，又可降低修理成本，意义重大。

（1）对可以继续使用的零件　可从两个方面考虑：一是不超过许可磨损值（主要零部件都有相应参照标准）；二是没有其他不允许的缺陷。对于那些已超过许可磨损而又没有达到磨损极限的零件，确定其是否可继续使用的依据，主要是考虑它是否能再使用一个周期，否则还是应当送修。

（2）确定需要修理的零件　主要考虑的是零件的磨损已达到磨损极限（主要零部件都规定有相应磨损极限值可参照）；有时零部件并没有达到磨损极限，但存在有其他不允许缺陷也应当送修。假如没有适宜的修复方法，或修复成本太高，就不应当确定为需送修零件而应报废更换新品。

（3）列入报废范畴的零部件　如果零件的磨损或损坏已达到了不可修复的程度，或者虽然该零件还可以修复，但因修复工艺过于复杂，修复成本高，且该配件供应又充足，这类零件宜作报废处理。

5. 修前鉴定与修后鉴定的区别

此两种鉴定在职能上有明显的不同，具体做法和遵循的技术标准也不同。修前鉴定是指对机器、总成的技术状态进行检测，根据其故障或技术状态的恶化程度，确定是否需要修理和应进行修理的类别，其技术关键是对机器技术状态做出判定。修后鉴定是指对机器、总成或零件的修理质量进行检验，判定其是否符合修理技术标准，它属于质量检验工作。

第三节　拖拉机维修技能指导

一、典型轴、孔配合零件的测量鉴定

以活塞销与活塞销孔配合零件为例，测量鉴定的主要部位是销与孔配合部位的尺寸变化量。按零件径向公称尺寸和尺寸的精度等级（公差值）选用测量工具。活塞销选用外径百分尺检查其与销孔配合部位的径向尺寸和圆度；活塞销孔选用内径百分表检查两垂直方向的直径磨损量。

根据测量得到的具体尺寸数值，对照本型号活塞销、孔的技术标准，判别其尺寸是否超限，确定零件是否继续使用或修复及更换。

二、齿轮的鉴定与更换

齿轮鉴定分为外观鉴定和轮齿鉴定。外观鉴定主要是观察齿面渗碳层有无剥落、疲劳麻点、裂纹等缺陷。如果齿面渗碳层剥落轻微时，可用油石将剥落处的锐边磨圆，继续使用。剥落严重或有裂纹时，应更换。

轮齿齿厚的鉴定，用齿厚游标卡尺测量齿厚尺寸，评定轮齿的磨损情况。测量齿厚时，应测量每个齿轮相距120°的3个齿，允许磨损量一般不超过1mm。磨损严重的齿轮应更换。

三、滚珠轴承的鉴定与更换

1. 滚动轴承的鉴定

滚动轴承鉴定有外观检查、轴向间隙检查和径向间隙检查3项内容：

（1）外观检查　观察滚动体、内、外圈无裂纹、无表面剥落和损伤，滚珠无麻点，轴承转动是否灵活，保持架有无变形和破裂。如有以上之一缺陷应予以更换。径向和轴向均无明显晃动量。

（2）轴向间隙检查　固定轴承外环，可用百分表测量内环的轴向窜动量，该窜动量即为轴向间隙。对农机常用圆柱滚子轴承，允许不修值一般为0.3mm，极限值为0.8mm。

（3）径向间隙检查　将轴承装在固定的轴上，用百分表测量外环相对内环的径向活动量，该活动量即为径向间隙。农机常用圆柱滚子轴承，允许不修值一般为0.2mm，极限值为0.4mm。

轴承轴向间隙和径向间隙测出后，对照该型号轴承的技术要求，综合评定轴承是否需要更换。

2. 轴承的拆装

拆卸轴承的工具多用拉力器，见图11-1。在没有专用工具的情况下，可用锤子通过紫铜棒（或软铁）敲打轴承的内圈或外圈，取下轴承。轴承往轴上安装或拆下时，应加力于轴承的内圈,见图 11-2;轴承往轴承座上安装或拆下时,应加力于轴承的外圈,见图 11-3。

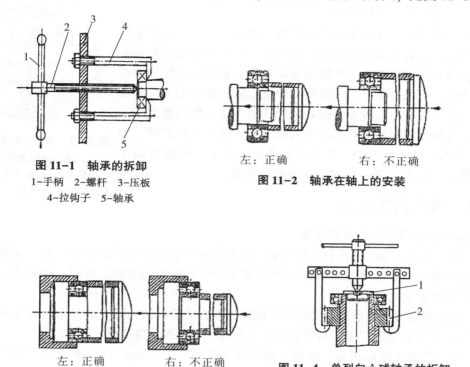

图 11-1 轴承的拆卸
1-手柄 2-螺杆 3-压板
4-拉钩子 5-轴承

左:正确 右:不正确
图 11-2 轴承在轴上的安装

左:正确 右:不正确
图 11-3 轴承在轴承座内的安装

图 11-4 单列向心球轴承的拆卸
1-丝杆顶板 2-辅助零件

(1)轴承的拆卸

1)单列向心球轴承的拆卸:拆卸单列向心球轴承时,把拉力器丝杠的顶端放在轴头(或丝杠顶板)的中心孔上,爪钩通过半圆开口盘(或辅助零件)钩住紧配合(吃力大)的轴承内(或外)圈,转动丝杠,即可把轴承拆下,见图 11-4。

2)双列向心球面球轴承的拆卸:拆卸带紧定套的双列向心球面球轴承(11000 型)时,先将止退垫圈的锁片起平,用钩形板子把圆螺母松开 2~3 圈,再用铁管(或紫铜棒)顶住圆螺母,用锤子敲击,使锥形的紧定套与轴颈松开,然后拆下轴承座固定螺栓,把轴承座和轴承一起从轴上取下。

(2)轴承的安装

1)单列向心球轴承的安装:安装单列向心球轴承时,应把轴颈和轴承座清洗干净,各配合表面涂一层润滑油。轴承无型号的一端应朝里(即靠轴肩方向)。可用压力机把轴承压入轴上(或轴承座内),也可以垫一段管子或紫铜棒用锤子把轴承逐渐打入。轴承往轴上安装时,压力或锤子击力必须加在轴承内圈上;而往轴承座内安装时,力量则应加在轴承外圈上。用力适当,垂直、均匀、对称受力,不使保护架或滚动体受力,防变形。

2)双列向心球面球轴承的安装:带紧定套的双列向心球轴承,一般安装在没有台肩的光轴上,联合收割机上用得较多。先把轴承装在轴承座(或轴承壳)内,然后将圆螺母拧松几圈,轻轻敲击圆螺母,使锥形紧定套松开,把装有轴承的轴承座套在轴上,将轴承座固定在机架上,见图 11-5,然后用钩形板子把圆螺母拧紧,使锥形紧定套把轴和轴承内圈连接紧(抱紧），用止退垫圈的锁片把圆螺母锁住，以防止圆螺母松退。最后向轴承加润滑脂，安装轴承盖。

（3）注意事项 ①球面轴承偏心套的旋紧方向应与轴的旋转方向相一致，锁紧后紧固偏心套固定螺钉。②保证装配后轴承定位正确，因有些轴承内圈与外圈厚度不对称，装配时必须注意拆下时的方向。一般情况下，带顶丝、带偏心套的球面轴承，其顶丝、偏心套均装在外侧以方便锁紧。冲压轴承座一般也装在固定板外侧。③轴承装配后应注入适量的润滑脂。对于工作温度不超过65℃的轴承，可采用 ZG-5 钙基润滑脂；对于工作温度高于65℃的轴承，可采用 ZN-2、ZN-3 钙基润滑脂。

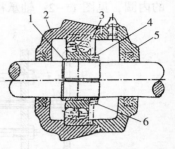

图 11-5 带紧定套的双列向心球面球轴承的安装
1-紧定套 2-轴承座 3-定环
4-止退垫圈 5-轴承盖 6-圆螺母

四、离合器的维修

1. 从主机上拆卸下离合器总成

1）用手转动发动机飞轮中心的轴承，看轴承转动是否有卡滞或松散现象，及时更换。必须换质量可靠的双面密封轴承 6205-2RS。轴承内注满锂基润滑脂。否则，此处的轴承极易烧损，引起离合器更大的故障。

2）拆卸离合器，观察离合器销轴与销孔的配合情况，销孔或销轴磨损严重（有明显磨损情况）时，要及时成组更换，否则会降低结合力，引起离合器打滑。

3）检查摩擦片磨损状态，摩擦片铆钉沉下尺寸低于 0.5mm 时，摩擦片严重烧损（表面发黑，发光时）、破裂、摩擦片铆钉松脱，铆钉孔变形时均需更换新片。

4）检查压紧杠杆工作面磨损情况，磨损严重、压紧效果不理想时，应成组更换。

5）检查分离轴承转动情况，转动异常或损坏时需换新轴承，但装配时必须按要求组装，否则润滑失效，引起轴承快速报废，造成离合器的故障。

6）检查拨叉固定螺栓的紧固情况，拨叉固定螺栓与拨叉轴凹面的配合情况，固定螺栓应紧固可靠，拨叉轴凹面与螺栓圆柱面应贴紧无间隙，拨叉轴转动应能同时带动拨叉摆动，拨叉轴凹面磨损严重，影响分离结合效果时，要及时更换合格的拨叉轴。

7）检查皮带轮与离合器轴花键、定压盘与离合器轴花键、动压盘与定压盘花键的配合情况，出现明显磨损时，应更换相应部件。

8）检查后轴承座处轴承转动情况，发现异常，更换所需的部件。

9）更换新部件、组装离合器，要严格按技术要求和操作规程，并正确进行保养。严禁使用不合格轴承、配件和润滑脂。

2. 将离合器总成安装到主机上

五、离合器摩擦片、制动片（带）的鉴定与更换

1. 判断离合器摩擦片、制动片（带）的技术状态

1）摩擦衬片磨损出现铆钉头外露或低于摩擦衬片表面 0.5mm 以下，龟裂两处以上以及烧焦者，应更换新品。

2）离合器从动盘翘曲时，其端面跳动不得超过 0.5mm，否则，应进行矫正。

3）如铆钉松动可以剔除加以重铆。

4）铆钉松旷时，可将其原孔扩大，改用直径加大的铆钉铆接，或另钻新孔铆接。

2. 离合器从动片的铆修工序和铆合技术要求

（1）铆修工序　①除去旧摩擦片。②检查校正从动盘。③选用摩擦衬片。④摩擦衬片钻孔和锪孔。⑤铆接。⑥质量检查。

（2）铆合技术要求　①铆钉应紧实，无松动；②摩擦衬片与钢盘紧贴无缝隙；③铆钉沉入量符合规定（一般 0.5~1mm）；④从动盘平整，不得有翘曲，端面跳动一般不大于 0.5mm。

3. 制动带的铆修

钢带有裂纹时可用 2~3mm 厚的钢板铆接。摩擦衬带磨损与破裂时应予更换。新摩擦衬带与钢带弯曲弧度不一致时，可用蒸气蒸软后夹牢铆合。衬带为两条拼成时，应在断面接合处空出 2~4mm，并在衬带端部中间多加一只铆钉。全部铆钉应从衬带一侧插入。制动带与制动鼓的接触面积应不少于 70%，否则要用锉刀整修。

六、BZZ 型液压转向器的拆装

1. BZZ 型液压转向器的装配

1）装配顺序：阀芯→阀套→拨销→弹簧片→大挡环→轴承→小挡环→阀体→前盖→钢球→隔盘→联动轴→转子→定子→限位柱→后盖。

2）BZZ 型液压转向器装配顺序图例：见图 11-6。

3）装配注意事项：

①装配前用汽油或煤油洗净所有零件（橡胶圈除外）。如结合面有油漆，应用丙酮洗净，禁止使用棉纱或破布擦洗零件，应使用软毛刷或绸布，最好用压缩空气吹净，转向器装好后，在装机前需往进油口加 50~100mL 液压油，左右转动阀芯，如无异常方可装机试车。

②阀体、隔盘、定子及后盖的结合面要高度清洁，千万不要碰伤或划伤。

③转子与联动轴端面均有冲点标记，即联动轴槽口对应的齿插入转子齿底对应内孔花键齿槽，装配时应注意相对位置（注意：联动轴上的标记点，要对准内转子的凹槽）。

④后盖必须用合格的组合垫圈。

⑤紧固后盖 7 个螺栓时应有顺序地每隔两个拧一个，要逐渐拧紧，拧紧力矩为：40~50N·m。

⑥阀体与阀块的"P""T""A""B"油口，装配时应一一对应。

2. BZZ 型液压转向器的拆解

（1）拆解顺序　一般转向器拆解顺序有两种。

①前盖→小挡环→轴承→大挡环→阀芯和阀套→拨销→弹簧片→后盖→限位柱→定子→转子→联动轴→隔盘→钢球→阀体。

②后盖→限位柱→定子→转子→联动轴→隔盘→钢球→阀芯和阀套→拨销→弹簧片→小挡环→轴承→大挡环→前盖→阀体。

（2）注意事项　①在拆解时注意不要碰伤或划伤各个零件的工作表面或端面。②拆下来的橡胶圈不可浸在汽油中，以防止与汽油起作用，发生变形或变质。

1.将阀体四螺孔面朝上

2.装阀芯、阀套、弹簧片、拨销

3.将阀芯、阀套装入阀体

4.装大挡环、推力滚针轴承、小挡环

5.装上带密封圈的前盖

6.将转向器十四孔面朝上

7.装密封圈

8.将φ8mm钢球放入图示螺纹孔　9.放上隔盘，孔对齐

10.装联动轴
将联动轴叉口卡住拨销

11.装转定子副
（联动轴标记点对好转子凹槽）

12.装限位柱及密封圈

13.依次在后盖装0、X、0密封圈（涂润滑脂）

14.装上后盖、组合垫及螺栓，箭头位置为带销螺栓

15.转向器实体照片

图 11-6　BZZ 型液压转向器装配顺序